KB103383

17,18세기 중국과 조선의 서구 지리학 이해

서남동양학술총서

17, 18세기 중국과 조선의
서구 지리학 이해

지구와 다섯 대륙의 우화

임종태 지음

창비

서남동양학술총서 간행사

21세기에 다시 쓴 간행사

서남동양학술총서 30호 돌파를 계기로 우리는 2005년, 기왕의 편집위원회를 서남포럼으로 개편했다. 학술사업 10년의 성과를 바탕으로 이제 새로운 토론, 새로운 실천이 요구되는 시점이라고 판단했기 때문이다.

알다시피 우리의 동아시아론은 동아시아의 발칸, 한반도에 평화체제를 구축하고자 하는 비원(悲願)에 기초한다. 4강의 이해가 한반도의 분단선을 따라 날카롭게 교착하는 이 아슬한 상황을 근본적으로 해결하는 방책은 그 분쟁의 근원, 분단을 평화적으로 해소하는 데 있다. 민족 내부의 문제이면서 동시에 국제적 문제이기도 한 한반도 분단체제의 극복이라는 이 난제를 제대로 해결하기 위해서는 우선 서구주의와 민족주의, 이 두 경사 속에서 침묵하는 동아시아를 호출하는 일, 즉 동아시아를 하나의 사유단위로 설정하는 사고의 변혁이 종요롭다. 동양학술총서는 바로 이 염원에 기초하여 기획되었다.

10년의 축적 속에 동아시아론은 이제 담론의 차원을 넘어 하나의 학(學)으로 이동할 거점을 확보했다. 우리의 충정적 발신에 호응한 나라 안팎의 지식인들에게 깊은 감사를 표하는 한편, 이 돈독한 토의의 발전이 또한 동아시아 각 나라 또는 민족들 사이의 상호연관성의 심화가 생활세계의 차

4

원으로까지 진전된 덕에 크게 힘입고 있음에 괄목한다. 그리고 이러한 변화가 6·15남북합의(2000)로 상징되듯이 남북관계의 결정적 이정표 건설을 추동했음을 겸허히 수용한다. 바야흐로 우리는 분쟁과 갈등으로 얼룩진 20세기의 동아시아로부터 탈각하여 21세기, 평화와 공치(共治)의 동아시아를 꿈꿀 그 입구에 도착한 것이다. 아직도 길은 멀다. 하강하는 제국들의 초조와 부활하는 제국들의 미망이 교착하는 동아시아, 그곳에는 발칸적 요소들이 곳곳에 숨어 있다. 남과 북이 통일시대의 진전과정에서 함께 새로워질 수 있다면, 그리고 그 바탕에서 주변 4강을 성심으로 달랠 수 있다면 무서운 희망이 비관을 무찌를 것이다.

동양학술총서사업은 새로운 토론공동체 서남포럼의 든든한 학적 기반이다. 총서사업의 새 돛을 올리면서 대륙과 바다 사이에 지중해의 사상과 꿈이 문명의 새벽처럼 동트기를 희망한다. 우리의 오랜 꿈이 실현될 길을 찾는 이 공동의 작업에 뜻있는 분들의 동참과 편달을 바라 마지않는 바이다.

서남포럼 운영위원회

www.seonamforum.net

  과학사를 공부하면서 흥미로웠던 순간을 꼽으라면, 우주와 자연에 관한
옛사람의 언설 이면에 은연중 자리하고 있는 '사회문화적 요소'를 발견했
을 때라 말하고 싶다. 우주의 구성, 사물의 작용에 관한 딱딱한 언설을 전
개하면서도 저자들은 간혹 그에 기대어 자신의 사회문화적 이해(利害)와
소망을 표출하곤 한다. 이때 두 층위는 서로 유비(類比)관계에 있거나 또는
전자가 우의(寓意)의 방식으로 후자를 대변한다.

  지상세계와 그 속의 사물, 민족을 다루는 지리학에서는 그 두 차원 사이
의 의미 교환이 더욱 밀접하고 빈번히 일어난다. 지리학의 대상은 '우리'
와 그것을 둘러싼 '나머지' 세계로 구성되며, 따라서 지상세계에 관한 사
실적 정보로 빼곡한 지리서와 지도에는 필시 '타자'와 '우리' 사이의 문
화적 경계를 획정하려는 의지와 이를 위한 전략이 개입되게 마련이다. 기
독교 선교사에 의해 근대초 서구 지리학지식이 소개되던 17,18세기 중국
과 조선의 경우도 예외는 아니었다. 예수회 선교사들이 소개한 지구와 오
대주의 지리학을 두고 일어난 논란은 표면적으로 중국과 서구, 두 지리학
사이의 우열을 두고 진행되었지만, 그 이면에는 둘 사이의 경쟁에 기대어

'자신'과 '타자'의 문화적 경계를 새로이 교섭하고 이를 통해 자기 집단의 문화적 우위를 확인하려는 노력이 경주되고 있었다.

과거 서구 지리학의 유입을 다룬 오늘날 역사가들의 서사(敍事)도 나름의 사회문화적 의제를 바탕에 깔고 있기는 마찬가지이다. 지난 세기 한국사의 경우, 조선후기 서구 지리학이 미친 영향에 관한 논의는 곧 근대 민족주의의 기원을 추적하려는 의제하에 이루어졌다. 역사가들은 서구 지구설을 받아들인 조선후기의 실학자, 개화사상가에게서 '중세적' 중화주의에서 '근대 민족주의'가 형성되는 기점을 찾았다. 요컨대 근대 한국민족의 존재를 조선후기의 '선각자'에게로 소급, 투사한 것이다.

이 책은 같은 역사적 에피소드를 종래와는 다른 방식으로, 20세기 이래 우리 지성을 사로잡은 '근대'와 '민족'의 의제에서 벗어나 이야기해보려는 시도이다. 구체적으로, 중국과 조선의 논자들이 서구적 근대로 전향하거나 또는 반대로 이를 거부한 것이 아니라, 서구와 중국의 지적 전통을 엮어 일련의 진기한 문화적 혼종(混種)을 만들어냈음을 보이려 한다. 자신의 문화적 정체성을 확인하려는 당시의 시도가 서구와 중국의 두 지리학 중 하나를 선택하는 방식으로 이루어지지 않았다는 것이다. 이러한 주장은 '민족'과 '근대'에 집착해온 우리의 문화적 심성에 대한 의문의 제기이며, 그런 점에서 이 책은 역사학적 논고이자 동시에 필자가 우리 사회에 들려주고 싶은 일종의 우화(寓話)이기도 하다.

이 책은 필자의 박사학위논문을 수정한 것이다. 서론을 다시 썼고 방만한 내용을 줄이려 노력했다. 이 분야에서 이루어진 새로운 연구를 얼마간 반영했으며, 그간 필자가 학위논문의 일부를 수정하여 출판한 결과도 포함되었다. 제3장의 논의에는 「이방의 과학과 고전적 전통: 17세기 서구 과학에 대한 중국적 이해와 그 변천」(2004), 제2장과 5장에는 「서구 지리학에 대한 동아시아 세계지리 전통의 반응: 17, 18세기 중국과 조선의 경우」(2004), 제6장에는 「무한우주의 우화: 홍대용의 과학과 문명론」(2005) 등의 일부가 편입되었다. 제6장의 논의에는 필자의 새로운 연구 「'우주적 소통의 꿈': 18세기 초반 호서 노론학자들의 육면세계설과 인성물성론」(2007)의 일부도 포함하였다.

이 책이 나오기까지 많은 분의 도움을 받았다. 무엇보다도 이 책을 서남동양학술총서로 선정해주신 서남재단 관계자 여러분께 감사드린다. 게으름을 피우는 필자를 독려하여 출판과정까지 들어갈 수 있도록 애써주신 재단의 권오찬 선생께는 특히 많은 빚을 졌다. 어지러운 초고를 다듬어 좋은 책으로 만들어주신 창비의 여러 관계자, 특히 촉박한 일정에도 꼼꼼하게 그 과정을 챙기고 경험 없는 필자를 지혜롭게 이끌어주신 김정혜 선생께 감사드린다.

논문을 수정하는 오랜 기간 동안 필자는 한국과학기술원의 인문사회과학부, 서울대 과학사 및 과학철학 협동과정에 몸을 담았다. 그 사이 여러 선생님과 학생 들이 베풀어주신 가르침과 배려에 감사드린다. 특히 한국과학기술원의 이봉희, 고동환, 김동원, 김정훈, 박우석 선생님, 서울대의 홍성욱, 장대익 선생님과 여러 학생들로부터 많은 도움과 가르침을 받았다. 초고를 고치는 마지막 순간에 김기윤 선생님과 협동과정의 학생들에게서 유익한 조언을 받을 수 있어 다행이었다.

같은 분야를 공부하는 동료들, 특히 신동원, 문중양, 구만옥, 전용훈, 오상학, 박권수 선생께 감사드린다. 그들의 탄탄한 연구가 없었다면 이 책은 지금보다도 훨씬 못한 수준에 머물렀을 것이다. 공부하는 분야는 달라도 따끔한 비판과 따뜻한 동료애를 함께 베풀어주신 서울대의 구범진, 김영민, 김종일, 민은경, 장진성 선생께도 감사드린다.

성실하지 못한 아들, 사위, 남편, 아빠로 살아가고 있는 필자를 너그러이 이해해준 부모님, 아내, 경수와 서진에게 미안함과 고마움을 동시에 전한다. 가족이 단지 정서적 도움만 준 것이 아니었음을, 필자가 세상과 인간을 좀더 깊이 이해하도록 했고, 그 이해가 이 책의 이야기에 배어 있음을 이제는 알 수 있겠다.

마지막으로, 어수룩한 필자를 연구자의 길로 인도하고 지금까지 후원과 격려를 아끼지 않으신 스승 김영식 선생님께 감사드린다. 세월이 살같이 흘러, 이제 필자는 공부를 처음 시작할 당시 선생님의 나이가 되었고, 선생님은 정년을 앞두고 계신다. 선생님께 이 책을 바친다.

2012년 2월 13일
임종태

차례

서남동양학술총서 간행사 | 21세기에 다시 쓴 간행사 __4
책머리에 __6

서론 __13

제1장 베드로의 그물: 서구 지리학과 선교 __37
  1. 명말청초 예수회 선교사들의 서양 지리학 소개 __39
  2. 지구와 아리스토텔레스 자연철학 __54
    1) 하늘과 땅의 기하학적 상응 __54
    2) 대척지와 상하·사방의 상대성 __59
    3) 4원행: 아리스토텔레스 자연철학과 지구설 __63
  3. 오대주의 지리학과 선교 __67
    1) '지리상의 발견'과 오대주 __67
    2) 조물주가 베푼 정원으로서의 세계 __71
    3) 중화주의 비판과 유럽문명의 미화 __76

제2장 땅에 대한 중국의 논의전통 __87
  1. '지방': 땅의 모양에 대한 이상화된 표상 __90
  2. '지평': 땅의 실제 모양에 대한 논의들 __95
  3. 낙읍과 곤륜산: 땅의 중심에 대한 관념 __108
  4. 광대한 세계의 지리학 __116
  5. 지리지와 지도의 전통 __123

제3장 17, 18세기 서구 지리학 논의의 패턴 __139

  1. 서구 지리학에 대한 논의의 확산과 심도 __140

  2. 서구 지식체계의 해체와 분산 __152

  3. '우주론'과 '문헌학': 논의전범의 형성과 역사적 전개 __162

    1) 마음과 이치의 보편성: 명말의 문헌학과 자연철학 __165

    2) 명말청초 문헌학으로의 전환과 청대의 중국기원론 __176

    3) 18세기 조선 학자들의 중국기원론과 자연철학적 사색 __184

제4장 대척지와 대기의 회전: 지구설 논쟁 __203

  1. 지평론의 응집 __205

  2. 인력과 기: 대척지를 둘러싼 논쟁 __221

    1) 지평론자들의 절대적 상하구분 __222

    2) 인력과 대기의 회전 __228

    3) 청대 학인들의 문헌학과 우주론적 논의의 주변화 __237

    4) 18세기 조선 학자들의 경우: 이익과 홍대용의 설명 __243

제5장 추연과 마떼오 리치:
**　　서구 세계지도와 세계지지의 유통과 영향 __251**

  1. 서구 세계지리의 유행 __253

  2. 서구 세계지리와 추연의 학설 __261

  3. 세계지지와 세계지도의 변화 __277

    1) 유교적 우주지 __278

2) 직방세계의 지구적 확장 __284

제6장 지구와 상식: 서구 지리학과 중화주의적 세계상 __301
    1. 지구 위의 중심: 서구 지리학과 중화주의적 세계상의 조정 __304
    2. 지구와 상식 __328
    3. 지구와 개방적 세계상 __336

맺음말 __357

참고문헌 __363

찾아보기 __386

서론

1

유클리드 기하학에 따르면 구면(球面)에는 중심이 없다. 그렇다면 땅 위에는 중심이 있을까? 16세기 말부터 중국에 들어온 유럽 예수회 선교사들의 대답은 그렇지 않다는 것이었다. 기독교 선교를 위해 중국에 온 그들은 땅이 구형이며 그 위에 다섯 대륙이 펼쳐져 있다는 새로운 지리학설을 함께 가지고 들어왔다. 그에 따르면 중국은 그중 한 대륙인 아세아(亞細亞)의 동남쪽에 있는 나라이며, 그들의 고향은 그로부터 뱃길로 9만리 떨어진 서쪽의 다른 대륙 구라파(歐羅巴)에 있었다. 구라파는 물론 중국도 '지구(地球)'의 중심이 아니기는 마찬가지였다. 선교사들의 주장은 오늘날 자명한 상식이 되었지만, 당시 중국인과 조선인 들로서는 낯설고 쉽사리 납득하기 어려운 면이 많았다. 땅이 둥글고 중심이 없다는 말은 대체로 평평한 땅 가운데에 중국문명이 자리해 있다는 동아시아의 오래된 상식, 세계상과 충돌했다.

전통사회에 서양 지리학설이 유입되면서 일으킨 문화적 충격은 지난

100년간 우리 사회에서 되풀이 이야기된 소재이다. 그 이야기는 대개 서양 지리학설이 '중세적' 지식사회에 끼친 '근대적 계몽'에 관한 것이었다. 예를 들어 일제강점기 무렵부터 민족주의 지식인들 사이에는 19세기 중반 젊은 김옥균(金玉均)이 연암(燕巖) 박지원(朴趾源)의 손자 박규수(朴珪壽)를 찾아갔던 일화가 회자되었다.

박규수는 그의 벽장에서 지구의(地球儀) 하나를 꺼내어 김옥균에게 보였다. 이 지구의는 바로 박규수의 조부 연암선생이 중국에 유람하였을 때 구입하였던 것이다. 박규수가 지구의를 돌리면서 김옥균을 돌아보고 말하였다. "오늘의 중국이 어디에 있는가. 저리 돌리면 아메리카가 중국이 되고 이리 돌리면 조선이 중국이 되니, 어떤 나라도 가운데로 오면 중국으로 된다. 자 오늘날 어디에 중국이 있는가." 김옥균은 (…) 수백년간 전해 내려온 사상, 즉 대지의 중앙에 있는 나라가 중국이며, (…) 사이(四夷)는 중국을 숭상한다고 하는 사상에 얽매여서, 국가 독립을 부르짖는 것은 상상도 할 수 없었는데, 박규수의 말에 크게 깨달은 바 있어 무릎을 치며 앉아 있었다. 후일 그는 결국 갑신정변을 일으켰던 것이다.[1]

지난 세기 대중서와 전문연구서를 막론하고 비슷하게 반복된 이러한 이야기에는 서구 지리학설이 과학적 진리이며 나라의 근대화를 위해 마땅히 받아들였어야 할 선진지식이라는 가정이 깔려 있다. 주변 세계의 협소한 견문에 갇혀 중국을 세계의 중심이라고 본 잘못된 믿음은 과학적 지구설과 근대 유럽인의 항해 경험에 토대한 서구적 지식으로 교정되어야 했다는 것이다. 이 이야기는 대다수의 사람들이 중화(中華)와 이적(夷狄)을

---

1) 申采浩「地動說의 效力」, 丹齋申采浩先生紀念事業會編, 『丹齋申采浩全集』(全3冊) 下卷(개정판, 형설출판사 1979), 384~85면(강재언「조선실학에 있어서의 북학사상」, 『근대한국사상사연구』, 미래사 1983, 50면에서 재인용).

구분하는 성리학적 명분론에 집착하는 중에도 서구지식을 받아들인 소수의 선각자가 등장했음을 강조했는데, 바로 실학자(實學者)와 개화사상가로 불리던 이들이었다. 서구 학설에 대한 거부와 수용이라는 대립된 두 태도는 단순히 보수와 진보의 사상적 분화를 뜻하는 데 그치지 않고 '동양적 전통'과 '서구적 근대'의 근원적 분기를 알리는 지표로 간주되었다. 김옥균을 깨우친 박규수의 지구의가 북경(北京)에서 유입된 것이었듯 예수회 선교사가 거주하던 북경으로의 사행(使行) 길은, 홍이섭의 표현을 빌리자면 서구적 근대로 향하는 "동트는 새벽녘의 하얀 모랫길"이었다.[2]

이 책은 지금까지 과거 조선사회에 서구 지리학이 미친 영향에 관해 우리 사회에 완고하게 이어지고 있는 기억을 재검토하고, 새롭게 이야기해 보려는 시도이다. 근대제국의 침략에 나라를 잃은 뼈아픈 실패의 역사를 되새겨야 했던 지난 세기의 지식인들은 옛 조선인에게는 생소했던 '서구적 근대'를 기준으로 삼아 조선인의 생각을 평가했다. 이해할 수 있는 일이지만, 역사학적으로 보자면 분명한 시대착오이다. 만약 예수회 선교사의 학설이 과학적 진리라는 현대의 상식을 접어둔다면, 그리고 근세의 역사가 서구인들이 선취한 근대를 향해 전진하는 과정이라는 목적론적 믿음을 버린다면, 옛 조선인들이 서구지식에 대해 논란하는 모습은 어떻게 달리 비춰질 것인가?

---

2) 조선후기 실학자, 개화사상가의 근대(또는 '근대 지향적') 사상 형성에 서양과학이 미친 영향에 관한 논의로는 洪以燮『朝鮮科學史』(정음사 1946;『洪以燮全集』전6권, 연세대학교 출판부 1994, 제1권, 259~61면); 강재언『조선의 西學史』(민음사 1990); 강재언, 정창렬 옮김『韓國의 開化思想』(비봉출판사 1981) 등이 대표적이다. 이원순, 한우근 등은 서양 천문·지리학의 영향으로 이익(李瀷)이 중화주의적 세계상, 미신적 점성술 등에서 벗어날 수 있었다고 주장했다(한우근『성호이익연구』, 서울대학교 출판부 1980, 59~60면; 이원순「星湖 李瀷의 서학 세계」,『조선서학사연구』, 일지사 1986, 134~35, 153면). 그에 비해 서구 지리학에 대한 조선사회의 보수적 반응에 초점을 맞춘 연구로는 노정식『韓國의 古世界地圖』(대구교육대학교재직동문회 1998)를 들 수 있다.

무엇보다도 서구와 동양, 근대와 전통, 과학과 미신의 이분법으로 포착되지 않던, 외래지식이 토착지식과 영향을 주고받으며 생성된 다양하고 진기한 문화적 혼종(混種)이 눈에 들어온다. 예를 들어 서구에서 유입된 지구설은 오랜 기간 중국인들이 망각한 옛 성현의 유산이 부활한 것으로 받아들여졌다. 지구 반대편에도 사람이 산다는 학설은 사람과 금수·초목의 본성이 동등하다는 주자학의 특정 학설과 연관되었다. 많은 이들이 둥근 땅 위에서도 중국이 중심되는 이유를 찾으려 했고 그 과정에서 음양오행(陰陽五行)과 기(氣)의 자연학을 이용했다. 즉 그들은 서구 지리학설에서 우리의 기대처럼 '서구' '과학' '근대'를 보는 대신, 옛 성인의 가르침, 성리학의 심성론(心性論), 음양오행의 자연학과 연관된 함의를 발견했다. 이 책은 이러한 문화적 혼종이 어떠한 사회문화적 맥락에서 어떤 질서를 띠고 나타나 번성했는지 탐구한다.

2

이야기의 무대는 17, 18세기 중국과 조선이다. 시기는 유럽의 예수회가 중국에서 선교활동을 전개하면서 근대 초 유럽의 수학과 천문학, 지리학, 자연학 지식을 활발히 소개하고, 그 여파가 이웃 조선사회에도 미치고 있던 때다. 중국에 개신교 선교사들이 진출하여 뉴턴(Isaac Newton) 이후의 새로운 과학을 소개하고, 다른 한편 서구열강의 동아시아 침략이 본격화되던 19세기 중반 이후의 시기는 다루지 않았다.[3] 반면 공간적 무대는 조

---

3) 이러한 시기의 제한은 편의적인 것이다. 중국의 '아편전쟁', 조선의 개항이 변화의 중요한 계기인 것은 맞지만, 그렇다고 이 주제에 관한 역사서술의 근본적 분기점이라고 보기는 어렵다. 20세기 초까지를 포괄하는 조선후기 과학사 서술은 우리 학계의 중요한 과제 중 하나다. 중국과학사의 경우, 최근 벤저민 엘먼이 16세기부터 20세기 초에 이르

선을 넘어 동시대 중국으로 확장했다. 서구 지리학지식을 둘러싸고 벌어진 두 나라 지식인들의 논의를 하나의 이야기 속에 담아보고자 한 것이다.

중국과 조선을 하나의 서사(敍事)로 묶어보려는 이 책의 시도는 두 가지 문제의식에서 비롯한 것이다. 첫째, 이는 조선후기 서양과학 수용에 관한 최근 한국 학계의 탄탄한 경험연구 성과를, 비슷한 주제를 좀더 세련된 방법론으로 다룬 서구의 중국과학사 및 서학사(西學史) 학계의 성과와 연결해보려는 시도이다. 둘째, 전근대시기 조선에 미친 중국문화의 압도적 영향을 고려할 때, 적어도 이 책에서 다루는 주제에 관한 한, 17,18세기 조선의 사례로는 독립적 역사서술의 단위를 구성하기 어렵다는 판단도 작용했다. 아래에서는 이 문제의식을 좀더 차분히 개진해보려 한다.

3

이 연구는 17,18세기 서학사와 과학사에 관해 1980년대 이후 서구의 중국학계와 한국의 과학사학계가 이룬 성과에서 출발한다. 지난 세기 한국 학계의 고립적 성격을 반영하듯 두 부문의 성과는 서로 밀접한 교류가 없는 상태에서 독립적으로 이루어졌다.[4] 연구자의 규모가 크고 논쟁의 밀도도 깊었던 서구 중국학의 성과가 그 연구의 폭과 방법론의 세밀함에서 조선후기를 다룬 우리 학계의 연구에 비해 전반적으로 높은 수준임은 당연한 일이다. 그럼에도 1980년대 이래 한국의 연구자들이 조선후기의 문헌

는 시기를 포괄하는 서술을 시도했다(Benjamin Elman, *On Their Own Terms: Science in China, 1550~1900*, Cambridge: Harvard University Press 2005).

4) 한국 과학사학계의 국제적 '고립'을 비롯하여 지난 세기 한국 학계의 한국과학사 연구의 특징을 리뷰한 글로는 Kim Yung Sik, "Problems and Possibilities in the Study of the History of Korean Science," *Osiris* 13(1998), 48~79면 참조.

을 두고 진행한 차분한 역사학적 탐구, 그 결과 축적된 경험적 사례는 서구 학계가 동시대 중국을 사례로 내놓은 성과를 선취하거나 그와 공명하는 면이 많았다. 문제는 이 두 부문의 성과를 연결하는 일이다.

예수회사에 의해 서구 과학지식이 중국에 소개되는 과정을 다룬 연구는 적어도 지난 세기 말까지는 앞서 언급한 20세기 한국 사학자들의 관점과 크게 다르지 않았다. 중국학과 중국과학사, 서학사, 예수회의 선교역사 등 다양한 분야에 속한 서구와 중국의 연구자들이 이 문제를 다루었지만, 그 공통된 관점은 마떼오 리치(Matteo Ricci, 利瑪竇, 1552~1610) 이래 중국에서 활동한 예수회사를 서구적 근대의 첨병으로 보는 것이었다. 이들은 중국의 고루한 지식사회에 서구의 근대 천문·지리학을 전파한 예수회사의 문화적 공헌을 부각하는 한편, 그에 무관심했거나 저항한 중국인의 보수적 태도를 그와 대비시켰다.[5] 고대중국의 과학적 성취를 발굴하여 서구 학계에 소개한 조지프 니덤(Joseph Needham)도 중국과학사를 '보편적 근대과학'을 향해 나아가는 목적론적 과정으로 보고, 특히 17세기 예수회사에 의해 서구 천문학이 중국에 유입된 일을 중국 천문학이 '근대과학'으로 통합되는 계기로 이해한 점에서 다른 연구자들과 근본적으로 다르지는 않았다. 그는 '근대과학'을 특정 문화를 초월한 인류의 보편적 성취라고 주장했지만, 사실은 이를 통해 도리어 갈릴레오 시기의 유럽에 등장한 '서구' 근대과학에 특권적 지위를 부여했다.[6]

---

5) 예수회사가 소개한 서구과학과 지리학설에 대해 중국인들이 보인 완고한 태도를 강조한 대표적 연구로는 Kenneth Chen, "Matteo Ricci's Contribution to, and Influence on, Geographical Knowledge in China," *Journal of the American Oriental Society* 59(1939), 325~59면; George H. C. Wong, "China's Opposition to Western Science," *Isis* 54-1(1963), 29~49면을 들 수 있다.

6) 니덤의 견해는 Joseph Needham, "Poverties and Triumphs of the Chinese Scientific Tradition," *The Grand Titration: Science and Society in East and West*(Toronto: University of Toronto Press 1969), 14~54면; *Science and Civilisation in China*(이하 *SCC*), Vol.

예수회사에 특권적 지위를 부여하는 유럽중심주의적 서사에 대해 서구의 과학사, 서학사 학계에서 1970년대 즈음부터 두 가지 방향의 비판이 제기되었다. 첫번째 방향은 예수회사가 소개한 지식이 사실은 그리 선진적이거나 근대적이지 않음을 보여주는 것이었다. 그들이 소개한 지식이 근대 초 유럽의 지적 지형을 충분히 반영하지 못했으며, 과학혁명을 통해 등장한 유럽과학의 첨단 경향을 제대로 소개하지도 않았다는 것이다. 이에 따르면, 예수회사가 소개한 지식에는 최신 지식도 일부 포함되었지만 대부분은 중세 이래 아리스토텔레스 체계에 기원을 둔 낡은 지식이었다. 예수회는 18세기 중반까지 코페르니쿠스(N. Copernicus, 미쿠아이 코페르니크 Mikołaj Kopernik)의 태양 중심 천문학을 중국인들에게 감추었으며, 뉴턴 이후의 성취는 아예 소개하지도 않았다.[7] 그렇다면 중국인들이 근대과학의

3(Cambridge: Cambridge University Press 1959) 참조. 물론 니덤이 선교사의 과학을 무조건 '근대적'이라고 승인한 것은 아니며, '수정천구' 관념과 같이 선교사의 과학이 지닌 '중세적' 결함이나 중국 전통우주론의 탁월함을 함께 지적하였다. 하지만 이러한 평가의 기준은 거의 예외 없이 근대(서구)과학이었다. 17세기 예수회사의 서양과학 전래에 관한 니덤의 태도는 Joseph Needham, "The Integration of Chinese Astronomy into Modern Science," 같은 책 451~58면 참조. 니덤이 중국과학사를 (서양) 근대과학을 기준으로 평가한 점은 이후 여러 학자들에게 비판받았다. 예를 들어 Kim Yung Sik, "Natural Knowledge in a Traditional Culture: Problems in the Study of the History of Chinese Science," *Minerva: A Review of Science, Learning and Policy* 20(1982), 83~104면; Roger Hart, "Beyond Science and Civilization: A Post-Needham Critique," *EASTM* 16(1999), 88~114면 참조.

7) 니덤 이후 서방의 중국과학사 연구를 대표하는 인물의 한 사람인 씨빈은 당시 유럽 천문학에 대한 선교사들의 제한적 소개가 중국에 미친 부정적 영향에 대해 논의하였다. 피터슨도 예수회사가 소개한 자연철학이 중세 아리스토텔레스주의에서 크게 벗어나지 못했음을 보여주었다. Nathan Sivin, "Copernicus in China," *Studia Copernicana* 6(1973), 63~122면(Nathan Sivin, *Science in Ancient China: Researches and Reflections*, Aldershot: Variorum 1995, 제4장에 재수록); Willard J. Peterson, "Western Natural Philosophy Published in Late Ming China," *Proceedings of the American Philosophical Society* 117(4) (1973), 295~322면 참조.

수용에 실패했다고 해서 이를 전적으로 그들의 책임으로만 돌릴 수는 없을 것이다.[8]

　이상의 비판이 이전의 서사구도를 크게 훼손하지 않고 예수회사에 대한 과장된 평가를 완화한 것이었다면, 근대 초 유럽과 중국의 교류를 서술하는 유럽중심주의적 관점에 대한 좀더 급진적인 비판은 1980년대 프랑스의 중국사학자 자끄 제르네(Jacques Gernet)에 의해 시도되었다. 그는 자신의 『중국과 기독교의 충격』(*China and the Christian Impact*)에서 17세기 예수회사를 매개로 이루어진 서구와 중국의 대면을 근대와 전통, 합리와 비합리의 대립이 아니라, 서로 양립할 수 없는(incompatible) 두 세계상의 문화적 충돌로 그렸다. 중국인들이 기독교와 서구 천문학을 받아들이지 않은 것은 그들의 지적 완고함 때문이 아니라, 인도유럽어와 중국어 사이의 차이로까지 소급되는 정신적 틀(mental framework)과 세계관의 본질적 차이 때문이었다. 그 둘 사이의 상호이해는 불가능했으며, 그런 점에서 제르네는 마떼오 리치와 서광계(徐光啓, 1562~1633)가 추구한 유교와 기독교의 융합에 대해 서로 양립할 수 없는 "중국적 관념과 기독교 관념 사이의 혼동을 조장하려는 음모"였다고 단정했다.[9]

　급진적 문화상대주의의 관점, 중국인들이 남긴 사료에 대한 깊이 있는 독해를 통해 그들의 독자적 사유를 읽어내 서구 기독교와 과학에 대한 중

---

8) 이는 최근 엘먼에 의해서도 좀더 세련된 형태로 제기되었다(Benjamin Elman, 앞의 책 참조). 조선후기 서양과학 수용을 다룬 한국의 한 역사학자도 예수회사의 과학이 중세적 지식이었음을 지적한 바 있다(이용범 『중세서양과학의 조선전래』, 동국대학교 출판부 1988).

9) Jacques Gernet, tr. by Janet Lloyd, *China and the Christian Impact: a Conflict of Cultures*(Cambridge: Cambridge University Press 1985), 34면: 프랑스어본 *Chine et christianisme: Action et réaction*(Paris: Gallimard 1982). 자연관의 측면에서 서구와 중국 사이의 양립 불가능성을 구체화한 연구로는 Jacques Gernet, "Space and Time: Science and Religion in the Encounter between China and Europe," *Chinese Science* 11(1993~94), 93~102면 참조.

국인의 무관심과 거부를 정당화하려 한 제르네의 시도는 서구 중국학계에 큰 파장을 불러일으켰다. 우선 17,18세기 중국 수학사, 지도학사에 유사한 관점을 적용한 성과가 제출되었다. 예를 들어 중국지도학사 연구자 코델 이(Cordell D. K. Yee)는 수학적 투사법을 이용한 근대지도를 세계 지도학사가 지향하는 '목적'(telos)으로 간주한 니덤, 유사한 관점에서 17세기 예수회사에 의해 중국에 도입된 르네상스 서구 지도의 계몽적 역할을 강조한 이전 연구를 비판하면서, 중국의 지도학 전통에서 지상세계를 표상하는 방식이 서구 근대지도학과 근본적으로 달랐음을 강조했다. 두 지도학의 근본적 차이로 인해, 그에 따르면, 17세기 이후 유입된 서구 지도학은 중국 지도제작자들에게 받아들여지지 않았으며, 그 결과 서구식 지도가 중국사회에 상당히 유행했음에도 전통적 중국지도학에 유의미한 변화를 일으키기 못했다고 결론지었다.[10]

이상의 연구는 주로 예수회 측의 사료에 근거하여 그들의 입장을 특권화한 서구 학계의 편향을 비판하고, 중국인 측의 사료를 통해 그들의 목소리를 복원해내야 한다는 정당한 메시지를 담고 있었다. 하지만 문제는 그들이 17세기 중국의 국지적 맥락에서 예수회사와 여러 중국인 사이에 일어난 상호작용을 포착하는 데 서구와 중국이라는 '초역사적' 문명 대립구도를 전제했다는 것이다. 적어도 그 점에서는 그들이 비판한 경향과 크게 다르지 않았다.[11] 제르네의 서사에서 예수회사와 중국인은 국지적 맥락에

10) Cordell D. K. Yee, "Traditional Chinese Cartography and the Myth of Westernization," in J. B. Harley and David Woodward eds., *History of Cartography*, Vol. 2 Book 2, *Cartography in the Traditional East and Southeast Asian Societies*(Chicago: University of Chicago Press 1994), 170~202면; "A Cartography of Introspection: Chinese Maps as Other than European," *Asian Art* 5(4)(1992), 28~47면, 특히 32면. 수학사의 경우 유클리드 기하학의 번역 및 수용을 둘러싸고 비슷한 관점이 제기되었다(Jean-Claude Martzloff, *A History of Chinese Mathematics*, Berlin: Springer-Verlag 1997, 111~22면).
11) 그런 점에서 로저 하트는 제르네의 역사서술을 동양(중국)과 서양의 문명 간 대립구

서 특정한 이해관계와 의도를 가지고 다양한 지적·문화적 자원을 동원하는 역사적 행위자가 아니라 서로 공약불가능한(incommensurable) 두 문명, 두 세계관, 두 언어의 대변자로만 묘사되었다. 이는 중국적 사유와 서양적 사유가 서로 양립 불가능했다는 제르네의 명제가 선교사들과 중국인들 사이에 실제 일어난 상호작용을 포착하는 데 적절한 구도가 아님을 함축한다. 최근 몇몇 중국과학사 연구자들이 지적했듯 서구/중국, 유교/기독교, 서구과학/중국 자연관 사이의 근원적 차이를 강조하는 담론은 과거의 특정 역사적 행위자에 의해 (또는 현대의 사가에 의해) 특정한 맥락에서 특정한 이해관계에 봉사하도록 구성되고 주장된 것이다. 다른 맥락에서 다른 전략적 의도를 가진 행위자들은 반대로 그 둘 사이의 유사성, 친연성(親緣性)을 주장할 수도 있었다.[12]

최근 출간된 엘먼(Benjamin Elman)의 저술은 이러한 관점으로 1600~1900년 사이 중국에서 서구과학과 토착 자연학이 영향을 주고받으며 근대과학이 등장하는 역사를 종합한 성과이다. 보수적 중국이 선진적 서구과학을 자발적으로 받아들이는 데 실패했다고 서술한 지난 세기의 역사가와는 달리 그는 이미 독자적 자연학 전통을 보유한 중국인들이 "자신만의 방식으로"(on their own terms) 예수회사와 개신교 선교사가 소개한 서구지식을 전유했다고 주장하며, 그 방식의 역사적 변화를 추적했다. 서

도로 중국과학사, 지성사를 포착한 서구 중국과학사 전통의 연장선에서 비평하였다 (Roger Hart, 앞의 글 참조).

12) 불가공약성이 실제 역사적 행위자들에 의해 전략적으로 구성된 것이라는 관점으로 청조 강희제 시기 양광선(楊光先)의 반서학운동을 분석한 연구로는 Chu Pingyi, "Scientific Dispute in the Imperial Court: The 1664 Calendar Case," *Chinese Science* 14(1997), 7~34면 참조. 제르네의 양립 불가능 명제에 대한 이론적 비평으로는 Roger Hart, "Translating the Untranslatable: From Copula to Incommensurable Worlds," in Lydia Liu ed., *Tokens of Exchange: The Problem of Translation in Global Circulations*(Durham, N.C.: Duke University Press 1999), 45~73면 참조.

구과학과 중국 자연학의 근본적 차이, 상호 번역불가능성을 주장한 제르네와는 달리 그는 역사적 맥락에서 다양한 의도하에 서로 다른 전략을 구사하며 서구와 중국의 지적·문화적 자원들을 연관짓거나 차별화하는 역사적 행위자의 실천과 그 효과에 주목했다. 엘먼에 따르면, 20세기 내내 중국 지식인들을 사로잡은 서양과 중국, 근대와 전통, 서구과학과 중국의 미신 같은 이분법은 이러한 300년간의 역사적 변화의 예기치 않은 종착지로서, 1894년 청일전쟁의 충격적 패배라는 '우연한' 맥락에서 중국의 개혁적 지식인들이 선택한 관점일 뿐이었다. 그 선택으로 19세기 말까지 번성하던 '스치엔티아'(scientia)와 '격물(格物)' 사이의 다양한 문화적 혼종들은 역사적으로 망각되었다.[13]

이상에서 약술한 서구 학계의 흐름과는 얼마간 독립적으로 1980년대 이래 한국의 과학사학계에서도 근대적 계몽의 도식에서 벗어나 조선후기 서구과학 수용의 역사를 살펴보려는 시도가 나타났다. 문화적 '불가공약성' 개념을 중심으로 역사학과 인류학, 언어학의 복잡한 이론적 쟁점이 동원된 서구 학계의 논의와는 달리, 한국의 과학사학계를 추동한 것은 '과거의 역사적 맥락에서 과거 행위자들의 생각을 읽어야 한다'는 역사학의 기본 원칙에 입각한 것이었다. 이러한 시도는 당시 한국 과학사학계를 주도한 박성래, 김영식 등을 통해 유입된 미국의 지성사적 과학사 경향,[14] 그리고

---

13) Benjamin Elman, 앞의 책. 19세기 후반 상해의 '강남제조국'이 추구한 과학을 일종의 문화적 혼종으로 파악하고, 서학(西學)과 중학(中學)의 이분법이 청일전쟁 직후의 맥락에서 등장한 것임을 보여준 연구로는 Meng Yue, "Hybrid Science versus Modernity: The Practice of the Jiangnan Arsenal, 1864~1897," *EASTM* 16(1999), 13~52면; 유사한 관점으로 청나라 말 민국 초기 중국과학사를 조망한 글로는 Benjamin Elman, "'Universal Science' Versus 'Chinese Science': The Changing Identity of Natural Studies in China, 1850~1930," *Historiography East and West* 1(1)(2003), 68~116면 참조.

14) 김영식은 근대과학을 기준으로 전통 중국과학사의 성취를 조망한 니덤의 역사서술을 비판한 중국과학사학계의 주요 연구자 중 한사람이다(김영식 「중국의 전통과학과 자연관에 대한 올바른 이해」, 『한국사시민강좌』 16, 일조각 1995, 203~22면 참조). 박

근대지상주의적 실학담론을 비판하며 조선후기 주자성리학의 가치를 재조명하려 한 조선후기 사상사, 문화사 일각의 움직임을 배경으로 했다.[15]

다른 무엇보다도 이들 한국인 연구자에게는 과거 중국인(조선인)이 남긴 문헌을 세밀히 읽어 그들의 독자적 사유세계를 복원해야 하며, 그 사유세계가 서구인과 아주 다를 수 있다는 제르네식 문화상대주의 충격요법이 필요없었다. 박성래 이래 한국과학사 연구자들은 조선 지식인이 남긴 문헌을 통해 예수회사의 한역서학서(漢譯西學書)에 소개된 서구과학과 동아시아의 자연학이 상호작용하는 다양한 양상을 탐구했고, 그 결과 서구과학이 주자성리학을 비롯한 다양한 토착요소에 의해 해석, 변형됨을 보여준 연구성과가 누적되었다.[16] 대표적인 예로, 서구의 천문학을 주역상수학

성래는 하와이 대학에 제출한 박사논문에서 조선초기 정치의 맥락에서 재이론이 작동한 방식을 탐구하였으며, 그 연장선에서 한국과학사의 다양한 사례를 과거의 역사적 맥락에서 살펴 기왕의 근대주의적·민족주의적 해석을 수정하는 흥미로운 성과를 내놓았다. 예를 들어 박성래 「高麗初의 曆과 年號」, 『한국학보』 10(1978), 135~55면; 「세종조의 천문학 발달」, 『세종조문화연구(II)』(한국정신문화연구원 1984), 97~153면을 보라. 그의 학위논문은 Park Seong-rae, *Portents and Politics in Korean History*(Seoul: Jimoondang Publishing Co. 1998)로 출간되었고, 이후 대상시기를 넓히고 대중독자를 대상으로 개작하여 『한국과학사상사』(유스북 2005)로 출간되었다.

15) 조선후기 노론(老論)의 사상을 복권하려 한 정옥자의 연구가 대표적이다. 이를 위해 정옥자는 그간 한국사학을 주도해온 근대주의적 사유에 대해 비판했다(정옥자 『조선후기 지성사』, 일지사 1991; 『조선 후기 역사의 이해』, 일지사 1993; 『조선 후기 조선중화사상 연구』, 일지사 1998).

16) 조선후기 실학자의 서양과학 이해를 다룬 박성래의 선구적 연구로는 박성래 「한국근세의 서구과학 수용」, 『동방학지』 20(1978), 257~92면; 「정약용의 과학사상」, 『다산학보』 1(1978), 151~76면; 「한·중·일의 서양과학수용」, 『한국과학사학회지』 3(1)(1981), 85~92면; 「홍대용의 과학사상」, 『한국학보』 23(1981), 159~80면; 「星湖僿說 속의 西洋科學」, 『진단학보』 59(1985), 177~97면을 보라. 이전 시기를 다룬 연구와는 달리 조선후기 이후를 다룬 박성래의 연구에는 한국과학사가 근대 서구과학을 향해 나아간다(가야 한다)는 목적론적 관점이 강하게 발견된다는 점에 주의할 필요가 있다. 예를 들어 박성래 「조선시대 과학사를 어떻게 볼 것인가」, 『한국사시민강좌』 16, 145~66면을 보라.

(周易象數學) 구도에 포괄하려 한 김석문(金錫文)과 정제두(鄭齊斗), 서명응(徐命膺)의 진기한 시도를 다룬 연구를 들 수 있을 것이다.[17] 이외에도 천문학과 지도학, 자연관의 측면에서 서구 과학지식과 전통적 지식이 교섭하는 양상을 다룬 여러 연구들이 이루어졌다.[18] 이러한 성과는 서구과학의 '진보적 수용'과 '보수적 거부'라는 이분구도에서 벗어나 외래지식이 토착지식과 어떻게 결합해갔는지를 추적했다는 점에서, 동시기 중국을 대상으로 이루어진 최근 서구 중국학계의 역사서술 관점과 공명한다.[19]

그런 점에서 두 부문의 성과는 서로 비교되고 나아가 서로 연결될 필요

---

17) 전용훈「김석문의 우주론 — 역학이십사도해를 중심으로」,『한국천문력 및 고천문학: 태양력 시행 백주년기념 워크샵 논문집』(천문대 1997), 132~41면; 박권수「徐命膺의 易學的 天文觀」,『한국과학사학회지』20(1)(1998), 57~101면; 문중양「18세기 조선 실학자의 자연지식의 성격 — 象數學的 우주론을 중심으로」,『한국과학사학회지』21(1)(1999), 27~57면; Kim Yung Sik, "Western Science, Cosmological Ideas, and the Yijing Studies in Seventeenth- and Eighteenth-Century Korea," *Seoul Journal of Korean Studies* 14(2001), 299~334면; 박권수「霞谷 鄭齊斗의 상수학적 자연철학」,『한국사상사학』30(2008), 187~222면 참조.
18) 배우성「고지도를 통해 본 조선시대의 세계 인식」,『진단학보』83(1997), 43~83면;「서구식 세계지도의 조선적 해석, '천하도'」,『한국과학사학회지』22(1)(2000), 51~79면;「조선시대의 세계지도와 세계인식」(서울대학교 박사학위논문 2001); 구만옥「朝鮮後期 日月蝕論의 변화」,『한국사상사학』19(2002), 185~228면;『朝鮮後期 科學思想史 研究 1 — 朱子學的 宇宙論의 變動』(혜안 2005); 문중양「조선후기 서양 천문도의 전래와 신·고법 천문도의 절충」,『한국과학사학회지』26(1)(2004), 29~55면; 전용훈「조선후기 서양천문학과 전통천문학의 갈등과 융화」(서울대학교 박사학위논문 2004). 이 목록에는 이 책의 초고가 된 필자의 학위논문도 포함될 수 있을 것이다(임종태「17~18세기 서양 지리학에 대한 중국, 조선 학인들의 해석」, 서울대학교 박사학위논문 2003).
19) 물론 한국의 과학사 연구자 모두가 이러한 관점을 취한 것은 아니다. 서구과학의 수용을 '진보적' 태도로 평가하는 경향과 이를 비판하는 입장 사이의 논쟁이 이루어졌고, 이는 실학의 근대성을 둘러싼 한국사학계의 해묵은 논쟁과도 연관되었다. 이 논쟁에 대한 상이한 관점의 리뷰로는 임종태「조선후기 과학사연구의 쟁점과 과제」,『역사학보』191(2006), 449~63면; 구만옥「조선후기 '자연' 인식의 변화와 '실학'」, 한림대 한국학연구소 편『다시, 실학이란 무엇인가』(푸른역사 2007), 171~207면 참조.

가 있다. 이는 제르네 세대 이후 본격화된 중국사 연구의 시야를 동아시아적 차원으로 확대하기 위해서도, 또는 반대로 서구 중국학계가 정련한 역사서술 방법론을 조선후기 과학사를 분석하는 유용한 자원으로 끌어쓰기 위해서도 필요한 작업이다.

4

서구 중국학계와 우리 한국과학사 학계의 성과를 연결하는 일이 꼭 중국과 조선을 하나의 이야기로 포괄함으로써만 성취될 수 있는 것은 아니다. 한국을 서술대상으로 삼고 중국을 그 배경으로 다루는 익숙한 방법을 통해서도 그 목표는 어느정도 이루어질 수 있을 것이다. 17,18세기 중국과 조선을 하나의 서사로 묶은 이 책의 선택에는 또다른 이유가 있다.

10여년 전 필자가 연구를 시작할 당시 애초의 목표는 조선후기사회에 한정하여 서구 지리학이 미친 영향을 탐구하는 것이었다. 동시대 중국의 사례는, 한국 지성사 연구가 대개 그러했듯 우리나라의 사례를 이해하기 위한 '배경'으로만 다룰 생각이었다. 이러한 판단에는 중국을 비롯한 '선진'지역에서 유입된 지식이 언제나 우리나라의 환경과 필요에 맞게 적용하고 토착화되었을 것이라는 가정, 즉 한국의 사례가 중국과 다르며, 따라서 독자적인 역사서술의 대상이 될 수 있으리라는 믿음이 깔려 있었다.

하지만 한국적 논의의 '중국적 배경'을 추적하면서 얻은 한가지 당혹스러운 결론은 서구 지리학에 대한 조선 지식인의 논의가 동시대 중국인의 그것과 생각만큼 다르지 않다는 것이었다. 전체적으로 본다면 조선의 논의는 중국에서 짧게는 반세기, 길게는 한세기 전에 이루어진 논의의 반복에 가까웠고, 그 깊이도 중국에 비해 전반적으로 얕았다.[20] 차이가 눈에 띄지 않은 것은 아니었으나, 그것은 중국적 '원본'과 한국적 '변형'으로 깔끔히 구분할 수 있을 정도까지는 아니었다. 이전 연구에서 전제되었고 필자도 의심하지 않던 한국 과학사, 지성사의 한가지 전제, 즉 한국은 독특하다거나 외래의 문화적 요소는 언제나 한국의 상황에 맞게 창조적으로 변형되어 받아들여졌다는 믿음이 적어도 17, 18세기 서구 지리학에 대한 반응이라는 소재에서는 적용되기 어려웠던 것이다.[21]

서구 지리학에 대한 논의방식에서 중국인과 조선인 사이의 근본적 차이를 억지로 찾아내기보다는 그 둘을 고대중국에서 기원하는 고전전통을 공유하지만 서로 다른 국지적 맥락에 처한 행위자로 보고 그 차이를 상대화하는 편이 더 자연스러워 보였다. 조선 기호지역의 지식인과 동시대 중국 북경의 지식인이 보인 차이는 서로 다른 시기와 지역에 처한 중국인 사이의 차이와 '본질적으로' 다르다고 볼 이유가 없었다. 이러한 고려의 결과, 논문의 구성은 '중국적 배경과 한국적 변용'의 구도가 아니라, 서구 지리학에 대한 논의를 관련 주제별로 살피는 방식을 택했다. 그 속에서 중국인과 조선인의 논의는 때로는 '국적'의 구분 없이 외래지식에 대해 동아시아인이 보인 반응의 사례로, 때로는 둘 사이의 미세하지만 의미있는 차이를 드러내는 방식으로 편입하려 하였다.

---

20) 김영식은 이러한 당혹스러움의 근원을 한국과학사 서술에서의 '중국의 문제'라 정의하고, 이에 대해 자세히 분석했다(Yung Sik Kim, "The 'Problem of China' in the Study of the History of Korean Science: Korean Science, Chinese Science, and East Asian Science," *Gujin lunheng* 古今論衡 18, 2008, 185~98면).

21) 이를 한국 학계의 '민족주의적 역사서술'의 한가지 전제라고 부를 수도 있을 것이다. 한국인이 외래의 문화적 요소를 성공적으로 '토착화'했다는 명제는 20세기 한국 민족주의 사학을 지탱하는 한가지 중요한 가정이었다. 과거로부터 문화적 주변지역임이 자명한 '한국'에 독립된 문화적 정체성을 부여할 수 있는 한 방법이 바로 외국의 선진문화를 '한국화'했음을 강조하는 것이었다. 중국적 원형의 한국적 변형을 추적하는 한국과학사 서술의 방향 설정은 다음의 글에서 잘 드러난다. 전상운 「서장: 한국과학사의 새로운 이해」, 『한국과학기술사』(개정판, 정음사 1976) 13~28면; 박성래 『민족과학의 뿌리를 찾아서』(동아출판사 1991), 특히 27~36, 37~47면을 보라.

흥미로운 것은 중국과 한국의 '본질적' 차이에 대한 집착을 버리면서 그 전까지 중국인들의 논의의 복제품으로만 보였던 이익(李瀷), 홍대용(洪大容), 서명응 등 조선 학인들의 논의가 지닌 가치, 그 진기함이 보이기 시작했다는 것이다. 서구 지리학에 대한 18세기 조선 학자들의 이해방식은 서구 지리학에 대해 동아시아의 고전전통이 보일 수 있는, 하지만 동시대 중국인들에게서는 나타나지 않은 반응을 보여주었다. 그 결과 중국과 조선의 사례를 함께 다룸으로써 이 책은 적어도 중국 또는 한국의 사례만 다루었을 때보다는 더욱 짜임새있는 논의가 되었다고 생각한다.

5

이상의 방법론적 고려의 결과, 이 책에서는 17,18세기 예수회사가 서구 지리학을 소개하고 중국과 조선의 지식인들이 그에 관해 논란하는 과정을 다음과 같은 몇가지 방법론적 지침에 따라 살펴볼 것이다.

우선, 이 책에서는 그 과정을 우월한 서구지식과 고루한 전통지식의 대면과 충돌로서가 아니라, 예수회사와 토착행위자들에 의해 서구지식이 토착지식 요소와 다양한 방식으로 연관되는 역동적 과정으로 파악할 것이다. 예수회사는 서구적 관념이 토착 지식사회에 큰 거부감이 없이 받아들여지도록 이를 중국의 상식, 고전적 관념과 부합하는 방식으로 소개했다. 토착지식인도 외래의 낯선 지식을 자신에게 익숙한 고전지식의 언어로 번역하여 이해했다. 이 과정은 달리 보자면 외래지식이 중국과 조선의 지적 공간에 나름의 자리를 차지하는 과정일 것이다. 이러한 관점은 외래지식을 수용한 경우는 물론 심지어 그에 대해 비판, 거부한 경우에도 적용될 수 있다. 비판과 거부의 태도란 곧 외래요소를 고전전통 중에서 부정적 요소와 부정적 방식으로 연관짓는 행위이기 때문이다. 그런 점에서 이 연구는 서구 지리학설을 수용하고 거부하는 태도의 분화를 '근대'와 '전근대'의 분기로서가 아니라 외래지식과 고전지식을 연관짓는 방식의 차이로 상대화한다.

이러한 관점은 선교사들의 지리학설, 특히 지구설이 그에 대한 문화적 저항이 거셌음에도 17, 18세기 지식사회에 비교적 널리 받아들여진 이유에 대해 한가지 새로운 해답을 알려준다. 외래 학설을 접한 토착지식인들은 이를 고전적 요소와 융합해 그 외래성과 불온함을 약화하려 했고, 선교사들이 전한 지식 중 성공적으로 수용된 것들은 바로 그 작업이 원활히 이루어진 경우라고 볼 수 있는 것이다. 즉 외래지식의 성공적 정착 여부는 그 지식 본연의 합리성 여부는 물론, 그것이 토착지식 요소와 우호적 연대를 맺는 데 성공했는지의 여부에도 크게 의존했다.

외래지식과 기존 지식이 서로 연관을 맺는 양상을 좀더 세밀히 포착하기 위해 이 연구는 다음과 같은 세가지 부가적 관점을 도입한다.

첫째, 외래지식 요소가 토착지식의 그물망에 편입될 때, 유입되는 지식뿐만 아니라 이를 받아들이는 그물망 자체의 지형도 변화한다는 점에 주목해야 한다. 예를 들어 중국의 고전우주론에는 유례가 없던 '지구' 관념이 받아들여지는 과정은 그에 걸맞도록 중국 고전우주론 문헌이 재해석되는 과정이기도 했다. 즉 중국 고전문헌이 지구설의 관점에서 그와 부합하는 방향으로 새로이 해석되기 시작했던 것이다. 따라서 이 글은 토착지식인이 선교사의 학설을 어떻게 이해했는지의 문제뿐만 아니라 그들이 서구지식과 관련하여 중국의 고전지리학 전통을 어떻게 해석했는지의 측면도 함께 보게 될 것이다. 모든 유의미한 지식 전파는 외래지식과 토착지식이 쌍방향의 영향을 주고받는 과정이며, 따라서 연구자의 과제란 이질적 지식 자체의 변화와 그것이 야기한 변화 사이의 변증법적 긴장을 적절히 포착하는 일이다. 외래지식은 많은 경우 기존 지식의 공간에 국소적 흔적만 남기고 동화되지만, 간혹 기존 그물망 전체를 뒤흔드는 지적 변혁의 계기가 되기도 한다. 그렇다면 17,18세기 중국과 조선에서 예수회의 지리학과 동아시아 고전지리학의 상호작용은 어떤 방식으로 일어났을까? 그것은 기존 지식체계를 넘어서는 지적 변화를 야기했는가? 그렇지 않다면 서구 지리학이 토착전통에 동화되는 가운데 그 토양에 어떠한 국지적 변화를 일으켰는가?

둘째, 이 연구는 예수회사의 지리지식과 대면했던 동아시아의 고전적 지리학 전통을 균일하고 조화로운 지식체로 파악하지 않는다. 단적으로 선교사들의 서양 지리학은 어떤 단일한 전통지리학 체계와 대면하지 않았다. 예수회가 도래하기까지 수천년간 이어져온 땅에 대한 고전적 논의에는 여러 이질적인 경향이 섞여 있었다. 예수회사의 지식은 이미 균열과 긴장이 도사리고 있는 지식공간에 던져졌으며, 그 결과 외래지식과 토착지식의 상호작용도 복잡한 양상으로 전개되었다. 예를 들어 예수회의 지리학설에 접한 지식인은 이를 고전지리학 내의 어떤 경향과 연관 지을지 선택할 수 있었으며, 그에 따라 예수회 학설과 고전지리학의 관계 맺음은 상당히 다른 양상을 띨 수 있었다. 예수회 지리학이 고전지리학의 어떤 요소와 관계를 맺게 되는가에 따라 그것이 지닌 불온한 힘이 증폭될 수도, 반대로 약화될 수도 있었다. 이렇듯 고전전통 내부의 균열을 논의에 포함하게 되면, 서구지식이 겪고 일으킨 역동적 변화를 더욱 세밀히 포착해낼 수 있을 것이다.[22]

---

22) 예수회의 지리학지식에도 어떤 균열이나 내부 모순이 없었는지 질문할 수 있을 것이다. 하지만 예수회 선교사들은 당시 유럽 지리학에서 중국 선교에 필요한 요소만 선택하여 중국에 소개하였고, 그 내부에 어떠한 모순도 드러나지 않도록 세심히 배려했다. 그 결과 선교사의 지식은 비교적 일관된 체계를 지니고 있었다. 하지만 바로 그 때문에 이를 '서구'지식이라고 일반화하기 어렵다는 점 또한 분명하다(이 책의 제1장 참조). 그 때문에 이 책에서는 '예수회'의 지리학이라는 용어를 더 선호해서 사용했다. 편의상 '서구' 지리학이라는 용어를 자주 사용했지만, 그 경우에도 '예수회가 소개한 서구 지리학'이라는 뜻 이상은 아니다.

셋째, 고전지리학과 서구지식의 상호작용이 구체적 맥락에 처한 역사적 행위자들에 의해 수행되었다는 사실을 고려해야 한다. 고전지식과 외래지식이 맺을 수 있는 연관의 가능성은 폭넓게 열려 있지만, 이를 특정한 방식으로 한정하는 것은 특정 이해관계를 가진 역사적 행위자들의 선택에 의해서이다. 물론 200여년이라는 비교적 긴 시간에 걸쳐 중국과 조선에 산재한 인물들이 처한 국소적 맥락, 이해관계를 충분히 살피기란 어려운 일이다. 예수회의 지리학에 대한 중국인과 조선인의 논의가 공적인 권위의 조정 없이 산발적으로 진행되었기 때문에 어려움은 배가된다. 하지만 몇몇 거시적 맥락의 차이에 따른 논의양상의 변화를 확인할 수는 있다. 16세기 말부터 약 1670년대에 이르는 명말청초(明末淸初)의 중국, 그후부터 다음 세기 건륭 연간까지의 중국, 그리고 그와 동시대인 18세기의 조선에서 예수회 지리학에 대한 논의는 각각 서로 다른 양상을 띠고 전개되었으며, 이 글에서는 이러한 차이를 각 시대와 지역의 전반적인 지적 맥락과 연결하여 이해해보려 하였다. 주자성리학의 전성기였던 18세기 조선의 학인이 선교사의 지리학을 이해하고 해석하는 방식은 동시대 중국의 건가(乾嘉) 고증학자들의 작업과 상당히 다른 양상을 띠었고, 흥미롭게도 이는 17세기 중반 명청교체기 일군의 '명나라 유신(遺臣)'이 시도한 작업과 유사했음이 드러날 것이다.

6

이 책의 본론 여섯 장에서 다룰 내용은 다음과 같다.

우선 제1장과 제2장에서는 17,18세기에 만나 영향을 주고받은 땅에 대한 두 지식체계, 즉 예수회사가 소개한 서양 지리학설과 중국의 고전지리학 전통을 개관하고 비교한다. 두 지리학은 땅의 모양, 지상세계를 이루는 바다와 육지, 그 위의 나라와 문명에 대해 어떤 관념을 가지고 있었으며, 이를 어떤 방식으로 표현했을까? 두 지리학은 '서양의 지구설 대 중국의 지평론'과 같이 단지 지상세계를 파악하는 관념의 수준에서만 달랐던 것은 아니다. 각각의 지리학은 철학과 종교, 정치이념 등 지식의 다른 영역과 서로 다른 관계를 맺고 있었으며, 각 전통 내부에서 지식요소들이 연관을 맺는 양상도 달랐다. 제1장에서는 지구설과 오대주(五大州) 학설을 중심으로 한 예수회의 지리학설이 아리스토텔레스의 자연철학, 기독교적 세계상, 천문학과 우주론 등의 요소와 어떤 연관을 맺고 있었으며, 이러한 지식체계가 종국적으로는 선교사들의 지상목표인 중국 선교에 어떤 방식으로 기여하였는지를 살펴볼 것이다. 제2장에서는 선교사들의 지리학과 대면한, 땅에 대한 중국의 논의전통에 대해 탐색한다. 이 장에서는 단지 중국 고전지리학의 다양한 주제를 개관하는 데 머물지 않고, 그 내부에 존재하는 긴장과 균열을 확인해보려 한다. 중국 고전지리학 내부의 복잡한 지형은 선교사들의 지리학이 중국과 조선 지식사회에서 처하게 될 운명을 상당 부분 좌우할 것이기 때문이다.

제3장부터는 17세기 이후 중국과 조선 학인들에 의해 이루어진 논의를 살펴본다. 구체적 쟁점을 다루기에 앞서 우선 제3장에서는 논의의 전반적 양상과 시간적 변화 추이를 개관하려 한다. 지구설과 오대주설을 중심으로 한 선교사들의 학설이 얼마나 널리, 심각하게 논의되었는지 살펴볼 것이다. 이는 '우수한' 외래 학설이 토착사회에 '보급'된 정도를 가늠하기 위해서가 아니다. 논의의 초점은 중국과 조선의 청중들이 선교사들의 의도와 기대로부터 어떻게 '일탈'해갔는지, 그리하여 나름의 토착적 논의질서가 어떤 양상으로 창출되었는지 추적하는 데 있다. 외래 학설에 대한 토착 논의질서를 파악하기 위해 이 글에서는 중국과 조선의 학인들이 세계에 대한 견해를 표현하는 두 양식으로 '우주론'과 '문헌학'이라는 변수를 도입할 것이다. 이를 통해 외래의 지리지식을 둘러싸고 중국과 조선이라

는 넓은 공간에서 200년에 걸쳐 이루어진 다양한 작업을 분류하여 그들간의 친소(親疎) 또는 영향관계를 추적할 것이다. 이러한 분석을 통해 이 시기 중국과 조선에서 이루어진 예수회 학설에 대한 해석이 명말청초 일군의 자연철학자, 18세기 조선의 우주론자, 그리고 18세기 청대(淸代) 고증학자가 각각 대변하는 세 경향으로 분기하였음을 확인할 것이다.

제4~6장에서는 지구설과 오대주설을 둘러싼 구체적 쟁점을 두고 어떤 논의가 이루어졌는지 다룰 차례이다. 우선 제4장에서는 지구설과 고전우주론 사이의 여러 이론적 충돌이 부각되고 조정되는 과정을 살펴볼 것이다. 구체적으로 지구 관념과 지평(地平)·지방(地方) 관념의 충돌, 대척지(對蹠地)의 존재 문제 등에 대해 중국과 조선 학인들이 어떻게 논의했는지를 다룬다. 그 과정에서 명말청초 중국과 18세기 조선 학자들이 추구한 '중서(中西) 우주론의 회통'과 청대 건가 고증학자들의 문헌학적·역사학적 논의가 구체적인 쟁점을 둘러싸고 어떻게 분기했는지 드러날 것이다.

제5장과 제6장에서는 오대주의 세계상을 담고 있던 선교사들의 세계지도와 지지(地誌)에 대해 토착 학인들이 보인 반응으로부터 논의를 시작할 것이다. 비교적 이론적인 쟁점을 야기했던 지구 관념과는 달리 중국을 넘어서는 넓은 세계, 그 속의 다양한 나라를 다룬 세계지도와 지지는 동아시아 문명의 '타자(他者)'에 대한 정보를 담고 있었으므로 그를 둘러싼 논의는 일반적 세계상에 관한 쟁점으로 쉽게 비화되었다. 넓은 세계와 다양한 민족의 존재는 중국을 중심으로 한 '상식'의 정당성을 위협함으로써 중국과 조선 학인의 중화주의적 세계상에 도전했다. 제5장과 6장에서는 서구 지리학설을 받아들인 이들 대다수가 선교사들의 지리학과 중화주의적 세계상을 양자택일의 관점에서 보지 않고 양자의 갈등을 조정하려 했음을 보여줄 것이다. 그들은 이러한 조정을 통해 중화주의적 세계상, 나아가 그들의 '상식'이 서양 지리학이 제시한 지구와 오대주의 폭넓은 지평에도 적용될 수 있도록 노력했다. 외래 지리학의 불온함을 길들이려는 토착지식

인의 시도는 완벽한 성공을 거두었을까? 글의 마지막에서는 이러한 조정의 시도, 기존 '상식'을 지구적 지평으로 확장하려는 노력이 완벽하지는 않았음을, 서양 지리학설이 선교사들이 예상하지 않은 방식으로 그들의 '상식'에 작지만 중요한 균열을 만들어내고 있었음을 보일 것이다.

베드로의 그물: 서구 지리학과 선교

베드로의 그물: 서구 지리학과 선교

땅과 바다는 본래 둥근 모양으로 합하여 하나의 구(球)를 이루어 천구(天球) 가운데 위치하니, 참으로 계란의 노른자가 흰자 안에 있는 것과 같다. 땅이 모나다는 말은 그 덕(德)이 고요하여 움직이지 않는 본성을 말하는 것이지 그 형체를 말하는 것이 아니다.[1]

1602년 마떼오 리치의 「곤여만국전도(坤輿萬國全圖)」에 실린 이 선언은 새로운 관념을 낡은 전통에 기대어 표현하는 전형적인 예에 속한다. 자신의 세계지도에 전제된 '지구'라는 낯선 명제를 중국인들에게 소개하면서 리치는 고대중국의 혼천설(渾天說)에 등장하는 '계란과 노른자'의 비

---

1) 마떼오 리치『乾坤體義』卷上,「天地渾儀說」, 朱維錚 主編『利瑪竇中文著譯集』(上海: 復旦大學出版社 2001), 518면: 地與海本是圓形, 而合爲一球, 居天球之中, 誠如鷄子黃在靑內. 有謂地爲方者, 語其德靜而不移之性, 非語其形體也.『건곤체의』는 「곤여만국전도」의 도설 중 천문학과 우주론에 관계된 부분만을 선별하여 편집한 책이다. 「곤여만국전도」의 원래 도설도 같은 책 167~226면에 실려 있다.

유를 원군으로 동원했다. 다른 한편 중국 우주론의 기본교의인 '천원지방(天圓地方)'에 대해서는 하늘과 땅의 모양이 아니라 덕성을 표현하는 말이라고 새로운 해석을 제시함으로써 그 권위있는 명제와의 대립을 회피했다. 고전전통과의 이러한 관계설정은 리치를 비롯한 예수회 선교사들이 애초부터 중국의 지적 전통을 깊이 의식하고 있었음을 보여준다. 그 속에는 동맹을 맺을 수 있는 지점과 함께 어떤 방식으로든 무력화해야 할 요소가 섞여 있음을 리치는 깨닫고 있었다. 이는 그가 기독교의 교리를 설명할 때 고대유교의 인격적인 상제(上帝) 관념을 적극 채용한 반면, 송대(宋代, 960~1279) 성리학의 이신론(理神論)적인 이(理) 관념을 비판한 것과 같은 궤에 있다.[2] 선교사들의 유럽 지리학 소개는 달리 말해 중국의 지적 전통을 재해석하고 이를 유럽의 지식과 관계맺는 작업이기도 했다.

새로운 지식을 고전전통과 연관지어 해석한 것은 선교사들의 지리학과 대면한 중국과 조선의 지식인들도 마찬가지였다. 고전문헌에 기록된 관념에 익숙하던 그들은 바로 그 고전의 창을 통해 이방인들이 전해준 지식을 이해했다. 물론 중국과 조선의 지식인들이 두 전통의 관계를 파악하는 방식은 각각의 지적 성향이나 그들이 처한 사회문화적 맥락에 따라 다양한 편차를 띠고 나타났다. 이 글은 바로 그와 같은 이해의 다양한 방식, 즉 두 전통을 관계맺는 다양한 양상을 파악하려는 시도이다.

이를 위해서 이 장과 다음 장에서는 서로 대면하고 있던 두 지리학, 즉 선교사들이 소개한 서구 지리학과 땅에 대한 중국의 고전전통을 비교해보려 한다. 기독교 선교를 위해 '구만리 풍도(風濤)를 넘어' 중국에 온 서양 선교사들은 어떤 동기에서 어떤 내용의 지식을 소개했을까? 마떼오 리치가 깊이 의식하고 있었고 동아시아인들이 이방의 지식을 이해하는 데 디

---

2) 유교전통에 대한 리치의 태도에 대해서는 김기협 「마테오 리치의 中國觀과 補儒易佛論」 (연세대학교 박사학위논문 1993), 101~17면 참조.

딤돌이 된 중국 지리전통의 내부 지형은 어떠했을까?

이러한 비교의 목적이 단지 서양 지리학과 중국 지리학의 현격한 차이를 확인하는 데 있는 것은 아니다. 오늘날 대다수 연구자들은 '땅은 둥글다'는 서양의 관념이 '땅은 모나다'는 중국의 관념과 일으킨 충돌을 강조하지만, 실제로는 17, 18세기 서양 선교사 및 토착지식인의 상당수가 두 전통의 차이와 함께 유사성에 주목했다. 당시 인물들이 두 전통을 비교하고 연관시킨 복잡한 방식을 포착하기 위해 이 글에서는 두 지리전통 각각을 구성하는 지적 요소들이 내부의 다른 요소들, 그리고 외부의 지적·문화적 요소들과 어떻게 연관되었는지 추적하는 데 초점을 맞출 것이다. 만약 '둥근 땅'과 '모난 땅' 같은 관념이 각각의 전통에서 다른 요소들과 연관되는 방식에 주목한다면, 우리는 중국인과 조선인들이 외래지식을 해석하는 과정에서 누린 상상외로 다양한 선택의 여지를 발견할 수 있을 것이다.

1. 명말청초 예수회 선교사들의 서양 지리학 소개

이후 100여년에 걸쳐 이루어질 예수회 선교사들의 서구 지리학 소개는, 마떼오 리치가 광동(廣東)의 조경(肇慶)에 첫 선교 근거지를 확보한 직후인 1584년 「여지산해전도(輿地山海全圖)」라는 세계지도를 제작하면서 시작되었다. 리치의 기록에 따르면, 선교당을 방문한 지역 사대부들이 접견실에 걸려 있던 유럽 세계지도에 호기심을 보였고, 조경 지부(知府) 왕반(王泮)이 리치에게 이를 중국어로 번역, 판각하자고 제안했다. 제작된 지도에 중국인들은 깊은 인상을 받았다. 왕반은 세계지도가 새겨진 목판을 자기 집에 소중히 보관했고, 인쇄된 지도를 주위의 고명한 인물들에게 선물했다.[3]

---

3) 지금은 전해지지 않는 리치의 1584년 세계지도와 그 제작경위에 대해서는 Pasquale M.

세계지도에 대한 중국인들의 관심은 리치가 이후 남창(南昌), 남경(南京)을 거쳐 그의 선교 최종 목적지인 북경을 향해 근거지를 옮길 때마다 재현되었고, 그때마다 조경에서의 지도를 다시 그리거나 남경의 「산해여지전도」(山海輿地全圖, 1600), 북경의 「곤여만국전도」(1602)와 「양의현람도」(兩儀玄覽圖, 1603)처럼 증보된 새로운 지도를 제작했다. 조경에서 북경으로 이어지는 리치의 20년 행로는 곧 세계지도의 제작과 증보의 과정이기도 했다.[4]

기독교 선교를 위해 중국에 온 리치가 상당한 시간과 노고를 요하는 일련의 지도 제작을 선교사업과 무관하게 수행했을 리는 없다. 그는 세계지도가 중국 선교에 유용한 도구임을 일찌감치 깨달았다. 무엇보다도 세계지도는 자명종, 성화(聖畵) 등과 함께 중국인들이 경험하지 못한 진기한 물건으로서 사대부들의 관심을 끌고 환심을 살 수 있는 훌륭한 기호품이었다. 선교의 기반을 닦는 과정에서 중국인 유력자의 도움을 필요로 했던 리치는 이러한 물건을 선사하여 그들의 관심과 호의를 얻으려 했다.[5] 이러한

D'Elia, "Recent Discoveries and New Studies(1938~60) on the World Map in Chinese of Father Matteo Ricci S.J.," *Monumenta Serica* 20(1961), 85~88면; 洪煨蓮「考利瑪竇的世界地圖」,『禹貢』5(3~4) (1936), 71~75면(周康燮 主編『利瑪竇研究論集』, 崇文書店 1971, 67~116면에 재수록) 참조. 이에 대한 좀더 극화된 설명으로는 Vincent Cronin, *The Wise Man from the West*(New York: E.P. Dutton & Co. Inc. 1955), 73~75면; Nicolas Trigault, tr. by Louis J. Gallagher, *China in the Sixteenth Century: The Journal of Matthew Ricci: 1583~1610*(New York: Random House 1953), 165~69면 참조.

4) 마떼오 리치 세계지도의 제작과 증보 과정에 대해서는 Pasquale M. D'Elia, 앞의 글 82~164면 참조. 리치의 지도가 중국 사대부 계층에서 누린 인기는 그의 지도를 모사한 여러 해적판의 유행을 통해서도 알 수 있다. 북경판 「곤여만국전도」를 제작하는 과정에서 지도제작공들이 비밀리에 모각본을 만들어 이를 고기에 펴매헌 일이나 『三才圖會』『圖書編』등 명말의 대표적 백과사전에 리치 지도의 모사본이 삽입된 점 등이 그 좋은 예다(같은 글 114면).

5) 진기한 선물로서의 세계지도에 대해서는 祝平一「跨文化知識傳播的個案研究: 明末淸初關於地圓說的爭議, 1600~1800」,『中央研究院歷史語言研究所集刊』69(3)(臺北 1998), 602

시도의 절정은 1601년 명나라 만력제(萬曆帝)에게 '공물(貢物)'을 바친 일일 것이다. 당시 남경에 머물며 북경 진입을 노리던 리치 일행은 황제에게 천주경(天主經), 성모상, 십자가, 자명종, 서금(西琴, 클라비코드)과 함께 「만국도지(萬國圖志)」를 바쳐 북경에서의 포교 허가를 얻고자 했다.[6] 전략은 대체로 성공적이었다. 상당수의 유력인사들이 세계지도를 비롯한 진기한 선물에 매료되었고, 그에 상응하는 보답이 뒤따랐다. 특히 황제에게 바친 선물은 중국인의 관점에서 외국 사신이 자기 나라의 진기한 물산을 바쳐 정치적 복속을 표현하는 전통적 조공의례와 잘 부합했다.[7] 리치는 자신의 나라 '구라파'의 정보가 담긴 세계지도를 황제에게 바침으로써 중국 중심의 세계질서에 복종하는 온순한 외이(外夷)로 자처한 것이다.[8]

하지만 리치에게 자신의 세계지도는 예컨대 중앙아시아의 유목민족이 바치는 조잡한 공물과는 질적으로 달랐다. 그 속에는 세계의 유일한 문명 국으로 자부하는 중국인들도 파악하지 못한 '천지(天地)의 진리'가 담겨 있었다. 리치는 중국인들이 유럽 천문학과 지리학의 탁월함을 깨닫게 되면 선교사들이 고상한 학문을 지닌 문명인임을 알게 될 것이고, 결국에는 천문학과 지리학보다 더 상위의 진리인 기독교에도 관심을 가지게 되리라 생각했다. 경선(經線)과 위선(緯線)의 그물 위에 펼쳐진 자신의 세계지도

면 참조.

6) 마떼오 리치가 황제에게 바친 선물에 대해서는 Nicolas Trigault, 앞의 책 313면; 李一鷗 「利瑪竇年譜初稿 上」, 周康燮 主編, 앞의 책 33~34면 참조.

7) 예수회 선교사들의 활동을 기록한 중국측의 공식문헌은 이를 대개 '입공(入貢)'이라는 용어로 표현했다. 예컨대『明史』「外國傳」의 "이딸리아(意大里亞)"(卷326, 北京: 中華書局 1974, 第28冊, 8459면) 참조. 마떼오 리치 스스로도 자신의 선물이 중국인들에게 어떤 의미를 지니는지 잘 알고 있었으며, 오히려 이를 적극 활용했다. 이는 리치가 1601년 만력제에게 선물을 바치면서 올린 상주문에 잘 나타난다(마떼오 리치「上大明皇帝貢獻土物奏」, 朱維錚 主編, 앞의 책 232~33면).

8) 특히 세계지도는 뱃길로 9만리나 떨어진 유럽이 중국을 위협할 나라가 아님을 보여주는 증거로도 이용되었다(Nicolas Trigault, 앞의 책 167~68면).

는 중국인의 영혼을 사로잡기 위해 신이 예비한 '베드로의 그물'이었던 셈이다.[9]

중국 선교에서 천문학과 지리학이 지닌 유용성을 서술한 리치의 일지는 기본적으로 천지에 대한 '중국적 오류'와 '유럽적 진리'의 대조를 축으로 전개된다.

> 리치 신부가 전중국의 철학계를 놀라게 한 것은 바로 중국인들에게는 새로웠던 유럽의 과학지식을 통해서였다. (…) 그들은 그로부터 (…) 처음으로 세계가 둥글다는 것을 배웠다. (…) 그들은 세계의 모든 표면에 사람이 거주하고 있다거나 땅의 반대편에도 사람이 떨어지지 않고 살 수 있다는 점을 알지 못했다. (…) 그들은 하늘이 단단한 물질로 이루어져 있고, 별들은 고정되어 제멋대로 움직이지 않으며, 10겹의 천구(天球)가 서로를 감싼 채 반대되는 힘들에 의해 움직인다는 사실을 알지도 못했고 사실상 들어보지도 못했다. 그들의 원시적 천문학은 이심(eccentric)이나 주전원(epicycle)에 대해서도 아는 바가 없었다. (…) 마떼오 리치가 중국에 오기 전까지 중국인들은 (…) 지구의 표면이 경선과 위선으로 구획된 것을 본 적도 없었고, 적도, 회귀선, 양극, 지구상의 기후대 구분에 대해서도 전혀 알지 못했다.[10]

당시 유럽의 표준적 우주론에 근거한 '진리'와 '무지'의 긴 대조표를 보면, 선교사들은 중국의 권위에 복종하는 온순한 외이로 행동하면서도 내심으로는 오히려 천지에 대한 중국인들의 무지를 깨우치려는 계몽자로 자처했음을 알 수 있다. 그들은 이를 바탕으로 종국에는 자연세계를 넘어 영적인 구원의 진리를 이교도들에게 현시하려 했다. 이러한 전략은 저어도 중

---

9) 세계지도를 '베드로의 그물'에 비유한 것은 같은 책 166면 참조.
10) 같은 책 325~27면.

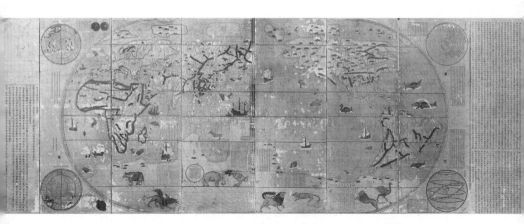

그림 1-1. 마떼오 리치, 「회입곤여만국전도(繪入坤輿萬國全圖)」의 1708년 조선 모사본. 경기도 남양주 봉선사 소장본의 사진. 서울대 규장각한국학연구원 소장. 원지도는 한국전쟁중 소실되었으나 2011년 실학박물관에서 이 사진을 이용해 원래 크기로 복원했다.

국 기독교사에서 중요한 역할을 하게 될 몇몇 중국인에게는 효과가 있었다. 이후 중국 기독교의 '3대 기둥'으로 불리게 될 서광계, 양정균(楊廷筠, 1557~1627), 이지조(李之藻, 1565~1630)가 그들로서, 특히 이지조는 리치의 세계지도에 담긴 천지에 대한 '불변의 진리'에 매료된 뒤 종국에는 천지의 창조주인 '천주(天主)'에 대한 신앙을 가지게 되었다.[11]

바로 이지조의 권유와 협조로 제작된 1602년 북경판 「곤여만국전도」는 하늘과 땅에 관한 유럽의 '우월한' 지식을 총괄한 문헌이었다(그림 1-1). 그것은 대륙과 해양의 윤곽, 그 위에 펼쳐진 여러 나라를 표현한 지도였을 뿐만 아니라, 리치가 로마대학(Collegio Romano)에서 당대 유럽 천문학의

---

11) 이지조를 비롯한 이들 세 사람의 개종과정을 추적한 연구로는 Willard J. Peterson, "Why Did They Become Christians?: Yang T'ing-yün, Li Chih-tsao, and Hsü Kuang-ch'i," Charles E. Ronan, S.J. & Bonnie B.C. Oh eds., *East Meets West: The Jesuits in China, 1582~1773*(Chicago: Loyola University Press 1988), 129~72면 참조.

대가 클라비우스(Christopher Clavius, 1538~1612)에게 배운 과학지식이 여백에 짜임새있게 정리된 종합적인 우주론 문헌이었다. 거기에는 지구설, 일월식의 기제, 아리스토텔레스의 구중천(九重天) 모델과 4원소설 등이 정리되었고, 15세기 말 이후 100여년에 걸쳐 진행된 '지리적 발견'의 성과가 다섯 대륙과 여러 나라에 대한 간략한 설명의 형태로 표현되었다.[12] 지도에 부친 리치의 발문(跋文)은 그가 종국적으로 노린 것이 무엇인지를 잘 보여준다.

> 듣건대 천지는 한권의 거대한 책으로, 오직 군자만이 능히 이를 읽을 수 있어 이에 도(道)가 이루어진다. 대개 천지에 대해 알게 되면 천지를 주재하는 자가 지선(至善), 지대(至大), 지일(至一)함을 증명할 수 있다.[13]

그의 세계지도는 곧 신이 저술한 우주라는 '책'의 재현으로서, 중국인들을 세계의 원저자(原著者)인 천주에게로 인도할 첫 관문이었던 셈이다.

유럽의 과학을 매개로 한 리치의 선교전략은 성공적이었다. 그는 이를 통해 서광계, 이지조 등의 비중 있는 개종자를 얻었으며, 상당수의 사대부들과 우호적인 관계를 맺을 수 있었다. 제국의 수도 북경에 선교 근거지를

---

12) 「곤여만국전도」와 그 도설은 朱維錚 主編, 앞의 책 167~226면 참조. 「곤여만국전도」의 도설은 클라비우스의 『싸크로보스코의 『천구론』에 대한 주석』(*Commentary on the Sphere of Sacrobosco*, 로마, 1581년판)을 대본으로 이용했다. 싸크로보스코의 『천구론』(*Sphere*)은 중세와 르네상스 유럽 대학에서 천문학 교재로 널리 이용되었다. 후대의 많은 학자들이 그에 대해 주석을 달았는데, 클라비우스의 것은 16세기 말까지 유럽 천문학과 우주론 연구의 성과를 집대성하여 상당한 인기를 누렸다고 한다. 유럽 과학사에서 클라비우스의 수학과 천문학의 위치에 대해서는 James M. Lattis, *Between Copernicus and Galileo: Christopher Clavius and the Collapse of Ptolemaic Cosmology*(Chicago: University of Chicago Press 1994) 참조.

13) 朱維錚 主編, 앞의 책 183면: 嘗聞天地一大書, 惟君子能讀之, 故道成焉. 蓋知天地而可證主宰天地者之至善至大至一也.

확보하는 데도 성공했다. 그에 따라 리치의 전략은 그의 사후에도 동료 선교사들에게 계승되어 유럽의 천문학, 지리학, 자연철학 지식이 본격적으로 번역, 소개되기 시작되었다. 이는 중국역사상 그로부터 1천여년 전 인도에서의 불교 수용 이래 가장 대규모의 신지식의 도입이었다.

리치 이후 예수회사들이 지리학을 비롯한 유럽과학을 소개한 방식은 「곤여만국전도」에 집약된 여러 요소를 확장하고 보완하는 성격을 띤다. 리치의 지도에 인상적으로 종합된 지식을 토대로 선교사들은 자신의 전문적 소양에 따라, 그리고 중국인들의 수요와 선교사업의 필요에 부응하여 천문학과 자연철학, 지리학 분야의 독립적 문헌들을 저술했다. 이 글의 관심대상인 유럽의 지리학지식은 지도 및 지지 같은 지리문헌은 물론, 천문학과 자연철학 관련서적에도 분산 소개되었다.

서구 천문학의 핵심 모델이었던 지구 관념은 선교사들의 천문학 저술에서 상세히 해설되었다. 실제로 선교사들이 가장 공들여 소개한 분야는 유럽의 천문학이었다. 리치는 이미 생전에 천문학이야말로 예수회가 중국 조정(朝廷)에 정착할 수 있는 훌륭한 수단임을 깨달았다. 남경 천문대를 돌아본 그는 그곳에 비치된 의기(儀器)의 정교함에 탄복하면서도 관측의 기본상수인 북극고도가 잘못 설정된 것을 보고는 당시 중국 천문학이 낙후한 상황이라고 짐작했다.[14] 중국 천문학이 처한 문제는 리치뿐만 아니라 명나라 말의 관료지식인들도 널리 인식하고 있었다. 원(元, 1271~1368)나라 곽수경(郭守敬, 1231~1316)의 수시력(授時曆)을 대통력(大統曆)이라는 이름으로 수세기 사용해온 명나라의 역법(曆法)이 이제 정확성에서 한계에 도달했고, 따라서 중대한 개혁이 필요하다는 주장이 조야(朝野)에서 제기되었다.[15] 예로부터 역법은 하늘로부터 위임받은 황제 권력의 정당성을 상

---

14) 리치는 남경의 천문의기들이 과거 '아랍인들이 중국을 지배할 때' 유럽 천문학에 소양이 있는 외국인에 의해 제조되었으리라고 추측했다(Nicolas Trigault, 앞의 책 329~31면).
15) 명말 역법의 상황과 개력논의에 대해서는 Willard J. Peterson, "Calendar Reform Prior

징했으므로 역법이 하늘의 운행과 어긋나는 사태는 왕조의 위신을 심각하게 실추시키는 일로 받아들여졌다. 하늘과 부합하는 새로운 역법으로의 개혁, 즉 개력(改曆)은 불가피했다. 리치와 이지조, 서광계 등은 바로 서양 선교사들이 그 일을 맡을 수 있으리라고 판단했다. 16세기 후반 클라비우스의 노력으로 천문학을 비롯한 수리과학에 대한 체계적인 교육이 이루어진 유럽 예수회 대학에서는 탁월한 수학자들이 상당수 배출되었다.[16] 리치는 로마의 예수회 본부에 천문학과 수학에 전문적 소양을 지닌 선교사의 파견을 요청했고, 사대부 조력자들은 서양 천문서적을 번역할 필요성을 조야에 선전하기 시작했다. 그 결과 우르시스, 디아스, 슈렉, 로, 아담 샬 등의 선교사들이 중국으로 파견되었으며,[17] 『숭정역서』(崇禎曆書)의 편찬(1631~34)으로 이어질 대규모 번역 저술사업이 리치의 사후에 시작되었다.[18]

이들이 번역, 저술한 대부분의 천문학서적에 지구설에 대한 해설과 증명이 담겨 있다. 이는 지구 관념이 고대그리스까지 거슬러올라가는 서구

---

to the Arrival of Missionaries at the Ming Court," *Ming Studies* 21(1986), 43~61면 참조.

16) 당시 예수회의 과학활동에 대해서는 John W. O'Malley et al. eds., *The Jesuits: Cultures, Sciences, and the Arts, 1540~1773*(Toronto: University of Toronto Press 1999)의 여러 글 참조. 수리과학에 대해서는 Rivka Feldhay, "The Cultural Field of Jesuit Science," 같은 책 107~30면, 마떼오 리치가 배운 로마대학의 수학교육에 관해서는 James M. Lattis, 앞의 책, 제2장; Ugo Baldini, "The Academy of Mathematics of the Collegio Romano from 1553 to 1612," Mordechai Feingold ed., *Jesuit Science and the Republic of Letters*(Cambridge: MIT Press 2002), 47~98면 참조.

17) Sabbathine de Ursis(熊三拔, 1575~1620), Manuel Dias' Jr.(陽瑪諾, 1574~1659), Joann Schreck(鄧玉函, 1576~1630), Giacomo Rho(羅雅谷, 1593~1638), Adam Schall von Bell(湯若望, 1592~1665).

18) 명말 개력과정에 대해서는 王萍『西方曆算學之輸入』(臺北: 中央研究院近代史研究所 1972); Hashimoto Keizo, *Hsü Kuang-Ch'i and Astronomical Reform: the Process of the Chinese Acceptance of Western Astronomy 1629~35*(Osaka: Kansai University Press 1988) 참조.

천문학의 핵심 가정이었기 때문이다. 기원전 4세기 그리스의 에우독소스(Eudoxos, 기원전 390?~337?)에 의해 천구와 지구의 기하학적 동심구조를 기본 모델로 한 천문학 체계가 성립된 이후, 서양의 천문학은 줄곧 육안으로 관측되는 천체의 복잡한 운행을 구와 원을 이용한 기하학적 모델을 통해 표현하려 했다. 이는 곧 지구 위 특정지역에서 관측된 천문 데이터를 동심(同心)천구 또는 주전원과 이심궤도들로 이루어진 기하학적 모델로 변환하는 일을 의미했다. 주로 천문현상의 대수적 규칙성을 발견하는 데 주력한 중국의 천문학과는 달리, 현상 배후의 기하학적 모델을 추적한 서구 천문학은 필연적으로 관측 데이터를 기하학적 모델로 전환하는 관측과 계산 기법을 발전시켰다.[19] 결국 관측지점인 지구와 관측대상인 천구가 이루는 기하학적 동심구조를 설명하지 않고서는 그것이 물화(物化)된 유럽의 기구나 계산기법을 이해시킬 수도 없었다.[20] 『건곤체의(乾坤體義)』와 『천문략』(天問略, 1615) 같은 천문학 개설서 외에도 『혼개통헌도설(渾蓋通憲圖說)』 『간평의설(簡平儀說)』 『표도설(表度說)』 등 관측기구를 소개한 저술에서 지구설이 오히려 더욱 상세히 취급된 것은 바로 그 이유 때문이다.

아리스토텔레스 철학서적은 소개된 규모나 중국인들에게 미친 영향 면에서 천문학서적과 비교할 수 없을 정도로 미미했지만, 선교사들의 입장에서는 다른 어떤 분야보다도 중요한 의미를 지니고 있었다. 아리스토텔레스 철학에는 자연학은 물론 신학에 이르기까지 지식의 모든 영역을 포괄하는 설명의 체계와 각 지식을 도출하고 연관짓고 정당화하는 사유방식이 담겨 있었기 때문이다. 선교사들이 보기에 이러한 지식의 결여야말로 중국의 지적 전통이 지닌 두드러진 결함이었다.[21] 아리스토텔레스 철학과

---

19) 서구의 고대 천문학에 대해서는 데이비드 C. 린드버그, 이종흡 옮김 『서양과학의 기원들: 철학, 종교, 제도적 맥락에서 본 유럽의 과학전통』(나남 2009), 153~90면 참조.
20) 천문 관측 및 계산활동과 지구설의 연계에 대해서는 祝平一, 앞의 글 618~19면 참조.
21) 중국의 유학에 논리학이 결여되어 있다는 리치의 관찰로는 Nicolas Trigault, 앞의

불가분으로 결합된 기독교 교리를 중국인들에게 납득시키려면 영혼과 육체, 본질과 우연 등 중세 스콜라 철학의 기본적 범주 구분과 이를 이용한 논리적 사유방식에 대한 수용이 선행되어야 했다.[22] 이러한 사정은 지구설을 비롯한 자연학 분야에서도 크게 다르지 않았다. 예컨대 '땅이 둥글다'는 명제는 4원소와 그 본성을 다루는 아리스토텔레스 철학체계를 통해 설명되었다. 아리스토텔레스 자연철학은 이를테면 지구와 그로부터 파생되는 여러 자연현상에 대한 유럽적 '소이연(所以然)'을 담고 있었던 셈이다.

서구 자연철학을 소개한 선교사들의 대표적 저술로는 푸르따두 (Francisco Furtado, 傅汎際, 1589~1653)의 『환유전』(寰有詮, 1628)과 바뇨니 (Alphonsus Vagnoni, 高一志, 1566~1640)의 『공제격치』(空際格致, 1633)를 들 수 있다.[23] 이러한 저술은 대부분 16세기 말 뽀르뚜갈의 꼬임브라 대학에서 간행된 『꼬임브라 대학 아리스토텔레스 주석서』(*Commentarii Collegii Conimbricensis*)를 저본으로 한 것이다. 『환유전』은 아리스토텔레스의 『하늘에 대하여』(*De coelo et mundo*)의 꼬임브라 주석서를 번역한 책으로, 신의 존재에 대한 증명에서 시작하여 천상계와 지상계로 이루어진 우주 전체에 관해 논의하고 있다. 바뇨니의 『공제격치』는 아리스토텔레스의 『기상학』(*Meteorologica*) 등을 저본으로 한, 이를테면 '지구과학' 개설서로서 천둥과 번개, 바람, 지진, 해류 등 지상세계의 여러 현상에 대한 아리스토

책 30면 참조. "그들은 논리의 규칙에 대한 관념이 없다. (…) 그들의 윤리학(science of ethics, 즉 儒學)은 이성의 빛에 인도되어 도달한, 일련의 혼란스러운 격언들과 추론으로 이루어져 있다."

22) 논리와 언어의 차이에서 비롯된 선교사들과 중국 사대부들 사이의 이해 장벽에 대해서는 Jacques Gernet, *China and the Christian Impact*, 1~5, 238~47면 참조.

23) 바뇨니와 푸르따두는 예수회 선교사들 중에서도 아리스토텔레스 철학서의 번역·저술에 힘을 기울인 인물이다. 위의 저서 외에도 푸르따두는 아리스토텔레스 논리학 저술을 번역한 『名理探』(1631, 1639)을, 바뇨니는 철학개론인 『斐錄答匯』(1636)를 저술했다.

텔레스주의적 설명을 담고 있다.

비슷한 시기에 지도와 지지 분야에서도 새로운 업적이 나타났다. 1623
년 롱고바르디(Niccolo Longobardi, 龍華民, 1559~1654)와 디아스가 북경에
서 제작한 지구의, 1633년 쌈비아시(Francesco Sambiasi, 畢方濟, 1582~1649)
의 「곤여전도(坤輿全圖)」, 1636년 아담 샬의 「여지도(輿地圖)」 등과 같이
리치 이후에도 새로운 세계지도가 제작되었다.[24] 그러나 이 시기에 나온
업적 중 내용의 상세함과 미친 영향의 심대함에서 1623년 알레니(Giulio
Aleni, 艾儒畧, 1582~1649)가 간행한『직방외기(職方外紀)』와「만국전도(萬國
全圖)」에 견줄 만한 것은 없을 것이다.『직방외기』는 리치의 지도에 간략히
포함된 세계지리 부분을 대폭 확충함으로써 당대 유럽이 보유한 세계지리
학 지식의 전모를 최초로 소개한 기념비적 저술이다. 이 책은『천학초함』
(天學初函, 1626)을 비롯한 총서류에 포함되어 여러 차례 간행되었고, 이를
통해 콜럼버스(끄리스또포로 꼴롬보Cristoforo Colombo)와 마젤란(페르낭 마갈양이
스Fernão Magalhães) 등 유럽인들에 의해 이루어진 '지리적 발견'의 소식이 중
국과 조선의 지식사회에 널리 전해질 수 있었다. 게다가 이 책에는 「만국
전도」가 삽입되어 많은 사람들이 유럽식 세계지도를 접할 수 있도록 해주
었다.[25] 알레니는 그외에 유럽의 사회와 문화를 소개한 책도 저술했다.『직
방외기』(職方外紀)와 같은 해에 간행된『서학범(西學凡)』에서는 유럽의 학
문과 교육제도를, 1637년 자신의 선교 근거지 복건(福建)에서 출간한『서

---

24) 그중 쌈비아시의 지도는 전해지지 않지만, 롱고바르디와 디아스의 지구의는 대영박
   물관에 보관되어 있다(曹婉如 外編『中國古代地圖集』明代, 北京: 文物出版社 1994, 圖版
   91~93과 그에 대한 해설 참조). 훗날 양광선이 비판한 아담 샬의 「여지도」는 그의『渾天
   儀說』에 같은 원추도법으로 제작된 성도(星圖)와 함께 실려 있다(아담 샬『渾天儀說』古
   今圖書集成 曆法典 卷88, 四川: 巴蜀書社 1985, 第4冊 3821면).
25) 서구 지리학의 중국 소개과정에서 알레니의『직방외기』가 지니는 의의에 대해서
   는 Bernard Hung-Kay Luk, "A Study of Giulio Aleni's Chih-fang wai chi 職方外紀,"
   Bulletin of the School of Oriental and African Studies XL(1)(London 1977), 58~84면 참조.

방답문(西方答問)』에서는 정치와 종교, 사회, 문화 등 서구사회 전반을 소개하여 중국 독자들에게 유럽에 대한 우호적인 이미지를 심어주려 했다.[26]

알레니가 『서방답문』을 간행한 1630년대 후반을 기점으로 지리학 분야는 물론 서양 과학과 철학문헌의 번역, 저술활동이 급격히 줄어든다.[27] 명청 왕조교체기의 혼란으로 인해 선교사들의 저술에 우호적인 환경이 사라진 것이 한가지 중요한 원인이겠지만, 근본적으로는 선교사들 스스로가 이제 리치에서 시작된 서양학문의 소개가 일단락지어졌다고 판단해서인 듯하다. 1630년대 『숭정역서』의 간행으로 서양 천문서적의 번역이 대개 완료되어 공식역법으로의 승인 절차만 남기고 있었으며, 지리학과 철학 분야에서도 앞서 언급한 업적들에 의해 유럽 지식의 대강이 소개된 셈이다.

이는 한 세대가 지난 1670년 즈음 청조 강희제(康熙帝)의 후원 아래 페르비스트(Ferdinand Verbiest, 南懷仁, 1623~88)의 주도로 간행된 지리문헌의 성격을 통해서도 짐작할 수 있다. 1669년 강희제에게 헌정한 유럽 소개서 『서방요기(西方要記)』를 필두로 한 그의 지리학 저술은 1674년 양반구형(兩半球形) 세계지도인 「곤여전도」와 그 도설을 책으로 엮은 『곤여도설(坤輿圖說)』의 간행으로 정점에 이른다.[28] 하지만 『곤여도설』은 새로운 내용

---

26) 알레니의 『서학범』의 내용에 대해서는 Bernard Hung-Kay Luk, "Aleni Introduces the Western Academic Tradition to Seventeenth-Century China: A Study of the *Xixue fan* 西學凡," Tiziana Lippiello & Roman Malek eds., *Scholar from the West: Giulio Aleni, S. J.(1582~1649) and the Dialogue between Christianity and China*(Nettetal: Steyler Verlag 1997), 479~518면 참조. 『서방답문』의 번역과 원문은 간단한 해제와 함께 John L. Mish, "Creating an Image of Europe for China: Aleni's Hsi-fang ta-wen 西方答問: Introduction, Translation, and Notes," *Monumenta Serica* 23(1964), 1~87면에 실려 있다.
27) 이는 예수회 선교사들에 의해 간행된 서적을 해제한 徐宗澤 『明淸間耶蘇會士譯著提要』 (北京: 中華書局 1949)(影印: 民國叢書 第一編 11 哲學宗敎類, 上海: 上海書店出版社 1989), 473~78면에 정리된 연도별 서학서 간행표를 보면 잘 드러난다.
28) 이후에도 그는 『곤여도설』의 특정 부분만을 뽑아 엮은 『坤輿格致略說』 『坤輿外

을 소개하기보다는 이전 선교사들의 저술을 편집, 종합한 성격이 짙다. 그 자신이 서두에서 밝힌 것처럼 페르비스트의 도설에는 지구설에 관해서는 우르시스의 『표도설』, 아리스토텔레스 자연철학은 바뇨니의 『공제격치』, 세계지지는 알레니의 『직방외기』에서 발췌한 내용이 포함되었다.[29] 리치 이후 천문학, 자연철학, 지도 및 지지의 세 방면으로 나뉘어 진행된 선교사들의 저술이 페르비스트의 『곤여도설』에 수렴된 것이다.[30]

한가지 중요한 변화가 있었다면, 페르비스트는 자신의 업적에 이전 선교사들이 꿈꿀 수 없던 공적 지위를 부여했다는 점이다. 이는 그가 새로운 왕조의 천문관서 흠천감(欽天監)의 관료가 되고 게다가 강희제의 두터운 신임을 받던 상황에 힘입은 것이다. 예컨대 리치의 세계지도에는 '구라파인 이마두(歐羅巴人利瑪竇)'라거나 '예수회원 이마두(耶蘇會中人利瑪竇)'라는 서명이 예수회의 인장과 함께 표시된 데 비해 페르비스트의 지도에는 '흠천감정 남회인(欽天監正南懷仁)'과 같이 그의 관직명이 부각되었다.[31] 이는 페르비스트의 지도가 더이상 이방 선교단체의 작품이 아니라, 청조의 천문관서에서 황제를 위해 제작한 청조의 세계지도임을 뜻했다. 이미 서구 천문학이 청조의 공식역법으로 채택된 상황에서 신왕조를 위한 세계지도를 제작한 페르비스트는 한걸음 더 나아가 아리스토텔레스 철학을 기초로 한 서구학문 전반을 공인받으려 했다. 그는 1683년 당시까지 선교사

紀』 등을 간행했다. 페르비스트의 지리문헌에 대해서는 Lin Tongyang, "Ferdinand Verbiest's Contribution to Chinese Geography and Cartography," in John W. Witek, S.J. ed., *Ferdinand Verbiest, S. J.(1623~88): Jesuit Missionary, Scientist, Engineer, and Diplomat*(Nettetal: Steyler Verlag 1994), 135~64면 참조.

29) 페르비스트 『坤輿圖說』 卷上, 中國科學技術典籍通彙, 天文卷 8(鄭州: 河南敎育出版社 1993), 731上면.

30) Chen Minsun, "Ferdinand Verbiest and the Geographical Works by Jesuits in Chinese, 1584~1674," in John W. Witek, S.J. ed., *Ferdinand Verbiest, S. J.: Jesuit Missionary* (⋯), 128면. 게다가 1669년의 『서방요기』 또한 알레니의 『서방답문』을 축약한 것이다.

31) Lin Tongyang, 앞의 글 148면.

들이 저술한 문헌을 포함한 『궁리학(窮理學)』이라는 60권 분량의 서학(西學)총서를 강희제에게 헌정하려 했다. 천문지리학 성과를 바탕으로 '주희(朱熹)에서 아리스토텔레스로' 중국인의 정신세계를 변화시키려 했던 페르비스트의 시도는, 하지만 강희제의 냉담한 태도로 인해 성공하지 못했다.[32]

페르비스트의 『곤여도설』을 통해 마떼오 리치의 1584년 세계지도 이래 약 100년간 진행된 선교사들의 서양 지리학 소개는 일단락되었다. 물론 18세기에 들어서도 선교사들에 의한 중요한 지리학적 업적이 몇몇 나타났다. 강희제의 명령에 따라 약 10년에 걸쳐 제작된 청제국의 지도 「황여전람도」(皇輿全覽圖, 1708~17)를 비롯하여 코페르니쿠스 학설의 소개로 유명한 브누아(Michel Benoist, 蔣友仁, 1715~74)의 「곤여전도」(1761)가 대표적인 예이다.[33] 하지만 그럼에도 18세기에 접어들어 중국의 지식청중에게 서구 지리학지식을 소개하려는 선교사들의 활동이 현격히 줄어든 점을 부정하기는 어렵다. 이러한 현상은 지리학 분야뿐만 아니라 18세기에 접어들어 예수회의 선교활동 전반이 쇠퇴한 사정을 반영한다. 18세기 초 로마 교

---

32) 『궁리학』 프로젝트의 내용과 그에 담긴 페르비스트의 의도에 대해서는 Ad Dudink & Nicolas Standaert, "Ferdinand Verbiest's *Qiongli xue* 窮理學(1683)," Noël Golvers ed., *The Christian Mission in China in the Verbiest Era: Some Aspects of the Missionary Approach*(Leuven: Leuven University Press 1999), 11~31면; "Apostolate through Books," Nicolas Standaert ed., *Handbook of Christianity in China, Volume One: 635~1800*(Leiden: Brill 2001), 606~608면 참조.

33) 「황여전람도」의 제작 과정에 대해서는 Theodore N. Foss, "A Western Interpretation of China: Jesuit Cartography," in Charles E. Ronan, S. J. and Bonnie B. C. Oh eds., 앞의 책 220~40면 참조. 브누아가 제작한 「곤여전도」의 도설은 1802~1803년 완원(阮元)의 후원으로 『지구도설(地球圖說)』이라는 이름으로 출간되었다. Nathan Sivin, "Copernicus in China," *Science in Ancient China: Researches and Reflections*, 제4장, 39면). 이는 속수사고전서(續修四庫全書) 1035에 실려 있다. 브누아의 지도가 세계지리 지식 분야에서 이룬 한가지 개량이 있다면, 페르비스트의 지도에까지 나타나던 남반구의 '마젤란대륙'이 삭제되었다는 점이다. 이는 18세기에 진행된 남반구 탐험의 성과가 반영된 것이다.

황청의 사절에 의해 중국의 유교전례에 관용적이던 예수회의 선교정책이 공식적으로 부정되자, 기독교와 선교사들에 대한 황제와 중국 사대부들의 태도는 강경한 입장으로 선회했다.[34] 1774년 예수회의 공식적 해체에 이르기까지 예수회 선교사들은 리치로부터 페르비스트까지의 인물들이 누리던 선교의 자유, 중국 사대부 계층과의 활발한 지적 교류의 기회를 잃고 북경의 천문관서에 고립되어 청조의 황제에게 봉사하는 전문가로 존립했다. 18세기 예수회의 지리문헌에 나타나는 대중적 활력의 쇠퇴는 한편으로 예수회 선교사들의 이러한 궁색한 처지를 반영하고 있었던 것이다.

리치의 세계지도에서 페르비스트의 『곤여도설』에 이르는 서구 지리학의 소개과정은 마치 하나의 유기체가 태어나서 성숙하는 모습을 연상시킨다. 선교사들의 지리문헌은 100여년의 시기에 걸쳐 여러 저자에 의해 저술되었는데도, 그 과정은 단일한 기획에 의해 지휘된 것 같은 인상을 준다. 리치 이래 선교사들은 마치 집단저술가처럼 활동했고, 그 결과 그들이 소개한 지리학지식은 상당한 내적 일관성을 띠게 되었다.[35] 물론 선교사들의 지식이 조금의 일탈과 변화도 용납하지 않는 체계는 아니었으며, 실제로 당대 유럽에서의 변화를 일부 반영한 증보와 수정이 여러 차례 이루어졌다. 게다가 100여년의 비교적 긴 시기에 걸쳐 서로 다른 환경에 처한 저자들 사이에는 같은 내용을 다루는 경우에도 그 강조점에서 미묘한 차이

---

34) 18세기 초 이른바 '전례논쟁'에 대해서는 D. E. Mungello ed., *The Chinese Rites Controversy: Its History and Meaning*(Nettetal: Steyler Verlag 1994)에 실린 여러 논문 참조.
35) 예수회 문헌의 일관성과 유기적 성격은 이미 여러 연구자에 의해 언급된 바 있다. 예컨대 예수회의 자연철학 저술을 종합적으로 검토한 피터슨은 그 문헌에 담긴 지식들이 하나의 '단일한 체계'(a unitary system)를 이루고 있다고 지적했다(Willard J. Peterson, "Western Natural Philosophy Published in Late Ming China," 295~322면, 특히 295면). 지리학 분야에서도 다양한 저자들 사이에 관통하는 일관성이 지적된 바 있다(Chen Minsun, 앞의 글 123~33면). 그에 따르면, 이러한 일관성은 선교사들이 전한 지식 내의 사소한 불일치도 선교사들에 대한 중국인들의 신뢰감에 손상을 입혀 선교활동에 부정적인 영향을 미칠 수 있다는 판단이 작용한 결과이기도 했다.

가 나타나게 마련이었다. 하지만 이러한 요인들이 지리학지식 전반의 내용, 그리고 이를 통해 선교사들이 전달하고자 했던 대의에 근본적인 변화를 초래할 정도는 아니었다.

이제부터는 선교사들이 소개한 서구 지리학지식을 구체적으로 살펴볼 차례이다. 그 지식의 핵심은 물론 '땅이 둥글다'는 지구 관념과 지구 위를 점하고 있는 다섯 대륙에 관한 것이었다. 이는 오늘날에도 대체로 타당하다고 인정받을 수 있는 지식이다. 하지만 이어지는 논의에서는 그것이 당시 유럽의 철학과 종교 등 지리학 외적인 요소와 맺고 있는 연관을 추적함으로써 그 '근대적'인 외양 속에 감추어진 생소함과 '중세적' 성격을 드러내보려 한다. 문제는 당시 중국과 조선의 지식인들도 그들이 처음으로 접한 서구지식에서 우리가 느끼게 될 것과 유사한 생소함, 심지어는 불온함을 느꼈다는 사실이다.

2. 지구와 아리스토텔레스 자연철학

(1) 하늘과 땅의 기하학적 상응

선교사들이 소개한 지리학 명제 가운데 중국과 조선의 지식인들에게 가장 인상적이었던 것은 바로 '지구' 관념이었다. 상당수의 토착지식인들이 지구설의 진위, 그것과 중국 고전우주론의 관계에 대해 진지하게 논의했다. 그러나 지구설을 소개한 가장 이른 문헌의 하나인 「곤여만국전도」에서 리치는 서구 우주론의 독특함을 지구 명제 자체에서 찾지 않았다. 리치에게는 지구설이 고대중국의 혼천설에서 이미 밝혀진 것으로서 중국과 서양이 공유하는 지식이었다. 과거 중국의 어떠한 전통으로도 환원될 수 없는 서구 우주론의 독특함은 지구설이 함축하고 있는 다른 명제로부터 비롯되었다. 그것은 '천지도수(天地度數)의 상응', 즉 천구와 지구 사이의 엄밀한 기하학적 연관에 관한 지식이었다. 이 명제야말로 이 장의 첫머리에 인용한 리치의 '지구 선언'을 관통하는 기본 주제였다.

> 땅과 바다는 본래 둥근 모양으로서 합하여 하나의 구(球)를 이루어 천구의 가운데 위치한다. (…) 하늘이 땅을 감싸고 있으므로, 그 둘은 상응한다. 그러므로 하늘에 남북의 두 극(極)이 있듯 땅도 그것을 가지고 있으며, 하늘이 360도로 나뉘듯 땅도 그와 같다.[36]

하늘과 땅이 동심구를 이룬다면, 천구의 좌표는 그대로 안쪽의 지구로 투사될 수 있다. 따라서 천구의 적도는 지구의 적도와, 그리고 천구 적도의 아래위로 태양이 오르내리는 남북위 23.5도의 한계선은 각각 지구의 남북 회귀선과 상응한다.

천구와 지구의 좌표가 기하학적으로 대응됨으로써 얻을 수 있는 가장 큰 이점은 바로 천체현상과 지상현상을 둘 사이의 수학적 관계를 통해 설명할 수 있다는 점이다.

그 첫번째 예로 선교사들이 언급한 것은 '남북 이차(里差)'와 '동서 시차(時差)' 현상이었다. 이차란 지구 위에서 남북으로 이동할 경우, 북극고도(남반구에서는 남극고도)가 그에 따라 일정하게 변화하는 현상을 가리킨다. "곧바로 북쪽으로 가는 사람은 매 250리마다 북극고도가 1도 높아짐을 깨닫게 될 것이며 (…) 곧바로 남쪽으로 가는 사람은 매 250리마다 북극고도가 1도 낮아짐을 깨닫게 될 것이다." 이는 지구상의 남북 위치, 즉 위도에 따라 관측되는 별자리가 달라짐을 뜻했다. 북경에서 남쪽으로 내려가

---

36) 마떼오 리치『乾坤體義』卷上,「天地渾儀說」, 朱維錚 主編『利瑪竇中文著譯集』, 518면: 地與海本是圓形, 而合爲一球, 居天之中 (…) 天旣包地, 則彼此相應, 故天有南北二極, 地亦有之, 天分三百六十度, 地亦同之.

면 북극성의 고도는 일정한 비율로 낮아지고, 그에 따라 북경에서는 보이지 않던 별들이 남쪽 하늘에 나타나기 시작한다. 적도를 지나 남반구로 접어들면 북극성은 북쪽 지평 너머로 아예 사라지고 북반구에서는 전혀 볼 수 없던 별들이 하늘을 채울 것이다. 동서간의 시차는 해가 지구 동쪽에서 서쪽으로 회전하여 동서 지역 사이에 일출·일몰시각이 달라지는 현상이다. 태양이 하루에 지구를 한바퀴 회전하기 때문에 동서로 30도, 즉 7500리(30도×250리) 떨어진 지역은 1진(辰, 오늘날의 2시간)의 시차를 지니게 되며, 서로 180도 떨어져 동서로 지구 반대편에 있는 두 지역은 밤낮이 완전히 반대가 된다.[37]

선교사들이 이 두 현상을 중시한 이유는 그것이 바로 지구설을 입증하는 중요한 증거였기 때문이다. 이 현상은 오직 지구 관념, 더 정확히 말해 지구와 천구의 동심구조를 가정해야만 예견할 수 있는 것으로, 땅이 평평하다면 관측될 수 없었다. 지구설에 대한 가장 상세한 논증을 담고 있는 우르시스의 『표도설』은 이 두 현상을 '땅이 평평하다'는 중국인들의 상식을 비판할 핵심 증거로 제시한다. 만약 땅이 평평하다면 지역마다 오전과 오후의 길이가 서로 달라지는 기묘한 현상이 관측되어야 할 것이다. 가령 평평한 땅의 동쪽 끝에 있는 관측자에게는 태양이 떠오르자마자 그의 머리 위로 올라올 것이므로 오전이 오후보다 짧을 것이며, 서쪽 끝의 관측자에게는 그와 반대현상이 일어날 것이다. 그러나 이러한 현상은 관측되지 않으며 모든 지역에서 오전과 오후의 길이는 같으므로 땅이 동서로 둥글다는 사실을 알 수 있다. 우르시스는 이어서 이차현상을 통해 땅이 남북으로도 둥글다는 점을 보여주었다. 만약 땅이 평평하다면, 모든 관측자는 남북 차이에 관계없이 같은 별을 천구상의 같은 위치에서 관측하게 될 것이며 250리마다 1도씩 별의 고도가 달라지는 일은 일어나지 않을 것이다. 결론

---

37) 같은 글 518~20면.

적으로 땅은 동서와 남북으로 둥근 모양이다.[38]

천구와 지구의 동심구조를 받아들인다면 지구 위의 기후변화 패턴도 천문현상과 관련지어 설명될 수 있다. 선교사들은 지구 위 각 지역에서 계절이 변화하는 양상을 태양의 운행과 위도 사이의 관계로 설명할 수 있음을 보여주었다. 리치는 지구의 남극에서 북극까지 기후의 패턴에 따라 다섯 기후대(五帶)로 나누었는데, 이는 태양의 운행으로 대표되는 하늘의 세력(天勢)을 기준으로 한 것이다.

천세(天勢)로 지상세계(山海)를 북쪽에서 남쪽에 이르기까지 오대(五帶)로 나눈다. 첫번째는 남북회귀선 사이로서 그 지역은 아주 더우므로 열대(熱帶)라 하는데, 해(日輪)에 가깝기 때문이다. 두번째와 세번째는 (각각) 북극권과 남극권의 안쪽으로서, 이 두 지역은 모두 아주 추우므로 한대(寒帶)라 하는데, 해에서 멀기 때문이다. 네번째는 북극권과 북회귀선 사이이며, 다섯번째는 남극권과 남회귀선 사이로서, 이 두 지역은 모두 정대(正帶)라 하는데, 아주 춥거나 덥지 않으니 해에서 멀지도 가깝지도 않기 때문이다.[39]

태양의 주기적인 운행은 지구의 남북에 걸쳐 한대, 정대, 열대의 구분선을 그어준다.[40] 물론 '천세'를 통해 설명할 수 있는 지상현상은 이에 그치지

---

38) 우르시스『表度說』,「地本圓體」, 李之藻 編, 天學初函 第5冊(臺北: 臺灣學生書局 1965), 2543~59면.

39) 마떼오 리치, 앞의 글 519면: 以天勢分山海, 自北而南爲五帶. 一在晝長·晝短二圈之間, 其地甚熱, 則謂熱帶, 近日輪故也. 二在北極圈之內, 三在南極圈之內, 此二處, 地俱甚冷, 則謂寒帶, 遠日輪故也. 四在北極晝長二圈之間, 五在南極晝短二圈之間, 此二地, 皆謂之正帶, 不甚冷熱, 日輪不遠不近故也. 리치는 남북회귀선을 각각 주장·주단권(晝長·晝短圈)이라는 용어로 표현했는데, 이는 태양이 그 위치에 있을 때 북반구에서 각각 낮이 가장 길고 짧아지는 하지와 동지가 되기 때문이다.

40) 리치의 용어 중 열대와 한대는 오늘날에도 통용되는 용어이지만, 오늘날의 온대에 대해서는 '정대(正帶)'라는, 다분히 가치가 개입된 용어를 쓰고 있음에 주의할 필요가 있

않았다. 위도가 같은 지역은 계절이 같다거나, 남반구와 북반구 사이에 계절이 반대되는 현상, 위도와 절기에 따른 밤낮 길이의 변화, 그리고 남북극 지역에서 나타나는 이른바 장주야(長晝夜) 현상이 모두 위도와 태양운행 사이의 기하학적 관계를 통해 깔끔하게 설명될 수 있었다.

마지막으로 리치는 이차와 시차 현상을 이용하여 지구 위 특정지역을 표시할 수 있는 위도와 경도의 좌표계에 대해 설명했다. 해당지역의 북극 고도는 곧 위도(緯度)로 남북 방향의 위치를, 지역 간의 시차는 경도(經度)로 동서 방향의 위치를 알려준다. 이러한 경위도 좌표계를 이용하면 어떤 지역의 위치도 숫자쌍 하나로 간단히 표시할 수 있으며, 두 지역 사이의 거리와 시차를 쉽게 계산할 수 있다. 위도는 북극(남극)고도가 0이 되는 적도를 기준으로 삼아 남북으로 계산해나간다. 반면 동서 방향으로는 경도를 계산할 절대적 기준이 없기 때문에, 본초자오선(本初子午線)은 규약으로 정할 수밖에 없다. 알레니의 『직방외기』에 따르면, "(서양에서는) 고대 이래로 지리가(地理家)들이 모두 서양의 가장 서쪽 지방", 즉 아프리카 서북부의 '복도'(福島, Fortunate Islands, 오늘날의 카나리아 제도)를 통과하는 자오선을 경도의 기준으로 삼아왔다.[41] 이 좌표계에 따르면, 중국의 남경은 "중선(中線) 이북 32도, 복도 이동 128도", 즉 북위 32도, 동경 128도라는 좌표값을 가지게 된다. 남경이 서양 지리학의 좌표계로부터 새로운 신분증을 부여받은 셈이다.

경위도 좌표계와 적도, 남북회귀선, 대륙의 윤곽이 그려진 지구를 평면 위에 투사하면 곧 리치가 그린 세계지도가 될 것이다. 그는 구면을 평면에 투사하는 르네상스 유럽의 투영법에 대해 상세히 설명하지는 않았지만,

---

다. 알레니의 『직방외기』에는 정대와 한대 대신 '온대'와 '냉대'라는 명칭이 사용되었다(알레니 『職方外紀』卷首, 天學初函 第3冊, 1313~14면).
41) 같은 책 1315~16면. 카나리아 제도는 고대그리스의 프톨레마이오스 시기부터 본초자오선으로 사용되었고, 리치와 알레니도 이를 따랐다.

그 기본원칙을 다음과 같이 밝혔다.

> (지도는) 본래 마땅히 원구의 형태로 만들어야 할 것이나, 그림을 그려 넣기
> 가 불편하므로 부득불 구를 평면으로 바꾸고 (위선이나 남북회귀선 같은)
> 권(圈, circles)을 직선으로 폈을 뿐이다. 만약 (땅의 본래) 모습을 알고 싶다
> 면, 모름지기 지도의 동쪽과 서쪽의 두 바다(곧 대서양)를 연결하여 동일한
> 지방으로 만들면 된다.[42]

결론적으로 서구의 우주론은 천구와 지구가 이루는 기하학적 동심구조
를 이용하여 중국의 전통에서는 분리되어 있거나 느슨하게만 연결되어 내
려온 천문학과 지도학, 기상학 분야들을 단일한 틀로 묶을 수 있었다.[43] 서
구 우주론에서 지구설이 중요한 이유는 바로 그 관념이 이와 같은 종합의
교차로에 위치하여 제반 분야의 지식들을 연관시키는 고리역할을 했기 때
문이다.

(2) 대척지와 상하·사방의 상대성

이상과 같은 지식의 종합이 당시 동아시아 지식인들에게 깊은 인상을
준 것은 분명하지만, 그럼에도 지구설은 쉽게 납득할 수 없는 한가지 명제
를 수반했다. 그것은 땅의 옆과 아래에도 사람이 살고 있다는 주장이었다.

---

42) 마떼오 리치, 앞의 글 519면: 原宜作圓球, 惟其入圖不便, 不得不易圓爲平, 反圈爲線耳. 欲
   知其形, 必須相合, 連東西二海爲一方, 可也. 알레니의 『직방외기』에는 투영법에 대해 좀더
   상세히 설명되어 있다. 그는 지구를 남북 수직으로 갈라 달걀모양[卵形]으로 투사하는
   방법과 지구를 적도에서 횡으로 잘라, 남북극을 중심으로 하는 두 개의 원도를 그리는
   방법을 소개했다(알레니, 앞의 책 1316~17면).
43) 중국의 전통에 대해서는 이 책의 제2장 참조.

대척지(對蹠地, antipodes), 즉 지구 반대편에 이쪽 세계와 발바닥을 마주 대하고 거꾸로 서 있는 사람들의 세계에 대해 리치는 "동서로 180도의 경도 차이가 나고 적도로부터 남북으로 같은 거리만큼 떨어진 두 지역"이라고 정의한 뒤, 구체적인 사례로 북위 32도, 동경 128도인 중국 남경의 대척지를 남위 32도, 동경 308도인 남아메리카의 '마팔작(瑪八作)'이라고 소개했다. 요컨대 남경과 마팔작의 사람들은 "서로 발바닥을 마주하고 거꾸로 다닌다(對足氐反行)"는 것이다.[44] 리치는 땅의 둘레 모두에 사람이 살 수 있음을 보여주기 위해 자신이 중국에 올 때 남반구 지역을 항해한 경험을 제시했다.

또 내가 태서(太西)로부터 바다를 항해하여 중국에 들어오는 길에 (…) 남쪽으로 대랑봉(大浪峯, 아프리카 남단 희망봉의 옛이름)에 이르러 남극고도가 36도인 것을 보았는데, 대랑봉은 중국과 서로 위아래로 대치하고 있는 지역이다. 그때에 나는 하늘을 위로 우러러보았을 뿐 그것이 아래에 있는 것을 보지는 못했다. 그러므로 땅의 형체가 둥글고 주위에 모두 사람이 산다는 말은 믿을 만하다.[45]

중국과는 반대편인 남위 36도의 희망봉을 지날 때에도 '아래로' 떨어지기는커녕 하늘은 여전히 '위'에 있었다는 것이다(그림 1-2).
하지만 사람이 옆으로 눕거나 거꾸로 서서 살 수 있다는 주장은 중국인들이 수천년 동안 자명하게 받아들인 절대적 상하 관념과 모순되었다. 그에 따르면 오늘날 우리가 중력(重力)이라고 부르는 '상하의 세력'은 중국

---

44) 마떼오 리치, 앞의 글 520면.
45) 같은 글 519면: 且予自太西, 浮海入中國, (…) 道轉而南過大浪峯, 已見南極出地三十六度, 則大浪峯與中國上下相爲對待矣. 而吾彼時, 只仰天在上, 未視之在下也, 故謂地形圓, 而週圍皆生齒者, 信然矣.

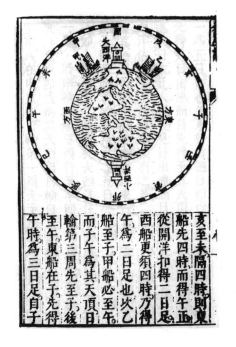

그림 1-2. 우르시스의 『표도설(表度說)』에 실린 대척지 관념. 李之藻 編, 『天學初函』 5, 2554면.

인들이 사는 지평면을 기준으로 위에서 아래로 평행을 그리며 내려온다. 이러한 상식에서 볼 때 대척지 학설은 곧 사람이 벽이나 천장에 옆으로 또는 거꾸로 서 있을 수 있다는 부조리한 말로 들렸다. 지구설을 중국인들에게 납득시키려면 우선 그들의 공간 관념 자체를 교정할 필요가 있었고, 리치의 다음과 같은 '무상하(無上下)' 선언은 바로 그와 같은 시도였다.

무릇 땅은 (…) 상하 사방이 모두 사람이 사는 곳이며 크게 하나의 구를 이루니, 본래 상하가 없다. 무릇 하늘의 안에서 우러러보아 하늘이 아닌 곳이 어디인가. 육합(六合)의 안을 통틀어 발이 딛고 있는 곳이 아래이며 머리가 향하는 곳이 위이니, 오로지 자신이 사는 곳을 기준으로만 상하를 나누는

것은 옳지 않다.[46)]

상하 관념은 관찰자에 따라 달라지는 상대적이고 국지적인 구분에 불과하다. 지구설에 따르자면 '상하' 관념은 지구의 중심에서 바깥을 향해 방사상으로 뻗어가는 '내외' 관념으로 다시 정의되어야 한다는 것이다. 무거운 물체는 '아래'로 떨어지는 것이 아니라 바깥에서 중심을 향해 '안쪽'으로 몰려든다.

리치의 '무상하'론은 곧 상하의 기준으로서 중국 관측자들이 암묵적으로 누려온 특권을 박탈하는 의미를 지니고 있었다. 중국인들뿐만 아니라 지구 둘레에 거하는 모든 민족이 각자를 기준으로 상하를 구분한다. 그리하여 중국에서 '위'라고 정의한 방향은 그 대척지 남아메리카 사람들에게는 '아래'가 된다. 지상세계의 어느 지역도 상하의 절대적 기준이 될 수 없다.

알레니는 한걸음 더 나아가 동서남북의 사방 관념마저도 상대화하려 했다.

> 땅이 구형이라면 중심이 아닌 곳이 없다. 소위 동서남북의 구분이란 사람이 사는 곳을 기준으로 이름지은 것에 불과하니, 애초부터 확정된 기준이란 없는 것이다.[47)]

알레니의 단호한 선언은 중국을 기준으로 사방을 절대적으로 정의한 중국중심의 세계상을 표적으로 한 것이다. 땅은 둥글기 때문에 그 위의 모든

---

46) 같은 곳: 上下四旁, 皆生齒所居, 渾淪一球, 原無上下. 蓋在天之內, 何瞻非天, 總六合內, 凡足所行卽爲下, 凡首所向卽爲上, 其專以身之所居分上下者, 未然也.

47) 알레니, 앞의 책 1312면: 地旣圓形, 則無處非中. 所謂東西南北之分, 不過就人立名, 初無定準.

지점은 기하학적으로 동등하며, 따라서 동서남북을 절대적으로 정의할 수 있는 기준지역은 애초부터 존재하지 않는다. 중국은 세계의 지리적 중심이 아니라는 것이었다.

(3) 4원행: 아리스토텔레스 자연철학과 지구설

예수회사들은 상대적 공간 관념으로 중국인들의 상식을 교정하려 했지만, 이를 위해서는 이러한 관념을 그들이 납득할 수 있도록 설명할 필요가 있었다. 대척지의 사람들이 아래로 떨어지지 않고 살 수 있는 이유는 무엇일까?

물론 선교사들에게는 지구설에 수반되는 여러 의문을 해결해줄 이론이 있었다. 그것은 바로 '4원행(元行)', 즉 4원소(four elements) 이론을 토대로 한 아리스토텔레스의 자연철학이었다. 고대그리스 이래 서구의 표준적 우주론이던 아리스토텔레스 철학에 따르면, 달밑 세계의 모든 사물은 물·불·흙·공기의 4원소로 이루어져 있다. 달밑 세계에서 일어나는 모든 현상이 원소들의 본성에서 비롯된 운동으로 설명될 수 있다. 땅이 둥글고 우주의 중심에 고정되어 움직이지 않는 현상, 그리고 대척지의 존재 문제도 예외는 아니었다.[48]

바뇨니는 달밑 세계의 여러 현상에 대한 아리스토텔레스적 설명을 담은 『공제격치』에서 땅이 둥근 이유를 다음과 같이 설명했다.

땅이 둥근 소이연(에 대해 말하자면), 땅은 본래 힘써 하늘의 중심으로 몰려드는데, 각 부분이 반드시 성(性)과 정(情)이 같다. 각각이 자신의 본래 장소

---

48) 아리스토텔레스 및 중세 유럽의 우주론에 대한 개관으로는 데이비드 C. 린드버그, 앞의 책 91~125, 399~455면 참조.

〔本所〕에 도달하고자 하므로, 사방에서 서로 다투어 모여드니 마침내는 뭉쳐서 둥근 모양을 이루게 된다.[49]

아리스토텔레스의 철학에 따르면, 4원소는 각각의 본성(바뇨니의 용어에 따르면 성과 정)에 따라 고유의 장소〔本所〕를 점한다. 가장 무거운 흙은 우주의 중심, 그보다 덜 무거운 물은 흙의 윗부분, 가장 가벼운 불은 달 궤도의 바로 아래, 그보다 덜 가벼운 공기는 불과 물의 사이를 차지하게 된다. 이는 "무거움은 아래쪽을 좋아하고, 가벼움은 높은 곳을 좋아하기" 때문이다.[50] 그에 따라 4원소의 본소는 그림 1-3과 같이 우주 중심에서 달의 궤도에 이르기까지 네 층의 동심권역을 이루게 된다. 물론 외부 요인에 의해 교란될 경우 원소들이 본소에서 벗어날 수 있지만, 그 요인이 사라지면 원소들은 스스로 본소를 향해 돌아간다. 예컨대 위로 던져진 흙은 다시 그 본소인 우주의 중심을 향해 떨어진다. 본성이 같은 우주의 흙이 모두 중심을 향해 사방에서 대칭적 세력으로 모여든 결과 구형의 흙덩이가 만들어지고 더 가벼운 물이 이를 둘러싸서 지구세계가 만들어진 것이다.

흥미롭게도 땅덩이가 둥글게 된 원인은 그 자체로 땅이 우주의 중심에 고정되어 '아래로' 떨어지지 않거나, 대척지의 인물이 '거꾸로' 서 있을 수 있는 원인이기도 했다. 무거운 흙의 본소가 우주의 중심이라면 흙으로 이루어진 지구가 그 중심에 고정되어 있는 현상에 대해 더이상 설명할 필요

---

49) 바뇨니 『空際格致』卷上, 「地體之圓」, 天主敎東傳文獻三編 第2冊(臺北: 臺灣學生書局 1984), 879면. 바뇨니를 비롯한 선교사들은 성리학의 성(性)과 정(情)이라는 용어를 채용하여 아리스토텔레스의 원소이론을 설명했다. 여기서 정이란 4원소를 구성하는 네 가지 기본 성질, 즉 뜨거움, 차가움, 건조함, 습함을 말한다. 이 중 두 가지 성질이 결합하여 4원소의 질(質, 이 또한 성리학에서 따온 범주이다)을 이루는데, 가령 흙은 건조함과 차가움의 정이 결합된 것이다. 이때 이 두 성질을 흙의 성이라고 한다. 이에 대한 간단한 설명으로는 마떼오 리치 「四元行論」, 앞의 책 526면 참조.

50) 바뇨니 「行之序」, 앞의 책 853면.

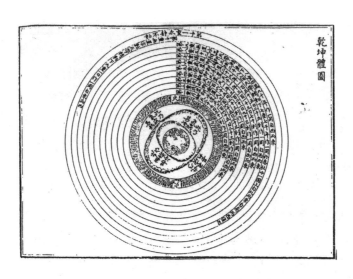

그림 1-3. 마떼오 리치, 『건곤체의』에 실린 우주 모델. 중세 아리스토텔레스주의적 세계상을 잘 보여준다. 동심구로 이루어진 우주의 중심에 지구, 공기, 불의 층으로 이루어진 달밑 세계가 위치한다. 薄樹人編, 中國科學技術典籍通彙 8 天文卷, 292면.

가 없다. 또한 지구 둘레의 모든 사람들도 무게를 지니고 있어 지구 중심을 향하는 인력을 받을 것이므로 대척지에 사는 사람이 추락하리라 걱정할 필요도 없다. 즉 아리스토텔레스 철학에서 지구 관념과 대척지는 별개의 문제가 아니었다. 땅이 둥근 이유는 바로 대척지의 사람이 아래로 추락하지 않는 이유이기도 했으므로 전자를 받아들이면서도 후자에 의문을 제기한다는 것은 어리석은 일이다.

우리는 앞서 천지의 기하학적 상응을 매개로 한 천문학·지리학·기상학 지식의 종합에 대해 살펴보았지만, 이제는 아리스토텔레스 철학을 토대로 한 더욱 포괄적인 설명체계와 대면하고 있다. 예수회사들은 그들의 '우월한' 천문학과 지리학을 토대로 더 심오한 영역, 즉 삼라만상에 대한 서구적 '소이연'을 담은 아리스토텔레스 철학으로 나아갔다. 선교사들의 입장에서 이러한 지식의 연쇄는 유럽이 소유한 진리를 중국인들에게 단계적으로 계시하여 종국에는 기독교의 진리로 나아가는 자연스러운 과정이었지만, 우리에게는 지구, 시차와 이차 등 익숙한 '과학적 사실'로부터 4원소론이라는 오래전에 망각된, 낯설고 기이한 '중세적 지식'으로 퇴행하고 있는 것처럼 느껴진다. 지구설의 증거로 바뇨니가 『공제격치』에 제시한 다음의 실험은 이차와 시차를 이용한 『표도설』의 엄밀한 수학적 논증과 현격히 대비된다.

시험삼아 서로 같은 두 개의 그릇에 물을 가득 채워 하나는 산꼭대기에 놓고 다른 하나는 지면에 놓으면, 반드시 아래쪽 그릇에 채운 물이 위쪽보다 더 많아진다. 이는 대개 물이 땅의 중심에 가까울수록 더욱 둥긂을 사랑하므로, 아래쪽 그릇의 물이 위쪽 그릇의 물보다 더 볼록해지기 때문이다. 땅이 둥글지 않다면 이와 같을 수가 없다.[51]

물론 오늘날의 과학을 기준으로 선교사들의 지식에서 과학적 요소와 비과학적 요소를 구분하는 것은 온당하지 않다. 선교사들에게 지구설은 아리스토텔레스 철학과 불가분의 관계에 있었다. 좀더 정확히 말해서 선교사들에게는 후자가 전자보다 더 포괄적이며 근본적인 지식이었다. 문제는 당시의 중국인과 조선인들에게 이와 같은 지식체계가 어떻게 비쳤을까 하는 점이다. 과연 지구설을 받아들인 이들이 그 '소이연'으로 선교사들이 제시한 아리스토텔레스 철학까지 함께 받아들였을까? 뒤에서 살펴보겠지만 지구설을 적극 수용한 사람들에게서 집요하게 나타나는 대척지 문제에 대한 고심은 선교사들의 기대와는 달리 문제가 그리 간단하지 않았음을

---

51) 같은 글 877~78면: 試取相等兩盂, 注水令滿, 一置山頂, 一置地面, 必下盂盛水, 多于上盂. 蓋水愈近地心, 愈益愛圓, 故下盂之水, 凸于上盂之水也. 使地非圓, 不能如是.

보여준다. 그들이 4원소 이론을 순순히 받아들였다면, 대척지 문제에 심각한 지적 노력을 기울일 이유는 없었을 것이기 때문이다.

3. 오대주의 지리학과 선교

(1) '지리상의 발견'과 오대주

지구설과 아리스토텔레스 자연철학은 그 유래가 기원전 그리스까지 거슬러올라가는 고대적 지식이었다. 하지만 선교사들이 소개한 것 중에는 유럽의 입장에서도 최근의 성과들이 포함되어 있었다. 디아스가 『천문략』(1615)에서 목성의 위성 등 갈릴레오의 『별들의 통신』(Sidereus Nuncius, 1610)에 담긴 새로운 발견을 5년이라는 짧은 시차를 두고 소개한 일이 좋은 예다.[52]

선교사들이 적극 소개한 르네상스 유럽의 지적 성취에는 세계지리 지식도 포함되었다. 리치가 중국에 첫발을 디딘 1583년은 콜럼버스가 1492년 아메리카에 도착하고 1498년 바스꾸 다 가마(Vasco da Gama)가 아프리카 남단 희망봉을 돌아 인도의 캘리컷에 도착한 지 한 세기도 채 지나지 않은 때였다. 그 사이 유럽인들은 아프리카, 아메리카, 아시아 각지에 교역과 선교의 근거지를 확보했다. 그중 뽀르뚜갈 동방진출의 교두보였던 인도의

---

52) 디아스 『天問略』, 天學初函 第5冊, 2717~18면. 하지만 그는 갈릴레오의 이름을 직접 언급하지 않았으며, 갈릴레오가 그 발견을 근거로 아리스토텔레스-프톨레마이오스 우주체계를 비판했음도 밝히지 않았다. 이는 그들의 수학교사였던 클라비우스의 태도와 일치한다. 갈릴레오의 발견은 클라비우스가 죽은 해에 출간된 『싸크로보스코의 『천구론』에 대한 주석』 마지막 판(1612)에 전통우주론에 미칠 함의에 대해서는 별다른 언급 없이 포함되었다. 갈릴레오의 발견에 대한 예수회 과학자들의 반응에 대해서는 James M. Lattis, 앞의 책 180~202면 참조.

고아(Goa)와 중국의 마까우(Macau, 奧門)에는 예수회의 선교본부가 있었다. 중국과 일본을 향하던 예수회사들은 이곳에 머물며 현지 선교에 대비한 교육을 받았다. 2,3년이 소요되는 동방으로의 긴 여정은 선교사들의 일생에서 분명 지울 수 없는 경험이었을 것이다. 그 과정에서 이들은 한 세기에 걸쳐 누적된 세계지리·선박·항로·해류·계절풍 등에 관한 여러 지식을 몸소 경험하고 확인했다. 선교사들은 이를테면 '지리상의 발견'을 스스로 체화한 인물이 되었다.[53]

16세기 유럽의 지리적 팽창의 결과로 르네상스 지리학은 유럽인들이 고대의 지적 권위를 뛰어넘은 최초의 분야가 되었고, 그만큼 그에 대한 유럽인들의 자부심도 높았다. 중세에 이르기까지 유럽인들에게 '알려진 세계'란 아시아, 유럽, 아프리카의 3대륙으로 이루어져 있었다. 이 3대륙 체계는 중세를 거치면서 자연철학, 성서의 세계상과 결합되어 단순한 경험지식의 차원을 넘어 확고한 우주론적·신학적 의미를 지니게 되었다. 예컨대 중세 유럽인들은 지구상에서 인간이 거주할 수 있는 세계가 북반구로 제한되어 있다고 생각했다. 인류의 거주지인 북반구 3대륙 아래로는 사람이 넘어갈 수 없는 뜨거운 바다가 가로막고 있었다. 물론 그 너머 남반구에 네번째 대륙이 존재하리라는 추론과 상상의 전통도 만만치 않았다. 실로 '대척지'라는 용어는 고대와 중세 서구인들에게 '미지의 남방대륙'(terra australis incognita)을 뜻했다. 반면 고대로마의 교부(敎父) 아우구스티누스(Aurelius Augustinus, 354~430)에서 비롯된 교회의 공식 입장은 이에 대해 부정적인 쪽이었다. 그에 따르면 남방대륙은 존재하지 않거나 존

---

53) 알레니의 『서방답문』에는 유럽에서 중국에 이르는 선교사들의 여정과 그 과정에서 만났던 여러 어려움, 기이한 사건과 사물 들이 묘사되어 있다(John L. Mish, 앞의 글 6下~9上면). 리치가 겪은 항해는 Jonathan D. Spence, *The Memory Palace of Matteo Ricci*(New York: Viking Penguin 1984); 조녀선 스펜스, 주원준 옮김 『마테오 리치, 기억의 궁전』(이산 1999), 96~114면에 묘사되어 있다.

재한다고 해도 사람이 살 수는 없었다.[54] 그러나 성서에 기반을 둔 3대륙의 구도는 1473년 뽀르뚜갈 선단이 유럽 최초로 아프리카 서안을 따라 적도의 '뜨거운' 바다를 통과하고 곧이어 새로운 대륙에 도달함으로써 서서히 권위를 잃어갔다. 그에 따라 3대륙의 세계상을 반영하던 중세의 이른바 'T-O지도'나 고대 프톨레마이오스의 세계지도는 메르카토르(Gerhardus Mercator, 1512~94)와 오르텔리우스(Abraham Ortelius, 1527~98)의 지도처럼 엄밀한 수학적 도법과 새로운 정보를 반영한 근대적 양식의 세계지도로 대체되어갔다.

일련의 세계지도와 지지를 통해 르네상스 지리학의 성취를 중국에 소개한 선교사들의 문헌에는 당대 유럽인들이 이룬 성과에 대한 자신감이 짙게 배어 있다. 바뇨니는 『공제격치』에서 고대인의 오류를 극복한 근대 유럽인의 성취를 다음과 같이 자랑했다.

광대한 천지를 옛사람들은 세 구역으로 나누었을 뿐이니, 유럽, 아시아, 아프리카가 그것이다. 그러나 100여년 전 서양으로부터 바다를 항해하여 새로이 다른 땅과 만나게 되었는데, 옛사람들이 듣지 못하던 바였다. 이로 인해 두 대륙을 더하게 되었으니 아메리카와 마젤라니카(墨加辣尼加)가 그것으로, 이에 오대주를 이루게 되었다. (…) 옛사람들은 적도와 남북 양극 아래의 땅에는 사람이 거하지 않는다고 추측하는 이들이 많았는데, 그곳이 아주 덥거나 아주 춥다는 이유 때문이었다. 그러나 항해자들이 매번 온 땅을 돌아보니, 곳곳에 사람이 있었다. 선설(先說)이 옳지 않음을 족히 알 수 있는

---

54) 남방대륙에 대한 기록으로는 푸르따두 『實有詮』 卷6, 「論大地對足之域有生齒」, 中國科學技術典籍通彙 8, 633下~34上면 참조. 서양 고대와 중세의 지리적 세계관에 대한 개관으로는 Rudolf Simek, tr. by Angela Hall, *Heaven and Earth in the Middle Ages: The Physical World before Columbus*(Woodbridge, UK: The Boydell Press 1996) 참조. 특히 대척지 또는 제4대륙에 관한 논쟁은 같은 책 48~55면 참조.

것이다.[55]

알레니는 당대 유럽인들의 세계지리 지식을 집약한『직방외기』에서 신대륙 아메리카와 '마젤라니카'의 발견자 콜럼버스와 마젤란의 영웅적 항해를 상세히 소개함으로써 '지리상의 발견'을 책의 중심 주제의 하나로 부각했다. 그리 순수하지만은 않은 지리적 탐험의 동기와 신대륙에서 유럽인들이 저지른 행위를 알고 있는 독자들이 볼 때 알레니의 서술은 쉽게 납득할 수 없는 미화로 일관되어 있다. 그에 따르면 콜럼버스는 평소의 '격물궁리'를 통해 이미 대서양 건너편에 새로운 대륙과 기독교의 복음이 전파되기를 고대하는 민족들이 존재함을 확신하고 있었다.

100여년 전에 이르러, 서국(西國)에 콜럼버스(閣龍)라는 이름의 대신(大臣)이 있었다. 평소에 격물궁리(格物窮理)의 학문에 깊었을 뿐만 아니라 평생에 걸쳐 항해술을 공부하고 훈련했다. 평소에 스스로 생각하기를, '천주께서 세상을 지으심이 본래 사람을 위한 것이거늘, 전해오는 말을 듣건대 바다가 땅보다 더 넓다고 하니 천주께서 사람을 사랑하시는 생각이 그렇지는 않을 것이다. 세 대륙 바깥의 바다에 필경 땅이 있어야 한다' 했다. 또한 해외에 나라들이 있어 (기독교의) 가르침이 전해지지 않아 악한 습속에 빠져 있음을 근심하여, 마땅히 멀리 나아가 교화(化誨)가 널리 행해지기를 도모했다.[56]

'격물궁리'와 '교화'라는 표현에 집약된 알레니의 이상화된 묘사는 아메리카 대륙 각 지방에 대한 서술에서도 일관되게 이어진다. 유럽의 항해자

---

55) 바뇨니「地之廣大」, 앞의 책 869~70면.
56) 알레니『職方外紀』卷4,「亞墨利加總說」, 1438~40면.

들은 나체와 식인의 악습에 물든 원주민들에게 기독교문명의 가르침을 베푸는, 이를테면 '개물성무(開物成務)'의 계몽자로 묘사되었다. 알레니는 당대 유럽인들의 항해와 세계진출을 서양 '군자'들의 명석한 판단과 따뜻한 인류애에서 비롯된 문명전파의 과정으로 중국 독자들에게 제시한 것이다.

(2) 조물주가 베푼 정원으로서의 세계

콜럼버스의 항해에 관한 서술에서 드러나듯 알레니는 르네상스 유럽이 이룬 지리적 성과를 기독교적 세계관의 틀에서 해석했다. 콜럼버스가 네 번째 대륙의 존재를 추론한 근거는 곧 '사람을 위해 창조된 지상세계의 대부분이 인류에게는 무용지물인 바다일 리 없다'는 것이었고, 그가 신대륙을 찾아나선 동기도 그곳의 인류에게 기독교의 가르침을 전파하기 위해서였다. 바뇨니는 적도지방에도 인류가 산다는 발견을 르네상스 지리학의 위대한 업적으로 칭송했지만, 곧바로 이를 열대의 인류에게도 뜨거운 태양을 피할 서늘한 밤과 우택(雨澤)을 만들어준 조물주의 "지극한 공정함과 자비로움"을 보여준다고 덧붙였다.[57]

선교사들에게 온 세상은 자비로운 신이 인류를 위해 조성해준 거대한 정원이었다. 『직방외기』에 부친 알레니의 「자서(自序)」에 따르면, 조물주는 "풍성한 음식, 춤과 노래로 가득한 정원"과 같은 세계를 창조하여 인류가 누리며 살도록 했다. 우리 머리 위를 두른 하늘은 저택이며, 뭇별들은 벽을 수놓은 보옥(寶玉)이다. 땅에 펼쳐진 산천초목은 연극의 무대이며, 공중의 새, 물속의 고기, 지상의 오곡백과는 잔치에 베풀어진 산해진미이다. 이제 우리는 『직방외기』, 나아가 서구 지리문헌의 두번째 주제와 만나게 된다. 세계지리는 신이 지상세계에 베풀어놓은 경이(驚異)의 기록으로서,

---

57) 바뇨니, 앞의 글 870~71면.

사람들은 현란한 세계를 통해 그 근원인 창조주의 존재를 깨닫게 될 것이다. 근대 유럽인들이 밝힌 새로운 지리적 정보는 이러한 세계상과 모순되지 않았다. 오히려 유럽인들의 탐험으로 밝혀진 세계의 경이로움은 창조주의 섭리가 무궁함을 보여주었다. 알레니에 따르면, "조물주의 신묘한 조화는 측량할 수가 없으므로 오방만국(五方萬國)의 기궤(奇詭)함은 끝이 없는" 것이다.[58]

알레니가 오늘날 '경이'에 해당되는 말을 '기궤'라는 한자어로 번역하고 있음에 주의할 필요가 있다. 과거 중국과 조선에서 '기궤'라는 말에는 오늘날의 그리고 르네상스 유럽의 '경이'(marvel 또는 wonder)와 같은 긍정적 함의가 포함되어 있지 않았다. 그것은 대신 기괴(奇怪)나 기이(奇異)라는 표현으로 바꿀 수 있는 것이다. 뒤에서 살펴보겠지만, 유가전통에서 '기이함'이란 '상도(常道)'로부터의 일탈을 뜻했으며, 군자가 우선적으로 추구해야 할 심신일용(心身日用)과 관계된 대상이 아니었다. 공자(孔子)가 '괴력난신(怪力亂神)'을 담론하지 않은 이래로 중국의 유교전통은 기이한 것에 대한 사람의 호기심을 윤리적으로 억제했다. 물론 알레니는 '기이함'에 대한 유교의 부정적 태도를 잘 알고 있었다.

(『직방외기』에 담긴 여러 경이로운 기사를) 처음 들은 사람들 중에는 분명히 놀라서 기이하다고 여기는 사람이 있을 것이다. 그러나 기이한 것이 아니라 실은 항상적인(常) 것이다. 혹자는 의심하여 허황(虛)하다고 여길 수 있을 것이다. 그러나 허황하지 않고 모두 참된(實) 것이다.[59]

이러한 알레니의 변호론을, 세계가 경이로움으로 가득하다는 점을 부

---

58) 알레니『職方外紀』,「自序」, 1305~10면.
59) 같은 글 1308면: 在創聞者, 固未免或駭爲奇, 然而非奇實常, 或疑爲虛, 然而非虛皆實.

정하고 기이함을 일상 속에 융해시키려 한 것이라고 해석할 수는 없다. 그는 오히려 중국의 유가전통에서 내려오던 '일상'과 '기이함' 사이의 위계를 뒤집으려 했다. 애석하게도 사람들은 신의 지극한 은혜의 산물을 일상에서 누리면서도 그것을 범상히 여길 뿐이다. 하지만 일상의 대상도 곰곰이 그 '소이연'을 살펴보면 경이로운 신의 섭리를 발견하게 될 것이다.[60] 다시 말해 일상의 본질을 이루고 있는 경이야말로 세계의 참된 모습[實]이다. 이렇듯 알레니는 중국인들의 마음속에서 유교 전통에 의해 억제되어 온 '경이'에 대한 감각을 불러일으키고자 했다. 아리스토텔레스 철학이 이성의 길을 통해 신의 존재를 보여준다면, 세계에 펼쳐진 경이에 대한 감각은 곧 세계에 편재하는 신의 현전(現前)에 대한 감수성을 북돋아줄 것이기 때문이다.

마떼오 리치의 「곤여만국전도」 이래 알레니의 『직방외기』, 페르비스트의 『곤여도설』 등 선교사들의 세계지리 문헌은 세계 각지의 기이한 사물에 대한 서술로 가득하다. 그들이 기록한 기이한 것들의 목록에는 이역의 낯선 동물, 기이한 물산, 인간과 금수의 경계에 존재하는 괴물이 포함되었다. 페르비스트는 『곤여도설』 뒷부분에 세계 도처의 기이한 동물[異獸奇物] 24종과 이집트의 피라미드 등 역사상 인류에 의해 창조된 경이로운 건축물들 — '7대 불가사의'(七奇, seven wonders) — 을 그림과 간단한 설명을 곁들여 정리했다(그림 1-4).[61] 훗날 그는 선교사들의 지리문헌에 등장하는 기이한 이야기만 골라 『곤여외기』라는 별도의 책으로 편집하기도 했다.

선교사들이 기록한 세계의 경이에는 오늘날의 관점에서 보자면 지리적 탐험을 통해 얻은 사실적 정보들과 고대·중세의 박물서, 동물우화집(bestiaries), 신화적 여행기 등에 실린 환상적인 내용이 섞여 있다. 예컨대

---

60) 같은 글 1305~1306면.
61) 페르비스트 『坤輿圖說』, 777~88면. 『곤여도설』의 그림은 「곤여전도」에도 편입되어 있다.

그림 1-4. 페르비스트『곤여도설(坤輿圖說)』에 실린 인디아의 '독각수(獨角獸)'. 四庫全書 594, 777면.

선교사들이 기록한 기이한 동식물들에는 기린과 사자, 악어, 코뿔소 등 당시 유럽인과 중국인에게 생소한 다른 대륙의 동물들과 함께 터키의 불사조(phoenix), 인도의 독각수(獨角獸, unicorn), 태평양의 반인반어족 등 오랫동안 유럽인들의 상상에 자리하고 있던 것들도 함께 들어 있다. 기이한 풍속과 외모의 민족들도 자주 등장하는 주제였다.『직방외기』의 '타타르'〔韃而靼〕조는 중앙아시아의 여러 기이한 민족들에 대해 기술하면서, 아마존〔亞瑪作搦〕이라는 고대 여인족의 용맹함과 그들이 매년 봄에 남자를 받아들여 종족을 이어가는 풍습을 그리고 있다. 기이한 민족은 종종 인간의 경계를 넘어서는 괴물로 묘사된다. 같은 타타르 지역에는 "사람의 몸에 양의 다리를 한" 종족, "한번에 3장(丈)을 뛰는" 거인족, "물위를 육지처럼 걸어다니는" 종족도 살고 있다.[62] 리치의 지도에 묘사된 가련한 소인족(小人族)은 "남녀의 키가 일척에 지나지 않는다. 다섯살에 자식을 낳고 여덟살이 되면 늙는다. 종종 황새〔鸛鶴〕에게 먹히기 때문에, 그 사람들은 동굴에 살면서 이를 피한다."[63]

물론 선교사들은 이러한 기이한 동물과 민족에 담긴 창조주의 섭리를 명시하지는 않았다. 기묘한 동물들은 인류의 즐거움을 위해 창조된 것일 수도 있고, 괴물족이나 아메리카의 식인종은 타락의 죗값을 치르고 있을 수도 있었다. 그렇지만 이렇듯 현란하게 펼쳐진 불가사의의 배후에 그것을 질서지우는 신의 무궁한 조화가 있다는 점은 분명했다. "그것이 비롯된 바를 깊이 생각하여 근본을 캐어가면" 머지않아 창조주의 섭리를 발견하게 될 것이다.[64]

신의 섭리가 언제나 감추어져 있지만은 않았다. 신은 인류의 역사에 직접 개입하여 여러 기적을 통해 구원의 섭리를 계시했고, 그 무대는 성서에 기록되어 있듯 유대아〔如德亞〕를 중심으로 한 근동지방이었다. 알레니는 성서의 역사를 근동지방 서술의 중심주제로 부각하였다. '페르시아'조에는 바벨탑을 지어 하늘에 오르려는 인간의 오만함을 징벌한 고사가, '터키'조에는 모세가 시나이 산에서 십계명이 적힌 석판을 받는 이야기와 신이 타락한 소돔과 고모라를 멸망시킨 사건이 기록되었다. 인류역사에 대한 신의 개입은 유대아 역사에 관한 서술에서 절정에 이른다. 구세주 예수의 강생, 그의 가르침과 기적들, 그리고 그의 승천 이후에 12사도가 만국으로 흩어져 예수의 가르침을 전하게 된 일련의 사건은 창조에서 최후의 심판으로 나아가는 인류역사의 분기점으로 기록되었다.[65]

이렇듯 알레니를 비롯한 선교사들의 지리서에는 경이와 기적으로 가득한 세계가 그려져 있었다. 그들은 '지구와 그 위에 펼쳐진 오대주'라는 캔

---

62) 알레니 『職方外紀』 卷1, 「韃而粗」, 1321~24면.
63) 마떼오 리치 「坤輿萬國全圖」, 210면.
64) 알레니 『職方外紀』 「自序」, 1309면.
65) 알레니 『職方外紀』 卷1, 「如德亞」, 1338~46면.

버스에 신이 베푼 무궁무진한 경이와 그중 한 지역에서 전개된 신의 역사를 그려넣었다. 그들이 중국인들에게 지구설과 오대주설을 소개한 것은 단지 우월한 우주론과 근대적 지리정보를 제시하려는 것만은 아니었다. 그들에게 있어 캔버스와 그림은 분리될 수 없었고, 적어도 『직방외기』의 경우 전자는 후자를 전달하기 위한 배경에 지나지 않았다.

(3) 중화주의 비판과 유럽문명의 미화

예수회가 중국 선교사업에서 만난 가장 큰 장애물이라면 중국인들의 뿌리 깊은 중화주의를 들 수 있다. 그에 따르면, 중국은 세계의 지리적 중심이며 유일한 문명의 보유자로서 그 주변의 뭇 야만족들은 중국의 교화를 받아들이지 않고는 문명에 참여할 길이 없었다. 이러한 관념에 따라 유럽이 서방의 '야만족' 나라로 남아 있는 한, 기독교가 중국 지식계층의 우호적 관심을 끌 가망은 거의 없었다. 리치를 비롯한 선교사들이 유럽의 천문학과 지리학의 우월함을 강조한 것은 바로 이를 통해 유럽이 고상한 학문전통을 지닌 민족임을 보여주기 위함이기도 했다.

그렇다고 중화주의를 노골적으로 비판하는 일은 위험했다. 자칫 사대부들 사이에 선교사들과 서구문명에 대한 반감을 불러일으킬 수도 있었다. 중국사회에 정착하려면 유교적 전례를 인정한 것처럼 그들의 중화주의적 정서와도 어느정도 타협은 불가피했다. 실제로 리치는 세계지도를 제작할 때, 보통 유럽을 중심에 놓는 르네상스 세계지도의 대륙 배치를 바꾸어 중국을 중심에 오도록 배려했다. 리치의 일지는 그 이유를 다음과 같이 기록했다.

그들에게 (…) 땅은 평평하고 모난 것이었다. 그리고 그들은 자기 제국이 그 정중앙에 있다고 확신했다. 그들은 중국을 동양(orient)의 한구석에 밀어넣어버리는 우리 지리문헌의 견해를 좋아하지 않았다. 그들은 땅이 육지와 바다로 이루어진 구이며, 구는 본성상 처음과 끝이 없다는 점을 증명하는 우리의 설명을 이해할 수 없었다. 따라서 그 지리학자(리치)는 원래의 도안을 바꾸지 않을 수 없었다. 그는 (…) 지도의 양편에 여백을 만들어 중국이 중앙에 위치한 것처럼 보이게 했다. 이는 그들의 관념에 훨씬 더 부합했고, 그들은 이에 대해 아주 즐거워하고 만족스러워했다.[66]

청나라 초의 전투적 반서학론자 양광선(楊光先, 1597~1669) 세력과의 힘겨운 싸움을 마친 페르비스트는 그가 제작한 세계지도에서 새로운 양보를 단행했다. 경도의 기준인 본초자오선을 고대 프톨레마이오스부터 사용해온 아프리카 서북의 카나리아 제도에서 청조의 수도인 북경으로 바꾼 것이다. 그에 따르면, 카나리아 제도는 북경 순천부(順天府)를 지나는 자오선에서 동쪽으로 215도에 위치한다.[67]

하지만 그렇다고 선교사들이 중화주의적 정서에 양보로만 일관한 것은 아니다. 그들은 기회가 있을 때마다 중국을 세계지도의 중심에 그린 것이 순전히 편의를 위한 것이라고 밝혔다. 1630년 명나라에 진주사(陳奏使)로 파견된 조선 사신 정두원(鄭斗源, 1581~?)과 그를 수행한 역관(譯官) 이영후(李榮後)는 당시 산동지방에서 종군하고 있던 선교사 루드리구에스(João Rodrigues, 陸若漢, 1561~1633)에게서 중국을 중심에 놓은 알레니의 「만국전도」를 얻어 보았다. 이영후는 루드리구에스에게 보낸 편지에서 이 지도를 중화주의적 관점에서 해석했는데, 이에 대해 선교사는 답장에서 "만국도에 대명국(大明國)을 중심에 놓은 것은 관람하기 편리하도록 하기 위함일 뿐이며, 만약 땅이 둥글다는 점에서 논한다면 각각의 나라가 모두 중심일

---

66) Nicolas Trigault, 앞의 책, 166~67면.
67) 페르비스트, 앞의 책 732下면.

것"이라고 반박했다.[68]

중화주의에 대해 가장 단호하면서도 세련된 비판을 제기한 인물은 바로「만국전도」를 제작한 알레니였다. 문답 형태로 서양문명을 소개한『서방답문』의 서두에서 알레니는 중국인 화자의 입을 빌려 책의 주제와는 동떨어진 듯 보이는 쟁점을 제기했다. "어떤 이들이 이르기를 중국이 천하의 정중앙이라 하는데, 그런지 아닌지 모르겠습니다." 이에 대해 알레니는 구의 표면에는 중심이 없다고 응수한다. "가장자리가 있는 물체여야 비로소 중앙이 있습니다. 가장자리가 없다면 무엇에 근거하여 중앙을 정하겠습니까? 대지는 원래 둥근 물체에 속하므로 가는 곳마다 중앙이 아닌 곳이 없습니다. 또 여덟 면에 모두 사람이 살며, 이들은 각각 자기 땅을 중앙으로 간주하고 사방을 바깥이라고 생각합니다."[69]

중국이 세계의 지리적 중심이 아님을 수긍한 중국인 화자는, 그렇다면 예로부터 중국을 세계의 중심문명, 즉 '중화(中華)'라고 불러온 근거가 무엇인지 질문했다. 당시 중국인들이 선교사들에게 자주 제기했을 법한 물음이었다. 이에 대해 알레니는 중화란 중국의 지리적 위치가 아니라 성대한 문화를 칭송하는 표현이라고 답한다.

중화의 설(說)은 천하의 다양하고 많은 소국(小國)들이 예악문물(禮樂文物)의 찬란함에 있어서 귀방(貴邦)에 비견될 수 없음을 이르는 것입니다.[70]

알레니의 요청은 중국인들의 생각 속에 결합되어 있던 두 관념, 즉 '지리적 중심으로서의 중국'과 '문화적 중심으로서의 중국'을 분리하여 중화

---

68) 安鼎福『雜同散異』第22冊,「西洋國陸若漢答李榮後書」(규장각 소장본, 古0160-12): 萬國圖, 以大明爲中, 便觀覽也. 如以地球論之, 國國可以爲中.

69) 알레니『西方答問』, 6上면.

70) 같은 책 6下면: 中華之說, 謂寰區錯雜, 多是小國, 禮樂文物, 誠不能如貴邦之盛.

를 오직 문화적 기준으로만 정의하자는 것이었다. 겉보기에는 중화주의적 정서와의 타협으로 들리는 알레니의 답변에는, 그러나 중화주의적 세계관의 근본을 흔드는 힘이 숨어 있었다. 알레니가 용납하지 않은 지리적 중화 관념이란 중국문화의 보편적 지위를 뒷받침하는 중요한 토대였기 때문이다. 앞서 조선인 역관 이영후가 루드리구에스에게 보낸 편지에는 중국에서 문명이 흥기한 사실이 그 지역의 입지와 필연적으로 연관된 것이라는 믿음이 잘 드러나 있다.

> 「만국전도」에서 지구 위를 오대주로 나눈 학설은 잘 들었습니다. 그러나 생각건대 중주(中州)의 땅은 하늘의 정중앙에 해당하여, 혼원(渾元)하고 맑은 기운이 꿈틀거리며 땅을 둘러싸서 부딪치고 쌓이는 일이 반드시 이곳에서 (일어납니다). 그러므로 예로부터 복희(伏羲), 신농(神農), 황제(黃帝), 요(堯)·순(舜)·우(禹)·탕(湯)·문(文)·무(武) 임금, 주공(周公), 공자 등의 성인이 모두 이곳에서 일어나셨습니다.[71]

고대 중원땅에서 성인들이 잇달아 나타나 문명을 일군 것은 그곳이 천지의 중심, 상서로운 기(氣)가 모이는 곳이어서 가능한 일이었다. 하지만 알레니의 주장처럼 중국이 더이상 지리적 중심이 아니며 세계 모든 지역이 지리적으로 동등하다면, 고대 중원지역만이 문명의 탄생지가 되어야 할 '필연적' 이유도 사라지는 셈이다.

지리적 입지에 근거한 중화 관념이 설자리가 없어지면, 남는 것은 각 나라가 지닌 문물의 경험적 비교일 것이다. 알레니의 주장에 따르면, 중국을 중화라고 부를 수 있는 것은 주위 '조그만 나라들'과의 '비교'를 통해서이

---

71) 安鼎福「與西洋國陸掌敎若漢書: 李榮後」, 『雜同散異』: 萬國全圖, 地球上分爲五州之說, 旣得聞命. 然念中州之地, 正當天之中, 渾元淸淑之氣, 蜿蟺扶輿, 磅礴而鬱積者, 必於此焉. 故自古伏羲神農黃帝堯舜禹湯文武周公孔子之聖, 皆興於此.

다. 그러나 오대주의 넓은 세계에는 중국과 비견할 만한 대국이 많이 있으며, 기독교의 나라인 '구라파'도 그중 하나다. 그런 점에서 알레니가 중화주의에 대한 비판을 유럽에 관한 소개를 목적으로 한 책의 앞에 배치한 일은 의미심장하다. 그는 중국인들에게 유럽 기독교문명을 소개하기에 앞서 화이(華夷)의 구분을 상대화함으로써 열린 눈으로 또다른 고상한 문명세계를 바라볼 마음의 준비를 시키고 있었던 셈이다.

마떼오 리치 이래로 선교사들은 중국인들에게 자신의 고향인 기독교 유럽에 대해 긍정적 인상을 심어주기 위해 노력했다. 리치의「곤여만국전도」도설에 소개된 세계 여러 나라 중 유럽은 중국과 함께 가장 이상적인 지역으로 묘사되었다. 그에 따르면, 구라파의 30여 나라는 "전혀 이단을 좇지 않고 오직 천주 상제만을 숭상하며," 물산이 풍부하고 기술이 정교할 뿐만 아니라 "풍속이 돈실(敦實)하며 오륜(五倫)을 중시하는" 예의의 나라다.[72]

중화주의를 강도 높게 비판한 알레니는 서구문명의 이상화에도 더 적극적이어서 그의『직방외기』에는 서구중심의 세계상이 훨씬 노골적으로 제시되었다. 물론 그도 중국에 대한 찬양을 잊지는 않았다. 하지만 '아시아' 조의 머리에 등장하는 중국문명의 성대함에 대한 짧은 수사학적 언급을 끝으로, 중국과 그 주변세계는 곧 논의에서 배제된다. 이는 중국 바깥의 세계를 소개하겠다는 책의 목적을 고려한 현실적 선택이었지만, 결과적으로는 알레니에게 중국을 비중있게 다루어야 할 부담을 덜어주어 자신의 세계상을 자유롭게 표현할 여지를 제공했다.

알레니가『직방외기』에서 서양을 부각한 방식은 크게 두가지로 요약할 수 있다. 첫째, 그는 유럽을 지상세계의 '영적 중심지'인 유대아의 계승지로 제시했다.『직방외기』에서 유대아는 인류 구원을 위한 신의 섭리가 현

---

72) 마떼오 리치, 앞의 글 214면.

시된 지역으로, 무엇보다도 이 땅에 강림한 천주 예수의 활동무대였다. 유럽인들은 중세 말까지 유대아의 예루살렘이야말로 사람이 거주하는 세 대륙의 중심이라고 믿었다. 이후 이러한 관념은 점차 힘을 잃어갔지만, 그 지역이 인류사에서 지니는 핵심적 지위는 도전받지 않았다. 알레니는 『직방외기』의 '아시아'조를 다음과 같은 선언으로 시작했다.

아시아는 천하의 첫번째 대륙으로 인류가 처음 태어난 곳이며 성현이 먼저 나타난 지역이다.[73]

훗날 조선의 이익은 이 구절을 중국에 대한 찬양으로 오해했으나, 사실 알레니가 염두에 둔 것은 유대아였다. 그곳은 인류가 처음 창조된 곳이며 아브라함, 모세, 다윗 같은 '성현'들이 나타나 신의 섭리를 인간세계에 계시한 곳이다. 유럽은 바로 유대아의 성스러운 전통을 계승한 나라였다. 예수의 승천 이후 제자들에 의해 그의 가르침은 유럽에 전해졌으며, 이후 그 지역은 "오랫동안 편안히 다스려졌고, 그 나라 사람들은 모두 충효정렴(忠孝貞廉)하여 성자와 현인이 된 남녀의 수를 헤아릴 수가 없다."[74] 이러한 언급은 곧 기독교의 원류 유대아에 초점을 맞춘 『직방외기』 제1권이, 사실상 제2권에서 이루어질 유대아의 계승자 유럽에 대한 이상화로 수렴될 것을 예고한다.

　『직방외기』에 묘사된 유럽은 종교와 학문, 정치, 사회제도의 모든 면에서 "지상세계의 낙원 에덴"을 연상시킬 이상적인 세계였다.[75] 이단을 배척

---

73) 알레니 『職方外紀』 卷1, 「亞細亞總說」, 1319면.

74) 알레니 「如德亞」, 앞의 책 1342면.

75) Albert Chan, "The Scientific Writings of Giulio Aleni," Tiziana Lippiello and Roman Malek eds., *"Scholar from the West": Giulio Aleni S.J. (1582-1649) and the Dialogue between Christianity and China* (Nettetal: Steyler Verlag 1997), 474면.

하고 기독교만을 숭상하는 종교적 순수성 외에도 유럽은 훌륭한 국왕과 공정한 관리에 의해 통치되는 정치적 이상국가였다. "국왕들은 서로 혼인 하여, 세대를 거듭하여 평화롭게 지내" 전쟁이 일어난 적이 없다. 성직자 들과 법률가들은 모두 녹봉을 후하게 받으므로 뇌물 수수 같은 타락행위 를 하지는 않는다. 세금은 소출의 10분의 1에 불과하며 백성들은 모두 자 발적으로 이를 납부할 뿐, 정부가 억지로 징수하는 일은 없다.[76] 이와 같은 서술에서 종교개혁 이후 유럽의 분열과 참혹한 전쟁, 나아가 유럽인들이 세계 곳곳에서 저지른 비행 등 선교사들 스스로가 잘 알고 있었을 유럽의 부정적 모습은 은폐되었다.

유럽에 대한 이상화는 유럽 바깥 '우상숭배자'의 나라에 대한 공정하지 못한 서술과 대비된다. 알레니는 아메리카 식인종처럼 명백한 '야만지역' 에 관해서는 물론, 회교와 힌두 문명권에 대해서도 부정적인 태도로 일관 했다. 회교에 대한 그의 서술은 오늘날까지도 서방세계에 이어지고 있는 회교권의 이미지를 잘 보여준다. "(회회의 여러 나라들은) 본디 무함마드 의 가르침을 조종(祖宗)으로 삼아 여러 나라들이 상당히 동일했으나, 후에 는 각각 종파를 세워 서로 배격했다. 그들의 계율에는 여러가지가 있으나, 가장 큰 것은 가르침에 대해서 변론해서는 안된다는 것이다. (…) 한번 확 립된 이후에는 마땅히 명심하여 순순히 받아들일 뿐 이치에 미심쩍은 것 이 있어도 이를 돌아보아 생각하지 않는다."[77]

---

76) 알레니『職方外紀』卷2,「歐羅巴總說」, 1355~72면. 알레니를 비롯한 예수회 선교사들 이 서양을 극도로 미화하여 소개한 점은 이미 여러 연구자가 지적했다(Bernard Hung-Kay Luk, 앞의 글 58~84면; Chen Minsun, 앞의 글 129~31면; Albert Chan, 앞의 글 472~76면 참조).

77) 알레니『職方外紀』卷1,「回回」, 1325면. 비유럽 사회에 대한 선교사들의 불공정한 기 술에 대해서는 Bernard Hung-Kay Luk, 앞의 글 65~69면 참조. 특히 루크는 회교지역 에 대한 알레니의 부정적 서술을 송·명대 중국 지리서의 우호적 서술과 흥미롭게 비교 하고 있다.

82

그러나 알레니의 글을 읽은 명말의 독자들에게는 회교 국가들의 '비이성적' 종교보다는 그들이 주위에서 목도하고 있던 왕조 말기 중국의 혼란상이 더 절실히 느껴졌을지도 모른다. 부패한 환관에 의한 조정의 농단, 지방정치의 타락과 그로 인한 백성들의 고통, 그리고 곧이어 닥친 대규모 반란과 전쟁으로 얼룩진 당시 중국의 상황을 잘 알고 있던 중국인들에게 알레니에 의해 묘사된 유럽은 그들이 꿈꾸던 고대 이상사회의 재현으로 비칠 수 있었다. 그리고 이와 같은 중국의 현실과 이상화된 서양의 대비야말로『직방외기』와 『서방답문』을 집필하던 알레니의 숨겨진 의도였을 수 있다.[78] 그보다 훨씬 전 리치는 어느 사대부에게 보낸 편지에서 이를 다음과 같이 조심스럽지만 분명하게 표현했다.

상국(上國, 곧 중국)의 인심과 세도(世道)는 요순 임금과 삼대(三代)의 시기를 능가한 적이 없었습니다. (…) (그러나) 우리나라로 말한다면, (기독교의) 가르침을 받든 이래로 1600년간의 습속은, 비록 교만에 빠질까 저어하여 감히 상세히 표현하지는 못하지만, 대략 두드러진 것(만 말하자면) 만리의 땅 안에 30여국이 섞여 살면서 단 한번의 왕조교체〔易姓〕, 전쟁, 상호비난도 없었다는 것입니다.[79]

많은 연구자들이 선교사들의 유럽중심적 세계관을 비판했지만, 사실상 선교사들에게 이는 불가피한 일이었을 것이다. 그들이 고도의 문화적 교양을 지닌 사대부 계층을 선교대상으로 선택한 이상, 기독교 선교의 성공 여부는 곧 유럽문명에 대한 사대부들의 인상에 달려 있었다. 물론 선교사

---

78) 이에 대해서는 Albert Chan, 앞의 글 473~74면 참조.
79) 마떼오 리치『辨學遺牘』,「利先生復虞銓部書」, 天學初函 第2冊, 647면: 上國之人心世道, 未見其勝於唐虞三代也 (…) 若蔽方, 自奉敎以來千六百年中間習俗, 恐涉於跨詡, 未敢備著, 其粗易見者, 則萬里之內, 三十餘國, 錯壤而居, 不一易姓, 不一〇兵, 不一責議.

들은 유럽사회에 부정적인 면도 있으며 유럽인들 중에도 탐욕스럽고 사악한 사람들이 있음을 알고 있었을 것이다. 하지만 이러한 사실이 중국인들에게 알려진다면 그들은 곧 이를 유럽 전반의 야만성으로 확대해석할 것이다. 이미 동남아 지역에서 '불랑기(佛狼機)'인들이 저지른 만행이 중국인들에게 널리 알려진 사실을 잘 알고 있던 선교사들은 바로 그 불랑기국이 예수회 교단의 충실한 후원자 뽀르뚜갈이라고 차마 밝힐 수 없었을 것이다.[80] 이는 선교사들과 기독교의 신망에 손상을 입혀 결과적으로 중국인이 '유일한 구원의 진리'를 사심없이 접할 기회를 박탈하는 일이 될 것이다. 조그만 거짓말로 그들을 진리로 인도할 수 있다면, 분별없는 솔직함으로 '천국의 문'을 막는 것보다는 신의 뜻에 합당한 일이 아니겠는가?

이렇듯 지구설로부터 세계지리에 이르는 서구 지리학의 모든 요소는 종국적으로 중국 선교라는 예수회의 지상목표로 수렴했다. 선교사들은 유럽의 지리학지식을 서양 우주론의 우월함을 보여주는 증거로, 아리스토텔레스주의-기독교 세계관을 드러내는 사례로, 나아가 서양문명의 고상함을 다른 야만문명과 대비하여 보여줄 재료로 이용했다. 선교사들의 지리문헌을 꿰뚫으며 일관성을 부여한 단일한 정신이 있었다면 그것은 유럽의 선교사들을 머나먼 이방의 땅 중국으로 이끌었던 선교의 동기일 것이다. 중국 선교라는 지상목표를 중심으로 그 주변을 지구설의 기하학적 우주론과 아리스토텔레스의 자연철학, 근대지리학의 성취, 세계에 펼쳐진 경이에 대한 박물학적 지식 등이 짜임새있게 둘러싸고 있었다. 선교사들의 지리학은 이렇듯 유기적인 지식체계로서 땅에 관한 전혀 다른 성질의 지적 전통과 대면하였다.

---

80) 마떼오 리치와 알레니의 '불랑기(佛郎機)'에 대한 침묵에 대해서는 Bernard Hung-Kay Luk, 앞의 글 65면 참조.

땅에 대한 중국의 논의전통

제2장

땅에 대한 중국의 논의전통

예수회가 진입할 즈음 중국은 지상세계에 대하여 오랜 기간에 걸쳐 누적된 지적 전통을 보유하고 있었다. 자신의 주변 세계를 이해하려는 노력은 선사시대까지 거슬러올라가겠지만, 이 글의 관심대상인 고전(古典)지리학 전통이 형성되기 시작한 것은 전국시대(戰國時代, BC5~3세기) 무렵부터다. 땅에 대한 후대의 관념을 틀지은 전범(典範)들이 이즈음부터 나타나기 시작했다. 치수(治水)의 신화적 영웅 우(禹)임금이 구주(九州)를 구획하는 이야기를 담은 『상서(尚書)』 「우공(禹貢)」을 필두로 '대구주(大九州)'의 거대한 세계를 논한 추연(鄒衍)의 학설이 대략 이때 등장했다.

한대(漢代)에 접어들어 땅을 포함한 우주 전반을 담론한 문헌들이 본격적으로 등장했다. 군주가 지상세계를 파악하고 통치하는 이상적 제도를 서술한 『주례(周禮)』 「직방씨(職方氏)」와 「대사도(大司徒)」, 신화적 지리서로서 후대에 넓은 세계에 관한 상상의 재료를 제공한 『산해경(山海經)』, 천지에 관한 당대의 지식을 종합한 『회남자(淮南子)』 「천문훈(天文訓)」과 「지형훈(地形訓)」, 중국 각 지방의 지리정보를 수합하여 지리지(地理志)의 전통을 연『한서(漢書)』「지리지」등이 대표적인 예다. 혼천설(渾天說)·개천설(蓋天說)로 대표되는 우주구조론 논쟁의 과정에서 천지의 모양에 대한 다양한 학설이 제시되었으며, 그 내용은『진서(晉書)』「천문지(天文志)」등의 후대 문헌에 정리되었다. 실로 한대를 기점으로 등장한 이러한 문헌들을 통해 지상세계에 관한 논의의 전범들이 형성되었으며, 후대의 학자들은 그 속에 담긴 관념을 구체화하거나 수정·발전시켰다. 특히 장재(張載), 소옹(邵雍), 주희(朱熹) 등 송대(宋代) 학자들이 제시한 해석은 이후의 학자들에게 또다른 전범으로 받아들여졌다.

지리학의 누적적 성격을 반영하듯 한대 이후 새로운 정보들이 이전의 지식에 추가되었다. 그 대표적인 예가 세계지리 지식이었다. 한대의 서역정벌을 시초로 당대(唐代)를 거쳐 원대(元代)에 이르는 세계제국의 시기를 거치면서 중국은 동남아, 중앙아시아, 인도, 아랍 등지와 활발히 교류했고, 그 결과 여러 폭의 세계지도를 비롯하여 상당한 양의 지리문헌이 작성되었다. 이렇듯 새로 쌓여가는 지리정보들은 이미 한대에 대체적인 모습을 드러낸 고전적 관념과 관련을 맺으며 다채로운 변형을 빚어냈다.[1]

명말 예수회사들이 서구 지리학지식을 중국에 소개했을 때, 사대부 학자들의 머리에는 이와 같은 고전전통이 자리잡고 있었다. 앞서 나열한 문헌은 천지에 관한 지식을 기본 소양으로 간주한 사대부들의 독서범위에 포함되었으며 어떤 것들은 반복해서 읽고 논의해야 할 기본 경전에 속했다. 그들은 새로운 지식에 접했을 때 마치 조건반사처럼 자기 머리에 내장

---

1) 중국지리학사를 개괄하는 연구로는 여전히 Joseph Needham, *SCC*, Vol. 3, 497~590면
   이 가장 포괄적이며 유용하다. 중국이로 된 대표적인 연구로는 王庸『中國地理學史』제1
   판(上海: 商務印書館 1938), 제2판(1957); 候仁之『中國古代地理學簡史』(北京: 科學出版社
   1962); 王成組『中國地理學史: 先秦至明代』제1판(商務印書館 1982), 제2판(1988); 中國
   科學院自然科學史研究所地學史組主編『中國古代地理學史』(北京: 科學出版社 1984); 江小
   羣·胡欣『中國地理學史』(臺北: 文津出版社 1995) 등을 들 수 있다.

된 고전적 관념들을 끄집어내어 둘 사이의 차이와 유사성을 비교했을 것이다. 서양 지리학에 대한 그들의 이해란 사실상 고전전통과의 비교에 기반을 둔 해석작업이었다.

그러나 선교사들의 서양 지리학과 중국의 고전전통이 '서양 대 동양(또는 중국)'의 단순한 대립구도를 이루고 있었던 것은 아니다. 예수회사들이 소개한 지리학지식은 비록 그 출처는 유럽이 틀림없지만, 선교사들은 이를 기독교-아리스토텔레스적 세계관과 중국 선교라는 목적에 부합하도록 가공하여 정합적 체계를 만들어냈다. 당대 유럽의 학문이 지리적 팽창을 통해 유입된 새로운 정보와 코페르니쿠스 체계 같은 새로운 학설의 도전에 의해 낡은 전통과 새로운 요소들이 서로 얽힌 복마전이었음에 비해,[2] 예수회가 중국에 전달한 지리학은 유럽 지리학 내부의 복잡성이 사상된 체계였다. 이를테면 가공된 '서양' 지리학이었던 것이다. 선교사들의 다듬어진 '서양' 지리학과 대면하게 된 중국의 고전전통은 내적인 복잡성 면에서 당대 유럽의 상황과 크게 다르지 않았다. 고대부터 오랜 기간 형성된 중국의 지리학은 이질적인 하위 전통들의 복합체였다. 즉 '서양'과 대면하는 단일하고 균질한 '중국적' 전통이란 존재하지 않았다. 예컨대 대표적 고전인 『주례』「대사도」와 『산해경』은 세계를 표현하는 방식이나 세계상에서 현격히 다른 경향을 대변한다.

그렇다면 우리는 중국의 전통 내부에서 구체적으로 어떤 균열을 확인할 수 있을까? 균열된 지리학의 여러 영역들은 서로 어떤 관계를 맺고 있었을까? 이 문제는 중국의 고전전통과 선교사들의 지리학 사이에 일어난 작용의 양상을 이해하는 데 핵심적이다. 고전전통이 이질적 요소들의 복합이라는 것은 비유컨대 토착지식인들이 두께와 색깔이 다른 유리조각들

---

2) 고전전통과 새로운 지식의 긴장 및 그것을 해소하려 한 근대초 유럽 지식인들의 시도에 대해서는 Anthony Grafton, *New Worlds, Ancient Texts*(Cambridge: Harvard University Press 1992) 참조.

로 이루어진 창을 통해 이방의 지식을 바라보았음을 뜻한다. 그 창의 어떤 위치에서 어떤 시선으로 바라보느냐에 따라 외계의 대상은 다른 모습으로 비춰질 것이다. 즉 해석자가 균열된 고전전통 내부에서 어떤 위치에 서 있는지에 따라 선교사들의 서양 지리학을 해석하는 방식도 달라질 것이었다. 따라서 고전지리학 전통의 대체적인 지형을 탐색할 이 장에서는 특히 그 내부의 주요 균열을 확인하는 데 초점을 맞출 것이다. 고전적 전통의 균열된 지형을 파악하는 일은 그 속에 던져진 서양 지리학이 겪게 될 운명과 그 과정에서 일어날 균열 자체의 변화를 이해하기 위한 전제가 될 것이기 때문이다.

1. '지방': 땅의 모양에 대한 이상화된 표상

앞서 보았듯 마떼오 리치는 '천원지방'을 하늘과 땅의 모양이 아니라 그 '덕'에 대한 명제라고 해석했다. 그에 따르면, '땅이 모나다(地方)'는 말은 땅이 '쉼없이 회전하는 둥근 하늘(天圓)'의 중심을 흔들림 없이 지키고 있음을 뜻했다. 그렇다면 이는 서양의 지구설과 충돌하지 않으며, 나아가 아리스토텔레스-프톨레마이오스의 지구중심 학설과도 부합하는 명제일 것이다. 이러한 리치의 해석은 '천원지방' 명제를 둘러싼 중국의 고전적 논의를 적절히 반영한 것일까? 그렇다면 '지방(地方)'을 '땅이 모나다'고 해석한 당대의 중국인들은 자기 나라의 고전을 잘못 해석한 것일까?

고대로부터 중국 우주론에서 확고한 지위를 누려온 '천원지방'의 명제에 대해서는 그 내용의 단순함에도 불구하고 일찍부터 다양한 해석이 존재해왔다. 그중에는 리치의 해석을 지지하는 입장도 있었다. 전국시대 말기부터 그 명제를 천지의 모양이 아니라 덕성을 표현한다고 보는 문헌들이 나타났던 것이다.[3] 예컨대『대대례기(大戴禮記)』「증자천원(曾子天圓)」

에 담긴 증자의 언급을 들 수 있다. 그는 만약 '천원지방'이 하늘과 땅의 모양을 뜻한다면 "둥근 하늘이 모난 땅의 네 모서리를 가릴 수 없으니" 부조리한 일이 일어날 것이므로 이를 천지가 지닌 음양의 덕성을 표현하는 말로 보아야 한다고 주장했다. 그에 따르면, 둥긂이란 기를 내뿜는 하늘의 밝음을, 모남이란 기를 머금는 땅의 어두움을 뜻했다.[4] 둥긂과 모남을 각각 양과 음의 덕으로 보는 경향은 이외에도 『여씨춘추(呂氏春秋)』『주역(周易)』, 후한(後漢) 조상(趙爽)의 『주비산경(周髀算經)』 주석 등 다양한 전거에서 확인된다.[5]

방과 원이 대변하는 덕성의 구체적 내용에 대해서는 전거마다 조금씩 차이가 있지만, 대체로 '천원'은 끊임없이 회전하여 우주적 기운을 생성해내는 하늘의 강건함을, '지방'은 고요히 머물면서 하늘의 기를 받아 만물을 일구어내는 땅의 방정함을 상징한다고 이해되었다.[6] 『주역』에서는 하늘과 땅의 이러한 성질을 군자가 본받아야 할 덕목으로 제시했다. "하늘은 굳건히 운행하며, 군자는 이로써 자강불식(自强不息)한다"는 「건괘(乾卦) 상전(象傳)」, "군자는 공경함으로 마음을 곧게 하며, 의로움으로 외모를 방정하게 한다"는 「곤괘(坤卦) 문언전(文言傳)」의 구절은 하늘의 굳셈, 땅의

---

3) 이는 아마도 천문·지리현상에 대한 중국인의 이해가 깊어지면서 천원지방의 단순한 구도로는 하늘과 땅의 여러 복잡한 현상을 설명할 수 없다는 인식이 생겼기 때문이라고 생각된다. 천원지방을 천지에 대한 원시적인 이론으로 파악한 연구로는 이문규 『고대 중국인이 바라본 하늘의 세계』(문학과지성사 2000), 286면 참조.

4) 高明 註譯 『大戴禮記今註今譯』, 「曾子天圓」(臺北: 商務印書館 1976), 207면: 曾子曰, (…) 如誠天圓而地方, 則是四角之不揜也. (…) 參嘗聞之夫子曰, 天道曰圓, 地道曰方, 方曰幽而圓 曰明. 明者吐氣者也, 是故外景, 幽者含氣者也, 是故內景.

5) '천원지방'을 형이상학적으로 해석하는 여러 전거에 대해서는 이문규, 앞의 책 283~86 면 참조.

6) 『주비산경』에 대한 조상의 주석을 예로 들 수 있다. 趙君卿·李淳風 注 『周髀算經』 卷上 (上海: 商務印書館 1955), 11면.

방정함을 군자의 덕과 연결시켰다.[7] 결국 본래 사물의 모양을 뜻하던 방원(方圓)이라는 글자가 음양의 도와 군자의 덕을 포괄하는 새로운 의미를 획득하게 된 것이다.

하지만 고전문헌 중에는 '천원지방'을 천지의 물리적 모양을 뜻한다고 이해하여 마떼오 리치의 해석에 저항하는 것들도 있다. 『진서』「천문지」에 따르면, 한대의 우주론 학파 중에 '주비가(周髀家)'라 불리는 논자들은 "하늘은 수레 덮개를 펼친 것과 같이 둥글고 땅은 바둑판과 같이 모나다"고 주장했다.[8] 사실 '천원지방'을 해석할 여지가 넓어졌다고 해도 '방원'이라는 말의 근저에 깔려 있는 물리적 함의를 아예 지워버릴 수는 없었을 것이다. 그 명제 자체를 근본적으로 부정하지 않는 한, 하늘과 땅이 취할 수 있는 모양에는 한계가 있을 수밖에 없었다. 즉 땅은 덕성에서뿐만 아니라 모양에서도 방형(方形)으로 표현되는 어떤 특성을 지녀야 했다. 보드(Derk Bodde)에 따르면, 그것은 동서남북 사방을 어떤 중심을 기준으로 절대적으로 정의할 수 있는 특성이었다. 땅에 대한 중국 우주론의 전통은 '중심-사방'으로 이루어진 방형의 대칭성에 대한 믿음을 공유했다는 것이다.[9] 그리고 이러한 구도는 리치의 희망과는 달리 사방의 절대적 정의가 불가능한 지구 관념과 쉽게 조화되기 어려워 보인다.

'중심-사방'의 구도는 지상세계를 기하학적 방형으로 표상한 고대중국의 여러 도식에서 잘 나타난다. 이상적 농지 분할구도인 '정전(井田)', 황제가 절기별로 치러야 할 우주적 의례의 장소인 '명당(明堂)', 『상서』「우공」

---

7) 『周易』「乾卦 象傳」: 天行健, 君子以自强不息; 「坤卦 文言傳」: 直其正也, 方其義也. 君子敬以直內, 義以方外.

8) 『晉書』「天文志」上, 歷代天文律曆等志彙編 第1冊, 164면.

9) Derk Bodde, *Chinese Thought, Society, and Science: the Intellectual and Social Background of Science and Technology in Pre-modern China*(Honolulu: University of Hawaii Press 1991), 103~22면. 보드는 이러한 대칭성을 '중심성'(centrality)이라고 불렀다.

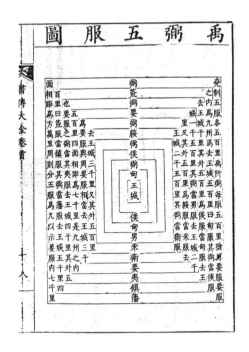

그림 2-1. 우임금이 구획한 지상세계. 『書傳大全』卷首 「禹弼五服圖」(보경문화사 1986).

의 지리적 구도를 모눈격자로 도식화한 '구주'에 이르기까지 지상세계의 여러 영역을 표현하는 방형의 구도가 전국시대 말기부터 나타났다.[10] 이러한 구도들은 비록 땅의 구체적 모양을 표현하기 위한 것은 아니지만, 모두 중심과 사방의 구획을 전제했다. 예를 들어『상서』「우공」의 '오복(五服)'은 천자의 도읍을 중심으로 제후가 통치하는 영역을 거쳐 야만의 세계로 확산되어가는 세계상을 동심 방형의 형태로 표현한다. 중심으로부터 500리 단위로 구분된 각각의 영역은 중심에서 주변으로 퍼져가는 문명의 등

---

10) 이러한 구도에 대한 개괄적 설명으로는 John B. Henderson, *The Development and Decline of Chinese Cosmology*(New York: Columbia University Press 1984), 59~87면 참조.

급을 상징한다(그림 2-1).

  '중심-사방'의 지리적 구도는 오행(五行)의 관념과 맞물려들어가 오행 상관의 고리를 타고 천문과 의학, 음악, 형정(刑政) 등 세계의 다양한 영역과 교류하며 의미망이 확장되었다. 나무(木), 불(火), 흙(土), 쇠(金), 물(水)의 우주만물을 이루는 다섯 재료, 또는 그것이 상징하는 만물의 다섯 상태를 뜻하는 오행은, 음양의 범주쌍과 함께 한대에 이르러 체계화된 상관적 우주론(correlative cosmology)의 핵심 구도였다.[11] 한대의 학자들이 종합한 오행의 상관구도는 색깔(五色), 맛(五味), 소리(五音), 별(五星), 인체의 내장(五臟), 인간의 덕성(五常) 등 다양한 영역을 연관지었고, 심지어 사계절처럼 다섯으로 자연스레 구분되지 않는 대상으로까지 무리하게 확대되었다.[12] 오행상관의 핵심고리의 하나가 바로 '중심-사방'의 공간 구획이었다. 동서남북의 사방은 각각 목, 금, 화, 수, 그리고 중심은 토와 대응되었고, 이는 다시 오행을 매개로 하여 다른 영역들과 연관되었다. 각각의 방위는 예컨대 인의예지신(仁義禮智信)의 오상(五常)과 대응됨에 따라 독특한 윤리적·형이상학적 의미를 갖게 되었다. 요컨대 중국의 우주론에서 사방

---

11) 고대중국은 물론 모든 문명에서 발견되는 상관적 사유(correlative thinking)란 자연과 인간세계에 존재하는 사물, 현상 또는 그것들을 반영한 관념들의 다양한 영역이 근본적으로 동형의 구조를 이루고 있어 그 사이에 체계적 대응관계가 존재한다고 보는 사유를 말한다. 이에 대해서는 같은 책 1면; Derk Bodde, 앞의 책 97~103면 참조. 헨더슨의 정의가 역사적으로 존재한 여러 상관적 사유를 경험적으로 일반화한 것이라면, 보드는 이를 외계에 대한 인간의 보편적 사유양식에서 비롯하는 것으로 정의했다. 보드와 유사한 경향은 A. C. Graham, *Yin-Yang and the Nature of Correlative Thinking*(Singapore: Institute of East Asian Philosophies, University of Singapore 1986)에서도 찾을 수 있다.

12) 4계절을 오행의 구도에 맞추기 위해 한대 우주론자들이 고안한 여러 기묘한 해법들은 John B. Henderson, 앞의 책 10~11면 참조. 오상도 비슷한 사례다. 오상은 본래 맹자가 말한 인의예지의 사단(四端)에 기원을 둔 것이지만, 한대에 이르러 오행의 구도에 맞추기 위해 다섯번째 덕목으로 신(信)이 추가되었다(Derk Bodde, 앞의 책 113~14면).

은 절대적으로 정의될 뿐만 아니라 질적으로도 서로 구별되었다.[13]

결론적으로 '천원지방'에 대한 마떼오 리치의 해석은 그 명제에 대한 중국의 고전적 논의를 교묘하게 왜곡하고 있음을 알 수 있다. 한대에 접어들어 '지방'을 땅의 실제 모양을 뜻한다고 곧이곧대로 해석하는 경향은 약화되었지만, 여전히 그 명제는 땅의 '이상적 모양'을 지시함으로써 땅의 형체에 대한 중국인들의 관념에 어느정도 구속력을 행사하고 있었던 것이다.

2. '지평': 땅의 실제 모양에 대한 논의들

그렇다면 땅의 실제 모양에 대해서는 어떤 논의가 이루어졌을까? 이 문제에 관한 연구자들의 공통적 견해는 중국인들이 대체로 '땅이 평평하다〔地平〕'고 생각했다는 것이다.[14] 땅에 대한 이상적 표상인 '지방' 관념은 지상세계의 현실적 표상인 '지평' 관념과 대응하고 있었다. 고전적 '지평'의 세계상에 따르면 사람이 살아가는 지상세계는 평평한 땅 위에 펼쳐져 있으며, 그 주위를 동서남북의 사해(四海)가 두르고 있다. 그러나 이러한 간단한 관념을 넘어 고전문헌을 통해 그 세계상을 체계적으로 재구성하는 일은 그리 쉽지 않다. 이는 고전문헌에 담긴 사유가 난해해서라기보다는 오히려 문헌 자체가 어떤 방식으로든 체계화에 저항하고 있기 때문이다.

땅의 모양에 대한 고전적 지식은 대개 상고(上古)시대부터 내려오는 신

---

13) 오행과 방위의 연결이 중국의 우주론에서 지니는 핵심적 성격으로 인해, 보드는 4원소 이론을 중심으로 한 체계를 발전시킨 서구와는 달리 다섯을 중심으로 한 구도가 중국에서 두드러진 것이 바로 중심-주변으로 이루어진 중국인들의 공간관념 때문이 아닐까 추측했다(Derk Bodde, 앞의 책 113~15면).

14) 예를 들어 祝平一「跨文化知識傳播的個案研究」, 598면; Kim Yung Sik, *The Natural Philosophy of Chu Hsi(1130~1200)*(American Philosophical Society 2000), 140~42면; 야마다 케이지, 김석근 옮김 『주자의 자연학』(통나무 1991), 39면 참조.

화적 설명과 경험현상에 대한 단편적 관찰 및 추론의 형태로 존재했다. 지상세계의 크기라는 문제를 예로 들면 고전문헌은 서로 일치하지 않는 여러 수치와 설명을 제공한다. 『산해경』의 「중산경(中山經)」에는 천지의 크기가 동서로 2만 8천리, 남북으로 2만 6천리라고 언급되었지만, 「해외동경(海外東經)」에는 우임금의 명령을 받은 수해(豎亥)가 세계의 동쪽 끝에서 서쪽 끝까지 걸어서 잰 거리가 '5억 10만 9천 8백보'라고 제시되었다. 『회남자』와 한대의 위서(緯書)인 『하도괄지상(河圖括地象)』에서도 다른 수치로 세계의 크기를 표현하고 있다.[15] 이러한 수치들은 후대에 계속 인용되었지만, 그 근거나 수치들 사이의 차이를 설명하려는 시도를 찾아보기는 어렵다. 땅의 모양에 관해 고전문헌에서 자주 언급된 것으로 '중국의 서북쪽은 고산 지대이며 동남쪽은 바다와 연해 있다'는 관찰도 있다. 『회남자』 「천문훈」은 이를 공공(共工)과 전욱(顓頊)이라는 두 신화적 영웅의 싸움 때문이라고 설명했다. 둘이 다투던 중 공공이 분노하여 천지를 받치고 있던 서북쪽 기둥인 부주산(不周山)을 들이받아 하늘이 그쪽으로 기울고 땅은 동남쪽으로 내려앉았다는 것이다. 이를 통해 하늘의 별이 북쪽으로 기울어 있고 황하(黃河)를 비롯한 강물이 동쪽으로 흘러가는 현상을 설명할 수 있었지만,[16] 다른 한편으로는 바다를 세계의 동남쪽에 한정함으로써 육지를 사방에서 두르고 있다는 사해의 관념과 충돌한다. 그에 비해 『하도괄지상』 등에서는 중국 서북의 곤륜산(崑崙山)이 세계의 중심으로서 세상의 모든 강물이 거기서 발원하여 사방으로 흘러간다고 주장했다.

---

15) 『山海經』, 222~23, 254면. 예컨대 『회남자』에서는 동서와 남북의 크기로 『산해경』과 동일한 2만 8천리, 2만 6천리를 제시했으나, 『산해경』이 이를 '천지'의 크기라고 한 데 비해 '사해(四海)' 안쪽의 크기라고 설명하고 있다. 또한 『회남자』에서는 수해가 '남북'으로 걸어서 2억 3만 3천 5백리 75보를 얻었다고 제시되어 있다(何寧 撰 『淮南子集釋』 卷4, 「墜形訓」, 北京: 中華書局 1998, 321~22면).

16) 何寧 撰 『淮南子集釋』 卷3, 「天文訓」, 167~68면.

여기서 우리는 땅의 세계에 관해 고전적 전통에 존재하는 하나의 불균형을 확인하게 된다. 한편에서는 지방의 관념을 토대로 땅에 대한 이상적 표상이 정교한 상관적 우주론의 전통 안에서 번성하고 있었다면, 땅의 실제 모양에 관한 논의는 신화적 또는 상식적 단편의 수준에서 크게 벗어나지 못했던 것이다.

이러한 사정은 전한(前漢) 말기부터 본격화된 우주구조론 논쟁을 고려한다고 해도 크게 달라지지 않는다. 물론 개천설·혼천설로 대표되는 한대의 우주론 학설에서는 신화요소가 약화되었고, 또 논쟁을 통해 각각의 학설이 점차 체계적·정합적 이론의 모양새를 갖추어갔다. 하지만 땅의 모양이라는 주제에 관한 한, 논의의 단편적 성격이 크게 개선되지는 않았다. 이는 기본적으로 당시 우주구조론 논의의 주된 목적이 땅의 모양을 탐구하는 것이 아니라, 천문현상을 정합적으로 설명할 수 있는 모델을 고안하는데 있었기 때문이다. 이문규가 지적하듯 혼천설과 개천설의 차이는 기본적으로 "하늘과 땅의 관계를 어떻게 볼 것인가"에 있었다. 개천설이 하늘과 땅을 상하관계로 보았다면, 혼천설은 구형의 하늘이 땅을 감싸고 있는 내외의 관계로 파악한 것이다.[17]

땅의 모양에 관한 소극적 논의는 혼천가의 경우 더욱 두드러진다. 땅과 관련하여 그들이 고심한 거의 유일한 문제는 하늘 가운데에 있는 땅이 '아래로' 떨어지지 않는 이유였다. 혼천설은 훗날 서양인들의 지구 모델처럼 상하 구분의 상식과 충돌하는 면이 있었던 것이다. 대표적인 혼천가 장형(張衡)은 이 문제를 해결하기 위해 물과 기가 땅을 떠받친다는 설명을 제시했다. "하늘의 바깥과 안에는 물이 있다. 하늘과 땅은 각각 기를 타고 바로 세워지며, 물에 실려 운행한다."[18] 비슷한 설명이 『황제내경(黃帝內經)』

---

17) 이문규, 앞의 책 327면.
18) 『晉書』「天文志」上, 歷代天文律曆等志彙編 第1冊, 167면: 天表裏有水, 天地各乘氣而立, 載水而行.

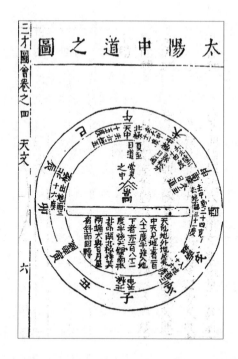

그림 2-2. 혼천설의 우주. 평평한 판자
모양의 땅 중심에 숭산(嵩山)이 있다. 王
圻『三才圖會』권4, 續修四庫全書 1232,
689下면.

「소문(素問)」에도 나온다. "하늘 가운데에 있는 땅이 어떻게 안정할 수 있
는가"라는 황제의 질문에 대해 기백(歧伯)은 "대기가 받치고 있다〔大氣擧
之〕"고 대답했다.[19] 이를 통해 혼천가들이 물이나 기 또는 그 둘이 동시에
땅을 떠받친다고 생각했음을 알 수 있지만, 땅과 물, 기가 이루는 구조를
구체적으로 밝힌 문헌은 남기지 않았다.

　장형이 하늘과 땅을 '계란과 노른자'에 비유한 것을 근거로 그가 땅을
노른자처럼 둥근 모양으로 보았다고 해석하는 이들도 있다. 앞서 보았듯

---

19)『黃帝內經』「素問」卷19,「五運行大論篇」第67: 歧伯曰, 地爲人之下, 太虛之中者也. 帝曰,
　　馮乎. 歧伯曰, 大氣擧之.

이 마떼오 리치가 그러했고, 오늘날에도 니덤과 일부 중국의 학자들이 그에 동조했다.[20] 하지만 계란과 노른자 비유는 천문현상의 관측지인 땅이 둥근 하늘의 중심에 있다는 뜻 이상으로 해석될 여지가 별로 없다. 사실 중국인 관측자를 우주의 중심에 위치시킨 혼천설은 지구설보다는 땅의 모양을 중국을 중심으로 하는 평면으로 보는 쪽과 더 가깝다.[21] 한대의 우주론자들에게 천문 관측지란 임의의 장소가 아니라 바로 황실 천문대가 있는 도성(都城), 또는 이상적으로 말해 주공(周公)의 천문대가 있던 하남(河南) 양성(陽城)을 의미했다. 따라서 혼천가들이 관측지를 하늘의 중심에 위치시킨 것은 중국 도성의 관측자, 또는 천체를 관측할 권리와 의무를 지닌 유일의 존재인 중국의 '천자(天子)'와 그의 눈에 비친 우주의 모습에 특권적 지위를 부여하는 것일 수 있다. 혼천가의 문헌에서 이러한 추측을 뒷받침하는 증거를 발견할 수는 없지만, 후대의 중화주의적 세계관이 종종 혼천설과 연동되어 표출되거나, 북극고도 36도와 같은 양성에서의 관측치를 절대화, 표준화하는 경향에서 둘 사이의 친화력을 확인할 수 있다(그림 2-2 참조).

이에 비해 『주비산경』 등에서 나타나는 개천설은 하늘과 땅을 평행한 평면 또는 곡면의 상하관계로 파악했을 뿐만 아니라, 관측지로서 중국을 천지의 주변에 위치시킨 점에서도 혼천설과 달랐다. 『주비산경』에 따르면, 땅의 중심은 하늘의 중심인 북극 아래이며, 주나라의 관측지는 그로부터

---

20) 예를 들어 Joseph Needham, *SCC*, Vol. 3, 498면; Vol. 4, 43~55면을 보라. 이러한 해석의 기원은 마떼오 리치라고 생각된다. 그전 장형의 비유를 땅의 모양과 관련하여 해석한 사례는 찾을 수 없다.

21) 이문규는 혼천설의 경우 땅의 모양이 구형이건 평면이건 큰 관계가 없으며, 장형이 땅의 모양에는 별다른 관심이 없었다고 주장한다(이문규, 앞의 책 321~24면). 물론 이는 혼천·개천설 논쟁의 맥락에서는 타당한 해석이지만, 그렇다고 해서 장형이 땅의 모양에 대해 선호하는 입장이 없었다고 볼 이유는 없다.

'10만 3천리' 남쪽에 치우쳐 있다.[22]

『주비산경』의 또다른 특징은 혼천가에 비해 땅의 모양과 지상세계에 대해 좀더 풍부한 설명을 담고 있다는 것이다. 예컨대 『주비산경』의 저자는 하늘과 땅이 북극을 정점으로 하여 사방으로 흘러내리는 모양이라면서 이를 "하늘은 덮어놓은 삿갓과 닮았고, 땅은 엎어놓은 주발을 본떴다"고 표현했다.[23] 게다가 『주비산경』은 태양이 절기에 따라 북극을 중심으로 한 일곱개의 동심원 궤도를 옮겨다니며 운행한다는 이른바 '칠형(七衡)' 모델로 밤낮과 계절의 변화를 설명했다. 태양이 가장 안쪽 궤도를 돌고 있을 때가 하지이며, 가장 바깥 궤도를 돌면 동지가 된다. 흥미롭게도 칠형 모델은 주야와 계절의 변화 패턴이 지역마다 달라진다는 결론을 함축한다. "북극 아래에는 만물이 살아갈 수 없으며, 북극의 좌우로는 여름에도 녹지 않는 얼음이 있다"거나 "중형(中衡)의 좌우에는 겨울에도 죽지 않는 식물이 있고, (…) 1년에 곡식이 두번 익는다"는 언급은 마치 극지방과 열대지방의 기후를 설명하는 것처럼 들린다.[24] 밤낮도 관측자의 위치에 따라 달라질 것이다. "해가 운행하여 북극의 북쪽에 있으면 북방에서는 해가 남중(南中)하지만 남방은 야반(夜半)이며, 해가 북극의 동쪽에 있으면 동방에서는 해가 남중하지만 서방은 야반이 된다."[25] 훗날 서구의 지리학설에 접한 이

---

22) 개천설의 우주구조에 대해서는 Nakayama Shigeru, *A History of Japanese Astronomy: Chinese Background and Western Impact*(Cambridge: Harvard University Press 1969), 24~35면의 설명이 가장 참조할 만하다.

23) 구체적으로 땅과 하늘의 중심은 주변에 비해 6만리 높다고 제시되었다. 『周髀算經』卷下, 53~54면: 極下者, 其地高人所居六萬里, 滂沱四隤而下, 天之中央, 亦高四旁六萬里 (…) 天象蓋笠, 地法覆槃.

24) 같은 책 58~59면: 是以知極下不生萬物, 北極左右, 夏有不釋之氷. (…) 中衡左右, 冬有不死之草, (…) 五穀一歲再熟.

25) 같은 책 53면: 故日運行處極北, 北方日中, 南方夜半, 日在極東, 東方日中, 西方夜半. 이외에도 칠형도(七衡圖)에 대한 주석에서 조상은 북극에서는 낮과 밤이 반년간 지속된다는 장주야(백야) 현상을 언급했다.

100

들은 『주비산경』의 언급을 근거로 지구와 기후대, 시차현상에 대한 지식이 이미 고대중국에 있었다고 주장하게 된다.

하지만 『주비산경』이 지상세계에 대해 정합적이고 포괄적인 지식을 담고 있다고 보기는 여전히 어렵다. 계절의 변화와 주야 교대 등 몇몇 두드러진 천문학적·기상학적 현상을 제외한다면, 『주비산경』은 지상세계의 주요 현상에 관해 대부분 침묵하고 있다. 가령 볼록한 땅 표면에 어떻게 바다가 아래로 흘러내리지 않고 유지될 수 있는지, 태양의 바깥 궤도인 '외형(外衡)' 너머에는 무엇이 존재하는지에 대해 별다른 언급이 없다. 사실 이러한 문제를 일관되게 설명하는 것이 『주비산경』의 주된 관심사는 아니었다. 결국 정도의 차이는 있었지만, 땅의 모양에 대한 소극적 태도는 혼천가와 개천가에 공통된 것이다.

그렇다면 왜 중국의 고전전통에서는 땅의 모양에 관한 체계적 논의를 찾아보기 어려운 것일까? 문헌에 드러난 논의의 공백을 근거로 중국의 우주론자들이 그 문제에 대해 아무런 생각도 없었다고 볼 수는 없다. 그것은 사고의 공백이 아니라 드러난 논의의 공백이며, 그 속에는 중국 우주론자들 나름의 고려가 담겨 있을 수도 있다.

실제로 이러한 소극적 태도의 바탕에는 땅을 포함한 우주의 전체 모습을 완벽하게 파악하기란 불가능하다는 회의적 태도가 있었던 것 같다. 조상이 '천원지방'의 명제를 천지의 모양으로 해석하는 데 반대한 이유는 "하늘은 끝까지 볼 수 없고 땅은 남김없이 관측할 수 없어, 그 모나고 둥 긂을 확정할 수 없기" 때문이었다.[26] 이러한 불가지론적 태도는 혼천설·개천설 논쟁의 향방에도 영향을 미친 것 같다. 조상과 6세기의 최영은(崔靈恩)·신도방(信都芳) 등이 혼천설과 개천설에 대해 각각 '이치의 일단'을

---

26) 『周髀算經』 卷上, 11면: 天不可窮而見, 地不可盡而觀, 豈能定其方圓乎. '천원지방'에 대한 조상의 주.

파악했다고 간주하여 둘의 절충을 시도한 데는 천지에 대한 완벽한 파악이 불가능하다는 판단이 작용한 듯하다. 신도방의 표현을 빌리자면, 혼천과 개천 모델의 차이는 '복관(覆觀)'과 '앙관(仰觀)'이라는 관측 시점(視點)의 차이이며, 근본적으로 그 둘은 하나의 천지에 대한 서로 보완적인 모델일 수 있었다.[27] 이와 같은 절충적 태도의 등장을 기점으로 그때까지 활발히 전개되던 우주구조론 논쟁은, 명말 서양 천문학의 도입으로 혼천·개천설이 이지조, 매문정(梅文鼎, 1633~1721) 등 학자들의 진지한 논의주제로 재등장하기까지 장기간의 휴지기로 접어든다.[28]

이와 같은 현상은 우주구조론의 영역에만 한정되지 않았다. 한대에서 당대에 이르기까지 역법(曆法)의 변천을 분석한 씨빈(Nathan Sivin)의 고전적 연구에 따르면, '정합적인 우주 모델'과 '정확한 예측기법'이라는 조화될 수 없는 두 이상 사이에서 갈등하던 중국의 천문학자들은 결국 전자를 희생하고 후자를 채택했다. 본래 한대의 천문학자들은 해와 달의 순환, 윤달, 일월식 등 주요 천문현상이 완벽한 주기적 순환의 체계를 이루며, 그 근본 주기들은『주역』등의 수비학적 상관체계에서 연역될 수 있다고 믿었다. 그러나 이러한 믿음이 반영된 태초력(太初曆)과 삼통력(三統曆)은 시간이 지남에 따라 일월식과 같은 현상을 제대로 예측해내지 못하게 되었다. 역법의 '내적 위기'에 대해 중국의 역가(曆家)들은 더 정교한 우주 모델을 고안하기보다는 천체 운행의 미묘한 불규칙성으로 인해 이를 완벽히 포착하는 일이 불가능하다는 결론으로 나아갔다.[29] 모든 역법은 언젠가는

---

27) 阮元『疇人傳』卷11,「信都芳」, 續修四庫全書 516, 145下면: 渾天覆觀, 以靈憲爲文, 蓋天仰觀, 以周髀爲法, 覆仰雖殊, 大歸是一. 혼천·개천설의 통합 움직임에 대해서는 錢寶琮「蓋天說源流考」,『錢寶琮科學史論文選集』(北京: 科學出版社 1983), 399~400면 참조. 이문규는 혼천·개천을 상호보완적으로 파악하는 관점이 당대의 주류였다고 본다(이문규, 앞의 책 339면).

28) Nakayama Shigeru, 앞의 책 40면.

29) 천상(天象)의 불규칙성에 대한 인식이 심화된 데는 이 시기에 발견된 세차(태양

수정되어야 할 잠정적 체계일 뿐이며, 어떤 역법의 가치는 당시의 천상(天象)을 얼마나 잘 예측하느냐의 실용적 기준으로 판단될 수밖에 없다는 것이다.[30]

한대 이후 역법과 우주구조론 논의에서 공통적으로 드러나는 불가지론적·실용주의적 태도는 중국과학의 하위 분야들 사이에서 일어나고 있던 균열을 반영한다. 예컨대 중국의 수리천문학은 상관적 우주론 및 우주구조론과 분리되어 "우주론에 무관심"한 추보의 기법으로 성격이 변화했다.[31] 이후 역법의 기본상수와 계산기법을 상관적 우주론체계로 환원하려는 시도는 적어도 역법 분야 내에서는 더이상 이루어지지 않았으며, 혼천·개천 모델의 차이도 실제 천문 관측과 계산에 큰 의미를 지니지 않게 되었다. 이러한 지적 균열은 각각의 분야를 담당하는 집단들 간의 사회적 분리를 동반했다. 한대 우주론자들은 장형, 양웅(揚雄)처럼 수리천문학, 상관적 우주론, 우주구조론을 넘나드는 소양과 활동을 보였다. 이에 비해 당대 이후 역가들은 관측과 추보라는 역법의 전문영역에 국한되어 다른 분야로부터 고립되어갔으며, 상관적 우주론이나 우주구조론은 특히 송대 이후 천문학의 최신 기법에 대체로 무관심했던 장재와 소옹, 주희 등의 도학자(道學者)에 의해 주로 논의되었다.[32]

주희를 비롯한 송대의 도학자들은 대체로 개천설보다 혼천설을 선호하

년과 항성년의 미세한 차이)나 태양과 달의 부등속 운행현상이 한몫했다(John B. Henderson, 앞의 책 112~13면).

30) Nathan Sivin, "Cosmos and Computation in Early Chinese Mathematical Astronomy," *T'oung Pao* 55(1969): Nathan Sivin, *Science in Ancient China: Researches and Reflections*, 제2장, 3~5, 64~67면.

31) 같은 글 67면.

32) 역법과 기타 우주론 분야 사이의 사회적 분리에 대해서는 John B. Henderson, 앞의 책 117면 참조. 유학자와 역가 사이의 사회적·지적 간극은 역가의 천문학에 대한 주희의 우주론적 비판을 다룬 Kim Yung Sik, 앞의 책 245~80면에서 잘 살펴볼 수 있다.

여 천지의 구조를 하늘이 땅을 감싸고 있는 내외관계로 파악했다.[33] 그러나 주희의 혼천설에는 한대의 학설과 한가지 중요한 차이가 있다. 과거 혼천가들이 하늘을 딱딱한 고체로 이루어졌다고 파악한 데 비해,[34] 주희는 이를 땅을 둘러싸고 있는 무형의 기로 파악했다. 그런 점에서 하늘은, 저 높이 별들이 운행하고 있는 곳은 물론 사람들이 숨쉬고 살아가는 땅의 주변을 포함하여 기로 가득 찬 '지상(地上)' 전체를 뜻했다.[35] 혼천설이 기의 관념을 토대로 재구성되고 있었던 것이다. 주희 학설의 이러한 특징은 천지의 생성에 관한 견해에서 더 분명히 드러난다. 그에 따르면, 천지가 형성되기 전우주는 미분화된 기의 상태였다. 그 기가 급속하게 회전하면서 찌꺼기는 가운데 응결하여 땅이 되고 맑은 것은 하늘과 천체가 되어 땅 주위를 회전하게 되었다. 기의 회전 메커니즘으로 하늘과 땅의 내외관계를 설명한 것이다.[36]

주희에게 기의 회전은 하늘 가운데 있는 무거운 땅이 아래로 떨어지지 않는 이유이기도 했다. 물론 비슷한 설명이 앞서 장형의 글이나 『황제내경』「소문」에서도 제시된 바 있지만, 주희가 제시한 우주상은 좀더 구체적이며 역동적이다.

하늘의 운행은 쉼이 없어 밤낮으로 계속 회전하므로 땅은 중앙에 위치하게

---

33) 주희의 자연철학 전반에 대해서는 야마다 케이지, 앞의 책; Kim Yung Sik, 앞의 책 참조.
34) 한대의 학자들은 선야설(宣夜說)을 주장한 논자들을 제외하고는 대부분 고체의 하늘을 상정했다. 이에 대해서는 이문규, 앞의 책 340~45면 참조.
35) Kim Yung Sik, 앞의 책 138~39면. 예컨대 주희의 동료 채원정(蔡元定)은 이를 "땅의 위가 바로 하늘이다[地上便是天]"라고 표현했다(朱熹『朱子語類』卷1, 正中書局 1982, 9면).
36) Kim Yung Sik, 앞의 책 135~36면. 탁한 기가 땅이 되고 맑은 기가 하늘이 된다는 관념은 이미 『회남자』「천문훈」에 표명되었다. 그러나 『회남자』는 맑고 가벼운 기가 '위'로 올라가서 하늘이 된다고 설명하여 하늘과 땅을 상하관계로 파악하고 있다.

> 된다. 만약 하늘이 잠시라도 정지한다면 땅은 반드시 아래로 떨어질 것이다. 하늘의 회전이 빠르기 때문에 많은 찌꺼기가 가운데에 응결하게 된다. 땅은 기의 찌꺼기이다.[37]

땅이 하늘 가운데 안정해 있는 것은 천기(天氣)의 끊임없는 회전으로 형성되는 일종의 동역학적 평형상태 때문이라는 것이다.

주희가 기의 회전으로 우주의 여러 현상을 설명했다고 해서 그가 천지에 대한 일관된 이론체계를 제시했다고 볼 수는 없다. 물론 주희가 이기(理氣)와 음양, 오행 등의 개념을 이용해 광범위한 현상을 설명하려 했다는 점은 사실이다. 그러나 김영식이 지적하듯, 주희는 이러한 범주들을 통해 자연세계에 대한 일관된 지식체계를 건설하려 하지 않았다. 범주들과 범주들 사이에 설정된 기본 관계는 세계의 모든 현상에 모순 없이 적용할 수 있는 공리나 사유의 논리적 규칙이 아니었다. 그것들은 오히려 특정한 맥락에서 제기되는 개별적 문제들을 설명하는 데 있어 다양하고 심지어 서로 모순되는 방식으로 적용될 수 있는 융통성(adaptability)을 지니고 있었다. 따라서 자연세계에 대한 주희의 설명은 "일반적인 이론틀의 존재에도 불구하고, 아니 바로 그 때문에" 일관되지 않은 특수한 설명들의 집합이 되었다. 주희는 자연현상을 기본적으로 '개별적인 것'(particulars)으로 취급했으며, 개별 현상에 대한 설명을 일반화하거나 다른 현상과 관련시키는 데 큰 관심을 두지 않았다. 그 때문에 비슷한 현상에 관한 설명이 일관되지 않거나 모순되는 경우도 자주 나타나게 되었다.[38]

이러한 성격을 반영하듯 지상세계에 대한 주희의 설명은 특정한 현상에

37) 『朱子語類』 卷1, 9면: 天運不息, 晝夜輥轉, 故地搉在中間. 使天有一息之停, 則地須陷下. 惟天運轉之急, 故凝結得許多渣滓在中間, 地者氣之渣滓也.

38) Kim Yung Sik, 앞의 책 316~20면. 김영식은 이를 주희 자연철학의 '개별론적'(particularistic) 성격이라고 불렀다.

대한 단편적 사색들로 이루어져 있다. 한 예로, 북방의 '골리간(骨利幹)'이라는 지역에서는 "양의 내장을 굽자 셀" 정도로 밤이 짧았다는 당나라 원정대의 흥미로운 보고에 대해 주희는 이 '백야(白夜)' 현상을 해당 지방의 지형에서 비롯하는 독특한 현상으로 이해했다. 심지어 주희의 『주자어류』에는 그에 대한 서로 다른 두 가지 설명이 함께 기록되어 있다. 한 설명에서는 그곳이 땅이 뾰쪽이 솟아오른 곳[尖處]으로서 하늘이 그리 멀지 않기 때문에 햇빛이 잘 가려지지 않아 생긴 현상이라고 언급한 데 비해, 이어지는 기록에서는 이 지역이 땅의 갈라진 틈[絶處]이어서 해가 땅의 아래쪽에 있을 때에도 그 빛을 받을 수 있기 때문이라고 다른 설명을 제시한 것이다.[39]

주희는 특정한 문제를 다루는 중에 지상세계의 모양에 대해 훨씬 일반적 관념을 제시하기도 했다. 문인들과 지중(地中)이 어디인지에 관해 토론하던 중 한 문인이 주희에게 예주(豫州)를 천지의 중심으로 간주한 『주례』의 학설에 의문을 제기했다. 예주의 북쪽으로는 땅이 계속 이어지지만 남쪽으로는 곧 바다와 접하고 있으니 어떻게 그곳이 땅의 중심일 수 있겠느냐는 것이다. 이에 대해 주희는 지형이 남쪽 해안에서 끝나지 않고 해저를 통해 계속 남쪽으로 이어진다고 대답했다. 다시 말해 예주는 물속에 잠겨 있는 부분까지 포함한 땅덩어리 전체의 중심이라는 것이다. 그러나 남쪽으로 계속 가다보면 어느 순간 바닥이 없는 바다가 나타나는데, 그 바다야말로 하늘과 접하고 있는 지상세계의 경계이다.[40] 결국 예주가 지중이라는 『주례』의 주장을 옹호하는 과정에서 그는 후대 지식인들에게 상당한 권위를 지니게 될 "지재수상(地載水上, 땅이 물 위에 실려 있다)"의 관념을 제시한 것이다.

---

39) 『朱子語類』 卷1, 10면.
40) 『朱子語類』 卷2, 43면: 南邊雖近海, 然地形則未盡, 如海外有島夷諸國, 則地猶連屬, 彼處海猶有底, 至海無底處, 地形方盡.

땅의 아래와 네 주변에는 모두 바닷물이 흐르고 있다. 땅은 물에 떠 있으며 (물은) 하늘과 접하고 있다. 하늘이 물과 땅을 두르고 있다.[41]

이러한 단편들을 보면 주희가 대체로 땅이 평평하다는 상식적 관념을 지녔음을 알 수 있다. 사람이 사는 지상세계가 땅덩이 위에 펼쳐져 있고, 그 아래와 사방을 바다가 두르고 있다는 것이다. 그러나 그의 '지평론(地平論)'이 원반 또는 정방형과 같은 매끈하고 대칭적인 땅의 모양을 전제한 것은 아니다. 뭍으로 드러난 땅덩이는 북쪽으로 치우쳐 있으며, 그 모양은 우뚝 솟아오른 부분이나 갈라진 틈이 있는 등 불규칙해서 땅을 전체적으로 묘사할 모델을 고안하기란 어려웠다. 따라서 땅의 세계에 관해서는 단지 각 지역에 대한 경험적 관찰과 그에 근거한 단편적 추론을 통해 접근할 수밖에 없었다. 그는 땅이 지닌 불규칙한 모양을 다음과 같은 비유로 표현했다. "대저 지형은 만두와 같아서 그중 꼬여서 뾰족한 부분이 곧 곤륜산인 것이다."[42]

결론적으로, 고전우주론 전통에서 땅의 모양을 포함하여 지상세계의 여러 현상을 체계적으로 논한 전거는 찾기 어렵다. 땅에 대한 중국의 논의전통은 대개 상식적인 '지평' 관념을 암묵적으로 전제한 가운데 경험적 관찰과 신화적 설명, 상식적 추론의 단편들이 모여 있는 양상이었다. 그 바탕에는 세계가 근원적으로 불규칙하며 또 인간의 경험이 포괄하기에는 광대하여 그에 대해 확정적으로 표상하기 어렵다는 인식이 깔려 있었다. 그 결과 땅의 모양에 관한 논의가 천문학과 상관적 우주론 등 지식의 다른 영역과 긴밀한 연관을 맺는 것 또한 어려워졌다. 천문학이 우주론과의 긴밀한

---

41) 같은 책 44면: 地之下與地之四邊, 皆海水周流, 地浮水上, 與天接, 天包水與地.

42) 『朱子語類』 卷86, 3510면: 大抵地之形, 如饅頭, 其撚尖處, 則崑崙也.

연관을 상실했듯 지도제작이나 지지 등 지상세계를 다루는 경험적 분야들도 천문학 및 우주론과 느슨한 연관만 유지하게 되었다. 중국의 지식인들은 거의 모든 전통문명이 공유하던 우주의 대칭성, 조화로움, 지식의 여러 영역 간의 매끈한 연관에 대한 심리적 요구를 경험적 분야 바깥에서, 다시 말해 상관적 우주론이라는 추상화된 수비학(數秘學) 영역에서 충족해야만 했다.

3. 낙읍과 곤륜산: 땅의 중심에 대한 관념

지상세계에 중심이 있다는 믿음은 모든 고대문명에 공통적이다. 중세까지는 유럽인들도 예루살렘을 인간이 거주하는 세계의 중심으로 간주했다. 이때 땅의 중심이라는 말에는 두 가지 뜻이 담겨 있다. 우선 땅의 중심은 말 그대로 세계의 '지리적' 중심을 뜻했다. 중세 유럽인들은 예루살렘이 아시아와 아프리카, 유럽 등 알려진 세 대륙의 교차점에 위치한다고 생각했다. 그와 동시에 땅의 중심은 하늘과 땅이 소통하는 '우주적 장소'라는 뜻도 담고 있었다. 지상세계의 중심인 예루살렘은 신의 섭리가 인간에게 현시되는 장소이며, 구세주 예수가 승천하고 최후의 심판 때에 재림할 신의 역사의 주무대였다. 중국의 경우도 마찬가지였다.『주례』의 '구복(九服)'에서 볼 수 있듯 세계의 중심에 위치한 천자의 도읍, 즉 '왕기(王畿)'는 하늘의 뜻을 지상에 구현한 문명의 중심지이기도 했다. 중국의 유가전통에서 세계의 중심은 요순 임금과 주공 등이 도읍한 '중주(中州)', 즉 황하 유역의 기주(冀州)와 예주 지역을 뜻했다. 대체로 오늘날의 허난성(河南省)이 이에 해당한다.

특히『주례』는 주공의 도읍지인 낙읍(洛邑)을 천지의 중심으로 확정함으로써 이후 유가 지중론(地中論)의 핵심 전거로 자리잡았다.『주례』의「대사도」에 등장하는 이른바 '낙읍지중론' 역시 지중을 앞서 말한 두 가지 기준으로 정의하기는 마찬가지였다.

토규(土圭)의 법으로 토심(土深)을 측정하고 해그림자를 바르게 하여 지중을 구한다. (…) 하지의 그림자가 일척 오촌인 곳을 지중이라 한다. 천지가 합하는 곳이요, 사계절이 교차하는 곳이요, 비와 바람이 모이는 곳이요, 음과 양이 화합하는 곳이다. 그러므로 백물(百物)이 번성하고 편안하니, 이곳에 왕국을 세우고 사방 천리에 왕기를 정하여 그 경계에 나무를 세운다.[43]

주공이 지중으로 정한 낙읍은 우선 규표(圭表)로 해그림자를 측정하여 결정된 땅의 지리적 중심이었다. 지중은 해그림자가 짧지도 길지도 않고, 빨리 저물거나 늦게 저물지도 않는 곳이며, 하지 정오에 8척 높이의 규표를 세우면 북쪽으로 1척 5촌 길이의 그림자가 드리워지는 곳이다.[44] 동시에 그곳은 하늘과 땅이 만나는 우주적 장소로서, 음양이 조화롭게 교차하여 만물이 번성하는 상서로운 땅이다. 그곳에 성인(聖人) 주공이 공자 이래 유가들이 끊임없이 회귀하려 했던 주나라 문명을 건설한 것이다. 「대사도」의 '낙읍지중론'은 이후 유가의 승인에 의해, 다른 한편으로는 한의 낙양(洛陽), 송의 개봉(開封) 등 이후 왕조의 수도가 대부분 근방에 위치한 사정에 의해 상당한 권위를 획득하게 된 듯하다.

　앞서 언급했듯 주희도 문인과의 대화에서 낙읍지중론을 승인하여 그에

---

43) 『周禮注疏』 卷10 「大司徒」(北京: 北京大學出版社 1999), 251~54면: 以土圭之法, 測土深, 正日景, 以求地中. (…) 日至之景尺有五寸, 謂之地中. 天地之所合也, 四時之所交也, 風雨之所會也, 陰陽之所和也. 然則百物阜安, 乃建王國焉, 制其畿方千里而封樹之.

44) '일척 오촌'이 어떤 근거에서 나온 수치인지는 불확실하다. 『주소』에서는 『상서고령요(尙書考靈曜)』에 등장하는 땅의 사유승강(四遊升降)의 수치 3만리에서 이를 연역해내기도 했다. 그림자가 일척 오촌인 곳은 '일촌 천리'의 원리에 따르면 하지에 해로부터 북쪽으로 1만 5천리에 위치한 지역으로, 3만리의 중심이 된다는 것이다.

무게를 실어주었다. 하지만 「대사도」에 대한 주희의 승인이 확정적인 것은 아니었다. 그는 제자들과 논의하는 과정에서 해그림자를 기준으로 지중이 오랜 기간에 걸쳐 미세하게 변화했다고 주장했다. 한나라 때에는 양성이 중심이었으나 당시에는 북송의 도읍인 개봉의 악대(岳臺)로 옮겨왔다는 것이다.[45] 다른 곳에서 그는 낙읍이 아니라 요순 임금이 도읍한 '기도(冀都)'를 "천지의 중앙"이라고 주장하기도 했는데, 이 경우에는 해그림자의 길이가 아니라 그 지역의 상서로운 '풍수(風水)'를 논거로 삼았다.[46] 물론 기도와 낙읍, 개봉이 서로 인접한 지역이므로 이러한 논의들이 '중주'의 중심적 지위에 대한 믿음과 배치되는 것은 아니다.

하지만 땅의 중심을 둘러싼 주희와 문인들의 논란은 그 자체로 낙읍을 포함한 '중주'가 땅의 중심이라는 믿음을 쉽게 정당화하기 어려워진 정황을 반영한다. 예주의 남쪽이 머지않아 바다에 가로막히는 데 비해 북쪽으로는 육지가 끝없이 이어진다는 문인의 지적에는 당송(唐宋) 세계제국 시기를 거치며 확대된 지리적 세계상이 고대의 낙읍지중론과 모순된다는 인식이 담겨 있었던 것 같다. 남쪽 바다 밑으로 땅이 계속 이어지므로 낙읍이 육지의 중심이 아니라 땅덩이 전체의 중심이라는 주희의 답변은 기발하기는 하지만 임시변통의 느낌이 드는 것도 그 때문일 것이다.

사실 고대 이래로 유가의 지중론이 중국 지성계를 완전히 제패한 적은 없었다. 제국의 수도를 우주적 중심으로 신성화한 유가의 지중론이 공식적 권위를 누렸음은 분명하지만, 낙읍의 지위에 도전하는 대안적 중심의 관념 또한 일찍부터 상당한 세력을 띠며 유행했다. 앞서 살펴본『주비산경』의 우주론이 한 예다. 제국의 천문대를 천지의 중심이라고 가정한 혼천가와는 달리,『주비산경』은 북극을 중심으로 한 좌표계를 도입함으로써

---

45)『朱子語類』卷86, 3511면. 이에 대한 상세한 논의로는 야마다 케이지, 앞의 책 174~80면 참조.
46)『朱子語類』卷2, 45~46면: 冀都是正天地中間, 好箇風水.

110

주나라를 세계의 주변에 위치시켰다. 그에 따르면, 중국은 천문 관측의 절대적 기준점이 아닌 지상세계의 여러 관측지 중 하나일 뿐이다. 주석가 조상은 이를, 마치 훗날 '동서남북의 상대성'에 관한 알레니의 선언을 연상케 하는 논조로 다음과 같이 표현했다.

북극이 하늘의 중앙에 위치하고 있다. 사람들이 말하는 동서남북이라는 것에는 고정된 장소가 있지 않다. (관측자들에 따라) 각각 해가 뜨는 곳을 동쪽으로 삼고, 해가 남중하는 곳을 남쪽으로 삼고, 해가 지는 곳을 서쪽으로 삼고, 해가 숨은 곳을 북쪽으로 삼는 것이다. (…) 내가 있는 곳은 북극의 남쪽으로서 천지의 중앙은 아니다. 나의 동서(東西)는 천지의 동서가 아니다.[47]

하지만 천문 관측지의 위치라는 비교적 전문적인 문제를 논한 『주비산경』과는 달리 일반 지식인들의 세계관에 더 큰 영향을 미친 논의는 전국시대 추연의 대구주 학설이나 도교와 불교의 전통에서 비롯되었다.[48]

『사기(史記)』에 따르면, 추연은 우임금이 정한 중국의 구주란 천하의 81분의 1에 불과한 '적현신주(赤縣神州)'라고 주장했다. 이와 같은 것이 아홉이 모여 실제의 구주를 이루며 그 주위를 비해(裨海)라는 바다가 둘러싸고 있다. 게다가 이러한 구주가 또 아홉이 모여 대구주를 이루는데, 그 주위를 하늘과 접한 바다 대영해(大瀛海)가 둘러싸고 있다.[49] 이 기록만으로는

---

47) 『周髀算經』卷上, 41면: 北辰正居天之中央, 人所謂東西南北者, 非有常處, 各以日出之處爲東, 日中爲南, 日入爲西, 日沒爲北. (…) 我之所在, 北辰之南, 非天地之中也, 我之卯酉, 非天地之卯酉.

48) 『주비산경』을 영역하고 주석한 컬른은 혼천설과 개천설이 한대에 겪은 엇갈리는 운명을 혼천설의 중화주의와 『주비산경』의 탈중화주의적 경향과 조심스럽게 연결시킨다 (Christopher Cullen, *Astronomy and Mathematics in Ancient China: the Zhou bi suan jing*, Cambridge: Cambridge University Press 1996, 130~31면).

49) 司馬遷 『史記』卷74,「孟子荀卿列傳」(臺北: 啓明書局 1961), 400~401면: 以爲儒者所謂中

추연이 광대한 세계의 중심을 어디라고 보았는지 알 수 없지만, 적어도 이를 중국이라고 보지 않았음은 분명하다.『산해경』『회남자』등 이후에 나타난 도가 계통의 문헌에는 땅과 천계가 소통하는 장소인 '선계(仙界)'들이 세계의 중심으로 등장하는데, 이 지역은 대개 중국의 바깥에 위치했다.『회남자』「지형훈」에는 세계의 중심을 남방의 '도광(都廣)' 땅에 있는 '건목(建木)'이라는 나무라 했는데, 그곳은 "뭇 신들이 오르내리는 곳이요, 해가 남중할 때 그림자가 없으며, 소리쳐도 메아리가 없는" 천지의 중심이었다.[50] 이외에도 세계의 주변에 다양하게 분포하는 선계들은 대부분 높게 솟아올라 하늘과 가까워지는 나무와 산이었다.

그중 가장 권위를 지닌 장소로 부각된 곳이 바로 곤륜산이었다.『산해경』에서 곤륜산은 곤륜(昆侖), 곤륜구(昆侖丘) 등 다소 다른 이름으로 세계의 여러 지역에 걸쳐 언급되었다. 곤륜산은 '천제의 하계의 도읍'으로, "호랑이 이빨에 표범의 꼬리를 가진" 서왕모(西王母)의 거처로, 또 황하를 비롯한 지상세계 강물의 근원지로 묘사되었다.[51] 중국의 주변에 있다고 간주되던 곤륜산은 어느 순간 세계의 '지리적' 중심으로까지 이해되기 시작했다. 한대의 위서『하도괄지상』은 추연의 구도와 곤륜산 설화를 결합하여 곤륜산을 추연의 81분된 세계의 중심에 위치시켰다.

國者, 於天下乃八十一分, 居其一分耳. 中國名曰赤縣神州, 赤縣神州內, 自有九州, 禹之序九州是也, 不得爲州數. 中國外如赤縣神州者九, 乃所謂九州也. 於是有裨海環之, 人民禽獸莫能相通者, 如一區中者, 乃爲一州. 如此者九, 乃有大瀛海環其外, 天地之際焉.

50) 何寧 撰『淮南子集釋』卷4,「墬形訓」, 328~29면: 建木在都廣, 衆帝所自上下, 日中無景, 呼而無響, 蓋天地之中也. 하늘로 통하는 사다리로서의 건목은『산해경』에도 등장한다(정재서 역주『산해경』, 330면). 신선실화에서 그림자와 메아리가 없다는 표현은 선계나 신선과 같은 초월적 존재를 묘사할 때 자주 이용되었다. '건목'과 '일중무영(日中無影)'에 대한 해석은 정재서『불사의 신화와 사상: 산해경·포박자·열선전·신선전에 대한 탐구』(민음사 1994), 81~82면 참조.

51) 정재서 역주『산해경』,「해내서경」, 267면;「대황서경」, 312면;「서산경」, 91~92면 참조.

땅은 남북으로 3억 3만 5천 5백리다. 땅의 신이 있는 위치로서 우뚝 솟아난 높고 큰 산으로 곤륜산이 있다. 그 넓이는 1만리이고 높이는 1만 1천리다. 신물(神物)이 자라는 곳이며, 성인과 신선이 모이는 곳이다. 다섯 색깔의 구름기운이 피어오르고, 다섯 색깔의 흐르는 물이 비롯되는데, 그 가운데 백수(白水)가 남쪽으로 흘러 중국으로 들어가니 그 이름이 황하다. 곤륜산은 하늘의 한가운데와 마주하고, 땅의 가장 가운데에 위치하며, 80개의 지역이 그 주위에 펴져 둘러싸고 있다. 중국은 동남쪽 모퉁이에 있는 한 부분에 위치하는데, 이는 좋은 지역이다.[52]

남북조 시기부터 이루어진 불교의 수입은 세계의 중심에 관한 새로운 학설의 등장을 의미하는 일이기도 했다. 불교의 세계상에 따르면 지상세계의 중심에는 위로 하늘에 닿는 수미산(須彌山)이 있고, 그 주위를 네 대륙[四洲]이 둘러싸고 있다. 중국은 그중 인도를 포함하는 남쪽 대륙 섬부주(贍部洲)의 동편에 위치한다고 생각되었다.[53] 그러나 한말에 이미 확립되어 있던 곤륜산의 권위를 반영하듯, 불교의 세계상을 곤륜산 구도와 결합하려는 경향도 나타났다. 특히 불교가 섬부주의 북방에 설산(雪山, 또는 阿耨山)이 있어 그 위의 신성한 연못 아뇩대지(阿耨大池)로부터 인더스 강을 비롯한 세계의 강물이 발원한다고 본 점은 중국 서북방의 고산지대에 있고 황하의 발원지로 간주되던 곤륜산과 유사한 점이 많았다. 예컨대 주희는 "불경에서 말하는 아뇩산이 곧 곤륜산이며, 아뇩대지에서 발원하여 중국으로 들어온 것이 황하"라고 언급했다. 아뇩산과 곤륜산이 같은 산이라는 것이다.[54] 이렇듯 시간이 흐르면서 중국 이외의 곳을 세계의 중심으

---

52) 張華, 김영식 옮김 『박물지』(홍익출판사 1998), 38면.
53) 수미산을 세계의 중심으로 한 불교의 사주설(四洲說)에 대해서는 定方晟 『須彌山と極樂: 佛敎の宇宙觀』(東京: 講談社 1973), 12~24면 참조.
54) 『朱子語類』卷86, 3509~10면.

로 보는 경향들, 즉 개천설과 추연의 학설,『산해경』, 불교의 세계상이 사실상 같은 종류의 학설이라는 인식이, 특히 그에 비판적이었던 유가 지식인 사이에서 형성된 것 같다. 주희는 문인들과「대사도」의 '토규지법(土圭之法)'을 토론하는 자리에서 불가의 사주설(四洲說)과 추연의 대구주설, 개천설을 비슷한 부류의 학설로 보아 함께 비판했다. 주희가 보기에 이들은 모두 지상세계의 크기를 지나치게 광대하게 파악했으며 중국을 그 주변에 위치시켰다.[55]

이러한 주희의 논의를 살펴보면 곤륜산이 이제는 분명한 지리적 실체를 지닌 존재로 인식되고 있음을 알 수 있다. 그곳은 황하의 발원지이며, 남쪽으로 불교의 발상지 천축(天竺)의 세계가 펼쳐져 있다. 물론 '낙읍지중론'을 지지하는 주희로서는 곤륜을 세계의 중심으로 인정할 수 없었다. 그는 곤륜산을 염두에 둔 듯 "서북쪽의 땅은 지극히 높다. (그러나) 땅의 높은 곳이 하늘의 중앙에 위치한 것은 아니"라고 언급했다.[56] 그는 다른 곳에서「대사도」의 "서쪽에 그늘이 많다"는 구절을 그 지역이 고산지대이기 때문만이 아니라 세계의 끝에 가깝기 때문이라고 추론하기도 했다.[57] 곤륜산 너머 서쪽 세계가 그리 넓게 펼쳐져 있지 않다는 것이다. 도가의 신화적 세계상에서 기원한 곤륜산이 이제는 서역과의 교류를 통해 확대된 지리적 지평을 상징하는 존재로서 낙읍의 고전적 지위를 위협하고 있었던 것이다.

하지만 광대한 세계제국을 건설한 원(元)나라에 이르러 곤륜산과 낙읍 사이의 해묵은 경쟁을 해소하기 위한 아이디어가 한 천문학자에 의해 제

---

55) 같은 곳: 佛經有之, 中國爲南澹部洲, (…) 亦如鄒衍所說赤縣之類 (…) 四洲統名娑婆世界 (…) 此說便是蓋天之說. 물론 주희가 불가의 우주론을 전적으로 부정한 것은 아니다. 아녹산을 곤륜산으로 이해한 것에서도 그가 불교의 세계상을 부분적으로 수긍했음을 알 수 있다. 그가 비판한 것은 불교와 추연, 개천설이 땅의 세계를 지나치게 광대하게 이해한 데 있었다.
56)『朱子語類』卷1, 10면.
57)『朱子語類』卷86, 3509면.

시되었다. 도교 계열의 천문학자 조우흠(趙友欽)은 육지만의 중심인 '사해의 중심'과 지상세계 전체의 중심인 '지중'을 구분하여 이를 각각 곤륜산의 서쪽과 중국의 양성(陽城)에 대응시켰다.

옛사람들은 양성을 지중으로 측정했다. 그러나 (그곳이) 사해의 중심은 아니다. (그곳이) 천정(天頂)의 아래이므로 지중이라고 한 것이다. 만약 사해의 중심으로 논한다면, 황하의 근원은 곤륜산인데, 이는 천하의 평평한 땅에서 가장 높은 곳으로, 그 동쪽에서는 모든 강이 동쪽으로 흐르고, 그 서쪽에서는 모든 강이 서쪽으로 흐르며, 남쪽과 북쪽도 마찬가지다. (…) 그 산은 서쪽 바다에서 3만여리 떨어져 있고, 동쪽 바다와의 거리는 2만리에 미치지 못한다. 이와 같이 양성은 동쪽 바다에서 아주 가까우니, 천하의 땅은 지중(즉 양성)의 서쪽에 더 많이 있고 지중의 동쪽은 반드시 모두 바다인 것이다. (…) 사해의 안쪽은 양성이 중심이 아니다. 사해의 중심은 천축의 북쪽, 곤륜산의 서쪽이다. 만약 하늘이 덮고 있는 땅과 바다를 통틀어 중심을 말한다면 양성이 중심이다.[58)]

조우흠의 기본적 아이디어는 바다 위로 드러난 육지와 지상세계 전체를 구분한 주희의 논리와 유사하다. 하지만 조우흠은 인류가 살아가는 육지의 중심을 곤륜산 서편 서역지방에 양보함으로써 팍스 몽골리카(Pax Mongolica)의 세계질서에서 '동방'에 치우치게 된 중국의 지위를 인정할 수밖에 없었다. 그 대신 주공의 옛 도읍지에 대해서는 천지의 중심이라는,

---

58) 趙友欽『革象新書』卷2,「地域遠近」, 四庫全書 786, 242下~243上면: 古者, 測得陽城爲地中, 然非四海之中, 乃天頂之下, 故曰地中也. 若以四海之中言之, 黃河之源爲崑崙, 乃是天下地平最高處, 東則萬水流東, 西則萬水流西, 南北亦然 (…) 其山距西海三萬餘里, 距東海不及二萬里. 如此陽城距東海甚近, 天下之地, 多在地中以西, 地中之東, 必皆水矣. (…) 四海之內, 不中於陽城, 中於四海者, 天竺以北, 崑崙以西也. 若論天之所覆, 通地與海而言中, 卻是中於陽城.

비록 고상하긴 하지만 다분히 형이상학적인 지위를 부여하는 데 만족해야
했다.

4. 광대한 세계의 지리학

세계의 중심은 결코 지리학이나 천문학의 전문영역에 한정된 논점이 아
니었다. 세계의 중심에 대한 상이한 견해는 곧 전반적인 세계상과 이념 차
원에서 벌어진 균열을 반영하는 징표이기도 했다. 고대문명의 중심지이자
후대 유가의 정신적 고향이던 '중주' 바깥에 세계의 중심을 위치시킨 불가
와 도가는 바로 이를 통해 유교문명의 권위를 훼손하려 했던 것이다.

중국을 세계의 중심에서 끌어내리려는 시도는 대개 세계가 광대하다
는 주장과 함께 이루어졌다. 주희가 지적했듯 추연의 학설과 불가의 우주
론, 개천설은 모두 지상세계가 주위의 친숙한 세계를 넘어 무한히 펼쳐져
있다고 주장했다. 세계의 광대한 외연은 그 자체로 협소한 '우리' 세계에
통용되는 상식에 대해 회의하게 하는 힘이 있었다. 『장자(莊子)』「추수(秋
水)」에 기록된 황하의 신 하백(河伯)과 북해의 신 약(若)의 대화가 좋은 예
다. 가을 홍수에 물이 불어난 황하를 보고 "천하의 좋은 것들이 모두 자기
에게 속한다"고 자만한 하백은 곧 자기가 천하의 유일한 문명이라고 자부
하는 주나라의 유교문명을 상징한다. "우물 안 개구리"와 "여름 벌레"처럼
우주의 공간적·시간적 광대함을 알지 못하던 하백에게 북해의 신은 세계
의 넓음과 중국의 왜소함을 일깨워준다. 황하에 비해 드넓은 북해도 천지
에 비하면 "작은 돌과 나무가 거대한 산속에 있는 것"과 같은데, 하물며 사
해 안의 중국은 "커다란 창고 안의 곡식알갱이"에 불과하지 않겠는가? 삼
왕오제(三王五帝)가 일으킨 예악, 백이와 숙제의 의로움, 공자의 박학함도

그림 2-3. 조선후기의 원형천하도. 서울대 규장각 편 「天下圖」, 『海東地圖』(서울대학교 규장각 1995) 상권, 2면.

결국은 그 좁은 땅에서나 통용되는 일이 아니겠는가?[59]

후대의 지식인들에게 『장자』의 우언(寓言)에 담긴 메시지는 추연의 학설과 『산해경』 『회남자』 『하도괄지상』 등에서 제기된 세계상과 중첩되었다. 추연의 학설과 『산해경』의 지리학은 『장자』의 계몽적 관점을 구체화함으로써 주변의 익숙한 세계에 매몰된 이들에게 넓은 세계에 대한 시야를 갖게 해준다고 간주되었다. 조선후기에 널리 유통된 이른바 '원형천하도(圓形天下圖)' 계열의 지도는 이러한 세계상을 시각적으로 표현한 것으로,

59) 王叔岷 撰 『莊子校詮』 外篇, 「秋水」(臺北: 中央研究員歷史言語硏究所 1988), 581~84면.

그 재료와 상상력을 『산해경』과 추연의 학설에서 끌어온 것이다. 비록 중국을 지도의 중심에 위치시키고 있기는 하나, 중국이 차지하는 공간은 뒤에서 살펴볼 '화이도(華夷圖)' '형승도(形勝圖)' 계열의 지도와 비교할 때 상당히 축소되어 있다. 그 바깥의 넓은 공간을 『산해경』에 등장하는 기이한 나라와 선계가 차지하고 있다(그림 2-3 참조).[60]

  광대한 공간의 비판적 힘은 세계의 무한한 외연에서뿐만 아니라 그 속을 채우고 있는, '우리'의 상식에 길들여지지 않은 존재들로부터도 나온다. 실로 『산해경』 『십주기(十洲記)』 등의 신화적 지리서는 세계 곳곳의 기이한 민족과 동식물, 사건에 대한 기록으로 가득하다. 이러한 기록은 훗날 예수회사의 지리문헌에 등장하는 '괴물'들을 연상시킨다. 그러나 두 전통에서 묘사된 이물(異物)과 이족(異族)의 지위는 서로 달랐다. 선교사들의 문헌의 경우 괴물이나 야만족들이 대부분 타락한 존재로 간주되는 데 비해, 『산해경』에 등장하는 괴물에서 그같은 카인의 낙인을 발견하기란 쉽지 않다. 오히려 기이한 민족들은 빈번히 동경의 대상인 불사의 존재로 그려졌다. 훗날 아름다운 선녀의 모습으로 탈바꿈하기는 하지만 『산해경』의 '서왕모'는 범의 이빨과 꼬리를 지닌 괴물의 모습이었다. "동굴에 살며 흙을 먹고 남녀의 구분이 없으며 죽어도 심장이 썩지 않아 120년 뒤에는 다시 살아나는" 무계국(無脣國) 사람들은 유교의 예악을 비웃는 불사의 종족이다.[61] 선교사들의 문헌에서 괴물이 기독교적 세계상의 하위를 차지하는 존재였다면, 『산해경』의 이족과 이물은 중국문명의 상식을 비웃고 중심

---

60) '천하도'에 대한 연구는 그 기원에 관한 뜨거운 논쟁을 반영하듯 매우 많지만, 대표적인 것으로는 李燦 「韓國의 古世界地圖 ── 天下圖混一疆理歷代國都之圖에 대하여」, 『한국학보』 2(1976), 47~66면; 배우성 「고지도를 통해 본 조선시대의 세계 인식」, 『진단학보』 83(1997), 43~83면; 「서구식 세계지도의 조선적 해석, '천하도'」, 『한국과학사학회지』 22(1)(2000), 51~79면 참조.

61) 무계국에 대한 해석은 정재서, 앞의 책 80~81면 참조.

과 주변의 위계를 반전시키는 존재로 그려졌던 것이다.[62] 동진(東晋)의 곽박(郭璞, 276~324)이 『산해경』을 옹호하며 상식과 기이 사이의 구분을 상대화하려 한 것은 마치 알레니가 『직방외기』의 서문에서 '상(常)'과 '기(奇)'의 위계를 뒤집으려 한 일을 연상케 하지만, 곽박의 글에서는 알레니의 조물주처럼 세계의 다양한 사물이 귀착하는 절대적 수렴처가 전제되어 있지 않았다.

『산해경』을 읽는 세상사람이라면 그 책이 황당무계하며 기괴하고 유별난 말이 많기 때문에 의혹을 품지 않는 이가 없다. 나는 이 점에 대해 한번 논의해보고자 한다. 장자는 이런 말을 한 적이 있다. "사람이 아는 것은 그가 알지 못하는 것에 미치지 못한다." 나는 『산해경』에서 그 실례를 발견할 수 있다. (…) 세상에서 소위 이상하다는 것에 대해서는 그것이 이상한 이유를 알 수 없고, 세상에서 소위 이상하지 않다고 하는 것은 그것이 이상하지 않은 이유를 알 수 없다. 왜 그러한가? 사물은 스스로 이상한 것이 아니라 나의 생각을 거쳐서야 이상해지는 것이므로, 이상함이란 결국 나에게 달린 것이지 사물이 이상한 것은 아니기 때문이다. 그러므로 북방의 호인(胡人)은 광목을 보면 베인가 의심하고, 남방의 월인(越人)은 털담요를 보면 모피라고 놀란다. 대개 익히 보아온 것을 미더워하고, 드물게 들어온 사실을 기이하게 여기는 것이 사람들의 통폐다.[63]

---

62) 같은 책 249면.

63) 郭璞 「注山海經敍」, 정재서 역주 『산해경』, 33~34면: 世之覽山海經者, 皆以其閎誕迂誇, 多奇怪俶儻之言, 莫不疑焉. 嘗試論之曰, 莊生有云, 人之所知, 莫若其所不知, 吾於山海經見之矣 (…) 世之所謂異, 未知其所以異, 世之所謂不異, 未知其所以不異. 何者. 物自不異, 待我而後異, 異果在我, 非物異也. 故胡人見布而疑黂, 越人見罽而駭毳. 夫翫所習見而奇所希聞, 此人之常蔽也. 번역은 정재서의 것을 필자가 조금 수정한 것이다.

세계에 산재하는 경이를 통해 그 배후에 존재하는 조물주의 섭리를 드러내려 한 알레니와는 달리 『장자』의 관점에 기댄 곽박에게 기이함이란 사람들로 하여금 스스로의 상식을 반추하여 그 임의적 성격을 깨닫게 한다.

곽박이 『산해경』을 힘써 변호한 데서 알 수 있듯 추연의 학설과 『산해경』은 일찍부터 상식을 대변하는 이들의 비판대상이었다. 그 가장 이른 비판자요 이후 유가의 태도에 중요한 영향을 미친 인물이 바로 사마천(司馬遷, 기원전 145~90)이다. 그는 친숙한 세계를 넘어 장대한 공간과 아득한 과거로 확대해가는 추연의 추론에 대해 "그 말이 과장되며 정도에서 벗어났다(閎大不經)"고 부정적으로 평했다.[64] 『산해경』에 대한 태도는 훨씬 더 단호했다. 그는 『사기』 「대완전(大宛傳)」에서 장건(張騫)의 서역원정 이후 황하의 근원을 탐색했지만 곤륜산은 어디서도 찾을 수 없었다고 반론했다. 게다가 "『우본기(禹本紀)』나 『산경(山經)』에 나타나는 기이한 것들(怪物)에 대해서는 감히 말할 수 없다"고 아예 논의를 회피했다. 사마천이 그에 비해 신뢰를 표명한 지리문헌은 중국 산천의 형세와 각지에서 산출되는 물산을 기술한 『상서』 「우공」이다.[65]

고대중국의 합리적 정신을 대변하는 인물로 평가받는 후한의 왕충(王充, 27~100)은 사마천의 유보적 태도에서 한걸음 더 나아가 추연의 구도, 『산해경』『회남자』 등에 담긴 신화의 부조리함을 적극적으로 폭로했다. 그는 공공(共工)이 부주산을 들이받아 하늘이 서북으로 기울었다거나 여왜(女媧)가 찢어진 하늘을 보수했다는 등의 신화가 상식적으로 용납될 수 없음을 논증했다. 그는 추연 학설의 허황함과 부조리함에 대해서도 적극 비판했다. 예컨대 추연의 말처럼 중국이 세계의 동남쪽에 치우쳐 있다면, 천

64) 『史記』 卷74, 「孟子荀卿列傳」, 400면.
65) 『史記』 卷123, 「大宛列傳」, 457면. 사마천이 곤륜산에 대한 황당한 논의의 출처로 제시한 『우본기』에 대해서는 아직까지 알려진 바 없고, 다만 제목이 암시하듯 고대 치수의 영웅인 우임금에 가탁한 신화적 지리서라고 생각된다.

지의 중심인 북극이 중국에서는 서북쪽에 보여야 할 텐데 실제로는 정북에서 관찰되는 현상을 어떻게 설명할 것인가.[66]

하지만 왕충의 적극적 비판이 이후 유가의 일반적 태도를 대변하는 것은 아니었다. 기이한 이야기에 대해 유가 지식인들은 대개 "감히 말할 수 없다"는 사마천의 태도를 따라 논의를 회피했고, 이러한 태도는 종종 『장자』「제물(齊物)」의 "성인은 육합(六合)의 바깥에 대해 내버려두고 논하지 않는다〔存而不論〕"는 경구로 합리화되었다.[67] '존이불론'의 태도에는 추연의 학설과 같은 거대구도는 사람의 경험이 도달할 수 있는 영역을 넘어서므로 옳고 그름을 판단할 방도가 없다는 유보적 태도가 담겨 있다. 이는 하늘과 땅의 전체적 모양에 대해 불가지론적 태도를 보인 조상의 입장과도 궤를 같이한다. 추연의 구도는 경험과 상식을 초월할〔閎大〕 뿐만 아니라 '불경(不經)'스럽기도 했다. 요컨대 광대한 세계와 그 속의 기이한 사물은 윤리적으로도 유가의 적절한 논의주제가 아니었다. 초경험적이며 기이한 것에 대한 부정적 태도는 "귀신(鬼神)을 공경하면서도 멀리했고"\"괴력난신에 대해서는 말하지 않은" 공자의 태도와도 부합하였다.[68] 공자는 군자가 힘써 추구해야 할 것이 일상을 넘어서는 기이함이나 귀신의 영역이 아니라 "사람을 섬기는" 일이라고 말함으로써 일상의 윤리와 정치에 우선권을 부여한 것이다. 훗날 주희는 『논어』의 '괴력난신'에 대해 다음과 같이

---

66) 또한 그는 몇몇 경험적 수치로 지상세계의 넓이를 대략 추산한 뒤, 추연의 예측치가 자신의 추산에 훨씬 못 미친다고 비판하기도 했다(王充 黃暉 撰 『論衡校釋: 附劉盼遂集解』, 「談天 第十一」, 北京: 中華書局 1990, 469~84면).

67) 王叔岷 撰 『莊子校詮』 內篇, 「齊物」, 72~73면: 聖人六合之外, 存而不論. 이 구절에 이어 "六合之內, 聖人論而不議, 春秋經世, 先王之志, 聖人議而不辯"이라는 내용이 이어진다. 이 구절에 담긴 『장자』의 본래 취지는 다양한 차원의 '논의'와 '분별'이 일으킨 범주구분의 임의성을 드러내 "大道不稱, 大辯不言"의 관점을 옹호하려는 것으로서, 이후 유가들이 기이함을 멀리하기 위해 사용한 용례와는 의미가 다르다.

68) 『論語集注』, 「雍也」, 「述而」.

주석했다.

괴이(怪異), 용력(勇力), 패란(悖亂)의 일은 이치의 바름이 아니므로, 성인이
말하지 않는 바이다. 귀신은 조화의 자취로서, 비록 바르지 않은 것은 아니
나, 궁리의 지극함이 아니면 쉽게 밝힐 수 없다. 그러므로 또한 사람들에게
가벼이 말할 수 없다. 사씨(謝氏)가 말하기를, 성인은 항상적인 것을 말하지
괴이한 것을 말하지 않으며, 덕을 말하지 힘을 말하지 않으며, 다스려짐을
말하지 어지러움을 말하지 않으며, 사람에 대해 말하지 신에 대해 말하지
않는다.[69]

그러나 '존이불론'의 태도가 기이의 영역에 대한 전적인 부정을 의미하
지는 않았다. 유가가 비록 기이한 것을 논하지 않고 그에 지적 정당성을 부
여하지 않았을지라도 그것이 존립할 여지를 원천봉쇄한 것은 아니다. 요
컨대 그들은 추연의 구도가 옳지 않다고 단정하지 않았다. 기이와 굉대의
영역은 비록 지식의 주변부에서일지언정 그 존재가 허용되었다. 더욱이
유가 지식인들이 '기이한 현상'에 대해서 아예 논의하지 않은 것도 아니
다. 예컨대 주희의 문헌에서는 공자가 "멀리하고 말하지 않은" 귀신과 여
러 기이한 현상에 대한 풍부한 논의를 발견할 수 있다. 하지만 주희가 기
이를 곽박의 주장처럼 '우리의' 상식을 반추하는 존재로 취급한 것은 아니
다. 오히려 주희는 귀신 같은 현상을 음양오행과 기의 범주를 통해 '합리
적'으로 설명함으로써 그러한 현상들을 상식의 나라에 귀화시키려 하였
다.[70] 기이와 정상을 가로지르는 경계는 유동적이었고, 특히 송대 이후의

---

69) 『論語集注』「術而」(『四書章句集註』, 北京: 中華書局 1983, 98면): 怪異勇力悖亂之事, 非理
之正, 固聖人所不語. 鬼神, 造化之迹, 雖非不正, 然非窮理之至, 有未易明者, 故亦不輕以語人
也. 謝氏曰, 聖人語常而不語怪, 語德而不語力, 語治而不語亂, 語人而不語神.

70) 기이한 현상에 대해 기의 개념을 통해 자연적 설명을 시도한 주희의 시도에 대해서는

유학자들은 이기(理氣)와 음양오행의 형이상학으로 기이함을 길들여 점차 상식의 영역을 확대해나가고 있었다.

곤륜산과 낙읍의 두 지중으로 대별되는 세계관적 균열은 둘 사이의 긴장관계에도 불구하고 적대적 관계로 묘사될 수는 없다. 그 둘은 서로의 존재를 완전히 부정하지 않았다. 실로 문명의 중심 낙읍과 불사의 선계 곤륜산은 전통시대 지식인들이 그 사이에서 동요하던 세계의 두 중심지였다. 그들은 과거시험을 통해 중앙의 관료로 입신함으로써 왕자(王者)를 도와 '치국평천하(治國平天下)'하려는 유가적 이상에 따라 살면서도 어느 순간 그 모든 것을 버리고 선계로 귀의할 준비가 되어 있었다. 이는 중국과 조선의 고전소설에서 전형적으로 드러나는 주제다. 선계에서 죄를 짓고 인간세계로 추방된 주인공은 다시 선계로 돌아가기 전 거의 예외 없이 인간세계의 중심인 중국의 조정에서 황제를 보필하는 인물로 성공한다. 전생의 신선이 현세의 관료로 입신하고 결국에는 선계로 되돌아가는 상투적 이야기는 유가적 가치와 도가적 이상이 적절히 분할된 나름의 영역을 지키며 공존하고 있었음을 잘 보여준다.

5. 지리지와 지도의 전통

사마천이 『산해경』을 비판하는 동시에 『상서』「우공」을 높이 평가한 것은 중국과 그를 벗어난 이역세계에 대해 『산해경』 등의 지괴(志怪)문헌보다 더 신뢰할 만한 전통이 있었음을 시사한다. 중국의 구주를 산천의 지리

Kim Yung Sik, 앞의 책 98~101면; 북송의 심괄(沈括)이 기이한 현상에 대해 접근한 '합리적 태도'에 대해서는 Fu Daiwie, "A Contextual and Taxonomic Study of the 'Divine Marvels' and 'Strange Occurrences' in the *Mengxi bitan*," *Chinese Science* 11(1993~94), 3~35면 참조.

적 형세로 구분하고 각지의 자연적 특징과 토양, 토산, 도로 등의 정보를 기록한 「우공」은 분명히 해괴한 이야기로 가득한 『산해경』과는 성격이 달랐다. 니덤에 따르면 "마술이나 환상을 배제한" 「우공」에서 세계에 대한 "객관적 기술"을 특징으로 하는 지리학 전통이 시작되었다.[71] 그리고 사마천은 「우공」에 대한 자신의 긍정적 평가를 반영하듯, 『사기』에 「하거서(河渠書)」와 전략적으로 중요했던 나라들의 열전을 포함함으로써 이러한 지리학전통의 형성에 공헌한 인물이기도 했다.[72]

중국의 지리를 다룬 문헌전통의 진정한 출발은 『한서』 「지리지」라고 볼 수 있다. 이를 효시로 각 왕조의 정사(正史)에는 다양한 지리정보를 행정구역별로 정리한 지리지가 예외 없이 포함되었다. 정사의 지리지가 새로운 왕조가 직전 왕조의 통치강역을 정리한 것이라면, 당대의 지리정보들도 관찬(官撰), 사찬(私撰)으로 체계적으로 정리되었다. 당대의 『원화군현지(元和郡縣志)』, 북송(北宋)의 『태평환우기(太平寰宇記)』, 원·명·청조의 『일통지(一統志)』 등 제국 전체를 다룬 총지(總志)는 물론, 하위 행정단위를 다룬 성지(省志)와 부지(府志), 현지(縣志) 등의 지방지(地方志)가 특히 원·명대 이후 널리 편찬되었다.[73] 지리지는 한편으로는 제국의 강역에 대한 중앙의 장악을 상징할 뿐만 아니라 인구와 물산, 도로, 요충지 등 통치에 필요한 실제적 정보를 담은 문헌이었다.

하지만 지리지에 편집된 정보가 직접적 유용성을 지닌 것들로만 한정되지는 않았다. 이에는 각 지방의 연혁, 풍속, 명승, 저명한 인물의 행적과 그들이 남긴 문장 등 해당 지역의 역사와 문화 전반에 걸친 풍부한 기록이 담겨 있었다. 따라서 지리지는 횡적으로 당대 문명의 화려함을, 종적으로

---

71) Joseph Needham, *SCC*, Vol. 3, 500~503, 516면.

72) 『사기』에 담긴 지리학적 지식에 대해서는 江小羣·胡欣, 앞의 책 76~83면 참조.

73) 현재 중국 내에 남아 있는 지방지는 총 8천여종에 이르며, 이는 현존하는 고문헌의 10분의 1에 해당한다고 한다(같은 책 299면).

그 문명의 연혁을 보여주는 '중화문명'의 전시장이었다. 그러한 점에서 중국의 고전지리학은 인민의 도덕적 교화(敎化)를 추구하는 유교적 이상, 그리고 지식인들의 고전 및 역사 연구와도 긴밀히 연결되었다.

문헌의 양으로 비교해볼 때 외국을 다룬 지리문헌은 제국의 지리지에 비해 빈약한 것이 사실이지만, 그렇다고 문헌과 그에 담긴 정보의 절대량이 적다고 할 수는 없다. 중국이 역사상 넓은 영토 주위의 다양한 '외이'들과 교류하면서 누적된 정보는 일단 사마천의 예를 따라 정사의 열전에 '외이전(外夷傳)'의 형태로 집약되었다. 당대 이후 명나라 초에 이르기까지 세계제국으로 군림한 중국은 멀리는 아랍제국으로까지 교류를 확대했으며, 그 과정에서 동남아와 인도, 아랍세계의 자연환경과 풍속, 물산 등을 다룬 다양한 문헌이 저술되었다. 당나라 현장(玄奘)의 『대당서역기』(大唐西域記, 646), 송나라 주거비(周去非)의 『영외대답』(嶺外代答, 1178), 조여괄(趙汝适)의 『제번지』(諸蕃志, 1225), 명나라 초 환관 정화(鄭和, 1371~1433)의 대항해에서 비롯한 공진(鞏珍)의 『서양번국지』(西洋蕃國志, 1434), 마환(馬歡)의 『영애승람』(瀛涯勝覽, 1451) 등이 대표적인 예다.[74]

이러한 해외지리서들, 특히 왕조가 편찬한 공식문헌을 앞서의 신화적 지리서와 구분해주는 것이 바로 그에 전제된 중화주의적 세계상이다. 유가가 그리던 이상적 세계질서는 고대 주(周) 왕실과 봉건제후들의 관계를 모델로 한 것으로, 지상세계의 유일한 문명인 중화제국과 그에 정치적·문화적으로 복속하는 주위의 여러 야만족으로 구성되었다. 이렇듯 문명과 야만의 위계적 천하질서는 이른바 '조공(朝貢)-책봉(冊封)'의 제도를 통해 정치적·의례적으로 구현된다고 생각되었다. 그에 따르면 천하의 모든 '제후국'이 정기적으로 사신을 중국에 파견하여 '천자'에 대한 정치적·문화

---

74) 중국의 다양한 해외지리 문헌에 대한 개괄로는 Joseph Needham, *SCC*, Vol. 3, 508~14면 참조.

적 복속을 표명해야 했다.

이러한 세계상은 정사의 외이전 등에 담긴 외국기사에 그대로 표현되었다. 그 속에 기록된 나라들은 중국의 조정에 입공(入貢)했거나, 아니면 흉노(匈奴)처럼 중국의 교화를 거부하여 정벌의 대상이 된 나라들이었다. 지리문헌에서 외국들을 배열한 순서도 종종 지역적 구분을 무시한 채, 조선(朝鮮)과 같이 '소중화(小中華)'라 불릴 만큼 충직한 나라에서 시작해 관계가 소원하거나 최근에 입공한 나라로 이어지는 식이었다. 야만국들 내에도 나름의 위계가 있었던 것인데, 그 위계가 기본적으로 각 나라들과 중국이 관계맺는 방식에 의해 결정되었다는 점이 중요하다. 실제로 중화주의적 세계지지에서 외국에 대한 묘사는 그 나라의 독자적인 문화와 역사보다는 과거 중국과 맺은 관계를 중심으로 이루어졌다. 요컨대 외이들은 중국과의 관계 속에서만 유의미한 존재로 간주되었다. 결국 중화주의적 세계상에서 유의미한 '천하'란 중국과 그에 복속하는 외이들——또는 길들여지기를 거부하는 몇몇 외이들——로 구성되었다. 그 바깥세계에 아직껏 알려지지 않은 나라들을 비롯하여 중국과 교류하지 않는 나라는 중화주의적 세계지리의 시민권을 얻을 자격이 없었으며, 사실상 존재하지 않는 것으로 간주되기도 했다. 명말『도서편(圖書編)』에 수록된 지리지의 저자는 아득히 먼 지역을 서술에서 배제하면서 "저 대황절막(大荒絶漠)의 험한 곳은 지기(地氣)가 나쁘고 인성(人性)이 흉포하여 사람이 거할 곳이 아니기 때문에 그 땅의 존재 여부란 진실로 중하지 않다"고 언급했다.[75]

이러한 '중국중심적 경험주의'야말로 정통 세계지리 문헌을『산해경』과 같은 신화적 지리문헌과 구분해주는 중요한 인식론적 차이였다. 그 속에 담긴 해외 여러 나라의 정보는 중국인 관찰자의 견문을 비롯한 중국과

---

75) 章潢『圖書編』卷34,「皇明輿圖四極」, 672下면: 彼大荒絶漠之險, 地氣旣惡, 人性復獷, 非復人居之處, 其有與無, 固不足爲重輕也.

의 교류에 토대했기 때문에 지괴문헌에 비해 믿을 만했지만,[76] 그 포괄성에서는 지상세계에 존재하거나 존재할 수도 있는 모든 나라를 기술하려한『산해경』같은 문헌에 미칠 수 없었다. 지괴류와 정통적 조류를 절충한지리문헌이 간혹 등장한 것은 아마도 후자의 협소함을 지괴문헌을 통해보완하려는 동기에서 비롯되었을 수 있다. 예컨대 원대에 주치중(周致中)이 편찬한『이역지(異域志)』는 당시까지 알려진 여러 '조공국'들뿐만 아니라 무계국, 우민국(羽民國)과 같이『산해경』등에 기록된 수십개 괴물나라, 그리고 "아직까지 중국에 상인이 들어오지 않은 31개 나라"를 포함하여총 202국을 다루었다.[77] 요컨대『산해경』은 단순한 지괴문헌을 넘어 정통지리문헌이 대개는 공백으로 남겨놓은 넓은 세계에 대한 지리학적 정보원으로서의 가치를 인정받고 있었다.

지리지가 지상세계를 문헌으로 표상한 것이라면, 이를 도상(圖象)으로시각화한 지도제작의 전통 또한 일찍부터 발전했다. 지상세계에 대한 표상으로서 지도가 지닌 상징적·실제적 가치를 인식하고 이를 제작하여 사용한 것은 최소한 춘추전국시대까지 거슬러올라가며, 진(秦)·한대(漢代)

---

76) 물론 이러한 '정통적' 지리문헌에도 기이한 기사들이 등장한다. 정사의 외이전에 종종여인국이나 장인국(長人國) 등에 대한 전문(傳聞)이 기록되어 있다. 하지만 정사와 지괴류가 기이한 것들을 기록하는 태도와 방식에는 상당한 차이가 있다. 예컨대 정사에 등장한 기이한 민족은 대부분 중국의 북방이나 동남해의 가까운 지역에 한정되어 있으며, 대체로 그 나라의 존재를 입증할 수 있는 증거들(신뢰할 만한 사람의 증언이나 표류해온사람이나 물건 등)이 언급되어 있다.

77) 周致中『異域志』, 叢書集成初編 第3273冊(上海: 商務印書館 1936). 다루고 있는 나라의수만으로 본다면 주치중의 문헌은 중국의 역대 세계지리서 중 가장 많은 나라를 다룬것에 속한다. 보통의 지리서들이 다루는 범위는 대체로 수십개국을 넘지 않았다. 예컨대송대 趙汝适의『諸蕃志』가 44개국, 명대 정화의 항해를 바탕으로 한 馬歡의『瀛涯勝覽』이18개국, 명말 張燮의『東西洋考』가 24개국에 대한 기술을 담고 있다. 청대에 편찬된『明史』는「外國傳」과「西域傳」에서 세계 여러 나라를 폭넓게 다루고 있지만 그래도 130개국정도의 수준이다.

의 무덤에서는 이미 상당히 정교한 지형도가 발굴되었다. 하지만 현존하는 지도는 주로 송대 이후의 것으로서, 특히 명대와 청대에 제작된 지도는 그 상당수를 담고 있는 지방지의 규모를 반영하듯 엄청난 양이 남아 있다.[78]

게다가 이들 지도 중에는 엄밀한 수학적 도법을 이용하여 제작된 것도 상당수 포함되어 있다. 니덤은 바로 이러한 지도들에 근거하여 중국 지도제작 전통이 서구에 비해 훨씬 '과학적'이었다고 주장했다. 서구의 경우 프톨레마이오스의 『지리학』(Geographia)을 정점으로 하는 고대그리스의 수학적 지도제작술이 중세 유럽에 이르러 단절되고 그 대신 T-O 지도 같은 엉성한 '종교적 우주지'(宇宙志, cosmography)가 유행했으나, 중국의 경우는 3세기 진(晉)나라 지리학자 배수(裴秀, 223~71)가 지도제작의 엄밀한 방법을 제시한 이래 수학적 지도제작 전통이 청대에 이르기까지 중단되지 않고 발전했다는 것이다.[79] 니덤이 극찬한 배수의 방법이란 현존하지 않는 그의 「우공지역도(禹貢地域圖)」 서문에서 제시된 여섯 가지 방법을 말한다. 그중 특히 현대의 축척 개념과 유사한 '분율(分率)'이나 모눈격자로 이루어진 좌표계 '준망(準望)'은 중국 지도제작술의 탁월함을 대표하

---

78) 중국 지도학사에 대한 전반적 연구로는 Joseph Needham, *SCC*, Vol. 3, 525~90면; J. B. Harley and David Woodward eds., *Cartography in the Traditional East and Southeast Asian Societies*, in *History of Cartography* Vol. 2 Book 2(Univ. of Chicago Pr. 1994) 중 Cordell D. K. Yee가 집필한 제3~7장 참조. 중국 고지도에 대해 자세한 설명을 곁들인 화보로는 曹婉如 外編 『中國古代地圖集』 전3책(北京: 文物出版社 1990~94)가 참고할 만하다.

79) 그는 중세의 T-O 지도를 '지도제작'(cartography)이 아니라 '우주지'(cosmography) 의 범주로 분류함으로써 과학적 지도와 종교적 세계표상의 차이를 절대화했다. 그에 따르면 중국의 전통에서는 종교적 세계표상이 과학적 지도제작의 전통에 비해 매우 미미했다. 중국문명권에서 종교적 지도로는 조선후기에만 발견되는 이른바 '원형천하도'밖에 없다는 것이다. 그는 심지어 강희연간의 「황여전람도」같이 예수회 선교사들에 의해 유럽 르네상스 투영법에 따라 제작된 중국지도조차 중국 수리지도학 전통의 연장선에서 이해했다(Joseph Needham, *SCC*, Vol. 3, 583~90면).

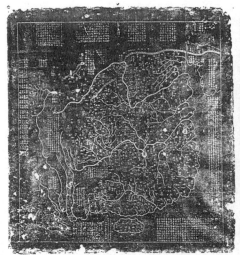

그림 2-4. 송대의 석각 「화이도(華夷圖)」(왼쪽)와 「우적도(禹跡圖)」(오른쪽). 1136년 비석의 양면에 새겨진 지도이다. 曹婉如外編, 『中國古代地圖集(戰國-元)』(北京: 文物出版社 1990)

는 방법으로 부각되었다.[80] 준망을 이용한 지도로서 니덤이 중국 지도학의 상징으로 칭송한 것이 바로 송대의 석각(石刻) 「우적도」(禹跡圖, 1136)이다. 같은 비석의 반대편에 새겨진 「화이도」와 짝을 이루는 이 지도에는 한변이 실제 거리 100리에 해당하는 모눈 좌표에 중국의 해안선과 강물의 흐름이 놀랄 만큼 정확히 그려져 있다. 니덤은 배수에서 비롯한 「우적도」 계열의 지도제작 전통을, 원대 주사본(朱思本, 1273~1337)의 「여도」(輿圖, 1320)와 이를 증보한 명대 나홍선(羅洪先, 1504~64)의 「광여도」(廣輿圖, 1555?)로

---

80) 물론 준망은 지구 관념을 전제로 한 경위도 개념과는 근본적으로 다르다. 배수가 제시한 나머지 네 가지 방법(道里·高下·方邪·迂直)은 복잡한 지형에 대면하여 거리와 높이, 각도 등을 측정하는 측량법으로 이루어져 있다. 「우공지역도」의 서문은 『晉書』 卷35 「裴秀傳」(王庸『中國地理學史』 제2판, 56~57면)에 실려 있으며, Joseph Needham, *SCC*, Vol. 3, 538~40면에 번역되어 있다.

이어지는 중국 지도학의 정통으로 부각하였다. 하지만 「우적도」의 반대편에 새겨진 「화이도」는 지도학적으로 훨씬 엉성했고 그 때문에 니덤에게 그리 높은 평가를 받지 못했다(그림 2-4 참조).[81]

동일한 비석의 양면을 이루는 두 지도에 대한 니덤의 엇갈린 평가는 기본적으로 그가 지도의 역사를 수학적·추상적 표상을 특징으로 하는 근대 지도학으로 나아가는 과정으로 파악했기 때문에 비롯된 것이다. 요컨대 근대적 지도를 "지도의 역사가 지향하는 목적(telos)"으로 봄으로써 전통 중국 지도제작의 실제 지형을 "왜곡"한 셈이다.[82] 사실 중국의 고지도에는 「화이도」와 같이 수학적 방법을 쓰지 않은 엉성한 지도, 또는 산수화와 구분하기 어려울 정도로 회화에 근접한 지도 등 니덤의 기준에서 일탈한 것들이 훨씬 많다. 정치와 행정, 예술 등 지도가 사용되는 맥락에 따라 그 표현방식도 제각각 달랐다. 정밀도에서는 물론, 투사법과 묘사의 세밀도, 표현의 추상화 정도가 지도의 용도에 따라 달라졌다. 게다가 지도제작자와 독자들이 여러 도법 중 모눈격자를 이용한 수학적 방법을 일반적으로 선호했다는 증거도 없다. 각각의 지도에는 특수한 용도에 적합한 표현방식이 채택되었을 뿐이다.[83]

중국의 지도가 근대 지도학의 기준에서 정당하게 일탈할 수 있었던 한 가지 중요한 요인은 바로 지도와 문헌 사이의 상보적 관계였다. 상당수의 중국 지도가 빽빽한 설명문을 담고 있거나, 지리지 같은 문헌을 보충하는

---

81) 같은 책 543~56면.

82) Cordell D.K. Yee, "A Cartography of Introspection: Chinese Maps as other than European," 32면.

83) 중국 지도가 맥락에 따라 다양한 표상방식을 채택한 데 대해서는 J.B. Harley and David Woodward eds., 앞의 책 중 코델 이가 집필한 제4장 "Chinese Maps in Political Culture", 제5장 "Taking the World's Measure: Maps between Observation and Text", 제6장 "Chinese Cartography among the Arts: Objectivity, Subjectivity, Representation" 참조.

130

'참고도'의 성격을 띠고 있다. 이 경우 지도는 문헌에 담긴 지리정보들 사이의 공간적 관련성을 대략적 수준에서 시각화했고, 이러한 경우 지도가 「우적도」같이 정밀해야 할 필요는 없었다. 지형지물 간의 거리와 도시의 넓이 등 사실정보들은 관련 문헌에 이미 담겨 있기 때문이다.[84]

지도는 문헌의 세계에 구축된 의미를 이미지로 재현하는 역할도 했다. 문헌과 지도의 의미 교류는 무엇보다도 세계지도에서 인상적으로 드러난다. 단적으로 고전적 세계지도는 앞서 살펴본 세계지리 문헌의 중화주의적 세계상을 시각적으로 구현했다. 「우적도」의 반대쪽에 새겨진 「화이도」가 좋은 예다. 외견상 「화이도」는 주변지역을 일부 포함한 중국지도처럼 보인다. 하지만 고려와 인도 같은 몇몇 중요한 '외이'들이 지도의 주변에 그려졌고 여백의 도설(圖說)에 100여 나라의 이름이 언급된 것을 보면, 도면과 도설 전체가 포괄하는 범위는 사실상 중국중심의 '천하(天下)'임을 알 수 있다. '천하'란 오늘날의 '세계' 개념과는 달리 지상세계의 유일문명인 중국을 중심으로 한 세계, 또는 종종 중국 자체만을 가리키는 개념이었다. 이렇듯 '천하' 개념에 배어 있는 중화주의야말로 고전전통에서 "'중국'지도와 중국의 '세계'지도의 구분을 흐리게 하는" 요인이었다.[85] 「화이도」는 중국을 넘어서는 광대한 세계를 지도의 주변과 중국이 차지하고 남은 좁은 여백에 압착하는 방식으로 중화주의적 천하 관념을 표현했다. 이와 같은 지리적 공간의 '왜곡'을 니덤처럼 퇴행적인 것으로 단정할 수는 없다. 왜냐하면 이 지도의 제작의도는 세계에서 중국과 외이가 차지하는

---

84) 문헌과 지도의 상호작용에 대해서는 Cordell D. K. Yee, "Taking the World's Measure: Maps between Observation and Text," J. B. Harley and David Woodward eds., 앞의 책 제5장 참조.

85) Richard J. Smith, "Mapping China's World: Cultural Cartography in Late Imperial Times," in Wen-hsin Yeh ed., *Landscape, Culture, and Power in Chinese Society*(Berkely: Institute of East Asian Studies, University of California, Berkely 1998), 62면.

문화적 비중을 보여주는 것이고, 그런 점에서「화이도」의 '왜곡'된 공간은 오히려 그러한 위계적 천하질서를 더 '정확히' 표현해주기 때문이다.

물론 중국의 지도제작자들도「화이도」의 표현이 '지리적 실재'와는 다름을 잘 알고 있었다. 당대로부터 명초에 이르기까지 아랍과 아프리카 동안(東岸)을 포괄하는 세계지리서들이 간행된 것에 발맞추어 넓은 세계를 비교적 실제와 가깝게 담아낸 지도들이 나타났다. 예컨대 당나라의 가탐(賈耽, 730~805)은 가로 30척, 세로 33척의 대형「해내화이도(海內華夷圖)」를 제작했다. 그는 1촌 100리의 모눈격자를 이용했다고 하니, 이 지도가 포괄하는 범위는 동서로 3만리, 남북으로 3만 3천리에 달하여 사실상 당시까지 알려진 지리적 세계 전체였다고 볼 수 있다.[86] 이처럼 장대한 스케일의 지도로는 조선 태종(太宗) 2년(1402) 권근(權近)과 이회(李薈) 등이 제작한「혼일강리역대국도지도(混一疆理歷代國都之圖)」가 남아 있다. 이 지도는 원나라에서 제작된「성교광피도(聲教廣被圖)」와「혼일강리도」를 저본으로 하여 조선과 일본 지역을 보충한 것으로, 그 포괄 범위는 원대 아랍과의 교류를 반영하듯 아프리카와 유럽까지 이른다. 비록 모눈격자를 사용하지 않았고 중국과 조선의 영토가 과장되어 있지만, 니덤이 지적하듯 당시 유럽의 세계지도에서는 담아내지 못한, 남쪽으로 뾰족한 아프리카 대륙의 윤곽이 정확히 나타나 있다.[87]

그렇다고 포괄적인 세계지도의 제작자들이 이를 통해 지상세계 '전체'를 표현하려 한 것은 아니다. 이 지도들은 앞서의 정통적 해외지지(地誌)처

---

86) 지금은 전하지 않는「해내화이도」의 규모는『舊唐書』「賈耽傳」에 담긴 그의 표문(表文)에 나타나 있다(王庸, 앞의 책 67~68면).

87) 조선이 이미 과대평가된 중국의 1/3 크기로까지 확대되어 묘사된 것은, 전상운에 따르면 지도제작을 주도한 권근 등 조선 건국주도세력의 진취적 태도를 반영한다(전상운「朝鮮前期의 科學과 技術 ―― 15세기 科學技術史 研究 再論」,『한국과학사학회지』14(2), 1992, 146~47면). 원대의 세계지도와『혼일강리역대국도지도』에 대한 니덤의 논의는 Joseph Needham, *SCC*, Vol. 3, 554~56면 참조.

럼 주로 중국과 조공 등의 방식으로 교류하는 나라들을 대상으로 했다. 가탐의 전기에 따르면, 그의 세계지도는 해외 각국에서 중국에 파견한 사절과 외국에 사신 갔다 돌아온 중국인들을 탐문한 정보에 근거한 것으로, 그 정보의 성격은 앞서 언급한 중화주의적 지리문헌과 같다.[88] 이러한 지도의 장대함은 「성교광피도」와 같은 명칭에서도 드러나듯 중국문명의 교화가 미치는 범위가 넓음을 과시하려는 장치일 것이다. 하지만 지도의 '중화주의적 팽창'은 인식론적 신중함에 의해 제동이 걸리기도 했다. 원대의 주사본은 『여도』서문에서 먼 지역에서 온 사절들의 정보만으로는 지도를 정확히 제작하기 어렵다는 신중론을 제기했다. 그에 따르면, "창해(漲海)의 동남쪽과 (고비)사막 서북쪽에 있는 여러 번국(蕃國)과 이역(異域)은, 비록 정기적으로 조공을 바치기는 하지만 거리가 아득히 멀어 계고(稽考)할 근거가 드물다." 따라서 "그에 대해 말하는 자는 상세할 수가 없으며, 상세한 것은 신뢰할 수가 없다. 따라서 이러한 부류는 어쩔 수 없이 생략할 수밖에 없다."[89]

중화주의적 세계상을 표현하는 두 부류의 세계지도에서 일반에 더 널리 회람된 것은 「화이도」부류였다. 사실 지도 제작기술과 그에 소요되는 비용 면에서 가탐류의 지도는 대량으로 제작·보급되기 어려웠다. 그러나 일반 지식인들의 입장에서 가탐류의 지도가 지닌 더 근본적인 약점은 중화주의적 천하관을 전달하는 데 그리 긴요하지 않은 정보에 지나치게 많은 공간과 말을 허비한다는 점이었다. 과연 수집된 정보의 양과 중화주의적 세계상 내의 비중에서 중국의 한 성(省)에도 미치지 못하는 아랍과 아프리카, 유럽의 나라에 도면과 설명을 많이 할애할 필요가 있을까? 사실 일반 지식인들이 지도를 통해서 얻고자 한 정보는 중화문명의 판도와 역사적

---

88) 『舊唐書』「賈耽傳」(王庸, 앞의 책 65면).
89) 「여도」에 대한 주사본의 자서(王庸, 앞의 책 87~88면): 若夫漲海之東南, 沙漠之西北, 諸
    蕃異域, 雖朝貢時至, 而遠絶罕稽. 言之者, 旣不能詳, 詳者又未可信, 故於斯類, 姑用闕如.

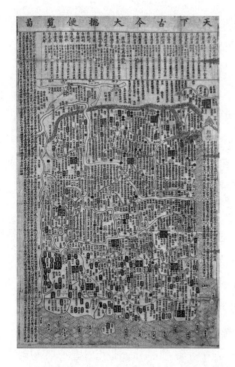

그림 2-5. 17세기 조선에서 제작된 형승
도 계통의 지도. 김수홍(金壽弘), 「천하
고금대총편람도(天下古今大摠便覽圖)」
1666년 서문. 목판본. 142.8×89.5cm.
숭실대학교 한국기독교박물관 소장.

변천, 그리고 중국과 역사적으로 긴밀히 교류한 조선, 안남(安南), 인도 등
의 몇몇 나라에 불과했다. 그외 나라들은 「화이도」에서처럼 이름만 간단
히 언급하여 그 존재만 알려주면 충분한 일이었다.[90]

「화이도」 계통의 지도로서 지식인들 사이에서 유행한 것이 이른바 '형
승도'였다. 16세기 중반 나홍선의 「광여도」와 비슷한 시기에 간행된 유시
(喩時)의 「천하고금형승지도」(天下古今形勝之圖, 1555)에서 볼 수 있듯, 이
부류의 지도는 「화이도」와 마찬가지로 지도의 대부분을 중국이 차지하고
인도와 아랍 등 여러 외국은 여백으로 밀려나 있다(그림 2-5 참조). 반면 황하

---

90) 실제로 「화이도」의 도설은 그 지도가 가탐의 지도를 '요약'한 것이라고 밝히고 있
다(Richard J. Smith, *Chinese Maps: Images of All under Heaven*, Hong Kong: Oxford
University Press 1996, 27면).

와 만리장성을 통해 바깥 지역과 뚜렷이 구분된 중국의 경우는 「화이도」 보다 훨씬 빽빽한 주석을 달아 각 지방의 지리적·역사적 정보를 소개했다. 유시의 지도에서 흥미로운 점은 중국의 동남쪽 바다에 일본, 유구(琉球, 류우꾸우) 같은 실제 나라뿐만 아니라 『산해경』에서 비롯한 나라의 이름도 일부 기록되어 있다는 것이다.[91] 이는 「화이도」 계열의 지도가 주사본의 「여도」와 같은 사실적 표상을 포기하면서 얻게 된 자유를 보여준다고 생각된다. 중국 바깥의 세계를 지도의 좁은 여백에 압축해버림으로써 일단 지상세계를 사실적으로 묘사할 의무를 벗어버린 지도제작자들은 『산해경』의 나라들도 자유로이 포함시킬 수 있었을 것이다. 지도의 여백에 실릴 외이의 범위는 할애된 지면이나 문헌전거의 한도 내에서 제작자의 야심에 따라 자유로이 늘어날 수 있었다. 따라서 형승도 주변의 좁은 여백은 외관상 더 장대한 「여도」보다 그 가능성 면에서 더 넓은 공간이었고, 천하가 중국과 기타 외이로 구성되어 있다는 중화주의적 관점에서 보자면 사실상 중국을 제외한 지상세계 전체를 대변했다. 역설적이지만 「화이도」와 형승도는 당시의 맥락에서 주사본이나 나홍선의 지도보다도 훨씬 '세계지도다운' 지도였던 것이다.

마떼오 리치가 1584년 「여지산해전도」를 제작할 당시 중국인들이 가장 쉽게 접할 수 있던 세계지도는 바로 형승도 계열의 지도였던 것으로 보인다. 리치도 "중국인의 세계지도란 대부분 중국에 대한 묘사로 채워져 있으며, 그들이 전해들은 외국들은 그 주위 바다에 몇몇 섬으로 표시되어 있을 뿐"이라고 증언했다. '형승도'류의 지도는 주사본의 지도 같은 정밀한 지도를 접할 수 없었던 중국인과 예수회사 모두에게 중국의 고전지도 전통

---

91) 유시의 지도에 대해서는 Richard J. Smith, "Mapping China's World: Cultural Cartography in Late Imperial Times," 68면 참조. 도면은 曹婉如 外編 『中國古代地圖集』 明代編, 도판 139에 실려 있다.

을 대표한다고 인식되었던 것이다. 리치는 형승도를 근거로 중국의 지리학전통을 땅이 평평하다는 관념과 외국에 대한 협소한 견문, 중국중심주의로 특징짓고, 이를 지리정보의 포괄성과 수학적 엄밀성에서 우월한 유럽 지리학에 대립시켰다.[92]

그러나 지금까지의 논의에서 드러났듯 중국의 고전지리 전통은 형승도로 간단히 대표될 만큼 빈곤하거나 균질하지 않았다. 중화주의적 관념이 고전전통의 중요한 요소임은 틀림없지만, 추연과 『산해경』의 전통이 그 전일적 지배를 견제하고 있었다. 리치는 중국의 지평설에 대해서도 '과대평가'하였다. 중국의 지리학과 우주론이 지평설을 전제하기는 했으나, 그 것은 대체적이고 상식적인 차원에서일 뿐이다. 고전적 지평 관념은 분명한 기하학적 모델을 전제하지 않았으며 서양 지리학에서와 같이 우주론 체계의 필수불가결한 요소도 아니었다. 고전전통 내부에는 오히려 땅의 전체적 모양에 대한 이론적 체계화에 저항하는 경향이 강했다. 예수회사들의 유기적인 지리학 체계가 대면한 것은 이렇듯 풍부하지만 이질적 경향들이 느슨히 연결되어 있는 전통이었다. 실로 17세기 이래 근대화된 서양열강과 본격적인 접촉이 시작된 19세기 전까지 서구 지리학에 대해 중국과 조선 지식인이 내린 해석의 다양함은 바로 이러한 고전전통의 성격에서 비롯되었다.

---

92) Nicolas Trigault, *China in the Sixteenth Century*, 166~67면.

17,18세기 서구 지리학 논의의 패턴

17,18세기 서구 지리학 논의의 패턴

선교사들이 소개한 서구 지리학과 동아시아 고전전통이 맺을 수 있는 해석적 관계의 가능성은 상당히 넓게 열려 있었다. 이는 무엇보다도 동아시아 전통이 여러 이질적인 하위 조류로 나뉘어 있었기 때문이다. 예를 들어 중국의 고전문헌은 대개 땅이 평평하다고 암암리에 가정했지만,『주비산경』같이 지구 관념을 암시하는 조류도 있었다. 예수회사가 서구 지리학으로 중화주의적 세계상을 비판하려 했지만, 고전전통에는 추연의 학설과 『산해경』같이 선교사들의 시도와 친화력 있는 요소도 있었다. 그에 따라 중국과 조선 학인들이 취할 수 있는 태도는, 단순히 말해 서구 지리학과 고전전통 사이의 이질성을 극대화할 수도, 또는 반대로 유사성을 강조하는 방향으로 나아갈 수도 있었다. 이러한 해석의 여지는 17,18세기 중국과 조선의 논자들이 처한 맥락 그리고 이들의 학문적·정치적 지향 등에 의해 제한되고 구체화될 것이었다.

이 장에서는 17,18세기 선교사들의 지도와 지지를 둘러싸고 전개된 토착적 논의의 전체적 양상을 조망하려 한다. 특히 당시 학인들이 외래 지리학을 어떠한 관심에서 어떠한 태도로 향유하고 논의했는지 살펴볼 것이다. 선교사들은 자신의 진지한 종교적·문화적 메시지를 담은 지리문헌이 중국인들 사이에서 널리 심각하게 논의되기를 기대했겠지만, 실제로 그래야 할 필연적 이유는 없었다. 당연하게도 중국과 조선의 독자들은 저자의 의도와는 독립된 맥락에서 나름의 관심에 따라 선교사들의 문헌을 읽고 논했다. 선교사들이 서구 지리학지식을 제시한 동기와 독자들이 그것을 향유한 방식은 어긋나 있었던 것이다. 그렇다면 이러한 어긋남의 구체적 양상은 어떠했으며, 이는 외래 지리학의 운명에 어떤 영향을 미쳤을까?

1. 서구 지리학에 대한 논의의 확산과 심도

지구설과 세계지도, 세계지리로 이루어진 서구의 지리학은 토착 지식사회에 비교적 널리 퍼진 것으로 보인다. 그 정도를 정확히 가늠하기는 어렵지만, 당시 지식인들의 상당수가 이에 관심을 가졌음을 보여주는 간접적 증거들은 많다.

그중 하나가 바로 서학(西學)에 물들어가는 당대의 풍토를 우려하는 반(反)서학론의 대두다. 서학이 미친 영향의 시차를 반영하듯 중국의 경우 17세기 초부터, 조선에서는 18세기 중반부터 본격적으로 나타난 반서학론자들은 서학의 사악한 매력에 심지가 굳지 못한 많은 동료 사대부들이 유혹당하는 현실을 목도했다. 1630년대 후반 알레니의 선교 근거지 복건 지방에서 편찬된 『파사집(破邪集)』에 실린 글에서 위준(魏濬)이라는 인물은 "근래 마떼오 리치가 사설(邪說)로 뭇사람을 미혹하자, 사대부들이 흡연(翕然)히 그를 믿었다"고 한탄했다. 그는 천주교의 창궐뿐만 아니라 불온하고 황당무계한 세계지도의 유행도 깊이 우려했다. 그의 진단에 따르면, 중국인의 견문을 넘어서는 세계를 묘사한 리치의 세계지도에는 사람의 호기심을 끄는 기이한 힘이 있었다. 리치의 황당한 학설이 근절되지 않고 번성하는 이유는 바로 기이함에 탐닉하는 '인정(人情)' 때문이었다.[1] 서양 학설의 마력은 18세기 초 조선 호서(湖西)지방의 주자학자 이간(李柬, 1677~1727)도 직접 경험했다. 그에 따르면, 동료 중 한명이 리치의 학설에 영향을 받아 이른바 "무상하육면세계설(無上下六面世界說)"을 제창했을 때, 동문의 다수가 그 '허무맹랑한' 학설에 홀려 넘어갔다.[2]

이와 같은 보고들이 서학의 불온한 영향력을 얼마간 과장했다면, 좀더 객관적인 정황을 알려주는 기록들도 있다. 18세기 후반 조선의 비교적 온건한 천주교 비판가 안정복(安鼎福, 1712~91)에 따르면,

서양의 서적이 선조(宣祖) 말년부터 이미 우리 동방에 들어와서 명경석유(名卿碩儒)들 중에 그것을 보지 않은 이가 없었으나, 그것을 제자(諸子)나 도불(道佛)의 부류로 간주하여 서가의 완물(玩物)로 비치할 뿐이었으며, (그중에서) 취한 것은 다만 상위(象緯)와 구고(句股)의 술수뿐이었다.[3]

당시 후배 남인(南人) 학자들 사이에 천주교 신앙이 퍼지고 있는 현상을 그전 서학에 대한 비교적 무해한 관심과 비교하는 이 글을 통해 적어도 조선 양반사회에 천주교와 서양 천문·지리학 서적이 널리 유포되었으며, 특히 후자는 대체로 우호적인 평가를 받고 있었음을 짐작할 수 있다. 이처럼

---

1) 魏濬『聖朝破邪集』卷3,「利說荒唐惑世」, 37a.『파사집』의 출판 경위와 연대 그리고 그 판본에 대해서는 Jacques Gernet, *China and the Christian Impact*, 11~13면 참조.
2) 육면세계설 논쟁의 전말에 대해서는 李柬『魏巖遺稿』卷12,「天地辨後說」, 한국문집총간 190(민족문화추진회 1997), 447下~448下, 449면에 상세하게 실려 있다. 이에 관한 연구로는 임종태「'우주적 소통의 꿈'——18세기 초반 湖西 老論 학자들의 六面世界說과 人性物性論」,『한국사연구』138(2007), 75~120면 참조.
3) 安鼎福『順菴先生文集』卷17,「天學考」(1785), 1a: 西洋書, 自宣廟末年, 已來于東, 名卿碩儒, 無人不見, 視之如諸子道佛之屬, 以備書室之玩, 而所取者, 只象緯句股之術而已.

당대의 상황을 보여주는 단편적 언급들과 함께 서구 천문·지리학에 대해 논의한 적지 않은 수의 지식인들을 고려한다면, 지구설과 오대주설 같은 서구 지리학설이 중국과 조선의 지식사회에 널리 알려졌음을 알 수 있다.

광범위한 지식층에 서구 지리학에 대한 견문이 퍼져나갔다면 그 확산의 질은 어떠했을까? 예수회사의 지구설과 오대주설, 그리고 그 바탕의 기독교적 세계상이 확산의 폭에 비견될 만큼 '정확히' 전달되었을까? 먼저 염두에 두어야 할 점은 지리학을 포함한 서구지식이 유자(儒者)의 필수 공부 과목이 아니었다는 자명한 사실이다. 서학에 관한 독서와 논의는 개개인의 관심과 취향에 달린 문제였고, 따라서 선교사들 자신의 저술을 제외하고는 서구지식에 대한 이해와 논의의 향방을 제어할 공식 해석이나 지침은 없었다.

물론 일부는 선교사로부터 직접 그들의 학설을 전해들을 수 있었다. 북경과 남경, 복건 등 몇몇 선교지역에서는 선교사들과 지역 사대부 사이에 지리학을 포함한 여러 주제에 걸쳐 직접적인 대화가 이루어졌으며, 이는 선교사들이 서구 학설을 사대부들에게 전달할 수 있는 좋은 통로였다. 이러한 대화의 일부가 문헌으로 남았는데, 예를 들어 복건에서는 1630년부터 10년에 걸쳐 알레니를 비롯한 선교사들과 지역 사대부 사이에 천문과 지리, 풍수, 기독교 등 다양한 주제에 관한 토론이 매일 벌어졌고, 그 내용은 지역 사대부에 의해 『구탁일초(口鐸日抄)』라는 문헌으로 편집되었다. 1630년 3월 31일 정오 알레니는 훗날 대화록의 편집을 주도할 이구표(李九標)에게 "지금 로마는 새벽"이라고 말하여 그때까지 시차현상에 대해 들어본 적이 없던 그를 놀라게 했다.[4] 청나라 초 황제의 돈독한 신임을 받아

---

4) 李九標 編 『口鐸日抄』 明末淸初耶蘇會思想文獻彙編 第9冊(北京: 北京大學宗教硏究所 2000), 52면. 『구탁일초』의 편찬경위에 대해서는 Okamoto Sae, "The *Kouduo richao*(Daily Transcripts of the Oral Clarion-Bell): A Dialogue in Fujian between China and Europe(1630~40)," in Hashimoto Keizo et al. eds., *East Asian Science: Tradition and*

흠천감(欽天監)에 등용된 아담 샬과 페르비스트의 경우는 천문학에 대한 그들의 지적 권위 덕분에 주위의 관료 사대부들과 토론을 벌일 기회가 잦았다. 강희(康熙) 11년(1672) 페르비스트와 역시 황제의 총애를 받던 성리학자 이광지(李光地, 1642~1718) 사이에 이루어진 대화가 좋은 예이다.『곤여도설』과「곤여전도」의 간행을 앞두고 있던 페르비스트는 이광지의 면전에서 천원지방의 학설과 중국이 세계의 중심이라는 중국인들의 믿음을 노골적으로 비판했다.[5]

  19세기 초까지 서양 선교사가 들어온 적이 없던 조선의 경우는 자연히 예수회사와 조선인 사이의 직접적 대화가 이루어질 가능성이 더 적었다. 물론 중국과 조선 사이의 빈번한 정치·문화 교류과정에서 간혹 선교사들과 조선인이 대면할 기회는 있었다. 예를 들어 병자호란 이후 청나라에 볼모로 잡혀간 소현세자(昭顯世子, 1612~45)는 귀국에 즈음하여 아담 샬과 교분을 쌓고 여러 선물을 받았다. 연례적인 연행(燕行) 사절에 참여한 몇몇 양반 지식인이나 관상감의 천문관원들도 북경의 천주당을 방문하여 선교사들을 만날 기회를 얻을 수 있었다. 1631년 정두원과 수행역관 이영후가 산동에서 뽀르뚜갈 선교사 루드리구에스를 만나『천문략』과『직방외기』등을 얻었고, 이들 사이에 이루어진 대화의 편린은 이영후와 루드리구에스 사이에 교환된 서신에서 확인할 수 있다. 청나라와 조선의 관계가 안정기에 접어든 18세기 초부터 조선 사신과 선교사의 만남은 이전에 비해 훨씬 잦아졌다. 1720년 연행하여 쾨글러(Ignatius Kögler, 戴進賢, 1680~1746), 쑤아레스(José Soares, 蘇霖, 1656~1736) 등을 만난 노론의 영수 이이명(李頤命)과 그의 아들 이기지(李器之), 1765년 천주당을 방문하여 할러슈타인(Ferdinand Avguštin Hallerstein, 劉松齡, 1703~74) 등을 만난 홍대용이 대표

Beyond(Osaka: Kansai University Press 1995), 97~101면 참조.
5) 李光地『榕村集』卷20,「記南懷仁問答」, 四庫全書 1324, 809下~810上면.

적인 사례다.[6] 그러나 앞서 언급한 중국의 경우와는 달리 이러한 대면을 통해 지식의 충분한 소통이 이루어진 적은 별로 없었던 것 같다. 이기지의 사례처럼 양측이 진지하게 만남에 임한 경우에도 짧은 북경 체류기간 동안 서로의 문화에 대해 충분한 이해에 도달하기란 어려웠다.[7] 게다가 이영후의 질문에 대한 루드리구에스의 성실하지 못한 답변이나 홍대용의 성가신 방문과 그의 집요한 질문을 귀찮아한 할러슈타인의 태도에서 드러나듯, 선교사들이 조선인과의 대화에 적극적이지 않은 경우도 많았다.[8]

사실 거대한 제국 내에서 선교사들이 활동한 지역의 제한성을 감안한다면 서구 지리학지식 전파에서 선교사들과의 대면이 차지한 비중은 중국에서도 그리 높지 않았을 것이다. 게다가 직접적 대면이라고 해서 선교사들의 지식이 온전히 전달된다는 보장도 없었다. 예컨대 자신과 페르비스트의 논쟁을 보고하는 중 이광지는 한가지 어이없는 실수를 범했다.

그(페르비스트)가 말하기를 (…) 하늘과 땅이 둥글므로 이른바 지중(地中)이라는 것은 곧 천중(天中)이며, 이는 오직 적도의 아래 춘추분 정오에 해 그림자가 없어

---

6) 18세기에 접어들어 조선 사신과 선교사 들의 접촉이 활발해진 상황은 노대환 「19세기 동도서기론 형성과정 연구」(서울대학교 박사학위논문 1999), 16~22면, 특히 20면의 표 참조. 최근 발굴된 이기지의 연행록을 통해 이이명, 이기지 부자가 1720년 연행에서 여러 서양 선교사들과 활발하게 접촉한 사실과 그 전모가 상세하게 드러났다(신익철 「李器之의 『一菴燕記』와 西學 접촉 양상」, 『동방한문학』 29, 2005, 163~91면; 김동건 「李器之의 『一菴燕記』 연구」, 한국학중앙연구원 석사학위논문 2007 참조).

7) 이기지와 선교사들 사이에 이루어진 천문학과 지리학 관련 대화에 대한 초보적인 분석으로는 임종태 「'극동과 극서의 조우' — 이기지의 『일암연기』에 나타난 조선 연행사의 천주당 방문과 예수회사와의 만남」, 『한국과학사학회지』 31(2)(2009), 377~411면 참조.

8) 루드리구에스의 답장이 지닌 피상적 성격은 사실상 그가 천문학 분야에 그리 조예가 깊지 못한 때문이었다고 해석되기도 한다(이용범 『중세 서양과학의 조선전래』, 동국대학교 출판부 1988, 146~52면). 홍대용과 할러슈타인, 고가이슬(A. Gogeisl) 사이의 대화는 洪大容 『湛軒書』 外集 卷7, 「劉鮑問答」에 수록되어 있다.

144

지는 곳만이 그러하다고 했다. 페르비스트가 동료 선교사들과 (중국에) 올 때 몸소 그 땅을 밟았는데, 그곳이 소위 지중이라는 것이다.[9]

이광지가 기록한 페르비스트의 메시지는 중국이 지구의 중심이 아니라는 것이다. 하지만 위의 기록보다는 훨씬 길고 상세했을 페르비스트의 논지를 정리하는 과정에서, 이광지는 지구중심[地中]과 적도지방이라는 지표면의 장소를 혼동했다. 사실 천문학과 지리학, 아리스토텔레스 철학을 포괄하는 선교사들의 생소한 체계가 일회적인 대화를 통해 충분히 전달될 가능성은 높지 않았다.

물론 대화가 지닌 일회성과 의미 전달의 유동성은 선교사 자신들이 집필한 문헌을 통해 보완될 수 있었다. 17,18세기 중국과 조선 지식인의 상당수가 이러한 서학서를 읽었으며, 그중 일부는 폭넓은 독서와 진지한 사색을 통해 서구 학설 전반을 깊이 있게 이해할 수 있었다. 당시 지식인들이 서학서, 특히 그중에서도 우수함과 새로움을 인정받던 천문·지리학문헌에 접하기는 그리 어려운 일이 아니었던 것 같다. 서구 천문학서적과 『직방외기』 같은 지리문헌은 이후 몇차례 재간행되었으며,[10] 유통과정에서 무수히 필사되었다.

서학문헌의 확산을 알려주는 한 지표로, 18세기 중반 조선 학계에서는 변방이라 할 수 있는 호남지방의 학자 황윤석(黃胤錫, 1729~91)의 예를 들 수 있다. 서양 천문학과 수학에 관심이 깊었던 그는 서구 천문, 지리, 수학

---

9) 李光地, 앞의 글 809下면: 其言曰 (…) 天地旣圓, 則所謂地中者, 乃天中也. 此惟赤道之下, 二分午中日表無影之處爲然. 懷仁與會士來時, 身履其處, 此所謂地中矣. 강조는 인용자.

10) 청조는 공식역법으로 채택된 예수회 천문학문헌을 빈번히 개정 증보했다. 천문학문헌만큼 대접받지는 못했지만 『직방외기』와 『곤여도설』도 『사고전서』에 포함되는 명예를 누렸으며, 그외에도 몇번의 재간행을 거쳤다(Bernard Hung-Kay Luk, "A Study of Giulio Aleni's *Chih-fang wai chi*," 58~84면).

서적을 주위에 수소문했다. 그는『표도설』『혼개통헌도설』『태서수법(泰西水法)』등을 읽었고, 이지조가 편찬한『천학초함』을 비롯하여「곤여만국전도」『기하원본』등의 소재를 확인할 수 있었다. 이러한 독서범위는 그보다 한 세대 전 학자로 당시로서는 서학서를 광범위하게 열람할 수 있는 축에 속했던 이익에도 뒤지지 않았다.[11]

그러나 문헌의 확산이 고르게 이루어진 것은 아니다. 문헌의 분포와 이를 접할 수 있는 기회는 지역별로 적지 않은 편차가 있었다. 황윤석이 서울의 권문세가이자 천문학의 권위자였던 서명응(徐命膺, 1716~87), 서호수(徐浩修, 1736~99) 부자를 방문하여『역상고성(曆象考成)』『수리정온(數理精蘊)』등 중국에서 간행된 최신 서적을 열람하고 자괴감을 토로한 사실은 그가 여전히 문헌 접근기회에서 소외된 인물이었음을 드러내준다.[12] 그러나 동시대의 다른 학자들에 비한다면 그는 상당한 정보를 소유한 인물에 속했다. 같은 세대의 호남 학자로『환영지(寰瀛誌)』라는 우주론 문헌을 남긴 위백규(魏伯珪, 1727~98)는 1758년의 초고본에『산해경』류의 원형천하도를 '이마두천하도(利瑪竇天下圖)'라는 이름으로 포함하였다. 알레니의『직방외기』를 접하고 잘못을 깨달은 그는 30여년 뒤의 목판본에서 이를 수정할 수 있었지만, 이러한 에피소드가 지방의 고립된 지식인이 겪던 문헌의 빈곤을 보여주는 사례임은 분명하다.[13] 그에 비해 황윤석은 같은 지

---

11) 노대환, 앞의 글 27~28면. 이익이 인용한 서학서에 대해서는 박성래「星湖僿說 속의 西洋科學」, 195~96면 참조.

12) 노대환, 앞의 글 28면. 조선 양반 지식사회에 서양 천문학서적이 유통되는 과정에 대해서는 전용훈「조선후기 서양천문학과 전통천문학의 갈등과 융화」(서울대학교 박사학위논문 2004), 49~110면 참조.

13) 위백규『寰瀛誌』의 여러 판본과 예수회 세계지도에 대한 오류의 정정과정은 그의『存齋全書』下卷(景仁文化史 1974), 33~348면에 연이어 실린 두 판본의 비교를 통해 확인할 수 있다. 원형천하도를 리치 지도라고 소개한 부분은 같은 책 61~62면 참조. 훗날 간행된 목판본에서는 원형천하도가 삭제되는 대신,『직방외기』에 근거한 듯한「西洋諸國圖」가 편입되었다(같은 책 207면).

역 출신임에도 당대 노론의 저명한 산림학자 김원행(金元行)의 문하에 출
입함으로써 중앙학계와 비교적 활발히 접촉한 경우였다. 실로 김만중(金
萬重, 1637~92)으로부터 김석문(金錫文, 1658~1735), 홍대용 등 조선에서 서
구 천문·지리학에 대해 깊이있는 해석을 남긴 인물의 상당수가 17,18세기
중앙권력을 장악한 노론에서 배출된 사실은 문헌 접근가능성과 논의수준
이 밀접히 관련되어 있었음을 잘 보여준다.[14]

　선교사들이 저술한 문헌 이외에 서구 학설의 전파에 기여한 것으로 중
국과 조선의 학인들이 저술한 문헌도 꼽을 수 있을 것이다. 이미 리치 당
대에 간행된 『도서편』이나 『삼재도회(三才圖會)』와 같은 백과전서에서 리
치의 지도와 도설의 일부가 소개되었으며, 상당수의 후대 지식인들이 서
구 지리학을 취급한 문헌을 남겼다. 이러한 문헌이 선교사들의 문헌을 볼
수 없었던 사람들에게 서구 학설에 접할 수 있는 통로가 되었을 것임은 쉽
게 추측할 수 있다. 하지만 2차적 문헌에 담긴 정보는 이미 토착저자에 의
한 나름의 해석과 변형을 거친 것으로서, 상당한 왜곡과 오해를 포함한 경
우도 많았다. 극단적인 예로 양광선의 『부득이(不得已)』를 들 수 있다. 청
나라 초기 흠천감을 장악한 아담 샬 세력에 대한 정치적·이념적 고발로
가득한 이 문헌에는 기독교는 물론 서구 천문·지리학 또한 저자의 이념적
입장에 의해 왜곡, 소개되었다. 비록 양광선의 시도가 종국에는 실패로 돌
아갔지만, '이단에 대한 성전(聖戰)'과정에서 『부득이』는 중국 지식사회에
서 관심의 초점으로 부상하여 널리 유포되었던 것 같다. 선교사들의 입장
에서 자기 학설을 멋대로 왜곡한 문헌의 유행은 서구지식이 중국사회에

---

14) 물론 이익은 남인이었지만 그가 접한 문헌의 상당수가 숙종 연간 남인이 권력을 장악
　　하고 있을 때 그의 부친이 구비한 장서로 추측되며, 서명응·서호수의 달성 서씨 가문도
　　비록 소론이었지만 영정조의 탕평정국에서 정계의 핵심 관료로 중용된 가문이었음을
　　상기할 필요가 있다. 18세기 후반 천주교 문제가 비화되기 전 서학 연구는 어떻게 보면
　　중국의 문헌에 접근할 기회가 있던 엘리트층의 학문이었다.

유통되고 해석되는 방식에 대한 선교사들의 통제력을 심각하게 위협하는 현상이었다. 100여년 뒤의 저명한 고증학자 대진(戴震, 1724~77)의 증언에 따르면, 양광선 세력을 물리친 이후 선교사들은 "비싼 값으로『부득이』를 구입한 뒤 이를 불살라"버리려 했다.[15] 또한 페르비스트 등은 양광선의 책을 조목조목 비판한『부득이변(不得已辨)』을 편찬하여 지식사회에서『부득이』가 미칠 영향력을 억제하려 했다. 하지만 이러한 노력에도 17세기 말을 기점으로 예수회사들은 한때 페르비스트의 비판에 당혹해했던 이광지의 후원 아래 매문정이라는 토착적 권위가 등장하여 서구 지구설과 천문학을 중국 고전전통을 이용해 재해석하는 과정을 무기력하게 지켜보아야 했다.

양광선과 매문정 등에 의해 이루어진 서구 학설의 변형은 진지한 문제의식하에 의도적으로 이루어진 것이지만, 많은 경우 이러한 변형은 논자 스스로도 의식하지 못하는 중에 일어났다. 예컨대 서구식 세계지도는 중국과 조선 학인들에 의해 상당히 많이 모사되었는데, 대륙의 윤곽을 엉성하게 재현하는 데 그치는 경우가 많았다. 이는 무엇보다도 모사자들 대다수가 서구 세계지도의 수학적 투영법과 경위도선의 의미, 지도학적 기능에 대해 별반 주의를 기울이지 않았기 때문이다.[16] 르네상스 지도학에 소양이 없는 중국과 조선 지식인들에게 선교사들의 세계지도를 저자들의 의도대로 읽어주기를 기대하기란 어려웠던 것이다.

모사본의 '일탈'은 심한 경우 새로운 지도의 '창조'로 이어지기도 했다.

---

15) 阮元『疇人傳』卷36,「楊光先」, 續修四庫全書 516, 353下면: 錢少詹(大昕)日, 吾友戴東原 嘗言, 歐邏巴人, 以重價購不得已, 而焚燬之, 蓋深惡之也. 그 때문인지 18세기에 이르리『부득이』는 희귀본이 되었다고 한다.

16) 예수회 세계지도의 여러 모사본에 대해서는 海野一隆「明清におけるマテオ·リッチ系 世界圖──主として新史料の檢討」, 山田慶兒 編『新發現中國科學史資料の研究: 論考編』(京都: 京都大學人文科學研究所 1985), 507~80면 참조.

148

18세기 말 조선의 학자 이종휘(李種徽, 1731~?)가 남긴 기록은 '해적판' 리치 지도가 만들어지는 흥미로운 과정을 보여주는 흔치 않은 문헌이다. 지인에게 빌린 「이마두남북극도(利瑪竇南北極圖)」의 매력에 심취한 이종휘는 돌려줄 때가 임박하자 급히 이를 모사하게 되었다. 먼저 아시아 부분을 베껴 그린 뒤, 나머지 대륙에 대해서는 국명과 산진(山鎭), 천택(川澤)의 이름만을, 그것도 두드러진 것과 '바른 것〔雅〕'만을 골라서 기입했다. 게다가 그는 다른 서적에서 읽은 인물과 풍토에 대한 기록도 첨부했다. 모사된 지도는 결과적으로 중국이 지도의 대부분을 차지하고 외국의 지명은 여백에 압착된 형승도와 비슷한 모양을 지니게 된 듯하다. 따라서 그의 작업은 모사라기보다는 사실상 새로운 지도의 창작이라고 보아도 무방하다.[17] 더 흥미로운 점은 이종휘가 베낀 '원본'조차도 남북 아메리카를 분리된 대륙으로 그린 것으로서, 그 자체가 이미 '해적판'이었다는 것이다.

이종휘의 사례에서 주목해야 할 또 하나의 특징은 소위 '마떼오 리치의 지도'를 열람하고 모사하는 그에게서 어떠한 심각함도 발견할 수 없다는 점이다. 그는 여름 장마비 소리가 문밖으로 들리는 고요한 방 안에서 지도를 보며 머나먼 세계에 대한 상상에 잠겨 있었다. 이러한 우중의 한가한 상상은 수기치인(修己治人) 같은 유교의 공적 영역에서 벗어난 것으로서, 이종휘가 느낀 리치 지도의 매력 또한 바로 그 점에 있었는지 모른다. 이렇듯 심각성이 결여된 분위기는 열하(熱河)의 태학에서 이루어진 박지원(朴趾源)과 중국의 거인(擧人) 왕민호(王民皥)의 대화에서도 확인된다. 야밤에 달을 함께 바라보며 박지원은 지구를 바라보고 있을 월세계(月世界)의 존재에 대한 공상을 화두로 꺼냈고, 이야기는 곧 자기 친구 홍대용이 제기한

17) 李種徽 『修山集』 卷4, 「利瑪竇南北極圖記」(景文社 1976), 81上면: 丙子流頭之月, 圖自蓮谷故李尙書家來, 時雨中, 涔寂展閱, 頗會心, 令人有猋擧區外之想, 留之三日, 被其索環之, 而意不忍捨, 遂手摸其亞細亞地方, 而其餘五世界, 記其國名及山鎭川澤之號, 皆取其大者及名目頗雅者, 又採人物風土雜出於諸書者以入之, 而時觀之以自釋焉.

지전설(地轉說)로 이어졌다.[18] 아마도 상당수의 사람들이 이러한 분위기에서 서구 지리학을 접하고 논의한 듯하다. 이를 반영하듯 서구 지리학지식은 그 장르상 진지함이 덜한 박물서나 지괴문헌에도 자주 등장한다. 이익의 『성호사설』에서는 서학의 다양한 주제들이 때로는 진지한 문제의식하에서 때로는 순수한 호기심의 차원에서 다루어졌다. 후자의 한 예로 『직방외기』에 실린 여인국(女人國)에 대한 논의를 들 수 있다. 그는 '기의 특성상 산악지역에는 남자가 많고 물가에는 여자가 많다'는 논지를 중심으로 억제할 수 없는 남녀간의 성욕과 중국의 각 주별 남녀 분포, 조선의 축첩 관습의 유래 등 다양한 주제로 그의 호기심과 사색을 확장하고 있다.[19] 이와 같은 파한의 분위기는 청조 건륭연간 사고전서(四庫全書)의 편찬을 주도한 기윤(紀昀, 1724~1805)의 괴담집에 등장하는 풍자적 논의에서 절정에 달한다.

사람으로서 죽은 자는 그 혼이 저승의 장부에 속하게 된다. 그러나 땅은 둥글어 그 둘레가 9만리요, 지름이 3만리이다. (그 위의) 국토는 그 수효를 셀 수가 없으나, 그 사람들(을 모두 합하면) 마땅히 중국의 백배일 것이고, (따라서) 귀신(의 수) 또한 중국보다 백배가 되어야 할 것이다. 그런데 저승을 유람한 자들이 본 것은 어찌하여 모두 중국의 귀신이며, 외국의 귀신은 하나도 없는 것일까? 나라마다 각기 염라대왕을 가지고 있는 것일까?[20]

이렇듯 지구설을 비롯한 서구 지리학의 확산은 달밤의 대화와 우중의 상상,

18) 朴趾源 『熱河日記』 권14 「鵠汀筆談」(민족문화추진회 1968), 제2책, 19~20면.
19) 李瀷 『星湖僿說』 卷1, 「女國」, 29上~30上면.
20) 紀昀 『閱微草堂筆記』 7(天津: 天津古籍出版社 1994), 124면: 人死者, 魂隸屬冥籍矣. 然地球圓九萬里, 徑三萬里, 國土不可以數計, 其人當百倍中土, 鬼亦當百倍中土. 何遊冥司者, 所見皆中土之鬼, 無一徼外之鬼耶. 其在在各有閻羅王耶.

풍자적 괴담 등 선교사들의 진지함을 무색케 하는 방식으로 진행되었다.

물론 논의가 파한(破閑)의 분위기로만 일관된 것은 아니며, 심각하고 진지한 논쟁이 간헐적으로 분출되었다. 대개 이러한 사태는 논의가 개인의 서가나 사적인 교류의 장에서 집단 간의 이해관계나 이념 문제가 얽힌 공적인 영역으로 이전하면서 이루어졌다. 18세기 조선의 노론학계에서 일어난 '육면세계설' 논쟁도 본래는 이간과 그의 친구 한홍조(韓弘祚, 1682~1712) 사이의 사적인 대담의 수준에 머물러 있었으나, 학설의 주창자인 신유(申愈, 1673~1706)가 죽고 그의 열렬한 추종자였던 한홍조가 제문(祭文)을 통해 육면세계설을 동문(同門)사회에 공표하면서 심각한 문제로 부각되었다.[21] 논쟁의 진지함은 간혹 생사를 건 투쟁의 양상을 띠기도 했다. 명말 이래 조정에서 숱한 쟁의를 초래한 서양 천문학으로의 개력과정은 청나라 강희 초년 양광선의 예수회 고발이 성공하면서 흠천감의 중국인 개종자들이 처형당하는 일대 사건으로 비화했다. 조선의 경우 이와 같은 긴장은 18세기 말 천주교와 관련한 스캔들이 연이어 터지고 반서학 분위기가 양반사회에 강화되면서 시작된다. 양광선 사건과는 달리 비판의 초점은 전례 문제에 대해 타협하지 않는 천주교 신앙을 향했지만, 강경한 반서학론자들은 기독교와 세속 학문을 구분하려 하지 않았다. 1783년 북경을 방문하여 서학서적을 가지고 온 이승훈(李承薰, 1756~1801)은 1785년 문중 앞에서 공식적으로 천주교를 부인하고 그가 소장하고 있던 모든 서학서적을 불태우는 의식을 거행해야 했다.[22] 이렇듯 양광선 사건이나 반서학운동처럼 이념과 정치에 깊이 연루된 사건들은 서구 천문·지리학의 가치를 인식하고 있던 이들에게 기독교와 서구의 세속학문, 중국의 고전전통 사이의 관계 설정을 둘러싼 첨예한 문제를 제시하여 후대에 이루어질

---

21) 李柬『巍巖遺稿』卷12, 「천지변후설」447下~448下, 449上~下면 참조.
22) 강재언『조선의 西學史』, 166~67면.

논의의 향방에 큰 영향을 미쳤다.

요약하자면, 200여년에 걸쳐 중국과 조선에 서양 지리학이 확산되는 과정은 불균일했다. 논의의 확산은 정보의 지리적 분포와 논의방식, 이해수준 등의 면에서 상당한 편차를 띠고 이루어졌다. 예수회사들은 자신이 저술한 문헌과 그 속에 담긴 해석을 중국인들이 따라야 할 표준으로 확립하려 했지만, 선교사들이 토착지식인들의 의식적·무의식적 일탈을 제어하기란 사실상 불가능했다. 이방 지리학에 대한 토착학인들의 해석은 선교사들의 본래 의도와는 무관하게 다양한 방식으로 발산되었다. 하지만 해석의 '발산'이란 선교사들의 입장에서 보았을 경우에나 적절한 표현일 것이다. 일견 무정부적으로 보이지만, 토착학인들의 일탈은 나름의 질서를 띠고 진행되었다. 특정한 해석을 강제하는 공식적 중심이 없는 상황에서도 그들의 '왜곡'은 일정한 패턴을 형성했다. 그들은 우선 서구 지리학을 둘러싼 예수회 선교사들의 유기적 지식체계를 해체했으며, 이를 다시 동아시아의 고전적 요소들과 독특한 방식으로 연관지었다.

2. 서구 지식체계의 해체와 분산

제1장에서 살펴보았듯 선교사들의 지리학은 천문학, 아리스토텔레스의 자연철학, 기독교적 세계상과 유기적으로 연관되어 기독교 선교라는 목표에 봉사하게끔 조직되었다. 하지만 중국과 조선의 지식인들이 선교사들의 지식체계를 온전히 받아들인 경우는 드물었다. 그들에게 서학의 요소들은 각각 다른 가치를 지니고 있었고, 그 결과 이는 상이한 방식으로 받아들여졌다. 서구 지식체계가 토착 지식사회에 진입하면서 겪은 원심적 경향은 그 하위 요소들을 연결해주는 모든 마디에서 확인된다. 그렇다면 이러한 원심적 해체는 어떤 방식으로 진행되었을까? 천문학과 자연철학, 기독교

등의 분야에 대한 중국과 조선 학인들의 태도가 지구설과 오대주설 같은 서구 지리학에 대한 이해에 어떤 영향을 미쳤을까?

선교사들의 천문학에 대한 중국과 조선 지식인들의 태도는 길게 논의할 필요가 없을 것이다. 서구의 천문학은 청나라와 조선의 공식역법으로 채택된 사실에서 드러나듯, 서학의 여러 분야 중에서 가장 성공적으로 이 방의 땅에 정착한 사례였다. 물론 그 과정이 순탄하지는 않았지만, 명말청초의 저항을 물리치고 일단 왕조의 역법으로 채택된 이후로는 새로운 역법의 정밀함에 의문을 제기하거나 옛 역법으로의 복고를 주장하는 세력이 설자리는 사라졌다. 서양 천문학의 성공은 서구 지리학, 특히 지구설에 대한 학인들의 태도에 중대한 영향을 미쳤다. 서양 천문학의 공식 권위가 그 기본 모델의 하나인 지구설에 그대로 전이되었던 것이다. 땅이 둥근지 평평한지를 판가름해줄 경험적 준거가 확실하지 않은 상황에서 서양 천문학의 공식 승인은 그와 연동된 지구설 쪽에 유리한 상황을 창출했다. 비록 지구설을 부정하는 이들이 계속 이어져 논쟁이 지식인사회에서 간헐적으로 진행되었지만, 이미 천하 인민의 생활리듬을 규정하는 역(曆)은 지구 모델을 체화한 관측의기와 계산법에 따라 제작되고 있었다.[23] 천문학에 기본소양을 지닌 이라면 지구설의 부정은 곧 왕조의 공식역법을 부정하는 일과 같다는 사실을 잘 알고 있었다.

그에 비해 아리스토텔레스의 자연철학에 대한 토착지식인들의 태도는 훨씬 소극적이었다. 4원소설을 핵심으로 하는 아리스토텔레스 철학체계를 온전히 받아들인 사람은 소수의 개종자들에 한정되었다. 4원소설에 대한 소극적 태도는 중국의 방이지(方以智, 1611~71)나 조선의 이익과 같이 서구지식에 대해 가장 개방적이던 이들에게서도 확인된다.

23) Chu Pingyi, "Trust, Instruments, and Cross-Cultural Scientific Exchanges: Chinese Debate over the Shape of the Earth, 1600~1800," *Science in Context* 12-3(1999), 393~96면.

그들이 구체적 자연현상에 대한 아리스토텔레스적 설명을 모두 거부한 것은 아니다.『건곤체의』『환유전』『공제격치』등 선교사들이 저술한 자연철학 서적에는 기상현상과 조석(潮汐), 지진 등 다양한 현상에 대해 중국전통에서는 찾아보기 어려운 구체적이고 체계적인 설명이 담겨 있어서 중국과 조선의 학인들이 관심을 가지고 논의하고 심지어는 타당하다고 받아들인 경우가 적지 않았다. 예컨대 명나라 말의 방이지는 혜성이 천체가 아니며 지상계의 가장 윗부분 '불'의 영역에서 일어나는 현상이라는 아리스토텔레스의 주장에 동의했다.[24] 사실 서양 자연철학의 설명이 합리적이라면 받아들이지 못할 이유는 없었다. 4원소 중 물과 불, 흙은 그 자체로 오행을 구성하는 요소였으며, '기'로 번역된 공기도 이미 중국의 자연학에서 익숙한 범주였다. 이러한 유사성으로 인해 서양 자연철학의 설명들은 '개별적으로' 중국의 고전자연학에 녹아들 가능성이 높았다. 그들이 받아들이지 않은 것은 이 세계가 몇가지 순수한 물질, 즉 원소들의 혼합으로 구성되어 있다는 서구 자연철학의 기본 입장, 그리고 중국인이 세계만물의 바탕이라고 보는 기(氣)가 사실은 여러 원소 중 하나에 불과하다는 주장이었다.

무엇보다도 중국과 조선의 학인들은 사행설과 오행설의 대립구도를 쉽게 인정하지 않았다. 예수회사들은 서구 자연철학을 음양오행설을 비롯한 중국 전통자연학의 대안으로 제시했지만,[25] 토착학인들은 4원소설과 오행설의 대립을 그리 예민하게 받아들이지 않았다. 우선 음양오행은 중국의 자연학전통에서 모든 현상에 일관되고 체계적으로 적용되는 개념이 아니

---

24) 方以智『物理小識』卷2, 四庫全書 867, 783上면. 방이지가 받아들인 서양 자연철학의 설명에 대해서는 Willard J. Peterson, "Fang I-chih: Western Learning and the 'Investigation of Things'," in Wm. Theodore De Bary ed., *The Unfolding of Neo-Confucianism*(New York: Columbia University Press 1975), 394~95면 참조.

25) 마떼오 리치는『건곤체의』의「사원행」에서 오행의 상생·상승 개념에 대해 스콜라적 논리를 동원하여 비판했으며, 알레니는『서방답문』에서 중국의 점성술과 풍수 등 상관적 사유를 미신으로 비판했다.

었다. 앞서 주희 자연철학이 지닌 융통성과 개별론적 경향에 관해 언급했듯 그는 음양오행의 범주를 빌리지 않고도 설명할 수 있는 현상에 대해서는 굳이 그것을 고집하지 않았다.[26] 비슷한 입장에서 방이지는 '중국의 오행'과 '서양의 사행' 사이의 양자택일 구도를 인정하지 않았다. 그에 따르면, 중국의 전통 자체가 단순히 오행설로 요약될 수 없었다. 『주역』에서는 음양의 두 요소로 세계를 설명했으며, 송대의 소옹은 오행 대신 수·화·토·석의 4요소를 제시한 바 있다. 또 불가(佛家)는 지(地)·수(水)·화(火)·풍(風)·공(空)·견(見)·식(識)의 '칠대(七大)'를 주장했는데, 그중 앞의 넷이 서양의 4원소와 사실상 같았다.[27] 이러한 예를 통해 방이지는 서양의 사행이 중국 자연학의 입장에서도 새로운 관념이 아니며, 나아가 행(行)의 수를 확정하려는 시도 자체가 그리 현명하지 않음을 보여주려 했다.

이와 같은 탄력적 태도의 바탕에는 근본적으로 기의 보편성에 대한 믿음이 깔려 있었다. "수와 화가 근본적으로는 하나의 기"라는 방이지의 표현에서 드러나듯 그는 세계가 서로 구별되는 순수한 물질들의 혼합으로 구성된다는 서구 자연철학의 관념을 인정하지 않았다.[28] 여러 학설들이 갖가지 방식으로 분류한 '행'들이란 결국 만물을 구성하는 보편적 '기'의 다양한 표현태에 불과했다. '기'의 보편성에 의거해서 사행과 오행의 대립구도를 부인한 방이지의 관점은 17,18세기 서구 사행설에 대한 중국과 조선학인들의 태도를 잘 대변한다. 그들은 오행에 대한 선교사들의 비판을 수

26) Kim Yung Sik, *The Natural Philosophy of Chu Hsi(1130~1200)*, 316~18면.

27) 方以智 『物理小識』 卷1, 「四行五行說」, 759면.

28) 方以智 「水火本一」, 같은 책 764下면. 4원소설을 비롯한 서구 자연철학에 대한 방이지, 유예(游藝), 게훤(揭暄) 등의 비판적 입장에 대해서는 Lim Jongtae, "Restoring the Unity of the World: Fang Yizhi and Jie Xuan's Responses to Aristotelian Natural Philosophy," in Luis Saraiva and Catherine Jami eds., *The Jesuits, the Padroado and East Asian Science(1552~1773)—History of Mathematical Sciences: Portugal and East Asia,* III(Singapore: World Scientific 2008), 139~60면 참조.

긍한 경우라도 우주의 '물질적' 구성원리로서 기의 보편성에 대한 믿음을 버리지 않았다.[29]

그렇다면 방이지를 비롯한 일부 사람들이 개별 자연현상에 대한 아리스토텔레스적 설명을 받아들인 것을 '4원소설의 수용'이라고까지 보기는 어렵다. 오히려 아리스토텔레스 철학체계는 개별적 설명들로 해체되어 중국의 고전 자연철학을 풍부히 하는 요소로 편입된 듯하다. 서양 자연철학의 체계를 구성하는 논리적 연관으로부터 분리된 낱낱의 지식은 이미 '서양' 또는 '아리스토텔레스'적 성격이 상당부분 탈색된 것이었다.

중국과 조선 지식인들이 서양 자연철학에 대해 소극적인 태도를 취한 또다른 이유는 그것이 기독교 교리와 깊이 관련되어 있었기 때문이다. 선교사들에게 아리스토텔레스의 자연철학은 중국인들에게 자연현상에 대한 이성적 논의를 통해 그 배후에 존재하는 창조주의 섭리를 드러내줄 방편이었다. 실제로 자연현상에 대한 선교사들의 설명에는 천지창조, 천당과 지옥의 존재 등 기독교적 요소가 드물지 않게 등장한다.

예를 들어 디아스는 『천문략』에서 '12중천(重天)'의 우주 모델을 소개하면서 그 가장 바깥의 '영정부동천(永靜不動天)'에 대해 "천주 상제를 비롯하여 뭇 천사들이 거하는 천당"이라고 설명했다.[30] 12중천 중에서 '영정부동천'은 사실상 천문학적으로 별다른 기능이 없는 형이상학적 장치로서, 이를 통해 디아스는 지구를 중심으로 한 유한우주를 무궁한 신의 세계가 감싸고 있음을 보여주려 했던 것이다.

---

29) 오행, 기의 관념을 둘러싼 선교사들과 중국 지식인 사이의 긴장에 대해서는 Qiong Zhang, "Demystifying Qi: The Politics of Cultural Translation of Exchange," in Lydia Liu ed., *Tokens of Exchange: The Problem of Translation in Global Circulation*(Durham, N.C.: Duke University Press 1999), 74~106면; Benjamin Elman, *On Their Own Terms*, 116~22면 참조.

30) 디아스 『天問略』, 341上면.

4원소설도 기독교적 세계상에 깊이 연루되기는 마찬가지였다. 4원소는 태초에 창조주가 세계를 이룰 근본물질로 '창조'한 것들이었다. 예수회사들은 이 세계와 그 속의 삼라만상은 자립적이지 않으며 세계 외부에서 그것들을 창조하고 주재하는 신이 존재함을 보여주려 했다. 알레니의 『만물진원(萬物眞原)』, 푸르따두의 『환유전』 등 예수회의 자연철학과 기독교 교리서는 태초의 6일간 이루어진 천지창조를 상당한 비중으로 다루었다. 세계의 기원을 설명하는 『환유전』의 소절에서는 「창세기」의 '경문(經文)'과 그에 대한 아리스토텔레스주의적 주석을 상세하게 소개했다.

(천주께서) 천지를 창조한 첫날은 정천(靜天, 영정부동천 또는 천당)으로부터 땅에 이르기까지 모두 물이었다. 다음날에 이르러, 수체(水體)를 가지고 열수천(列宿天, 恒星天)과 그 상하의 여러 천구들을 조성했다. 그와 함께 불과 공기의 두 원소를 만들어, 불을 하늘에 접하게 하고 공기를 불에 접하게 하여, 각각 그 본성에 따라 자신의 본소(本所)에 자리잡게 했다.[31]

신은 창조의 첫째 날 흙과 물을, 그리고 둘째 날 불과 공기를 창조했고, 이를 재료로 지구로부터 영정천에 이르는 세계를 만들었다는 것이다.[32]

여기서 중국과 조선의 학인들에게 문제가 된 것은 우선 선교사들이 제시한 4원소의 창조순서 흙→물→불→공기가 주희가 제시한 오행의 발생순서와 다르다는 점이었다. 주희는 문인들과의 대화과정에서 오행 중에 물과 불이 먼저 만들어진 후, 물에서 흙, 불에서 천체가 형성되었다고 주장

---

31) 푸르따두 『寰有詮』 卷1, 「原天地之始」, 476下면: 化成天地之首日, 從靜天至地, 皆水而已. 至此日, 乃以水體造成列宿天, 與其上下諸天, 幷成火氣二行, 令火接天氣接火, 各因厥性令得本所.

32) 물은 창조의 첫째 날에 만들어졌지만, 신은 둘째 날에 천지를 가득 채운 물을 위와 아래로 갈라 아래의 물로 땅 위를 두르게 하고, 위쪽의 물로는 천구를 만들었다.

했다.[33] 하지만 두 입장 사이의 더 근본적인 차이는 4원소의 '창조'와 오행의 '발생'이라는 표현에서 나타난다. 예컨대 이익과 같은 이는 주희의 순서를 부정하고 흙(정확히 말하자면 천지)이 물보다 앞선다는 선교사의 입장을 지지했지만, 그렇다고 이를 '창조'의 순서로 이해하지는 않았다.[34] 동아시아의 자연학에서 기가 음양오행과 만물로 분화되는 과정은 어떤 외부 존재의 개입이 필요 없는, 기에 내재하는 동력에 의한 자발적인 생성, 즉 '기화(氣化)'의 과정이었다.[35] 중국 우주생성론의 고전인 『회남자』 「천문훈」에는 기의 자발적 분화로 천지만물이 형성되는 과정이 기술되어 있다. 이후 다양한 우주생성론이 제기되었지만 기화로 우주의 생성을 설명하는 『회남자』의 관념에서 근본적으로 일탈한 경우는 드물었고, 이는 이익과 같이 표면적으로 선교사들의 학설을 수용한 경우에도 마찬가지였다.

기독교의 가장 기초적 교리라고 할 수 있는 창조의 개념을 중국과 조선의 지식사회에 전달하는 것이 이렇듯 어려웠다면, 영혼의 불멸과 사후심판, 예수의 동정녀 탄생, 고난, 부활 등 기독교의 '심오한' 교의를 납득시키는 일은 사실상 불가능했다.

유교 지식인들의 상당수가 기독교 교리를 논의할 가치조차 없다고 치부했지만, 기독교가 '세도(世道)'에 미칠 폐해를 깊이 우려하여 적극적으로 비판에 나선 인물들도 적지 않았으며, 그 결과 17~19세기에 여러 서학

---

33) 야마다 케이지 『주자의 자연학』, 120~22면.

34) 이익은 제자 안정복에게 보낸 편지에서 '天一生水' 명제와 물의 앙금으로부터 땅이 형성되었다는 『주자어류』의 주장을 부인한 뒤, "천지가 생긴 연후에 물이 그 사이에 생긴 것〔有天地然後, 水於是生於兩間者也〕"이라고 주장하여 예수회 선교사들의 학설을 받아들였다(李瀷 『星湖全集』 卷24, 「答安百順 壬申(1752): 別紙」, 민족문화추진회 1997, 491~92면).

35) 변화의 자발성과 창조 등의 관념을 둘러싼 예수회 선교사들과 중국 지식인들 사이의 세계관적 간극에 대해서는 Jacques Gernet, 앞의 책 201~13면; "Space and Time: Science and Religion in the Encounter between China and Europe," 93~102면 참조.

비판서가 저술되었다. 그중 18세기 중·후반 조선의 이익, 신후담(愼後聃, 1702~61), 안정복 등 일부 남인 학자들의 비판은 아직 기독교세력이 조선 사회에 실재하지 않는 상황에서 문헌을 통해 접한 기독교 교리를 대상으로 했다는 점에서 유교와 기독교의 순수한 이론적 대면을 확인할 수 있는 좋은 사례다.[36]

기독교 교리 중 유교 지식인들이 집중적으로 비판한 것이 바로 천당과 지옥의 교의였다. 이는 현세의 올바른 삶을 중시하는 유교와 내세의 복을 기구(祈求)하는 기독교가 근본적으로 갈라지는 지점이었다. 안정복이 지적하듯 천주교는 선한 행위를 권장한다는 점에서 유교와 비슷해 보이기는 하지만, 실상에 있어서는 유교가 "현세에 사는 동안 열심히 선(善)을 실천하여 하늘이 내려준 본성을 실현함"을 목표로 하는 데 비해, 천주교도의 선행은 내세에 지옥의 형벌을 피하려는 이기적인 동기의 발현일 뿐이다.[37] 경험적으로 검증할 수 없는 천당과 지옥에 대해 가르치는 기독교는 따라서 내세와 윤회를 말하는 불교와 근본적으로 구분되지 않았다. 리치 이래로 예수회는 기독교와 유교의 유사성을 강조하고 불교를 극력 배척했지만, 안정복을 비롯한 많은 유교 지식인들에게 기독교와 불교는 사실상 같은 종류의 이단이었다. 안정복은 "대개 서학에서 후세를 말하는 것은 불씨(佛氏)의 여론(餘論)이며, 사랑과 검박(儉朴)을 말한 것은 묵씨(墨氏)의 지류"라고 규정하여 기독교를 역사상 존재한 전통적 이단의 말류(末流)로

---

36) 성호학파의 천주교 비판에 대해서는 이원순『조선서학사연구』; 최동희『서학에 대한 한국실학의 반응』(고려대 민족문화연구소 1988); 도널드 베이커, 김세윤 옮김『朝鮮後期 儒敎와 天主敎의 대립』(일조각 1997) 참조. 안정복이『천학문답(天學問答)』을 저술하던 1785년은 그의 후배 남인 학자들 사이에 천주교로 개종하는 사람들이 나타나던 시기였다. 그의 저술은 바로 천주교에 현혹되어 '하루아침에 유교를 버리는' 동료 후학들에 대한 차분한 이론적 설득의 논조를 띠고 있다. 이런 점에서 안정복의 저술은 이후 이헌경(李獻慶)의『천학문답』같은 이데올로기적 고발과는 논조와 취지를 달리한다.

37)『安鼎福『天學問答』, 양홍렬 옮김『國譯順庵集』(민족문화추진회 1996) 제3책, 232~33면.

여겼다.[38]

하지만 기독교는 역사상 충분히 길들여진 묵가나 불교와 달리 정치적으로 불온하기까지 했다. 안정복은 기독교가 중국역사상 민중들을 허황한 말로 선동한 "후한 말기의 장각(張角), 당나라의 황소(黃巢), 원나라의 홍건적(紅巾賊), 백련교(白蓮敎)" 같은 반란세력의 전철을 밟을 가능성이 있다고 주장했다.[39] 기독교와 전통적 사교(邪敎) 반란세력을 동일시하는 일은 서학 비판자의 입장에서 상당한 근거를 지니고 있었다. 왜냐하면 로마제국에 반역한 죄로 십자가에 처형당한 예수의 무참한 죽음은 유교 지식인들에게 민중을 선동하다 죄를 입은 역사상 반란자들의 행적과 유사하기 때문이다. 그것은 천명을 받아 지상세계에 하늘의 질서를 구현한 성인에게는 어울리지 않았다. 상제의 아들이 뜻을 실현하지 못하고 구차히 "십자가에 못 박혀 죽어 천수(天壽)를 누리지 못했다"고 말하는 것은 하늘을 업신여기는 불경행위였다.[40] 이러한 이념적 고발은 곧잘 효과를 발휘했으며 종국적으로는 중국과 조선에서 기독교 선교의 실패를 초래하게 될 것이었다.

예수회의 문헌에서 유기적으로 연관된 요소들이 중국과 조선의 논의공간에서 분산된 정도는 인상적이다. "옛 성인이 다시 태어나도 그를 따를 수밖에 없으리라"[41]라는 찬탄을 받은 천문학과 성인의 도를 위협하는 좌도(左道)로 불온시된 기독교 사이에는 깊은 간극이 가로놓여 있다. 그 사이에 세계지리 지식과 파편화된 자연철학적 설명들이 부유하고 있었다. 이러한 상황은 명나라 말 이지조가 편찬한 서학총서 『천학초함』이 150여년 뒤 사고전서 편찬자에게 받은 평가에서 잘 드러난다. 이지조는 1620년대

---

38) 같은 책 230면.
39) 같은 책 233면.
40) 같은 책 240면.
41) 李瀷 『星湖僿說』 卷2, 「曆象」, 星湖全集(여강출판사 1984), 제5책, 53上면.

후반까지 출간된 예수회 문헌 중『천주실의(天主實義)』『교우론(交友論)』
『영언여작(靈言蠡勺)』 등 신학과 윤리에 관한 것과 알레니의 지리서『직방
외기』를 이편(理編)에, 그리고『기하원본』『천문략』『표도설』 등 천문학·
수학문헌을 기편(器編)에 편입시켰다. 그러나 사고전서 편찬자는 기편에
포함된 것은 모두 수록한 반면,『직방외기』를 제외한 이편의 저술은 모두
배제하면서 그 이유를 다음과 같이 밝혔다.

서학의 장점은 측산(測算)이요, 단점은 천주를 숭봉(崇奉)하여 인심을 현혹
하는 것이다. 이른바 크게는 천지로부터 작게는 꿈틀거리는 벌레에 이르기
까지 천주의 손으로 만들지 않은 것이 하나도 없다는 주장은 아득하고 잘못
되어 구태여 깊이 논의할 가치도 없다. 사람으로 하여금 그 부모를 버리고
천주를 지친(至親)으로 삼게 하며, 그 임금을 뒤로 하고 천주의 가르침을 전
하는 자에게 국명(國命)을 맡기니, 강상(綱常)을 패란케 함이 이보다 더 심할
수 없다. 어찌 그것이 중국에 행해질 수 있는 것이겠는가! (…) 이제 그중 기
편에 실린 10종은 측산에 도움이 되는 것이므로 채택하여 별도로 기록하여
남긴다. 이편 중에서는 오직『직방외기』만을 기록하여 기이한 견문을 넓힐
뿐, 그 나머지는 모두 배척하여 폐기하고 끊어버리는 뜻을 보여준다.[42]

이는 마치 천문학과 기독교라는 양극단으로부터 한쪽에서는 신뢰의 후
광이, 다른 한쪽에서는 의혹의 음영이 발산되는 형상이다. 서구지식에 대
한 토착지식인들의 태도는 결국 두 극단에서 비롯되는 대립적 영향력을

---

42)『合印四庫全書總目提要及四庫未收書目禁燬書目』(臺北: 商務印書館 1971), 2770면: 西學
所長, 在於測算, 其短則在於崇奉天主, 以炫惑人心. 所謂自天地之大, 以至蠕動之細, 無一非天
主所手造, 悠謬姑不深辨. 卽欲人舍其父母, 而以天主爲至親, 後其君長, 而以傳天主之敎者, 執
國命, 悖亂綱常, 莫斯爲深, 豈可行於中國者哉. (…) 今擇其器編十種, 可資測算者, 別著於錄,
其理編, 則惟錄職方外紀, 以廣異聞, 其餘槪從屛斥, 以示放絶.

어느 지점에서 조정하는가에 달린 것이라고 볼 수 있다. 극단적으로 양광선 같은 인물은 기독교에 대한 의혹을 천문학으로까지 확대하여 서양 천문학에서도 '역모(逆謀)'의 증거를 찾아냈다. 그러나 대다수의 온건한 지식인들은 사고전서 편찬자처럼 기독교의 불온한 이미지를 적절한 선에서 차단하여 서구지식의 일부에서나마 유용성을 발견하려 했다.

그렇다면 두 극단으로부터의 영향은 선교사들의 지리학설을 구성하는 두 요소, 즉 지구설과 세계지리 지식의 경우 어떤 양상으로 나타났을까? 간단히 말하자면, 지구 관념이 서양 천문학의 기본 모델로 비교적 쉽게 정당화될 수 있었던 반면, 천문학과는 그다지 관계없는 지리정보의 집합이면서 기독교적 메시지를 노골적으로 포함하고 있던 세계지리 지식의 경우에는 신뢰의 토대가 훨씬 약할 수밖에 없었다. 사고전서 편찬자가 『직방외기』에 대해 '기이한 견문'으로서의 가치만 인정한 데서 드러나듯, 서구의 세계지리 지식은 지구설에 비해 중국과 조선 지식사회에서 훨씬 냉랭한 대접을 받게 될 것이었다.

3. '우주론'과 '문헌학': 논의전범의 형성과 역사적 전개

서구 천문학과 기독교의 상반된 영향력이 서구 지리학설에 대한 토착학인들의 태도를 대체적인 수준에서 틀지었지만, 그렇다고 그에 대한 해석의 구체적 내용까지 결정한 것은 아니다. 서구 지리학설의 여러 요소에 대한 긍정적, 부정적 또는 유보적 태도가 구체적 내용을 지닌 한층 체계적인 해석들로 모양을 갖추어나가는 데는 다른 요소의 개입이 필요했다. 그것은 제2장에서 살펴본 중국의 고전지리학 전통으로서, 서구 지리학에 대한 토착적 해석은 결국 이러한 전통적 요소들을 다양한 방식으로 서구지식과 연관짓는 행위였다.

고전적 전통과 외래 지리학 사이의 해석적 연관이 무질서하게 이루어진 것은 아니다. 200여년에 걸친 시기 동안 몇몇 핵심 인물에 의해 서구 지리학에 대한 중요한 해석이 제시되었고, 이는 동시대와 후대 지식인들이 서구 지리학을 이해하는 길잡이 또는 전범의 역할을 했다. 이 절에서는 중국과 조선에서 17세기 이래로 이러한 전범들이 어떻게 형성되고 변천했는지 살펴볼 것이다. 이를 위해 특히 서양 지리학설 중 지구설을 둘러싸고 이루어진 논의에 초점을 맞추려 한다. 왜냐하면 지구설은 선교사들의 학설 중에서 다른 무엇보다도 광범위하고 심도있게 다루어진 주제로, 서구 지리학에 대한 토착적 논의의 전반적 추이를 명료하게 드러내주기 때문이다.

중국·조선을 포괄하는 넓은 무대에서 두 세기에 걸쳐 이루어진 다양한 작업을 좌표화하기 위해 이 글에서는 '우주론'과 '문헌학'이라는 두 변수를 도입했다. 방대한 문헌으로 물화된 고전우주론 전통의 담지자로서 중국과 조선의 학인들은 이방의 새로운 지식과 대면하여 이를 '우주론적 사유'와 '문헌학적 탐구'라는 두 가지 작업을 통해 해석했다. 여기서 '우주론적 사유'란 우주에 대한 명제, 예컨대 '땅이 둥글다'는 명제가 세계의 참모습을 드러내주는지에 대한 사유를 뜻한다. 땅은 과거 동아시아인들이 상식적으로 생각했듯 평평한 모양인가, 아니면 서양인들이 말하듯 둥근 모양인가? 이러한 논의에는 보통 특정 입장을 뒷받침하거나 반박하는 여러 경험적 증거들이 동원되게 마련으로, 그런 점에서 오늘날 우리가 상식적으로 생각하는 '과학논쟁'의 특징과 크게 다르지 않다. 하지만 17,18세기 유교 지식인들에게 자연세계에 관한 쟁점은 순전히 경험적 증거의 우열만으로 판가름날 성질의 것이 아니었다. 일반적으로 유교 지식인들의 삶과 사유는 고대의 성인들이 창시하고 후대의 현인들이 조술(祖述)한 전범에 적절히 근거할 때만 정당성을 획득할 수 있었다. 그것은 우주론적 쟁점의 경우에도 크게 다르지 않았다. '땅이 둥글다'는 명제가 옳다고 인정받으려면, 그것이 경험적으로 타당할 뿐만 아니라 과거 성현들의 지식과도 부합해야 했다. 어떤 새로운 지식이 고대적 근원과 적절히 연결되지 못한다면, 아무리 그럴듯해 보이더라도 천하질서를 어지럽힐 불온한 요소로 간주될 수 있었다. 따라서 지구설과 같은 이방의 새로운 학설이 논의되는 과정은 곧 토착학인들이 그 우주론적 의미를 해석하는 과정임과 동시에 성현의 지혜가 물화된 고전문헌 전통과의 관련을 추적하는 작업이기도 했다. 자연세계에 대한 논의에는 우주론과 문헌학의 쟁점이 중첩되어 있었던 것이다.

우주론과 문헌학의 좌표계를 통해 서구 지리학에 대한 토착적 해석들을 살펴보면, 이전에는 드러나지 않던 색다른 질서가 모습을 드러낸다. 이전의 역사 서술에서 포착된 토착담론의 공간은 서구 학설의 '수용'과 '거부'라는 양극단으로 지배되는 질서였다. 그리고 연구자들은 이 두 태도를 각각 '진보'와 '보수', '근대'와 '전근대'에 연결하곤 했다. 하지만 서구 학설에 대한 '수용'과 '거부'란 단지 특정 인물이 고전전통과 서구 학설을 서로 연관짓는 다양한 선택지 중 한 가지에 불과하며, 그것도 피상적인 수준에서만 그렇다. 제4장에서 다루겠지만, 고전전통과의 관계에서 볼 때 지구설을 '거부'한 이들이 훨씬 '새로운' 양상의 담론을 전개한 반면, 지구설의 '수용자'들이 도리어 고전전통의 관행을 답습하는 '보수적'인 면모를 보이기도 했다. 또한 서구지식을 '수용'한 사람들도 우주론적 쟁점을 문헌학적 탐색과 연관짓는 방식에서는 현격히 다른 경향으로 갈라졌다.

서구지식을 고전전통과 연관짓는 한 가지 방식으로 18세기 동아시아 사회에서 널리 유행한 것이 바로 '서양 천문학의 중국기원론'이다. '선교사들의 과학, 특히 그들의 천문학이 본래 고대중국에서 기원하여 서양으로 전파되었다'는 내용의 중국기원론은 그 논지의 단순함을 무색케 할 정도로 다양한 함의를 띠고 여러 논자들에 의해 개진되었다.[43] 중국기원론은 논자가 처한 맥락에 따라 때로는 서양 천문학의 정당화, 또는 반대로 그에 대한 국수주의적 반동의 논리로 이용되었다. 쉽게 가늠하기 어려운 중국기원론의 다양한 함의는, 그것을 토착지식인들이 이방의 학설을 고전문헌

전통과 관련짓는 문헌학의 한 양태로 보게 되면, 그 이면에 존재하는 일정한 패턴을 확인할 수 있게 된다. 중요한 점은 그 패턴이 매문정 등의 중국기원론뿐만 아니라 '서양과학의 중국기원'을 명시적으로 언급하지 않은, 서양과 중국의 전통에 대한 문헌학적 비교 일반까지 포괄한다는 것이다.

그러한 비교작업은 이미 명나라 말의 학자들로부터 시작되었다. 특히 예수회의 학문에 대한 진지한 해석을 제시한 첫 세대라 할 이지조와 웅명우(熊明遇, 1579~1649)는 문헌학적 탐색과 우주론적 사유를 서로 다른 방식으로 연관지음으로써 외래의 학설을 수용하는 각기 다른 전범을 창안했다. 청대 중국 학인들의 중국기원론 그리고 18세기 조선 학자들의 우주론적 사유는 의식적으로든 무의식적으로든 이지조와 웅명우가 제시한 두 주제에 대해 상이한 맥락에서 이루어진 변주였음이 드러날 것이다.

(1) 마음과 이치의 보편성: 명말의 문헌학과 자연철학

명나라 말 서학에 우호적이었던 중국인들에게 선교사의 천문지리학은 '새롭고도 오래된' 지식이었다. 외래 학설이 일견 낯설었지만, 곧 그들은 중국의 고전문헌 곳곳에 그와 유사한 언급이 산재함을 발견했다.

중국의 고전문헌과 서구지식 사이의 유사성을 폭넓게 보여준 가장 이른 문헌에 속하는 왕영명(王英明)의 『역체략』(曆體略, 1612)에는 서구 우주

---

43) 중국기원론에 대한 연구로는 王萍 『西方曆算學之輸入』(臺北: 中央研究院近代史研究所 1972); 박성래 「西洋宣教師의 科學」, 『중국과학의 사상』(전파과학사 1978), 126~31면; 江曉原 「試論淸代 '西學中源' 說」, 『自然科學史研究』 1988年 第2期, 101~108면; Chu Pingyi, "Technical Knowledge, Cultural Practices, and Social Boundaries: Wan-nan Scholars and the Recasting of Jesuit Astronomy, 1600~1800"(Ph. D. diss., UCLA 1994), 제5장 참조. 조선의 경우는 박권수 「徐命膺의 易學的 天文觀」, 『한국과학사학회지』 20(1)(1998), 57~101면; 노대환 「조선후기 '서학 중국원류설'의 전개와 그 성격」, 『역사학보』 178(2003), 113~39면 참조.

론을 예견하는 고전 전거가 12가지 나열되어 있다.[44] 그에는『대대례기』의
「증자천원」,『황제내경』「소문」의 '대기거지(大氣擧之)',『주비산경』등 지
구설을 담고 있다고 간주된 문헌들이 포함되었다. 만력(萬曆)·천계(天啓)
연간부터 자신의 주저(主著)『격치초(格致草)』의 초고를 집필하기 시작한
웅명우는 훨씬 더 광범위한 문헌 탐구를 진행했다.[45] 그는 자기 책의 매 소
절마다 부록을 첨부하여 각 주제와 관련하여 참고할 만한 고전 전거들을
밝혀놓았다. 기독교 개종자였던 이지조는「곤여만국전도」와『혼개통헌도
설』의 서문에서 당나라 일행(一行)의 북극고도 측정사업,『주비산경』의 여
러 전거를 근거로 지구설이 이미 고대중국에 알려져 있었다고 주장했다.
17세기 초에 이루어진 광범위한 문헌 탐색의 결과 서구 천문지리학 지식
과 유사한 전거들은 거의 빠짐없이 발굴되었으며, 18세기의 고증학자들이
이용한 문헌증거도 그 범위에서 크게 벗어나지는 못했다.

　하지만 발굴된 고전 전거 각각의 의미, 그리고 그것과 서구지식의 관계
에 대해서 논자들의 의견이 항상 일치한 것은 아니다. 사실 명시적으로 땅
이 구형이라고 밝힌 고전이 없는 상황에서, 지구설과 부합하는 문헌을 '발
굴'하는 작업에는 언제나 일정한 '해석'이 개입될 수밖에 없었다. 예를 들
어『대대례기』「증자천원」의 논지는 '지방(地方)'을 땅의 모양으로 해석한

---

44) 왕영명의『역체략』에 대한 최근의 연구로는 徐光台「明清鼎革之際王英明『曆體略』的三
　　階段發展」,『故宮學術季刊』26(1)(臺灣 國立故宮博物院 2008), 41~74면 참조.
45) 1601년 진사에 급제하여 관료생활을 시작한 웅명우는 1610년경부터 예수회의 학문
　　에 접했고, 곧 선교사들과 개인적인 친분도 맺어 1614년에는 우르시스의『표도설』과 빤
　　또하(D. Pantoja)의『칠극(七克)』에 서문을 쓰기도 했다. 예수회 우주론에 대한 그의 본
　　격적인 탐색을 담고 있는『칙초(則草)』는 그후에 집필이 시작된 듯하며, 1620년 완성되
　　었다. 이후 몇차례의 증보를 거쳐『격치초』가 집필되었고, 이는 아들 웅인림(熊人霖)의
　　『지위(地緯)』와 함께 1648년『함우통(函宇通)』으로 간행되었다. 웅명우『격치초』의 간
　　행경위에 대해서는 馮錦榮「明末熊明遇父子與西學」,『明末清初華南地區歷史人物功業研討
　　會論文集』(香港: 中文大學歷史係 1993), 117~35면; 「明末熊明遇『格致草』內容探析」,『自然
　　科學史研究』1997年 第4期, 304~28면 참조.

166

다면 둥근 하늘과 모난 땅이 서로 맞물리지 못한다는 불합리한 일이 생기리라는 것이었다. 17세기의 중국인들은 이를 '하늘과 마찬가지로 땅도 둥글다'는 주장으로 확대해석했다. 그러나 적어도 「증자천원」의 구절은 당시 논자들 사이에서 지구설과 부합한다고 쉽게 합의가 이루어진 경우였다. 의미가 더 모호한 다른 전거에 대해서는 과연 그것이 서구지식과 부합하는지 견해가 엇갈렸다. 논란이 된 대표적인 문헌이 바로 『주비산경』이었다. 왕영명과 이지조는 『주비산경』에 지구의 진리가 담겨 있다고 확신했지만, 웅명우는 그에 회의적이었다.

웅명우는 『주비산경』에서 땅의 모양을 위로 볼록한 곡면으로 묘사한 데 대해 땅이 구형이라는 관념을 정확히 담지 못했다고 비판했다.[46] 『주비산경』은 기껏해야 반쪽의 진리밖에 담지 못한 불완전한 문헌이었던 것이다. 웅명우의 비판적 태도는 『주비산경』이 대변하는 개천설은 물론, 과거 그와 경쟁하던 혼천설에도 적용되었다. 장형과 주희 등의 혼천설은 하늘이 구형이라고 본 점에서는 옳았지만, "땅이 평평하며 물 위에 떠 있다"고 보는 잘못을 범했다는 것이다.[47]

그에 비해 고전우주론 전통을 대하는 이지조의 태도는 훨씬 우호적이었다. 웅명우가 고대 개천가와 혼천가의 오류를 부각했다면, 이지조는 각각의 장점에 주목했다. 이를테면 『주비산경』은 땅의 곡률과 기후대, 시차 등을 올바로 언급했고, 혼천설은 하늘이 구형이며 땅이 그 중심에 있다고 옳게 지적했다는 것이다. 두 학설의 장점만을 취합한다면 지구와 천구의 동심구조가 도출되며, 이는 곧 서구의 우주 모델과 같았다. 이지조는 흥미롭게도 이를 근거로 고대중국에서 개천설과 혼천설이 서로 경쟁이 아니라 보완하는 관계에 있었다고 해석했다. 그는 『혼개통헌도설』의 「자서」에서

---

46) 熊明遇 『格致草』, 「周髀辨」, 中國科學技術典籍通彙 6, 97上면.
47) 熊明遇 「渾註辨」, 같은 책 97下면.

자신의 '혼개통헌론'을 다음과 같이 공식화했다.

> 전욱(顓頊)이 만든 혼상(渾象)은 지금까지 준용되고 있으며, 헌원(軒轅, 黃帝)에게서 비롯된 개천은 주비(周髀)를 으뜸으로 삼는다. 그것(개천)의 형상을 빗대자면, 마치 혼천의 한 호(弧)를 자른 것과 같다. 대대로 그를 익히는 자가 드문 일은 양웅(揚雄)이 "개천의 여덟 가지 난점"을 말한 것에서 비롯되었다. (…) 가령 혼천설도 가(可)하고 개천설도 가하다고 해서 어찌 두 하늘을 말함이리오! 요컨대 자른 것은 개천이고 이은 것은 혼천이니 모두 원의 도수에 귀착된다. 원을 전체로 보면 혼천이요, 원을 자르면 개천이다. '삿갓〔蓋笠〕'은 하늘을 본뜬 것이요, '덮은 그릇〔覆槃〕'은 땅을 본뜬 것이니, 사람들이 땅 위에 거하므로 이와 같이 묘사하지 않을 방도가 있겠는가![48]

황제와 그의 손자 전욱, 두 성인이 각각 창안한 개천과 혼천의 모델은 천지에 대해 서로 보완하는 표상이다. 혼천설이 하늘의 전체 모습을 보여준다면 개천 모델은 북반구에서 관측을 위해 혼천 모델의 윗부분을 자른 것으로, 동일한 우주를 서로 다른 각도에서 표현한 모델이라는 것이다. 그 둘이 서로 모순된다는 관념은 한대의 개천가 양웅이 혼천설로 전향하면서 비롯된 비교적 근세의 일로서,[49] 그전까지 두 모델은 공존하였다.

『주비산경』을 둘러싼 웅명우와 이지조의 의견 차이는 특정 고전에 대한 해석의 차이를 넘어 고전전통을 대하는 상이한 감수성을 반영한다. 물론

---

48) 李之藻『渾蓋通憲圖說』,「自序」,『天學初函』第3冊, 1712~13면: 顓帝渾象, 迄玆遵用, 蓋天肇自軒轅, 周髀宗焉. 擬其形容, 殆割渾天一弧, 而世鮮習者, 蓋子雲八難始. (…) 假令可渾可蓋, 詎有兩天. 要於截蓋繇渾, 總歸圓度. 全圓爲渾, 割圓爲蓋. 蓋笠擬天, 覆槃擬地, 人居地上, 不作如是觀乎.

49) 본래 개천가였던 양웅이 환담(桓譚)에게 설득되어 혼천설로 전향한 일과 그 과정에서 제기된 개천설 비판인 '개천입란(蓋天八難)'에 대해서는 이문규『고대 중국인이 바라본 하늘의 세계』, 328~35면 참조.

그 둘은 상고시대에 완전한 지식이 있었고, 그것이 이후 산실(散失)되었다고 본 점에서는 입장이 같았다. 하지만 그들은 우선 고대전통이 쇠퇴하기 시작한 기점에 대해 의견을 달리했다. 이지조가 이를 후한 양웅의 시대로 잡았다면, 웅명우는 전국시대 말기로까지 소급했다.

웅명우에 따르면, 요순 임금까지 이어오던 고대의 완전한 지식은 전국시대 말기 추연과 장자 등이 황당한 학설을 담론하면서 쇠퇴의 길로 접어들었다. 한나라의 동중서와 사마천, 당나라의 일행과 이순풍 등은 천상(天象)의 변화를 제대로 파악할 능력이 없어 점성술에 의지했다. 웅명우는 송대 도학자들의 이기설(理氣說)에 대해서는 비교적 높은 점수를 주었지만, 소옹의 상수학적 구도나 주희의 천지설과 같은 오류가 그 장점을 상쇄한다고 보았다.[50] 이러한 역사 서술은 이상적인 고대를 구체적인 정보가 거의 남아 있지 않은 전국시대 이전 시기로 한정하고 '한당송(漢唐宋)'의 유산 전반을 부정함으로써 사실상 중국 고전전통 대부분의 가치를 인정하지 않은 것이라고 볼 수 있다. 웅명우는 비록 "상고시대 중려씨(重黎氏)의 자손이" 난을 피해 서역지방으로 달아났고 그 때문에 "천관(天官)의 학문"이 그곳에 남아 있다고 함으로써[51] 사실상 '중국기원론'을 강효원이 최초라고 인정한 황종희보다 20여년 이상 일찍 제시했지만,[52] 그의 논의는 이후 청나라 고증학자들의 국수주의적인 태도와는 상당한 거리가 있다. 왜

---

50) 웅명우의 중국 우주론사 서술은 『격치초』의 「自敍」와 「原理恒論」, 56下~61上면에 나타나 있다.

51) 같은 책 57上면: 重黎子孫, 竄於西域, 故今天官之學, 裔土有顓門. 重黎氏는 전욱이 중국을 통치할 때 천문지리를 관장하던 사람들을 말한다.

52) 중국기원론의 효시는 매문정에서 강희제로, 다시 황종희로 계속 앞시기로 소급되었지만, 웅명우의 구절을 그에 포함시킨다면 명말까지 더 거슬러올라갈 수 있을 것이다. 하지만 필자는 이러한 효시의 발견노력 자체가 그리 의미 없다고 본다. 당시 중국 지식인들의 심성에서 이러한 아이디어는 비교적 쉽게 나올 수 있는 것이며, 따라서 중국기원론의 '기원'은 그보다 더 소급될 가능성이 언제나 존재한다.

냐하면 그의 중국기원론은 중국의 고전우주론을 비판하고, 서구지식이 전해짐으로써 당대에 열린 새로운 지적 지평을 부각하기 위한 논리였기 때문이다. 그는 『격치초』의 「자서(自敍)」에서 지혜로운 외국인들이 모여들고 만국의 도서가 갖추어진 당시야말로 역사상 유례가 없는 시대라고 선언했다. 중국 상고시대의 지혜를 계승한 외래지식에 토대한다면, '한당송'의 학자들이 이루지 못한 격물치지의 이상을 실현하여 세계에 대한 완전한 지식체계를 세울 수 있을 것이었다. 자신의 『격치초』가 바로 이를 목적으로 한 저술이었다.

크게는 천지의 정해진 위치, 별들의 아름다운 배열, 기화(氣化)의 무성한 변화로부터 작게는 초목과 벌레에 이르기까지 일일이 그 당연한 상(象)에 의지하여 그것이 그렇게 된 이유(所以然之故)를 궁구함으로써 그것이 그렇지 않을 수 없는 이치를 밝히려 했다. 비록 대인(大人) 격물치지(格物致知)의 뜻에 만분의 일이라도 보탬이 된다고 감히 말할 수 없으나, 다만 오늘날 학사들로 하여금 한당송 제자의 터무니없는 학설에 고개 숙이지 않게 하고, 천지간의 사물들로서 생겨나서 상이 있고, 상이 있어 번성하며, 번성하여 수(數)가 있는 것들로 하여금 각각 『중용(中庸)』의 불이(不貳)의 도에 귀착하게 하려 한다.[53]

결과적으로 웅명우의 프로그램은 서구의 천문지리학을 토대로 '물리(物理)'에 대한 완벽한 지식을 건설하여 격물치지의 이상을 실현하겠다는 것으로 집약되었다. 이는 곧 그가 부분적으로 가치를 인정한 성리학 전통

---

53) 熊明遇 「自敍」, 같은 책 67上면: 大而天地之定位, 星辰之彪列, 氣化之蕃變, 以及細而草木蟲多, 一一因當然之象, 而求其所以然之故, 以明其不得不然之理. 雖未敢曰 於大人格物致知之義, 贊萬分之一, 但令昭代學士, 不頹首服膺於漢唐宋諸子無稽之談, 俾兩間物, 生而有象, 象而有滋, 滋而有數者, 各歸於中庸不貳之道 (…).

과 서구 천문지리학의 융합을 뜻했다.

이는 웅명우 혼자만의 지향은 아니었다. 명말청초의 시기 서구과학
과 성리학적 우주론을 '회통(會通)'하려는 기획을 공유한 일군의 학자들
이 있었으며, 이들 사이에는 비교적 활발한 지적 교류가 이루어지고 있었
다. 주역상수학(周易象數學)과 서구 천문학을 결합하려 했던 방공소(方孔
炤, 1591~1655), 황도주(黃道周, 1585~1646)가 웅명우와 같은 세대의 인물이
라면, 방공소의 아들 방이지와 그의 제자 유예(游藝, 1614?~84?), 게훤(揭暄,
1625?~1705?)은 그 다음 세대에 속한다.[54] 이들은 서구 천문지리학과 자연
철학 지식을 검토하여 이를 기의 자연학과 주역상수학을 이용해 재해석했
다. 방이지는 이러한 작업을 서양인들의 우수한 '질측(質測)'——사물의 변
화와 그 원인에 대한 탐구——을 중국의 '통기(通機)'——현상 배후의 심층
적·근원적 기제에 대한 통찰——와 종합해내는 작업이라고 규정했다.[55] 이
들의 작업은 웅명우의 『격치초』, 방공소의 『주역시론합편(周易時論合編)』,
방이지의 『물리소지(物理小識)』, 유예의 『천경혹문(天經或問)』, 게훤의 『선
기유술(璇璣遺術)』 같은 저작에 집대성되었다.

이들은 자신들이 추구하던 서구 천문지리학과 성리학의 융합이 중국 지

---

54) 이들의 관계를 알려주는 자료들은 많이 있다. 1619년 어린 방이지를 동반한 방공소가
웅명우를 만났고, 이 사건이 방씨 부자의 서학에 대한 관심을 촉발한 계기였다는 점은
이미 여러 연구에서 언급되었다. 방공소와 황도주의 관계에 대해서는 方以智 「歲差」, 앞
의 책 768下~769上면. 웅명우와 유예의 사승 관계에 대해서는 方以智 「節度定紀」, 같은
책 776上면에서 확인된다. 방이지는 그의 『물리소지』에 웅명우의 『격치초』를 폭넓게 인
용함으로써 그로부터 받은 지적 영향을 표현했다. 방이지와 그의 아들 방중통(方中通)
이 게훤과 교유하기 시작한 것은 비교적 늦은 1659년 이후의 일이다(石云里, 「揭暄的潮
汐學說」, 『中國科技史料』 14(1), 1993, 90면). 이들 학자들과 그들 사이의 교류에 대해서
는 張永堂 『明末方氏學派研究初編: 明末理學與科學關係試論』(臺北: 文鏡出版公司 1987);
『明末清初理學與科學關係再論』(臺北: 臺灣學生書局 1994); 馮錦榮 「明末熊明遇父子與西
學」, 117~35면; 「明末熊明遇 『格致草』內容探析」, 304~28면 참조.
55) Lim Jongtae, "Restoring the Unity of the World," 139~60면.

성사에 유례가 없는 새로운 시도라고 인식했다. 그들의 지적 자신감은 '존이불론(存而不論)'의 전통적 경구를 거부한 데서 잘 드러난다. 제2장에서 보았듯『장자』의 이 구절은 경험을 넘어서는 세계에 대한 논의의 유보를 권고했지만, 방이지 등은 이를 받아들이지 않았다. 방이지는 서양 천문도를 통해 중국에서는 볼 수 없던 남반구의 별자리에 대해 알게 되었다고 예찬하고는, "육합의 바깥에 대해서 내버려두고 논의하지 않는다고 말할 수 없다"고 단언했다.[56] "불가지(不可知)에 이르기까지 추론하여 그것을 가지(可知)로 전환시킨다"는 선언에서 볼 수 있듯, 그는 고대인들이 설정한 지식의 경계선을 넘어설 수 있다는 자신감을 가지고 있었다.[57]

이들과 달리 이지조는 중국의 고전우주론 전통에 깊은 신뢰감을 표명했다. 그는 고전문헌들의 오류보다는 그것들이 각각 진리의 일단을 내포하고 있음에 주목했다. 그러한 단편들을 모아보면, 어느 순간 선교사들의 학설과 동일한 진리의 전모가 드러날 것이었다. 이를 위해서는 고전문헌 전통에 대한 세심한 역사적 성찰이 필요했다. 이지조는『혼개통헌도설』「자서」에서 고대중국에 개천설과 혼천설이 공존하였음을 다음과 같은 역사적 추론을 통해 보여주려 했다.

증자가 말하기를, "만약 정말로 하늘이 둥글고 땅이 모나다면, 네 모서리가 서로 가려지지 않게 될 것이다"라고 했고,『주역』「곤괘 문언전」에 이르기를 "(땅은) 지극히 고요하고 그 덕이 모나다"라고 했다. 공자와 증자는 주나라에서 태어났고 또 주나라를 좇았는데 저론(著論)이 이와 같으니, 그렇다면 주공의 비측(髀測)의 책(『주비산경』)이 꼭 혼천설과 어긋나고 개천설을 위주로 했다고 말하는 것이 가하겠는가![58]

---

56) 方以智「南極諸星圖」, 앞의 책 776上면.

57) 方以智「自序」, 같은 책 742下면.

58) 李之藻,『渾蓋通憲圖說』,「自序」, 1714면: 曾子曰, 若果天圓而地方, 則是四隅之不相揜也.

주공을 계승한 공자와 증자가 지구설을 주장했으니, 주공의 저술이라고 알려진 『주비산경』도 마찬가지라는 것이다. 게다가 이러한 관점이 전적으로 새로운 것도 아니었다. 1000여년 전 최영은에 의해 이미 혼천설과 개천설이 서로 보완적이라는 통찰이 천명된 바 있다.[59] 이렇듯 이지조는 고전전통에 대한 신뢰감을 바탕으로 고대문헌 속에 숨겨진 진리를 발굴하고 재구성하는 문헌학적·역사학적 작업을 전개했다.

하지만 이지조가 고전전통을 신뢰했다고 하더라도 고전문헌의 가치를 재조명하고 그 역사를 재구성하는 데 동원한 기준은 서양 선교사들의 지식이었다. 그가 선택한 고전적 전거는 서구지식과 부합하는 것들이었으며, 그가 재구성한 중국 우주론의 역사 또한 고대에 존재하던 '서구지식'이 이후 왜곡 또는 산실되었다가 당대에 복원되는 과정이었다.

이렇듯 이지조와 웅명우는 고전문헌에 대한 시각이 달랐으나, 예수회사의 도래를 획기적인 사건으로 보았다는 점에서는 입장이 같았다. 웅명우가 이를 고전전통을 넘어서 새로운 우주론을 창안할 기점으로 파악했다면, 이지조는 이를 안개에 쌓여 있던 고대전통을 조명할 계기로 이해했던 것이다. 사실 명나라 말 당시에는 둘 사이의 공통점이 차이보다 더 두드러졌다. 이들은 먼곳에서 온 선교사들이 천문과 지리에 대해 그처럼 깊고 정확한 지식을 소유하고 있으며, 더욱이 그것이 중국의 고전문헌과도 대체로 부합한다는 사실에 경이로워했다. 선교사들과 그들의 지식에 대한 경탄과 신뢰 앞에서 중국 고전의 역사와 외래지식의 관계에 대한 이들의 견해 차이는 부차적인 것에 지나지 않았다.

그렇다면 유사 이래 활발한 교류의 흔적을 찾기 어려운 유럽과 중국의

坤之文曰, 至靜而德方. 孔曾生周從周, 著論若是, 謂姬公髀測之書, 必籃渾而自爲蓋, 可哉!
59) 같은 글 1715면.

유사성을 어떻게 설명할 수 있을까? 그에 대한 대답은 대개 두 가지 방향에서 제시되었다.

첫번째는 『춘추좌씨전(春秋左氏傳)』에 등장하는 '담자(郯子)'의 고사(古事)'에 단서를 둔 것이다. 노(魯)나라 소공(昭公) 17년 노나라의 조정을 방문한 이웃 '오랑캐' 나라의 담자는 상고시대 중국의 통치자들이 설치한 관직명의 유래를 소상히 설명해주었다. 이 소식을 들은 공자는 직접 그를 찾아가 배우고는 "내가 듣기로 천자가 실관하니 학문이 사이에 있다(天子失官, 學在四夷) 했는데, 그 말이 정말 믿을 만하다"고 말했다.[60] 요컨대 담자는 중국에서는 망각된 옛 성인의 지식을 공자에게 전수한 야만인이었다. 이 고사는 이지조, 웅명우, 방공소, 방이지 등 선교사들의 지식에 우호적이었던 명말의 학자들 사이에서 폭넓게 이용되었다. 예수회사들은 산실된 고대중국의 '천관(天官)'에 대한 지식을 가지고 온 '당대의 담자'라는 것이다. 비록 담자의 고사에는 고대중국의 완벽한 지식이 야만세계로 건너가 보존되었다는 중국기원론적 함축이 들어 있지만, 적어도 명말에는 그러한 함의가 부각되지 않았다. 오히려 자신들이 지니지 못한 고상한 지식을 소유한 선교사들에 대한 경탄의 감정이 담자의 고사를 인용하는 문맥 저변에 흐르고 있다.

담자의 고사에 들어 있는 중국기원론적 함축은 중국과 서양의 공통성을 설명하는 또다른 논리인 '심동리동(心同理同)'의 슬로건에 의해서도 억제되었다. 사람의 정신과 세상의 이치는 중국과 서양의 차이가 없다는 요지의 이 명제는 주로 선교사들과 개종자들에 의해 고대 유교경전의 '상제'와 기독교 '천주' 사이의 부합을 설명하는 논거로 이용되었다.[61] 하지만 이지조는 이를 서양과 중국 우주론의 유사성을 설명하는 데도 적용했다. 「곤여

---

60)『春秋左傳詁』卷17(北京: 中華書局 1987), 726~27면.

61) 당시 기독교와 고대유교의 '동일성'에 관한 개종자와 선교사들의 논의와 '심동리동' 명제의 역할에 대해서는 Jacques Gernet, 앞의 책 24~30면 참조.

만국전도」서문에서 그는『황제내경』「소문」의 한 구절을 인용한 뒤, "이 제 (리치의) 지도를 보니 그 뜻이 서로 암합(暗合)한다. 동해(東海)와 서해 (西海)의 마음이 같고 이치가 같음이 이를 보건대 믿을 만하지 않은가!"라고 반문했다.[62] 이러한 언급에는 담자의 고사와는 달리 서구 학설이 고대 중국에서 건너갔으리라는 함축이 담겨 있지 않다. 중국과 유럽의 학설은 '뜻하지 않게 부합[不謀而契]'할 뿐이며, 이는 유럽인과 중국인이 우주의 이치를 파악할 수 있는 정신을 공유하기 때문에 가능한 일이었다. 비록 웅 명우나 방이지가 '심동리동'의 명제를 사용한 것은 아니지만, 이지조의 개 방적 정신을 공유하고 있었음은 여러 곳에서 드러난다. 예를 들어 웅명우 는 유럽이 중국과 함께 세계의 양대 문명을 이룬다고 파악했고, 방이지도 이를 그대로 인용했다.

> 서방사람들이 처한 곳의 북극고도는 중국과 위도가 같아서, 그곳 사람들도 책읽기를 좋아하지 않음이 없으며, 역법의 이치를 안다.[63]

위도와 문명의 관계에 대한 독특한 견해를 전제한 이 구도를 통해[64] 웅명 우는 유럽을 중국에 버금가는 문명세계로 인정했다. 선교사들의 학문에 대한 웅명우의 신뢰감은 중국 사대부들 머리에 오랫동안 자리해오던 문명 과 야만의 절대적 위계를 상대화하고 있었다. 선교사들이 지닌 지식의 기 원이 무엇이든, 참된 지식에 대한 중국의 독점은 이제 종언을 고하고 '담 자'와 '공자'가 함께 천지의 진리를 추구하는 시대가 도래한 것이다.

---

62) 이지조「곤여만국전도」서문: 今觀此圖, 意與暗契, 東海西海, 心同理同, 於玆不信然乎. 朱 維錚 編『利馬竇中文著譯集』, 180면.

63) 熊明遇『格致草』, 「原理演說」, 63上면.

64) 이 책의 제6장 참조.

(2) 명말청초 문헌학으로의 전환과 청대의 중국기원론

명말의 개방적 정신은 그리 오래 지속되지 못했다. 변화는 명조의 몰락과 '오랑캐' 만주족에 의한 청조의 등장에 즈음하여 시작되었다. 이 사변은 중국 사대부들 사이에 중화주의적 감정을 고양했으며, 그들의 배외 정서는 만주족뿐만 아니라 새로운 지배자에 협력하여 흠천감을 장악한 아담 샬 등의 선교사를 향한 것이기도 했다.

변화의 조짐을 분명하게 보여준 이들은 왕부지(王夫之, 1619~92), 황종희(黃宗羲, 1610~95), 왕석천(王錫闡, 1628~82) 등이었다. 이들은 선교사들의 과학과 고대문헌에 담긴 지식이 유사한 이유를 선교사들이 '표절'했기 때문이라고 간주했다. 왕부지는 마떼오 리치가 고대 혼천가의 문헌에서 계란과 노른자의 비유를 읽고 황당무계한 지구설을 조작해냈다고 비난했다.[65] 왕석천에 따르면 서양 역법이 지닌 몇몇 우수한 면은 모두 중국의 옛 역법 가운데 갖추어져 있던 것으로, 서양인들이 이를 창안한 것은 아니었다.

오늘날 서양 역법이 뛰어나다고 자랑하는 것은 몇몇 조항에 불과한데도 역가(曆家)들은 이를 처음 듣고 놀라워하며 학사대부들은 그 기이함을 즐거워하여 서로 과장하여 찬양하기를, 그것이 중국의 고대에는 없던 것이라고 한다. 하지만 누가 이 몇몇 조항이 모두 구법(舊法) 가운데에 갖추어져 있어 그들이 홀로 깨달은 것이 아님을 알리오! (…) 또한 땅의 남북 도수(度數)는 북극고도의 높낮이로 추산하며, 땅의 동서 도수는 시차로 추산한다고 하나, 구법에도 이차(里差)의 술법이 있지 아니한가! 요컨대 고인들이 하나의 법을 세울 때에는 (그 속에) 반드시 하나의 이치가 포함되어 있으나, (고인들은) 그 법만 상세히 하였을 뿐 그 이치를 드러내지는 않았다. 그러나 이치가

---

65) 王夫之『思問錄』外篇(北京: 古籍出版社 1956), 63면.

법 가운데에 갖추어져 있으니, 학문을 좋아하고 깊이 생각하는 자는 스스로 찾아서 그를 얻을 수 있다. 서인(西人)들이 그 뜻을 몰래 취하였으나 어찌 그 범위를 벗어날 것인가![66]

그렇다면 왜 역대 중국의 천문학자들은 고법에 담긴 이치를 깨닫지 못하여 급기야는 흠천감을 서양 '표절자들'의 손에 넘겨주게 되었는가? 왕석천은 중국 천문학의 쇠퇴를 송대에 이르러 '유가'와 '술가'의 역법이 분리된 탓으로 보았다. 역법에 어두운 유가는 옛사람들이 역법 속에 숨겨둔 이치를 깨닫지 못한 채 허황한 형이상학적 담론에 몰두했고, 역가는 반대로 역리(曆理)에 무관심한 채 실용적 계산과 관측기법에만 관심을 가졌다는 것이다.[67]

왕석천의 논의는 명말 이래 서양과학에 대한 중국 사대부들의 이해에서 중요한 전환점을 이루었다. 이는 단지 그의 표절론에 배어 있는 반예수회 정서를 뜻하는 것만은 아니다. 그는 명말에 뭉뚱그려져 있던 이지조와 웅명우의 지향을 명확히 구분한 뒤, 웅명우류의 우주론적 사색을 비판하고 이지조의 문헌학적 지향을 선택했다. 우선 그가 "역수(曆數)를 모르고 역리를 담론한" 송대 성리학자들을 강력히 비판한 데 주목할 필요가 있다. 그에 따르면, '이'란 그 표현태인 '수'와 불가분의 관계에 있음에도 송대 학자들은 '수 바깥의 이', 즉 '허리(虛理)'를 담론하는 오류를 범했다.[68]

---

66) 王錫闡『曆策』(阮元『疇人傳』卷35,「王錫闡下」, 續修四庫全書 516, 344~45면에서 재인용): 今者, 西曆所矜勝者, 不過數端, 疇人子弟, 駭于創聞, 學士大夫, 喜其瑰異, 互相夸耀, 以爲古所未有, 孰知此數端者, 悉具舊法之中, 而非彼所獨得乎(…) 一曰, 南北地度, 以步北極之高下, 東西地度, 以步加時之先後也, 舊法不有里差之術乎. 大約古人立一法, 必有一理, 詳于法而不著其理, 理具法中, 好學深思者, 自能力索而得之也. 西人竊取其意, 豈能越其範圍. 강조는 인용자.

67) 阮元『疇人傳』卷34,「王錫闡下」, 333면.

68) 같은 책 339면.

만약 왕석천과 같이 '수 바깥의 이'를 인정하지 않는다면, 이기(理氣)의 범
주를 사용한 형이상학적 담론은 상당히 억제될 수밖에 없다. 왕석천 자신
은 웅명우와 방이지, 게훤 등을 직접 비판하지 않았으나, 100년 뒤 사고전
서 천문산법류의 편찬자는 바로 왕석천의 관점으로 명말 우주론자들의 저
술을 단죄했다. 그는 풍부하고 호방한 자연학적 사색을 담은 『천경혹문』
후집에 대해 "억단으로부터 비롯된" 논의가 많다는 이유로 사고전서에 편
입시키지 않았으며, 이러한 비판은 "유럽의 학설을 채용하여 이기의 학설
과 섞어버린" 게훤의 『선기유술』에도 마찬가지로 적용되었다.[69] 웅명우에
서 게훤에 이르는 반세기에 걸쳐 진행된 작업의 가치가 근본부터 부정되
었다. 자유로운 자연학적 사색을 위축시키고 수학적 정밀성을 핵심 미덕
으로 승격시킨 왕석천은 동시대의 매문정을 비롯하여 18세기 강영(江永,
1681~1762), 대진으로 이어질 정밀한 청대 수리천문학의 전통을 열었다. 하
지만 왕석천은 자연학적 사색을 대신하여 유자들이 상상력을 발휘할 다른
길을 마련해주었는데, 문헌학과 역사학이 그것이었다. 중국의 옛 역법에
이치가 담겨 있다는 그의 주장은 곧 옛 천문학 문헌을 진지하게 탐구할 필
요가 있다는 주장이었다. 그런 점에서 고전에 대한 왕석천의 신뢰는 명말
이지조의 그것과 크게 다르지 않았다. 이지조가 그때까지 외면받아온 『주
비산경』에서 '지구의 진리'를 발굴해냈듯 왕석천도 고법에서 후대의 오류
를 걷어내고 옛사람들이 담아둔 이치를 찾아내야 한다고 주장한 것이다.

청초의 학자들이 어떤 이유로 웅명우의 우주론적 사색이 아닌 이지조
의 문헌학을 선택했는지 정확히 알기는 어렵다. 확실한 것은 선교사들에
대한 명말 지식사회의 우호적 정서가 명청교체기를 거치며 약화되자, 과
거에 그다지 구분되지 않았던 이지조와 웅명우의 지향이 이제는 현격히
다른 양갈래의 대안으로 비춰지게 되었다는 것이다. 새로운 세대의 학자

---

69) 『合印四庫全書總目提要及四庫未收書目禁燬書目』, 2222~23면.

들에게는 웅명우의 자연학보다 서광계의 정밀한 천문학과 이지조의 문헌학이 더 큰 호소력을 지녔다. 중국 천문학의 쇠퇴를 송유(宋儒)의 탓으로 돌린 왕석천의 비판과 유사하게 명나라 유신(遺臣)들은 명의 멸망을 송명 도학의 '무익한 공리공담'에서 비롯되었다고 진단했다. 고염무(顧炎武, 1613~82), 염약거(閻若璩, 1636~1704) 등은 그 대신 경세치용에 유용한 지식을 추구하는 한편, 송명 도학에 의해 왜곡된 고대경전을 복원하려는 고증학적 작업의 지평을 열었다. 웅명우나 게훤의 저술에 담긴, 호방하기는 하지만 근거가 박약한 사색은 청초에 등장한 새로운 경향과 조화하기 어려웠다. 그에 비해 송학에 대해 비판적 태도를 취했던 이지조는 그와 함께 고대 전거에 대한 세밀한 탐색을 강조함으로써 문헌학적 확실성을 추구하는 새로운 시대정신에 잘 부합했다.

이지조의『혼개통헌도설』「자서」가 지닌 또다른 장점은 서양과학과 중국 우주론 전통의 관계 설정에 고심하던 청초의 학자들에게 구체적이고 안정적인 해법을 제시한 데 있었다. 예를 들어 왕석천의 표절론은 걸러지지 않은 반청·반예수회 정서로 인해 청조의 지배가 확립되고 예수회가 흠천감을 안정적으로 장악한 17세기 말 이후에는 통용되기 힘들었다. 이지조의 유산을 한족 사대부들의 국수주의적 정서와 중국 지배의 정당화를 바라는 만주족 지배자의 욕구를 동시에 만족시킬 수 있는 형태로 발전시킨 사람이 바로 매문정이었다.[70]

중국의 고전전통과 서양과학의 관계에 관한 매문정의 관점은 기본적으로 이지조의『혼개통헌도설』「자서」에서 출발했다. 그는 1690년대 이광지의 후원을 받으며 저술한『역학의문(歷學疑問)』에서 양웅 이래로 개천설과 혼천설이 대립된다는 생각이 널리 퍼졌지만, 실제로는 그 둘이 "서로 보완

---

70) 매문정의 중국기원론과 그 함의에 대해서는 Chu Pingyi, "Technical Knowledge, Cultural Practices, and Social Boundaries," 183~243면 참조.

적이며 모순되지 않는다"고 강조했다. 혼천설이 하늘이 둥긂을 보여주었다면 『주비산경』의 개천설은 땅이 구형임을 주장했으므로, 그 둘을 합하면 천지의 온전한 모습이 드러난다는 것이다.[71]

하지만 매문정은 이지조의 생각에 머물러 있지만은 않았다. 그는 『역학의문』을 보완한 만년의 저술 『역학의문보(歷學疑問補)』에서 혼천설과 개천설이 상호보완적이라는 이지조의 주장에서 한걸음 더 나아가 두 학설 사이의 '역사적' 관계에 천착했다. 매문정에 따르면, 황제가 창안한 개천설은 그의 손자 전욱이 만든 혼천설에 비해 역사적으로 앞선 것이었고, 이는 후자가 전자에서 파생하였음을 뜻했다. 따라서 엄밀히 말해 그 둘은 서로 보완적인 것이 아니라 기원과 파생, 근본과 말단의 위계적 관계를 이루었다. 게다가 둥근 하늘을 평면에 투사한 개천설은 수학적으로 혼천설보다 더 심오한 방법이었다. 매문정에 따르면 개천설이 훗날 중국에서 제대로 이어지지 못한 것은 후대의 학자들이 그 심오한 이치를 제대로 이해하지 못했기 때문이다.[72]

황제와 전욱의 고사에 관한 해석에서 볼 수 있듯 매문정이 전개한 역사적 상상력은 이지조와 매우 달랐다. 매문정에게 두 개념 또는 두 문헌 사이의 근친성은 그 둘이 실제 역사적으로 연관되어 있음을 뜻했다. 이러한 논리가 중국과 서양 우주론의 유사성에 적용됨으로써 그의 '중국기원론'이 탄생했다. 『주비산경』에 담긴 지식과 절역(絶域)의 유럽에서 건너온 지구설 사이의 유사성을 접한 매문정은 이를 이지조처럼 중국인과 유럽인이

---

71) 梅文鼎 『歷學疑問』, 「論蓋天周髀」, 四庫全書 194, 15下면: 自楊子雲諸人, 主渾天排蓋天, 而蓋說遂詘. 由今以觀, 固可並存, 且其說實相成而不相悖也. 何也. 渾天雖立兩極, 以言天體之圓, 而不言地圓, 直謂其正平焉耳. 若蓋天之說, 具於周髀, 其說以天象蓋笠地法覆槃, 極下地高滂沱四隤而下, 則地非正平而有圓象, 明矣.

72) 梅文鼎 『歷學疑問補』, 「論蓋天與渾天同異」, 叢書集成初編 1325(上海: 商務印書館 1939), 2면.

공유한 보편정신의 탓으로 보지 않았다. 이는 그 둘이 역사적 기원을 공유한다는 증거였으며, 그것은 바로 『주비산경』에 담겨 있는 중국 고대 성인의 지식이었다.

매문정에 따르면, 황제의 개천 모델은 그 심오함으로 인해 후대 중국에서 잊히거나 잘못 해석된 반면, 더 평이한 혼천설은 후대로 계승되었다. 하지만 개천설이 완전히 단절된 것은 아니었고 인도와 아랍, 유럽 등 서역지방으로 전해져 그곳에서 계승, 발전되었다. 그렇다면 수만리 떨어진 서역지방에 중국의 역법이 어떻게 전해질 수 있었는가? 매문정은 사마천의 『사기』 「역서(曆書)」에 실린 한 구절에서 단서를 발견했다. 사마천은 주나라의 혼란기에 천문역산을 담당하던 '주인자제(疇人子弟)'들이 난리를 피해 '책과 의기'를 짊어지고 세계의 여러 곳으로 분산했다고 기술했다. 매문정은 이 구절을 단서로 고대의 정치적 혼란기에 세계 각지로 흩어진 '주인자제'들에 의해 고대 성인들의 문헌과 의기가 이역으로 전파되었다고 주장했다.[73] '주인의 분산'은 정치적 혼란기에만 이루어진 것은 아니었다. 『상서』 「요전(堯典)」에 따르면, 요임금은 희씨(羲氏)와 화씨(和氏)를 사방에 파견하여 천문을 관측하도록 했다. 매문정은 이 고사에서 중국 성인의 천문학이 왜 유독 서역지방에서만 계승되었는지 이유를 찾았다. 중국의 동쪽과 남쪽은 바다가, 북쪽은 혹한이 가로막고 있음에 비해 서쪽으로 파견된 화중(和仲)의 앞을 가로막는 장애는 없었던 것이다.[74]

여러 경로로 중국 성인의 가르침을 받아들인 서역제국은 이를 계승하기도, 개악하기도 했다. 본래 개천의 의기로 중국에서는 망실된 '혼개통헌의'를 '아스트롤라베'(astrolabe)라는 이름으로 중국에 다시 전해준 아랍의 '찰마노정(札馬魯丁, 자말 알 딘Jamal al Din)'이나 유럽인들의 경우는 고대

---

73) 梅文鼎, 같은 책, 「論中土歷法得傳入西國之由」 2면.
74) 梅文鼎, 같은 글 3면.

중국의 유산을 잘 계승한 경우이지만, 수미산과 4대주(四大洲)를 담론한 인도의 불가처럼 잘못된 길로 빠져든 경우도 있었다. 심지어 매문정은 인도의 불교와 아랍의 회회교, 유럽의 기독교 등 서역의 종교들 또한 황제의 주비 학설에서 기원했다고 보았다. 물론 그들이 중국 성인의 가르침을 잘못 이해하여 허탄한 이단이 되고 말았지만 말이다. 이렇듯 매문정은 지구설과 우주론의 영역을 넘어 인류문명의 역사 전체를 황제의 개천설을 공통기원으로 하는 장대한 서사로 그려냈다.

요컨대 개천주비(蓋天周髀)의 학문이 서역지방에 흘러들어가 전해진 것이 온전할 수도, 결함이 있을 수도 있으며, 그것을 담당한 자가 정밀할 수도, 조야할 수도 있으나, 그 뿌리는 하나인 것이다.[75]

매문정의 학설은 18세기 초를 기점으로 중국의 공식 견해로 확립되었다. 그에는 강희제와 교황청의 전례논쟁으로 기독교와 서양문명 전반에 대한 조정과 사대부층의 감정이 악화된 사정도 한몫했다. 기독교와 유교의 유사성을 강조한 마떼오 리치와 이지조의 선교전략은 로마 교황청에 의해 공식 부인되어, 이들의 보유론적 관점을 대표하던 '상제'라는 명칭의 사용이 금지되고 조상에 대한 제사도 우상숭배로 단죄되었다. 고대 유교 성인들이 창조주에 대한 지식을 가지고 있었다는 리치의 보편주의적 믿음이 부정되자, 중국에서도 이에 상응하는 조치가 뒤따랐다. 서양과 중국 과학의 유사성에 대한 이지조류의 보편주의적 해석 대신 매문정의 중화주의적 문명서사가 대안으로 부상한 것이다. 매문정의 관점은 그의 손자 매각성(梅殼成)이 편찬한 『율력연원(律曆淵源)』 등 청조의 공식문헌에 기본틀

---

75) 梅文鼎, 『曆學疑問補』, 「論蓋天之學流傳西土不止歐邏巴」, 10~11면: 要皆蓋天周髀之學, 流傳西土, 而得之有全有缺, 治之者有精有粗, 然其根一也.

로 채용됨으로써 왕조의 공식견해로 확립되었고, 그의 지적 권위는 이후 고증학자들의 추앙 속에 신성불가침의 수준으로 격상되었다.[76]

전대흔(錢大昕), 대진, 완원(阮元) 등 18세기 학자들은 매문정의 뒤를 따라 중국의 고대 천문학과 수학, 우주론 문헌을 문헌학적 교감과 정밀한 계산으로 탐색하여 그 속에 담긴 고대중국의 지식을 복원하려 했다. 이는 실상 매문정이 지구설과 『주비산경』에 대해 작업한 전례를 따라 서양지식의 중국 기원을 더욱 폭넓은 사례를 통해 확인하는 일이었다. 완원은 아담 샬의 전기에서 청대 학자들의 성과를 다음과 같이 요약했다.

서양 학설에 익숙해진 사람들은 모두 서양사람들의 학문이란 중국이 미칠수 있는 것이 아니라고 말했다. 그러나 내가 고대의 사지(史志)를 널리 살펴보고 천문 산술가들의 말을 모아보니, 신법(新法)이란 것이 또한 고금의 장점을 모아서 그렇게 된 것이지 그들이 홀로 창안해낼 수 있는 것이 아님을 알게 되었다. 땅이 둥근 모양이라는 것은 『대대례기』 제10편 「증자천원」 중에 이미 언급되었고, 태양 궤도의 높낮이에 대한 주장은 『상서고령요(尙書考靈曜)』의 사유설과 합치한다. 청몽기차(淸蒙氣差)에는 강급(姜岌)의 '지유유기(地有遊氣)'의 학설이 있으며, 뭇 행성들이 각각 다른 천구에 있다는 설에는 치맹(郗萌)의 '불부천체(不附天體)'의 설이 있다. (…)[77]

코페르니쿠스 학설이 전해진 이후 완원은 심지어 한대 장형의 '지동의(地動儀)'가 코페르니쿠스의 지동설과 부합하는 "땅은 움직이고 하늘은 움직이지 않는(地動天不動)" 의기이리라고 추측했다.[78] 이와 같이 매문정 이

---

76) 전례논쟁 이후 매문정이 공식화되는 과정에 대해서는 Chu Pingyi, 앞의 글 224~39면 참조.

77) 阮元 『疇人傳』 卷45, 「湯若望」, 443면.

78) 江曉原 「試論淸代 '西學中源' 說」, 105~106면.

후 중국의 학자들은 고전문헌을 광범위하게 탐색하여 서구지식을 예견하는 구절들을 발굴하고 이러한 단편들에 '기원(起源)'이라는 신성한 위치를 부여했다.

(3) 18세기 조선 학자들의 중국기원론과 자연철학적 사색

이웃 조선의 학자들이 선교사들의 학설에 대해 본격적으로 논의하기 시작한 것은 중국보다 한참 늦은 18세기 초에 들어서였다. 물론 이미 17세기 초부터 서구 천문·지리학과 기독교를 소개하는 주요 문헌이 조선에 소개되었다. 1603년 이수광(李睟光, 1563~1628)은 사신들이 중국에서 구입해온 리치의 세계지도를 관람할 수 있었으며,『천주실의』와『교우론』등의 저술도 간접적으로 접할 수 있었다.[79] 이후 정두원과 소현세자 등 중국을 방문한 인사들을 통해 선교사들의 천문·지리서적이 간간이 반입되었고, 청나라가 시헌력(時憲曆)으로 개력한 이후 조선 왕실도 몇년의 시차를 두고 이를 채택했다. 하지만 시헌력의 도입을 둘러싼 논쟁을 제외한다면,[80] 17세기에 걸쳐 서구 천문지리학이 학계의 중요한 쟁점으로 부각되지는 않았다. 김만중, 김석문과 같이 서구 천문학에 대해 진지한 저술을 남긴 사람들이 없었던 것은 아니지만, 당시로서는 예외적인 경우에 속했다.

17세기 서학이 조선 학계에 널리 퍼지지 못한 것은 무엇보다도 서학의 적극적 대변자이자 전파자 노릇을 할 선교사들이 조선에 없었던 상황에

---

79) 李睟光, 남만성 옮김『芝峰類說』卷2(乙酉文化社 1994) 上卷, 90~91면.
80) 17세기 후반 시헌력의 도입을 둘러싼 논쟁은 구만옥「朝鮮後期 時憲曆 도입 과정의 대립과 갈등—顯宗年間(1660~74)의 논의를 중심으로」,『한국의 과학사연구 40년과 한국 근대과학 100년』, 한국과학사학회창립 40주년 기념 학술대회 발표집(2000), 149~56면; 전용훈「17~18세기 서양과학의 도입과 갈등—時憲曆 施行과 節氣配置法에 대한 논란을 중심으로」,『동방학지』117(2002), 1~49면 참조.

크게 기인했다. 간헐적으로 유입되는 몇몇 문헌을 통해 신지식에 접할 수밖에 없던 조선의 학계가 단기간에 외래지식의 전모를 이해하고 깊이있는 논의를 전개하기란 어려웠다. 이러한 사정을 더 악화시킨 것이 병자호란, 명청 교체 이후 조선과 청나라의 불편한 외교관계였다. 효종 이래 조선은 북벌(北伐)을 국시로 삼았고, 청나라 조정 또한 조선이 내심으로는 불복하고 있다는 것을 잘 알고 있었다. 불편한 조청 관계는 양국의 문화교류에도 악영향을 미쳤다. 행동에 극도의 제약을 받은 조선의 연행 사절들이 천주당의 선교사들과 자유로이 접촉하기란 어려웠으며, 청을 오랑캐나라로 적대시한 조선 학자들 스스로도 서구지식을 포함한 청조의 학술에 대해 배타적인 태도를 취했다. 그러나 18세기 초에 접어들어 조선 학계를 휩싸고 있던 명분론이 어느정도 완화되고 청나라도 강희제의 치세를 거쳐 안정기에 접어들면서 양국의 외교관계 또한 호전되기 시작했다. 그와 함께 연행 사절과 선교사들의 접촉빈도가 높아지고 한역 서학문헌의 도입도 늘어나, 선교사들의 지식은 조선에 빠른 속도로 확산되었다.[81] 서구지식에 대한 논의수준도 높아져서 18세기 초 김석문과 정제두를 거쳐 "조선 서학의 선구자" 이익에 와서는 서양의 천문지리학을 비롯한 선교사들의 학술 전반에 대한 폭넓고 깊은 검토가 진행되기에 이르렀다.[82]

조선의 학계에서 이루어진 논의의 특징을 이해하기 위해서는 18세기 당시에 이미 중국에서 한 세기 이상 서학에 관한 논의가 축적되어왔다는 점을 인식할 필요가 있다. 서학에 대한 조선 학자들의 해석은 선교사들의 문헌 뿐만 아니라 이지조에서 매문정에 이르기까지 진행된 중국 학자들의

---

81) 17세기 중반부터 18세기에 이르기까지 조청 관계의 변화와 서학 수용의 관계에 대해서는 노대환 「正祖代의 西器受容 논의 — '중국원류설'을 중심으로」, 『한국학보』 94(1999), 128~41면 참조.

82) 조선 서학에서 이익이 차지하는 위치에 대해서는 이원순 「星湖 李瀷의 西學世界」, 110~11면 참조.

작업에 대한 평가이기도 했다. 서구 천문지리학에 대한 조선 학자들의 이해방식은 17세기 이래 중국 학자들의 논의로부터 큰 영향을 받았으며, 실제로 서구과학을 둘러싸고 중국에서 나타난 해석의 주요 경향은 조선 학자들에게서도 찾아볼 수 있다.

하지만 중국의 압도적 영향에도 불구하고, 서구 천문지리학에 대한 조선 학계의 태도에는 중요한 차이가 있었다. 핵심적인 차이는 18세기 중국에서 유행하던 중국기원론과 서구지식에 대한 문헌학적 탐색이 조선에서는 상당히 약했다는 것이다. 적어도 18세기 말까지 서구과학과 고전전통의 관계에 대한 조선 학자들의 주된 관점은 이지조의『혼개통헌도설』과 매문정의『역학의문』에 개진된 '혼개통헌론', 즉 고대중국의 혼천설과 개천설이 상호보완적이며 그 둘을 합하면 서구와 동일한 우주 모델이 얻어진다는 입장이었다. 그에 비해 매문정의『역학의문보』에서 개진된 중국기원론은 조선에서 그다지 큰 영향을 발휘하지 못했다.

이지조의 영향은 이미 17세기 중반 김만중에서부터 나타난다. 그는『서포만필(西浦漫筆)』에서 "개천설과 혼천설이 서로 통하지 못했으나, 명나라 말 서양의 지구설이 나타나자 비로소 하나가 되었다"고 언급했다. 혼천설과 개천설은 각각 천지의 한 측면만 반영하므로 이 둘을 합해야만 그 전모를 알 수 있는데, 서양 지구설이 그와 같이 '장쾌한' 일을 이루어냈다는 것이다.[83] 18세기 중엽 이익은 이러한 입장을 더욱 적극적으로 개진했는데, 그는 혼천설과 개천설을 합쳐서 아예 '혼개(渾蓋)의 학설'이라고 명명하기

---

83) 김만중『서포만필』(일지사 1987), 284면: 曆家盖天渾天兩說, 並行而不能相通, (…) 明萬曆間, 西洋地球之說出, 而渾盖兩說, 始通爲一, 亦一快也. 盖古今談天者, 譬之捫象, 各得一體, 至西洋曆法, 始得其全體云. 김만중은 그외에도『의상질의(儀像質疑, 1668)와『지구고증(地球考證)』을 저술했다고 하지만 전해지지 않는다(金炳國 外 옮김『西浦年譜』, 서울대학교 출판부 1992, 54~55면). 연보에 따르면『의상질의』는 '주자의 글을 읽음'과『혼천의』를 비판함'이라는 두 내용으로 구성되어 있는데, 당시 중국에서 이루어진 논의로 미루어볼 때 위의 두 글은 장형과 주희의 '지재수상론'을 비판한 것이 아닌가 한다.

까지 했다. 1752년 제자 안정복에게 보낸 편지에 따르면, "혼개의 학설을 잃어버린 지 오래되었는데, (…) 명나라 만력 연간에 이르러 비로소 혼천과 개천이 합하여 하나가 되니 이에 역법이 갖추어지게 되었다."[84] 이익은 김만중과 달리 매문정의 저술을 접했지만, 아직 『역학의문보』의 중국기원론에 대해서는 잘 몰랐던 것 같다.[85] 그래서인지 중국과 서양의 지적 전통의 관계에 관한 이익의 입장은 대체로 이지조와 유사했다. 이익은 알레니의 『직방외기』에 대한 발문에서 "바닷물이 둥근 땅 위를 두르고 있다"는 지구설이 이미 『중용』에 언급되었다고 주장했다.

> 자사(子思)가 땅에 대해 말하기를, "강과 바다를 담고 있어도 새지 않는다"고 했으니, 바다가 땅을 지고 있는 것이 아니라, 반대로 땅이 바다를 싣고 있으며, 명해(溟海)와 발해(渤海)의 바깥 (먼 바다에도) 물에는 반드시 바닥이 있어, 그 바닥은 모두 땅인 것이다. 그러므로 이르기를 (강과 바다를) 거두어 싣고 있으면서도 새지 않는다고 한 것이다. 자사가 충분히 설명했지만 후인들이 이를 망각했다가, 급기야 서양 선비들이 이를 상세히 말함으로써 자사의 말을 입증[左契]했다.[86]

이익은 고대중국의 성인들이 지구설을 알고 있었다고 보았지만, 그렇다고 지구설이 중국에서 서양으로 건너갔다고까지 주장하지는 않았다. 그가

---

84) 李瀷 『星湖全集』 卷24, 「答安百順 壬申: 別紙」, 한국문집총간 198(민족문화추진회 1997), 491~92면.

85) 매문정의 저술 중에서 이익이 읽은 것은 아직 중국기원의 서사가 분명하게 천명되지 않은 『역학의문』이다(李瀷 『星湖僿說』 卷1, 天地門 「三元甲子」, 星浩全集 第5冊, 18下면, 여강출판사 1984).

86) 李瀷 『星湖全集』 卷55, 「跋職方外紀」, 한국문집총간 199(민족문화추진회 1997), 514下면: 子思子語地曰, "振河海而不洩", 蓋非海之負地, 卽地之載海, 溟渤之外, 水必有底, 底者蓋地, 故謂收載而不洩也. 子思已十分說與, 而後人罔覺, 及西洋之士詳說, 以左契之.

강조한 것은 서양 지구설을 통해 그간 제대로 해석되지 않은 『중용』의 참 뜻이 드러났다는 점이다. 실제로 그는 중국 고전과 서양 우주론의 일치가 우연이라고 생각한 듯하다. 그는 『직방외기』에 실린 마젤란의 세계일주 항해를 언급한 뒤, "자사의 뜻이 이를 통해 드디어 밝혀졌다. 그러므로 서양 선비들이 주류(周流)하며 세상을 구하겠다는 뜻이 아무런 도움도 안 되었다고는 말할 수 없다"[87]고 논평했다. 즉 서양인들이 선교를 위해 온 세계를 항해하는 과정에서 '의도하지 않게' 『중용』에 이미 밝혀진 진리를 재발견했다는 것이다.

중국기원론에 대한 조선 학자들의 '무관심'은 서양 천문학에 대한 청대 학자들의 성과가 상당히 수용된 18세기 말까지도 계속되었다. 서호수, 이가환(李家煥, 1742~1801) 등 18세기 말 조선 역산학을 대표하는 인물들은 매문정과 그의 손자 매각성의 천문학적 권위를 인정하면서도, 그들의 중국기원론에 대해서는 별다른 언급을 남기지 않았다. 이가환은 1789년 국왕 정조(正祖)에 답한 책문에서 "혼천은 천지의 형체를 말한 학설이며 개천은 북반구에서의 측량을 위한 방법으로, 동일한 하늘에 대한 두 가지 보완되는 표상"이라고 주장하여 이지조의 관점을 반복했다.[88] 조선의 공식 백과전서인 『동국문헌비고(東國文獻備考)』의 「상위고(象緯考)」를 편찬하고, 당대 중국 천문학의 성취를 주도적으로 받아들인 서호수도 그 점에서는 크게 달라 보이지 않는다. 그의 저술인 『혼개통헌도설집전(渾蓋通憲圖說集箋)』이 남아 있지 않기 때문에 그의 생각을 상세히 알 수는 없지만, 1790년 중국의 고증학자 옹방강(翁方綱, 1733~1818)은 이 책의 서문을 써달라는 서호수의 부탁을 정중히 거절하며 보낸 글에서, "혼의(渾儀)와 평의(平儀)가

---

87) 같은 글 515上면.
88) 李家煥 『錦帶殿策』, 近畿實學淵源諸賢集(성균관대학교 대동문화연구원 2002),제2책, 542下면.

상응하는 이치를 연역(演繹), 주석(周晰)하여 도표를 통해 밝혔다"고 평하고 있다.[89] 이는 대체적으로 보아 이지조, 또는 이를 계승한 매문정의 『역학의문』의 범위에서 크게 벗어나 보이지 않는다.

비록 옹방강은 자신이 천문학에 조예가 깊지 않다는 이유로 서호수의 청을 거절했지만, 이 에피소드는 서양지식을 바라보는 당대 중국과 조선 학계의 현격한 관점 차이를 드러낸다고 생각된다. 100여년 전 매문정은 정밀한 수학적 탐구와 문헌학적 고증의 두 방법을 통해 중국과 서양 천문학의 융합을 추구했지만, 18세기 말 완원의 시대에 이르러 중국기원론의 문헌학적 논의가 전자를 압도하게 되었다. 조선의 서호수는 매문정으로부터 문헌학적 경향보다는 수학적 정밀성을 강조하는 경향을 이어받은 인물이다. 서호수가 서양 천문학이 중국의 전통역법에 비해 우월하다고 공공연히 표명한 것도 당시 중국의 학풍과 아주 다른 점이었다.

역서에서 방법과 수를 말하면서도 그 소이연의 이치를 밝힌 것은 서광계의 『숭정역지(崇禎曆指)』에서 비롯되었고, 매문정의 『역산전서』에서 갖추어졌으며, 하국종(何國宗)과 매각성의 『강희역상고성(康熙曆象考成)』에서 집대성되었다. 그것의 수와 이치는 모두 태서의 선비 티코(第谷)가 실측한 것이다. 무릇 방법과 수를 말하는 것은 중국과 서양이 같은 바이나, 서양역법이 중국역법에 비해 뛰어난 것은 수를 말함에 반드시 그 이치를 밝힌다는 것이다. (…) (서양역법이 밝힌 이치는) 모두 티코에 근본(原本)을 두었으니, 그 것을 번역하고 윤색한 것은 『숭정역지』요, 주석하여 밝힌 것은 『역산전서』요, 제가의 학설을 모아 중국과 서양을 회통한 것은 『역상고성』이다.[90]

---

89) 徐浩修 『燕行紀』, 연행록선집(민족문화추진회 1976), 제5책, 128면.
90) 徐浩修 『私稿』, 「曆象考成補解引」(이화여자대학교 도서관 소장본).

매문정 이래 청대 천문학의 '원본(原本)'을 티코 브라헤(Tycho Brahe, 튀코 브라어)에 두고 그것이 중국의 옛 역법보다 우월하다고 본 서호수의 진술은 당시 중국에서는 나올 수 없는 주장이었다. 실제로 18세기 중반 중국의 강영은 서양 천문학의 우월함을 주장했다는 이유로 매각성과 전대흔(錢大昕)에게 비판받았고, 완원 또한 『주인전』에서 그를 부정적으로 평했다.[91]

물론 조선에서 중국기원론을 명시적으로 주장한 사람들이 없었던 것은 아니다. 18세기 중반 매문정의 학설을 변형하여 나름의 중국기원론을 창안한 서명응을 필두로, 남인 주자학자 이헌경(李獻慶, 1719~91), 소론의 홍양호(洪良浩, 1724~1803), 서명응의 손자 서유본(徐有本, 1762~1822) 등이 다양한 방식으로 중국기원론적 입장을 개진했다.

조선에 중국기원론이 등장한 것은 18세기 후반에 일어난 두 가지 변화를 반영한다. 우선 1880년대 후반 일부 남인 학자들의 천주교 신앙에 대한 반동으로, 양반 사대부 사이에 반천주교 정서가 강화되기 시작했다는 점이다. 그전 시기 서학에 대한 논의가 비교적 순수한 지적 관심에서 이루어졌다면, 이제 서학은 '반인륜적' 천주교와 깊이 연루된 것으로 간주되었다. 보수적 주자학자들의 거센 이념공세는 종종 천주교 신앙은 물론 서양 천문지리학 지식에까지 비화되었는데, 그들 중 일부는 중국기원론의 논리를 동원하여 서양 천문지리학 지식의 가치를 폄하했다. 예를 들어 이헌경은 왕석천과 유사한 표절론을 제기하며 서양 천문학이 본래 중국에 뿌리를 둔 것이라고 주장했다. 그에 따르면, 서양인들의 추보법(推步法)은 "복희, 황제, 요순의 구법(舊法)을 부연하고 이를 천당지옥이니 영혼불멸이니 하는 허탄한 이야기와 섞어버린 것"에 불과했다.[92]

---

91) 강영의 입장과 그에 대한 당시 중국 학계의 평가에 대해서는 Chu Pingyi, 앞의 글 248~331면 참조.
92) 李獻慶 『艮翁集』 卷23, 「天學問答」, 한국문집총간 234(민족문화추진회 1999), 293上면:

중국기원론의 등장을 촉진한 더 근본적 요인은 중국의 고증학풍이 18세기 후반부터 조선의 학계에 유행하기 시작했다는 것이다. 18세기 후반 홍대용과 박지원 등이 청나라의 발전된 문물을 받아들여야 한다는 '북학(北學)'의 슬로건을 제창한 이후, 건가(乾嘉) 고증학풍은 서울의 학계에 널리 소개되었으며 19세기 초부터는 상당한 세력을 띠고 유행했다.[93] 그 과정에서 매문정 이래 중국의 고증학적 역산학 또한 폭넓게 소개되었고 그를 지지하는 사람들도 일부 나타나게 되었다. 예컨대 서유본은 고대 역법문헌에 대한 중국 학자들의 연구에 나름의 소양을 지니고 있었으며, 스스로 『주례』의 '토규지법'에 대한 상세한 논의를 전개했다. 특히 그는 매문정을 직접 언급하며 『역학의문보』에 담긴 중국기원론을 지지했다.[94]

그러나 이헌경과 서유본같이 중국기원론을 명시적으로 주장한 인물은 조선 학계에서 여전히 예외적이었다. 우선 이헌경을 제외하면 보수적 주자학자들이 중국기원론을 개진한 경우란 드물었다. 심지어 조선에서는 보수적 주자학자들도 서양 천문학의 정교함에 대해서는 대체로 인정하는 분위기였다. 19세기 초반의 위정척사론자 이항로(李恒老, 1792~1868)에서 볼 수 있듯 이들은 서양 천문지리학을 비판하는 경우에도 일단 그 정교함을 전제로 한 뒤 그 함의를 평가절하할 다른 논리를 고안하는 길을 택했다.[95]

西洋人雖善推步, 不過因羲黃堯舜之舊法, 敷衍爲說, 雜之以誕妄妖幻之辯而已.

93) 18세기 후반 19세기 초 서울의 학계를 중심으로 한 북학풍의 유행과 변천에 대해서는 유봉학 『燕巖一派 北學思想 硏究』(일지사 1995); 김문식 『朝鮮後期 經學思想硏究』(일조각 1996) 참조. 특히 김문식의 연구는 성해응(成海應)과 홍석주(洪奭周), 정약용(丁若鏞) 등 19세기 초 조선 학자들이 건가 고증학의 성과를 주자성리학과 관계 맺는 다양한 시도를 잘 보여주고 있다.

94) 고대 천문역산에 대한 서유본의 고증학적 논의는 徐有本 『左蘇山人文集』 卷4, 「與柳繼中徽書」(아세아문화사 1992), 234~59면, 그의 중국기원론은 『左蘇山人文集』 卷4, 「與河生慶禹書」, 296~99면 참조.

95) 예를 들어 이항로는 서양인들이 천문역산에 뛰어난 것은 비천한 짐승들도 나름의 장기를 지닌 것과 같다고 주장했다. 이항로의 서양 천문학 비판에 대해서는 임종태 「道

청대 고증학을 수용한 경우에도 서유본처럼 중국기원론을 확고하게 표방한 경우는 드물었다. 18세기 후반의 학자 홍양호는 사절로 북경에 가서 교분을 쌓은 사고전서의 편찬자 기윤에게 보낸 1797년의 편지에서 중국기원론에 대한 전적인 지지를 유보했다. 그는 서양인의 천문역법이 "지극히 정밀하지만, 그 주천(周天) 도수는 희화(羲和)의 범위를 벗어나지 않으며 그 추보의 술법은 황제의 구고(句股)를 전용(全用)한 것"이라고 일면 중국기원론을 인정했지만, 곧 12중천설과 기후대의 학설 등은 "우리 유자(儒者)가 말하지 않은 것"으로서 서양인들의 창안이라고 주장했다. 이는 기후대 학설의 연원을 『주비산경』이라고 분명히 한 매문정의 입장과 어긋나는 것이었다.[96] 이에 대해 기윤은 "서양의 술법이 중국의 고법에서 나왔다는 선생의 견해는 명료하여 틀림이 없다"고 추켜세운 뒤, 곧이어 매문정 이래 중국기원론을 집약한 『주비산경』에 대한 사고전서 총목제요(總目提要)를 초록해 보내면서 읽어볼 것을 권했다.[97] 기윤은 이를 통해 이미 중국기원론의 중요한 논거로 확립된 기후대 학설에 대해 홍양호가 보인 불철저한 태도를 은근히 교정해주려 한 것이다.

19세기 초반 박규수도 홍양호처럼 '불철저한' 입장을 표명한 사례다. 그는 천주교의 확산이 심각한 문제로 비화되고 서양열강의 동아시아 위협이 현실화되던 1850년대를 전후하여 저술한 「지세의명병서(地勢儀銘并序)」에서 서양 지구설이 이미 『주비산경』에 상세하게 개진되어 있다고 주장한 뒤, "서양인들이 중국과 통하지 않고 스스로 천문학을 발전시켰다고 말할

理'의 형이상학과 '形氣'의 기술─19세기 중반 한 주자학자의 눈에 비친 서양 과학 기술과 세계: 李恒老(1792~1868)」, 『한국과학사학회지』 21(1)(1999), 58~91면 참조.

96) 洪良浩『耳溪洪良浩全書』卷16, 「與紀尚書書: 丁巳─別幅」(민족문화사 1982), 331下
~332上면. 노대환은 이 구절을 서양 천문지리학에 대한 홍양호의 개방적 태도를 보여준다고 적절히 지적했다(노대환, 앞의 글 155면).

97) 紀昀「答書」; 洪良浩, 앞의 글 333上면.

수 없다"고 선언했다.[98] 그러나 비슷한 시기에 저술한 다른 글에서는 서양인들 중 "총명지교(聰明智巧)한 인물"이 독자적으로 천문학을 발전시켰을 가능성도 열어놓았다.[99]

조선 천문학자들의 서양 천문학에 대한 우호적인 평가, 그리고 중국기원론에 대한 모호한 태도는 19세기 중반의 사대부 천문학자로 박규수와도 친분이 깊었던 남병철(南秉哲, 1817~63)에 이르러 중국의 학풍에 대한 노골적인 비판으로까지 비화되었다. 그는 자신의 『추보속해』(推步續解, 1862) 후기에서 왕석천 이래 중국의 천문학자 중 중국에서는 소외된 강영을 가장 높이 평가했다. 그 이유는 다른 중국인들과는 달리 "서법(西法)을 확고히 신뢰하여 그것을 훼손하지 않은 공정한 태도"를 높이 샀기 때문이다.[100] 그는 서양 천문학에 대한 불공정한 태도로 보자면 매문정과 완원이 양광선과 크게 다르지 않다고 보았다. 차이가 있다면, 양광선보다 총명하여 서양 천문학을 완전히 배척하기는 불가능함을 알아챈 이들이 중국기원론이라는 훨씬 교묘한 방법으로 이를 강탈하여 중국의 것으로 만들어버리려 했다는 점이다.

그리하여 지구설은 『대대례기』로, 이차는 『주비산경』으로, 혼천설과 개천설이 상통함은 최영은(崔靈恩)의 논의로, 청몽기차는 강급(姜岌)의 말로, 구중천설은 『초사』로, (…) 주천(周天)을 360도로 본 것은 소옹의 『황극경세

---

98) 朴珪壽 『瓛齋集』 卷4 雜著, 「地勢儀銘: 幷序」, 朴珪壽全集 上(아세아문화사 1978), 207~208면.

99) 朴珪壽 「闢衛新編評語」(孫炯富 『朴珪壽의 開化思想 硏究』, 일조각 1997, 56면에서 재인용).

100) 南秉哲 『圭齋先生文集』, 「書推步續解後」(경인문화사 1993). 남병철이 강영을 따랐음은 자신의 책제목을 강영의 『추보법해(推步法解)』를 따라 지은 사실에서도 드러난다. 남병철의 천문학적 업적 전반에 대해서는 문중양 「19세기의 사대부 과학자 남병철」, 『과학사상』 33(2000 여름), 99~117면 참조.

서』로 (중국 것이라는) 증거를 삼았다. 조금이라도 유사하다고 보이는 것만 있으면 본래 맥락을 무시하여 뜻을 취하고 견강부회하여 증거로 이용했다. (…) 그리하여 일사일물(一事一物)도 빼앗아 중국의 법으로 삼지 않은 것이 없으며 또한 중법(中法)의 증거로 이용되지 않은 것이 없었으니, 참으로 기이한 일이다.[101]

서양 학설이 고대중국에 있었다는 이유로 그것이 중국 것이라고 주장한다면, 이는 "조상이 지은 훌륭한 저택을 제대로 관리하지 못해 망가뜨린 후손이 다른 이의 저택을 보고 건축법이 같다는 이유로 자기 것이라고 우겨 강탈하는 일"과 같았다. 그가 보기에 천문학의 우열은 천상과 부합하는지 여부로 결정될 뿐, 천문학의 국적과는 관계없었다. 천상의 변화는 "중국과 서양을 가리지 않으며, 오직 정밀한 측정과 정교한 계산만이 그에 부합할 수 있을 뿐이다. 저 해와 달과 오성이 어찌 세간에서 말하는 존화양이(尊華攘夷)의 의리를 알겠는가!"[102]

18~19세기 초 조선에서 중국기원론을 비롯한 문헌고증학적 연구가 미미했다면, 서구과학을 둘러싼 우주론적 탐색과 논쟁은 상대적으로 활발하게 진행되었다. 16, 17세기를 거치며 주자성리학에 대한 이해가 깊어진 시기에 서구 천문·지리학을 접한 조선의 학인들은 둘 사이의 모순에 깊은 관심을 가졌다. 특히 주희의 지적 권위가 높아지면 높아질수록 그의 우주론 학설과 서구 학설의 모순을 둘러싼 논쟁이 격렬하게 진행되었다. 18세

---

101) 南秉哲, 앞의 글 355면. 於是乎, 地圓則徵之以大戴禮, 里差則徵之以周髀經, 渾蓋相通則徵之以靈恩之論, 淸蒙有差則徵之以姜岌之言, 九天重包則徵之以楚辭, 七曜異道則徵之以郗萌, 太陽之有高卑則徵之以考靈曜之地有四遊也 (…) 三百六十整度, 則徵之以皇極經世書也. 苟有一毫疑似勞罪者, 則斷章取義, 敷衍牽合, 援以爲徵 (…) 故一事一物, 莫不奪之爲中國之法, 而亦莫不有其爲中國法之援徵, 誠異哉.

102) 같은 글 356~57면: 蓋曆法者, 驗天爲長 (…) 大象廖廓, 諸曜參差, 不擇中西, 惟精測巧算是合. 彼日月五星, 安知世間有尊華攘夷之義哉.

194

기 초 한원진(韓元震, 1682~1751) 등 일부 노론 학자들이 주희의 천지설을 정통으로 확립하려 했다면, 비교적 주자학에 비판적이던 기호남인(畿湖南人)과 소론에서는 이익, 이광사 등이 나타나 이에 대해 제동을 걸었다.[103] 이들 지구설의 옹호자들이 문헌학적 논의를 전개하지 않은 것은 아니지만, 이는 마치 명나라 말의 웅명우와 같이 자신의 우주론적 사유를 보조하는 성격이 짙었다. 앞서 이익은 주희보다 앞선 시기의 경전인 『중용』을 인용함으로써 지구설을 옹호했지만, 이러한 논의는 그의 「발직방외기」 전체를 관류하는 우주론적 사유의 서론에 지나지 않는다. 그는 고대경전을 인용하여 독자들의 의구심을 약화시킨 뒤, 대척지가 존재할 수 있는 자연학적 기제, 땅이 구형임에도 중국이 여전히 세계의 중심이 되는 이유 등 다채로운 사색을 전개했다.

문헌학이 우주론적 사색에 종속된 18세기 조선 학풍을 가장 인상적으로 보여주는 사례는 역설적이지만 서명응이 전개한 중국기원론이다. 서명응은 사실상 조선후기 지식인 중 중국기원론을 가장 체계적으로 개진한 인물이다. 그는 지구설이 『주비산경』에 기원을 둔 것이며 고대중국의 혼란기에 '주인자제'들이 외국으로 분산하는 과정에서 서양에 전해졌으리라는 매문정의 학설을 받아들였다.[104] 하지만 서명응의 논의를 좀더 살펴보면, 그가 매문정의 논의를 독특한 방식으로 변형하고 있음이 드러난다.

무엇보다도 서명응은 주비 학설의 근원을 매문정과는 달리 황제가 아니라 그보다 더 상고시대의 성인인 복희에게 돌렸다. 매문정이 황제(개천설)와 전욱(혼천설)을 본말관계로 보고 황제를 기원으로 삼는 서사를 만들어냈음을 염두에 둔다면, 개천설의 기원을 다시 복희로 소급한 서명응의 행

---

103) 물론 그렇다고 주희의 우주론에 대한 논쟁의 지형이 사색당파의 구도를 그대로 따른다고 볼 수는 없다. 육면세계설을 제창한 인물도 한원진과 이간의 동문에서 나타났으며, 지구설을 옹호한 황윤석과 박지원, 홍대용 등도 모두 노론 학통에 속한 인물이었다.
104) 서명응의 중국기원론에 대해서는 박권수 「徐命膺의 易學的 天文觀」, 89~98면 참조.

위는 매문정과 다른 서사를 만들어내려는 전략의 일환임을 예측할 수 있다. 복희는 천지만물을 관찰하여 팔괘를 만들어낸 역(易)의 창시자로 알려져 있었으며, 특히 송대의 소옹이 선천방원도(先天方圓圖) 등 자신의 상수학적 도상을 그에 가탁(假託)한 이후로는 주역상수학의 비조로 격상되었다. 따라서 『주비산경』의 기원을 복희로 본 서명응의 전략은 매문정과는 달리 복희의 '선천(先天)상수학'을 개천설과 혼천설, 서양 지구설의 근원으로 삼는 변형된 서사로 이어질 수밖에 없었다.

서명응에 따르면 천지만물의 법칙은 복희가 만든 '선천64괘방원도'에 담겨 있으므로, 개천의 의기와 구고의 계산법 또한 그로부터 파생된 지식이었다. 복희의 선천방원도가 체(體)라면 개천설을 비롯한 천문지리학 지식은 그로부터 파생된 용(用)이었다. 매문정이 세계문명의 기원으로 파악한 '황제의 주비'가 서명응의 구도에서는 선천역(先天易)에서 파생한 하위 지식으로 격하되었던 것이다.

복희의 선천역을 기원으로 설정한 서명응은 그것이 이후 유실되는 과정에 대해 설명했다. 복희 이후 요순 임금을 거쳐 주공의 시기까지 이어지던 선천역과 주비의 지식은 전국시대 말기와 진대(秦代)의 혼란기를 거치면서 쇠락했다. 선천의 학문은 불로장생의 단약(丹藥)을 만들려 한 천박한 방사(方士)들의 수중에 떨어졌고, 주비의 지식은 서양으로 건너가 중국에서 종적을 감추어버렸다. 이는 서로 만나야만 완전해질 수 있는 체(體, 선천역)와 용(用, 주비법)이 분리되어 그것들 각각이 근본적인 결함을 지닐 수밖에 없음을 뜻했다. 중국에서는 선천방원도에 담긴 지구의 진리가 망각되어 그것이 방형의 땅을 상징한다는 잘못된 해석이 지배하였고, 다른 한편 뿌리에서 잘린 가지와 같은 서양의 구고법도 제대로 발전할 수 없었다.[105]

하지만 서명응은 수천년간 분리되었던 체와 용이 다시 결합하여 완전해질 조건이 당대에 갖추어졌다고 판단했다. 송대의 소옹에 의해 복희의 학문이 부흥하고, 명나라 말에 이르러 예수회사들에 의해 주비의 지식이 옛 고향에 돌아와 체와 용이 다시 해후한 것이다.

이제 선천역이 송대에 출현한 지 700여년이요, 주비의 법이 명대에 출현한
지 200여년이 되었다. 하지만 선비들은 업(業)을 달리하고, 자신의 업으로
별도의 문파를 세워 아직도 (그 둘이) 하나가 되지 못했다. 이제 이 책을 지
어 완성하니, 여섯 성인들께서 이어서 전해온 도(道)의 상(象)과 기(器)가 분
리된 것을 수천년이 지난 오늘에 다시 합하기를 바라는 것이다.[106]

선천역과 주비의 법이 중국에 공존한 지 200년이 지나도록 그것을 통합하
지 못한 것은, 서명응에 따르면 선비들이 두 분야 중 하나에만 매몰되었기
때문이다. 서명응의 비판은 상수학 등의 우주론적 탐색에 적극적이지 않
은 매문정 이래 청대 학자들을 겨냥한 듯하다. 사실 그의 중국기원론은 서
사의 대체적 틀을 매문정에게 빌려오기는 했지만, 그가 이를 변형한 점을
주목해보면 매문정의 중국기원론을 서명응이 상당히 불만스러워했음을
알 수 있다. 주비를 조종(祖宗)으로 혼천과 개천을 통합하려는 매문정의 시
도는 서명응이 보기에 완전한 지식의 근원인 '복희의 선천방원도'를 무시
하고 그에서 파생된 지식을 근원으로 삼는 오류를 범했다. 그 결과 중국의
학자들은 서양의 천문지리학과 주역상수학 사이의 모순을 방치했다. 서명
응은 청대의 대가들이 이루지 못한 선천역과 주비법의 통합을 스스로 이
루려 했다. 그는 『선천사연(先天四演)』『비례준(比禮準)』『선구제(先句齊)』
『위사(緯史)』 등의 저술에서 서양 천문지리학 지식을 선천방원도로 환원
함으로써 서양지식과 상수학의 종합을 시도한 것이다. 이러한 점에서 서
명응의 중국기원론은 단지 조선의 서학 비판자들에 대해 서양과학을 "역

---

105) 같은 글 97면.
106) 徐命膺 『緯史』 卷首, 「起例」, 1a: 今先天之出於宋七百餘年, 周髀之出於明二百餘年, 而士
異業, 業異門, 尚未有以一之. 肆竊撰成是書, 期欲六聖相傳之道, 象器既離, 復合累千載之下也.

사적, 사상적으로 정당화"하기 위한 논리에 그치지 않고,[107] 청대 학인들과 구분되는 자신의 우주론적 프로그램을 정당화하기 위한 구도이기도 했다.

중국의 우주론과 서구 천문지리학의 융합을 추구한 서명응은 18세기 조선에서 유행하고 있던 지적 조류를 대변한다. 비록 18세기 말 그의 아들 서호수를 비롯하여 정약용(丁若鏞, 1762~1836)과 홍대용 등 상관적 사유에 비판적인 인물이 상당수 등장했지만, 17세기 말 김석문 이래 정제두와 이익, 황윤석 등으로 이어지는 우주론적 사유의 전통을 압도하지는 못했다. 물론 18세기 말 19세기 초부터 청대 고증학의 성과가 활발히 수입되기는 했으나, 중국에서와는 달리 송명 도학(道學)의 지적 헤게모니를 위협하지 못한 채 송학(宋學)의 의리(義理)를 방법론적으로 보완하는 역할에 머물렀다.[108] 청대 학자들 사이에서 유행하던 문헌학과 중국기원론은 세계의 소이연지고(所以然之故)와 소당연지칙(所當然之則)을 추구하던 조선 자연철학자들의 의문에 별다른 답을 주지 못했으며, 결국 서명응을 비롯한 조선의 학자들은 서구지식과 고전우주론 사이의 갈등을 스스로의 사유로 해결하지 않을 수 없었다.

물론 조선 우주론자들의 작업이 전적으로 새로운 시도는 아니었다. 이들의 논의는 마치 청대 학자들에 의해 거부된 명나라 말 웅명우와 방이지, 게훤 등의 프로그램이 한 세기 뒤 조선에서 부활한 듯한 느낌을 준다. 실제로 조선에서 이루어진 문헌학과 우주론의 관계맺음을 중국과 비교해본다면, 조선은 대체로 명나라 말의 양상과 유사한 것으로 보인다. 매문정 이래 중국기원론이 중국에서 유행함을 알고 있었음에도 조선의 학인들은 문헌학적 논의를 이지조의 수준 이상으로 확대하지 않았다. 웅명우와 이지조의 상이한 경향이 공존하던 명나라 말의 상황이 18세기 조선에서도 유사

---

107) 박권수, 앞의 글 97면.
108) 조선후기 고증학의 이러한 성격에 대해서는 김문식 『조선후기 경학사상연구』(일조각 1996) 참조.

하게 창출되었다. '보수적인 주자학의 나라' 조선에서 청대와 같은 국수주의적 반동이 나타나지 않고 오히려 개방적인 조류가 두드러진 현상은 기묘해 보이기는 하지만, 전혀 이해하지 못할 일도 아니다. 여기에는 조선 지식인들이 서양지식을 중국을 거쳐 간접적으로 접한 요인이 작용한 듯하다. 조선 지식인들에게 지구설은 서양의 학설임과 동시에 이지조와 서광계, 매문정 등 중국 지식인에 의해 표방된 지식이기도 했으므로, 그들은 서양지식의 이질성과 직접 대면할 필요가 없었고, 그 결과 지적 긴장감도 훨씬 약화되게 마련이었다. 한편 조선에서 유행하던 주자성리학은 적어도 정치이데올로기적 쟁점에서 거리가 먼 자연세계에 대한 논의에서는 상상력과 사색의 발산을 그리 심하게 억압하지 않았다. 주희의 우주론은 그 자체로 유동적인 단편들의 모음이었으며, 따라서 주희의 몇몇 문구를 정설로 확립하려는 일부 노론 학자들의 노력은 이미 주희의 문헌 자체에 의해 제동이 걸릴 수밖에 없었다. 자유로운 정신의 소유자들은 유동적인 송대 자연철학의 유산에서 자신의 독창적 사색을 전개할 여지를 발견할 수 있었다. 그리고 그 여지는 고전문헌에 대한 박학한 지식과 특정 문구의 고대적 의미에 대한 엄밀한 추구로 특정지어지던 청대 고증학자들이 누린 것보다 훨씬 더 넓었다.

대척지와 대기의 회전: 지구설 논쟁

제4장

대척지와 대기의 회전: 지구설 논쟁

앞서 제3장에서 서구 지리학의 유통과정과 그에 대한 중국과 조선 지식인들의 논의 패턴에 대해 살펴보았다면, 이 장부터는 지구설(제4장), 서구 세계지리(제5장)에 대한 토착 지식사회의 논란을 좀더 구체적으로 살펴볼 차례다.

선교사들의 학설 중 중국과 조선의 지식사회에 가장 큰 논란을 불러일으킨 것은 바로 지구 관념이었다. 이는 무엇보다도 지구 관념이 중국의 고전지리학, 우주론 전통에서 매우 새롭고 낯선 지식이었기 때문이다. 현대의 여러 학자들이 중국의 고대우주론 전통에서 지구설의 흔적을 찾으려 했지만, 아직까지 이를 뒷받침할 결정적 증거는 발견되지 않고 있다. 사실 지구설의 새로움을 보여주는 가장 좋은 증거라면, 17세기 초 그에 처음 접한 이들 스스로의 반응일 것이다. 이지조는 마떼오 리치의 「곤여만국전도」서문에서 고전 전거로부터 서구 학설과 유사한 요소들을 찾아 제시했지만, 그럼에도 지구 관념에 고전전통으로는 쉽게 환원될 수 없는 "천고미발(千古未發)"의 비밀이 담겨 있음을 부정할 수 없었다. 특히 그는 둥근 땅

둘레의 모든 지역에 사람이 살고 있다는 주장에 대해 "처음 듣는 소리라서 놀랄 만하다"고 수긍함으로써 당시 사람들에게 대척지 관념이 얼마나 낯설게 비쳤는지 증거하고 있다.[1] 이를 반영하듯 17세기 이래로 지구 관념의 부조리함을 비판하고 고전적 지평(地平) 관념을 옹호하는 여러 비판자들이 등장했으며, 그에 따라 선교사 및 그들의 학설을 옹호하는 사람들과 장기간의 산발적 논쟁이 일어나게 되었다.

언뜻 보기에 지구설을 둘러싼 논쟁은 '전통적인' 지평 관념과 '새로운' 지구 관념의 대립구도로 전개된 듯이 보인다. 하지만 실제 논의를 살펴보면 이러한 단순한 구도는 유효하지 않으며, 오히려 지구설 옹호자의 '보수성'과 지평론자들의 '새로움'이 두드러지는 기묘한 현상과 마주치게 된다. 이러한 역설적 현상은 땅의 모양을 둘러싼 당대의 논쟁 자체가 동아시아 우주론의 역사에서 지니는 복합적 성격과 관련된 것이다. 그 논쟁은 한편으로 혼천·개천설로 대표되는 한대 우주론 논쟁의 재현인 듯하면서도, 다른 한편으로는 그때까지 별로 중요하게 취급되지 않던 땅의 모양이라는 논점이 부각되었다는 점에서 이전의 논쟁과는 성격을 달리했다. 지구설 논쟁에 참여한 논자들은 예외 없이 과거의 유산을 의식하고 있었으며, 나름으로 고전문헌을 해석하여 자신의 논지를 그와 연결하거나 혹은 단절하였다. 따라서 지구설을 둘러싸고 제기된 여러 해석의 보수성이나 새로움은 단지 지구설이라는 외래의 명제에 대한 찬반 여부뿐만 아니라 논자들이 자신의 논의를 과거와 연관시키는 방식에 의해서도 결정되었다.

---

1) 「곤여만국전도」에 대한 이지조의 서문, 朱維錚 主編 『利瑪竇中文著譯集』, 179면.

1. 지평론의 응집

지구 관념에 대한 비판이 체계화된 것은 중국과 조선 모두 17세기 중반에 접어들어서였다. 중국의 경우, 기독교에 대한 반감이 이미 1616년 남경교안(南京敎案)이라는 정치적 사건으로 비화되고 1630년대 후반에 이르면 『파사집』이라는 서학 비판서가 편찬되지만, 지구설을 포함한 서구 과학지식에 대한 깊이있는 이론적 비판을 찾아보기란 어렵다. 물론 이를 서구 천문·지리학에 당시 지식인의 대다수가 동의했다는 증거로 이해할 수는 없다. 오히려 이는 서학 비판자들이 서구과학을 둘러싼 쟁점이 지닌 중대성을 아직 깊이 인식하지 못했음을 반영하는 듯하다. 『파사집』의 한 논자는 지구설을 비롯하여 서구 천문·지리학이 지닌 몇몇 부조리를 지적했으나, "이치를 잘못 해석하여 우둔한 이들을 속이고 있다"는 비난에 그쳤을 뿐 적극적으로 논란하지는 않았다.[2] 그가 보기에 지구설이란 상정(常情)을 지닌 사람이라면 받아들일 수 없는 허황한 이야기로서 진지한 이론적 분석을 기울일 가치가 없었다.

이러한 분위기가 바뀐 데는 17세기 중반 서구 천문학이 중국과 조선의 공식역법으로 채택된 사건이 크게 작용한 듯하다. 서양 '오랑캐'의 역법이 요순 이래의 옛 역법을 밀어내자 이제껏 기독교의 사악함에만 주목하던 이들이 서구 천문·지리학에도 진지한 관심을 돌리게 된 것이다. 중국의 왕부지, 양광선, 육세의(陸世儀, 1611~72), 장옹경(張雍敬), 그리고 조선의 김시진(金始振, 1624~69), 한원진, 이간 등으로 대표되는 비판자들은 땅의 모양, 이차현상, 인력현상, 대척지의 존재 등 지구설과 관련된 거의 모든 논점에

---

2) 林啓陸「誅夷略論」,『破邪集』卷6, 4b.

대해 비판했다.[3] 그리고 이들의 일부는 지구설에 맞서 고전적 지평 관념을 정통으로 확립하려 했다.

반지구설 또는 지평론의 분출이라 할 수 있을 이러한 현상에 대해 진지하게 주목한 연구는 아직까지 찾아보기 힘들다. 이제까지 이들 지구설 비판자들은 대체로 외래지식에 대해 전통적 관념을 옹호한 보수적 인물로 간주되거나 지구설이라는 '과학적 진리'의 예정된 승리를 치장해줄 장애요소로 그려졌을 뿐이다. 그 안에서 반지구설 논의 사이의 차이 또는 반지구설의 역사적 변천에 대한 관심을 찾아보기란 어렵다. 하지만 제2장에서 살펴보았듯 예수회사의 도래 이전 중국과 조선의 땅의 모양에 대한 논의에는 서구 지구설에 대항하는 '전통적 이론'이라고 할 만큼 체계적이고 확고한 입장이 없었다.

17세기 중반 중국의 왕부지는 바로 그 고전 지평 관념의 모호함을 적극 활용하여 서구 지구설을 비판했다. 그는 뒤에 살펴보게 될 여타 논자들과는 달리 지구설의 대안을 제시하는 데 관심이 없었다. 오히려 그는 과연 땅이 특정한 기하학적 형태로 표현될 수 있는지에 대해 회의했다. 그는 지구의 둘레가 9만리라는 리치의 수치를 근거로 다음과 같이 자신의 논점을 피력했다.

이제 지극히 둥근 산이 여기에 있다고 하자. 그 (둘레)를 6, 7분의 1만 돌면 그것이 비스듬히 이어져 둥근 모양임을 알 수 있을 것이다. (그러나 북쪽의) 사막으로부터 (남쪽의) 교지(交趾)에 이르기까지, (동쪽의) 요좌(遼左)로부터 (서쪽의) 총령(葱嶺)에 이르기까지 어찌 9만리의 6, 7분의 1이 아니겠는가? (그런데도) 혹은 평평하고 혹은 비탈지며, 혹은 우묵하고 혹은 불룩하

---

3) 지구설 논쟁 중 가장 뜨거운 쟁점이었던 대척지 문제는 이어지는 3절에서 따로 다룰 것이며, 이 절에서는 땅의 모양에 관한 쟁점을 중심으로 살펴보기로 한다.

니 그 둥긂이 어디에 있다는 것인가? 그리고 오랜 가뭄을 당한 때에 해가 진 뒤에는 매번 붉은 빛 사이로 푸른 기운 여러 살이 서쪽으로부터 하늘 가운데에 걸쳐 있는데, 이는 서쪽 끝의 지역에 산이 혹은 높고 혹은 낮으며, 땅이 혹은 돌출하고 혹은 패여 있기 때문에 그렇게 된 것이니, 땅이 기울고 고르지 않으며 높거나 낮으며 광활하여 일정한 형태가 없음을 알 수 있다.[4]

마치 『주자어류』의 구절을 암시하듯 땅의 "서쪽 끝"을 언급한 것에서 볼 때 그가 땅이 평평하다는 상식적 관념을 가지고 있었음을 알 수 있다.[5] 하지만 그는 이를 체계화하기보다는 오히려 땅의 '가지런하지 않음〔不齊〕' 또는 '일정한 모양이 없음〔無一定之形〕'을 부각하는 데 주력한다. 땅은 구형은 물론 어떤 매끈한 기하학적 모델로도 표현될 수 없는 불규칙한 모양을 띠고 있다는 것이다.

땅을 기하학적으로 표현하기 어려운 것은 대상 자체가 지닌 불규칙성뿐만 아니라 사람의 감각이 지닌 불확실성 때문이기도 했다. 왕부지는 선교사들이 지구설의 결정적 증거로 제시한 이차현상에 대해 감각경험을 믿을 수 없다는 인식론적 문제를 제기했다. 그에 따르면, "남북으로 250리를 오르내릴 때마다 북극고도가 1도씩 증감한다"는 주장의 확실성은 그것을 관측하는 '목력(目力)'의 신뢰성 여부에 달려 있었다. 하지만 여러 증거로

---

4) 王夫之『思問錄』外篇(北京: 古籍出版社 1956), 63면: 今使有至圓之山於此. 繞行其六七分之一, 則亦可以見其迤邐而圓矣. 而自沙漠以至於交趾, 自遼左以至於蔥嶺, 蓋不但九萬里六七分之一也, 其或平或陂, 或窪或凸, 其圓也安圧! 而每當久旱, 日入之後, 則有赤光閒, 靑氣數股, 自西而迄乎天中, 蓋西極之地, 山之或高或下, 地之或侈出或缺入者爲之, 則地之攲斜不齊, 高下廣衍, 無一定之形, 審矣.

5) 왕부지에 따르면, 해가 진 뒤 서쪽의 붉은 하늘에 푸른 기운이 있는 것은 고산(高山)들이 밀집한 서쪽 땅의 형체가 불규칙하여 이미 땅 밑으로 진 햇빛이 불규칙한 틈을 타고 지상으로 올라오기 때문이다. 이는 『주자어류』에서 주희가 '골리간'의 백야현상을 설명한 방식과 유사하다(이 책의 제2장 2절 참조).

보건대 사람의 눈은 원근과 고하를 일정한 수학적 규칙을 띠고 판별하지 못한다. 가령 눈에 비친 산의 높낮이는 원근에 비례하지 않고 어느 순간 갑자기 우뚝 솟아 보이거나 낮아져 보인다. 이는 천체 관측의 경우에도 마찬가지여서 지평선에 가까운 두 지점의 거리는 천정에서에 비해 각도가 커보인다.

(그러므로) 어찌 눈으로 보는 바의 1도를 (실제의) 1도라고 간주할 수 있으며, 아래쪽 땅의 250리를 위쪽 하늘의 1도라고 볼 수 있을 것인가! 하물며 그 250리의 도정이 높낮이가 일정하지 않고 오르내림에 따라 보는 바가 달라지니, 준거할 만하다 할 수 있는가!⁶⁾

왕부지의 주장은 세계의 불규칙성과 인간 감각의 불확실성 때문에 지상세계에 대해 '지구(地球)'와 같은 확정적 표상이 불가능하다는 말로 요약할 수 있다.⁷⁾ 이러한 태도는 땅의 모양에 대한 한대 논자들의 불가지론과 유사하지만, 왕부지에게서 좀더 적극적이고 공격적 형태를 띠고 있음에 주의할 필요가 있다. 그에 따르면, 마떼오 리치는 세계의 불규칙성과 감각의 불확실성을 인식하는 일이 세계를 성숙하게 이해하기 위한 첫걸음이라는 점을 깨닫지 못했다. 왕부지에 따르면, 이는 혼천설의 계란과 노른자 비

---

6) 같은 책 63~64면: 利瑪竇地形周圍九萬里之說, 以人北行二百五十里, 則見極高一度爲準, 其所據者, 人之目力耳. 目力不可以爲一定之徵, 遠近異, 則高下異等. 當其不見, 則豪釐逈絶, 及其旣見, 則倏爾尋丈, 未可以分數量也 (…) 何得以所見之一度爲一度, 地下之二百五十里, 爲天上之一度耶. 況此二百五十里之途, 高下不一, 升降殊觀, 而謂可準乎!

7) 그의 이러한 논지는 단지 시구설에만 적용된 것이 아니다. 그는 세계를 엄밀한 수적인 규칙성과 기하학적 대칭성을 통해 표현하려 한 중국의 상관적 우주론에 대해서도 유사한 논거로 비판했다. 헨더슨은 이러한 왕부지의 사상을 명에서 청대에 이르는 시기에 등장한 "반우주론적 세계관"의 전형으로까지 제시했다. 이에 대해서는 John B. Henderson *The Development and Decline of Chinese Cosmology*, 237~39면참조.

유를 리치가 하늘과 땅의 모양에 관한 주장으로 '오해'한 데서 잘 드러난다. 땅의 전체적 모습이 베일에 가려져 있음을 인정한 과거 혼천가가 그 비유를 통해 말하려 한 것은 가볍고 맑은 하늘(흰자)이 무겁고 탁한 땅(노른자)을 감싸며 지탱할 수 있다는 점 이상은 아니었다.[8] 리치가 하늘과 땅을 "마치 눈으로 보고 손바닥 위에서 다루듯 구형으로 묘사한 일"은 알 수 없는 것을 안다고 우기는 지적 미숙함의 표현일 뿐이었다.[9]

왕부지의 논의를 염두에 둔 것은 아니지만 선교사들도 이러한 비판에 나름의 답변을 준비해두었다. 바뇨니는 『공제격치』에서 "(땅에) 산과 골짜기가 (있어) 평평하지 않으니 어찌 둥글다고 볼 수 있는가?"라는 질문에 대해 산과 골짜기로 인한 불규칙성이 땅 전체의 크기에 비해 미미하므로 땅의 둥긂에 별다른 지장을 주지 않는다고 간단히 대답했다.[10] 이 대답은 오늘날의 독자에게는 자명하지만, 실제로는 '9만리 둘레의 지구'를 그것도 '하늘 높은 곳에서 조망할 수 있음'을 전제하고 있다. 그러나 "땅의 바깥에서 그 전체를 바라볼 수 없다"는 왕부지의 언급에서 드러나듯 하늘로부터의 조망은 실제로 불가능했으며 당시의 일반적 상상력에 비추어 보아도 그리 자연스럽지 못했다.[11] 결국 지구설의 진위는 이차현상과 같은 간접적 증거에 의존할 뿐이었다. 그리고 왕부지는 그 현상의 신뢰성에 의

---

8) 그는 지구설이란 중국의 혼천설에 접한 리치가 그 깊은 뜻을 깨닫지 못하고 노른자의 형체에만 집착, 견강부회함으로써 날조한 학설에 불과하다고 치부했다. 王夫之, 앞의 책 63면.

9) 같은 곳: 而瑪竇如目擊而掌玩之, 規兩儀爲一丸, 何其陋也.

10) 바뇨니 『空際格致』, 879면.

11) 王夫之, 앞의 책 63면: 人不能立乎地外以全見之. 고전적 사유에서 지상세계의 조망 장소로 자주 이용된 곳은 높은 산이었다. 주희는 높은 산에 올라 아래로 산맥이 물결치듯 전개되는 모습을 보고는 땅이 물의 찌꺼기가 굳어 형성되었다고 추론했다(야마다 케이지 『주자의 자연학』, 164~65면). 그에 비해 하늘에서의 관찰을 언급한 자연학 문헌은 찾아보기 어렵다. 지전설을 제창한 18세기 후반 조선의 홍대용이 세계를 '하늘에서 조망'해야 한다고 주장했을 때, 그는 동시대인들에게 상당한 상상력의 비약을 주문한 셈이었다.

문을 제기함으로써 땅의 모양을 둘러싼 비교적 단순한 논점을 감각경험의 문제라는 심오한 영역으로 이전하였다.

흥미롭게도 이러한 논점의 전환이 왕부지만의 독특한 전략은 아니었다. 지구설 논쟁에서 이차현상이 지니는 중대성을 반영하듯 여러 논자들이 그 신뢰성에 의문을 제기했으며, 그중 뒤에서 살펴볼 장옹경의 논의는 시각의 오류에 주목했다는 점에서 왕부지와 일치했다. 서로 만나거나 교류한 적이 없는 그 둘의 일치로 미루어보건대 감각경험의 불확실성에 관한 논의는 당시에 상상외로 널리 퍼져 있었던 것 같다.[12] 더욱이 이와 같은 주제가 지구설 비판자들의 전유물만도 아니었다. 아마도 왕부지류의 논의를 의식한 듯 지구설의 옹호자였던 대진은 "백리 또는 수십리를 가도 땅의 둥긂을 느낄 수 없다"는 비판에 대해 나름의 시각이론으로 되받아쳤다. 그에 따르면, 땅이 평평하다는 인상은 감각대상까지 직선으로 뻗어나가는 시각의 메커니즘에서 비롯된 허상에 불과했다.

사람들이 거하는 곳은 땅에 붙어 있으며, 눈에서 나온 빛이 먼 곳을 바라볼 때는 곧바로 목적지에 다다른다. (그리하여) 땅이 비록 둥근 모양이나 백리, 수십리의 범위에서는 그 둥긂이 나타나지 않고, 오히려 눈에서 나온 빛이 직선으로 뻗어나가 사방을 둘러 보이는 것이 모두 하늘이므로 마치 땅이 하늘과 접하여 평평한 것 같다. (…) 땅의 평평함이란 곧 눈과 그에 보이는 대상 사이가 먹줄처럼 곧바르며 조금도 굽지 않다는 점에서의 평평함이지 지

---

12) 감각경험의 신뢰성 문제는 중국의 황도주, 조선의 김석문, 이익, 홍대용 등이 땅의 운동에 관해 논의할 때도 등장했다. 이들은 '운동의 상대성' 때문에 정지와 운동 여부를 감각경험으로는 판별할 수 없다는 논거로 땅의 운동가능성을 추론했다. 이러한 논의의 유래는 이미 땅의 운동가능성을 언급한 『장자』 『상서고령요』 『주자어류』 등까지 거슬러올라간다. 감각경험의 문제성에 대한 논의전통은 중국 우주론에서 상당히 깊은 연원을 지니고 있었다(김영식 「조선후기의 지전설 재검토」, 『동방학지』 133, 2006, 79~114면 참조).

면이 실제로 평평한 것이 아니다.[13]

왕부지와 대진 중 어느 쪽이 '과학적으로' 옳은가를 묻는 것은 그리 적절하지 않다. 문제는 지구설의 지지자와 반대자들이 서로의 학설을 '착각'이라고 공격했지만, 빛과 시각에 대한 정교한 논의가 결여된 중국의 상황에서 두 입장의 우열을 판단할 공유된 기준이 없었다는 데 있다.[14] 땅의 모양을 둘러싼 쟁점은 그보다 더 모호한 일종의 '시각이론'의 영역으로 번져가고 있었다.

서로가 모두 경험적 증거를 신뢰하지 않는 상황에서 지구설의 진위를 둘러싼 대립은 그 자체로는 해결되기 어려운 상황에 놓이게 되었다. 논쟁의 양측은 자신의 입론을 강화해줄 외부 요소를 끌어들이지 않으면 안 되었다. 이때 두 진영이 함께 의존한 것이 바로 고전의 힘이었다. 논자들은 모두 권위있는 고대문헌에서 자신의 입론을 지지하는 구절을 찾아내 자기 입장의 권위를 높이려 했다. 우주론적 사색과 문헌학적 게임이 함께 이루어지고 있었던 셈이다.『주비산경』으로 결집한 지구설 옹호자들에 대해 비판자들은『주자어류』에 실린 주희의 논의를 부각했다.

주희의 권위가 땅의 모양을 둘러싼 논쟁에 힘을 발휘한 대표적인 예로 18세기 초 조선 호서 노론 학계의 '육면세계설' 논쟁을 들 수 있다. 당시 동

---

13) 戴震『續天問略』卷中,「晷景長短」,『戴震全集』(北京: 淸華大學校出版社 1991), 298~99면: 人所居附於地, 目光察遠, 皆直至其處. 地雖圓體, 百里數十里, 不足見其圓, 而目之直注, 四望皆天, 似地與天際而平 (…) 其平乃目於所見繩直而不少曲之平, 非地面果平也.

14) 중국에는 '광학' 또는 '시각이론'에 관한 독립된 논의전통이 존재하지 않았다. 빛과 시각에 관한 중국의 산발적 논의에 관해 참고할 만한 연구로는 Fu Daiwie, "Problem Domain, Taxonomy, and Comparativity in Histories of Sciences: with a Case Study in the Comparative History of 'Optics'," in Cheng-hung Lin and Daiwie Fu(eds.), *Philosophy and Conceptual History of Science in Taiwan*(Dordrecht: Kluwer Academic Publishers 1992), 123~48면; 戴念祖・張旭敏『中國物理學史大系: 光學史』(長沙: 湖南敎育出版社 2001) 참조.

료들 사이에서 창궐하던 '사이비 지구설'에 대해 한원진과 이간은 종국적으로 주희라는 성인의 권위를 빌려 비판했다. 이간은 "천지의 높고 깊고 광대한 끝을 몸소 밟아보거나 눈으로 볼 수 없다면, 선각(先覺, 주자)이 확정해놓은 논의"야말로 천지의 참모습을 탐구하는 길잡이가 되리라고 주장했다.[15] 이때 '주자의 정론(定論)'이란 곧 중국의 예주가 지중임을 옹호하며 주희가 제시한 '지재수상(地載水上)'의 학설을 뜻했다. 이간은 경험적으로 천지의 모습을 알 수 없다고 본 점에서 왕부지와 유사한 입장이었지만, 결국에는 불확정적인 상황을 용인하지 않고 성인의 권위에 의지하여 정론을 확립하려 했다는 점에서 왕부지와 다른 길을 택했다. 지구설 논쟁으로 촉발된 인식론적 아노미 상태는 '생이지지(生而知之)'의 능력을 지닌 예외적 존재인 성인에 의해 해소될 수 있었다.

이와 같은 주자 학설의 교조화는 어느정도 17,18세기 조선의 특수한 상황이었다고 볼 수 있다. 인조반정과 병자호란을 거치며 주자성리학과 대명의리론(對明義理論)이 조선의 공식 학문과 이념으로 확립되었다. 그 과정을 주도한 서인-노론 학계는 『주자어류』 등에 담긴 주희의 학설을 체계적으로 비교 검토하여 이른바 '주자정론'을 확정함으로써 조선사회를 조직할 표준적 이념체계를 세우려 했다.[16] 한원진과 이간이 '육면세계설'을 비판하고 주희 학설을 정통으로 확정하는 일 또한 그러한 작업의 일환이었다. 이는 한원진이 주희의 지재수상론을 옹호하는 방식에서 잘 드러난다.

만약 주자의 이러한 언급이 혹 정론이 아닐까 의심한다면, 이와 같은 언급이 문집과 어록에 발견되는 것이 얼마나 많은지 셀 수 없고, 반면 이에 반대

---

15) 李柬 『巍巖遺稿』 卷12, 「天地辨後說」, 446下면: 誠不欲逐一究詰, 而獨晦翁之論天地也, 盖亦祥矣. 彼高深廣大之垠, 旣不能身踐而目睹, 則先覺已定之論, 其可不據實而反隅乎.

16) 조선후기 노론을 중심으로 진행된 주자학설의 교조화, 표준화 작업에 대해서는 구만옥 『朝鮮後期 科學思想史 硏究 1 ― 朱子學的 宇宙論의 變動』, 257~66면 참조.

212

되는 말은 하나도 보이지 않으니, 어찌 (주자가) 말하지 않은 것을 신뢰하고 이미 말한 것을 의심할 것인가![17]

그렇다고 이들이 단지 성인의 권위만으로 모든 문제를 해결하려 한 것은 아니다. 그들에게 주희 학설의 권위는 무엇보다도 상식과의 부합성에서 비롯되었다. 이간이 육면세계설을 비판하면서 논점을 '허현(虛眩)'과 '상정'의 대립으로 몰아간 것은 그에게 '주자-반주자' '상식-비상식'의 대립 구도가 중첩되어 있음을 보여준다.[18]

주희 학설의 부각이 조선에만 국한된 현상은 아니었다. 물론 당시 중국에서 주희의 권위는 조선 학계에서만큼 대단하지는 않았으며, 이를 반영하듯 주희 학설은 그 자체의 권위로서보다는 고전우주론의 상식을 대변했다는 점에서 주목받았다. 양광선은 아담 샬의 '허황한' 세계지도를 공격하는 과정에서 주희의 이름을 언급하지 않은 채 지재수상 학설을 상식과 부합하는 정통이론으로 제시했다.

(아담 샬은) 하늘이란 일기(一氣)가 마치 두 밥그릇을 합한 것과 같이 이루어져 있음을 모른다. (그 안의) 위쪽은 허공이며 아래쪽은 물이 채워져 있어, 물 가운데에 땅덩이가 놓여 있다. (땅덩이 중에서) 평평한 곳은 대지가 되고, 높은 곳은 산악이 되며, 낮은 곳은 뭇 하천이 된다. 땅을 싣고 있는 물은 곧 동서남북의 네 대해(大海)이다. 하늘이 물 바깥을 두르고 땅은 물 가운데에 떠 있다.[19]

---

17) 韓元震 『南塘集』 卷14, 「與朴心甫正源別紙: 壬辰七月」: 若疑朱子此言之或非定論, 則如此言者, 見於文集語錄中者, 不勝其多, 而反此之言, 一不槩見, 顧安得以未言者爲信, 而已言者爲疑耶.

18) 육면세계설 논쟁에 대한 자세한 분석은 임종태 「'우주적 소통의 꿈'—18세기 초반 湖西 老論 학자들의 六面世界說과 人性物性論」 참조.

19) 楊光先 『不得已』 卷下, 「孼景」, 498면: 不知天之一氣渾成, 如二碗之合. 上虛空而下盛水, 水

이간과 양광선 등이 외래 학설에 대항하여 주희의 옛 학설, 즉 땅이 평평하다는 상식을 옹호한 것을 보면, 이들이 주희를 비롯한 고전우주론 전통의 계승자라는 점을 의심하기는 어려워 보인다. 하지만 앞서 살펴보았듯 천지의 구조에 대한 주희의 언급은 대화의 특수한 맥락에 따라 편차를 두고 나타났다. 『주자어류』에서 천지에 대한 주희의 일관된 견해를 찾기란 그리 쉽지 않으며, 심지어 지구설 옹호자들의 취향에 맞는 단편들도 있었다. 그렇다면 17,18세기 주희의 특정 견해를 '정론'으로 제시하려 한 그의 '후계자'들은 바로 그 행위를 통해 주희와는 다른 성격의 논의를 전개했다고 볼 수 있다.

이와 같은 차이는 양광선이 '천원지방' 명제를 해석하는 방식에서도 엿볼 수 있다. 그에 따르면, '땅을 이루는 기의 무겁고 탁함' '땅의 모남' '땅의 정지'는 서로 필연적 연관을 이루고 있어서, 무겁고 정지한 땅이 둥근 모양일 가능성은 없었다.[20] 만약 모난 덕(德)을 지닌 땅이 둥근 형태(形)를 가진다면, "반드시 기에 의해 격동되어 끊임없이 회전"하는 부조리한 현상이 나타날 것이다. 즉 지구 관념은 땅의 자전(自轉)을 요청하기 때문에 잘못이며, 따라서 '땅이 모나다'는 말은 땅의 '덕'은 물론 그 '모양'을 함께 표현한다고 봐야 한다.[21] 이렇듯 '덕과 형의 불상리(不相離)'를 강조한 양광선의 해석은 그 둘을 완전히 분리한 선교사들의 해석과 함께 천원지방에 대한 양극단의 견해를 대변한다. 본래 서로 느슨하게 연관되어 있던

之中置塊土焉. 平者爲大地, 高者爲山嶽, 低者爲百川, 載土之水, 卽東西南北四大海, 天包水外, 地着水中.

20) 같은 글 497년: 天德圓而地德方, 聖人言之詳矣. 輕淸者, 上浮而爲天, 浮則環運而不止, 重濁者, 下凝而爲地, 凝則方止而不動. 此二氣, 淸濁方圓動靜之正體, 豈有方而亦變爲圓者乎.

21) 같은 곳: 方而苟可以爲圓, 則是大實之內, 又有一小實矣. (…) 必爲氣之所鼓, 運動不息, 如天之行一日一周. 흥미롭게도 홍대용은 둥근 물체가 회전한다는 명제로부터 지구의 자전을 추론했다.

'지방'과 '지평'의 두 관념은 양광선의 논의에서 긴밀하게 조여졌고, 그 결과 '지방' 관념을 해석할 여지는 현저히 축소되었다.

양광선과 한원진, 이간이 주희 학설과 적어도 그 내용에서는 별반 차이가 없는 지평론을 제기한 데 비해, 17,18세기 전환기 중국의 재야 천문학자 장옹경은 지평론을 일종의 '과학적 이론'으로까지 체계화하려 한 인물이다.『주인전(疇人傳)』의 간략한 기록에 따르면, 그는 매문정을 만나 천문학의 모든 쟁점에 대해 토론하여 대부분 그의 의견을 따랐지만 오직 지구설만은 받아들이지 않았다고 한다. 하지만 장옹경은 지평 모델을 토대로 천문학의 체계를 세우려 했다는 점에서 지구설과 서구 천문학을 전반적으로 수용한 매문정과는 다른 길을 택한 인물이었다.[22]

17,18세기 중국과 조선을 통틀어 가장 풍부한 내용을 담고 있을 장옹경의 지구설 비판은, 멀리는 원나라의 조우흠으로부터 그 직전 양광선에 이르기까지 지구설 비판의 전통을 집대성한 성격이 짙다. 그의 논점은 크게 세 부분으로 나누어지는데, 지구설에 의해 상하사방의 관념이 상대화됨으로써 야기된 우주론적 혼란을 지적한 부분, 이차현상의 허구성에 대한 논의, 대척지의 존재 불가능함에 대한 논증이 그것이다.[23] 여기서는 우선 그의 우주체계와 밀접히 관련이 있는 이차현상에 관한 논의에 초점을 맞추기로 한다.

장옹경의 지구설 비판은 기본 논지에서는 앞서 왕부지의 그것과 큰 차이가 없다. 중국의 동서남북 수천리를 통해서도 땅이 둥글다는 점을 감지할 수 없고, 오히려 서북쪽이 높고 동남쪽이 낮은 현상만 관찰된다는 점이

---

22) 阮元『疇人傳』卷40, 378下면. 장옹경의 경력과 그의 서양 천문지리학 비판에 대해서는 Chu Pingyi, "Adoption and Resistance: Zhang Yongjing and Ancient Chinese Calendrical Methods," 151~61면 참조.

23) 張雍敬『定曆玉衡』卷5,「西法地球辨」, 續修四庫全書 1040, 488~94면. 장옹경은 자신의 논지를 11항목으로 표기하고 있지만, 8~10항목은 찾아볼 수 없다.

다.[24] 그러나 그의 논의는 세부적인 논의방식에서 왕부지와 상당히 다른 특징을 보인다. 무엇보다도 그의 논의는 좀더 정량적이다. 예를 들어 그는 예수회사가 제시한 지구 둘레와 반지름값을 토대로, 만약 땅이 둥글다면 22보를 걸어갔을 경우 14보가 낮아지는 현상이 관측되어야 하지만 실제 경험에 따르면 그렇지 않다고 지적했다.[25] 장옹경은 시각의 불확실성에 대해서도 정량적 방식으로 논의했다. 앞서 보았듯 왕부지는 천구상의 실제 각도와 지상에서의 관측치 사이에 일정한 수학적 규칙이 존재한다는 점을 회의했다. 하지만 장옹경은 비록 관측이 천상의 실재와 어긋난다는 점을 인정했고 그 때문에 이차현상을 받아들이지 않았지만, 그러한 '오차'가 수적 규칙성을 띠고 발생한다고 보았다. 그는 천구 위의 호의 각도와 그것이 지상에서 관측되는 거리 사이의 비례관계를 따져본 결과, 그것이 천정과 북극 주위에서 서로 다르다고 결론을 내렸으며 나아가 그 차이값을 계산했다.[26]

장옹경이 관측의 오류를 정량적으로 취급할 수 있었던 것은 그가 왕부지와는 달리 '기하학적' 지평 관념을 가지고 있었기 때문이다. 그는 바다와 육지를 합한 지상세계가 매끈한 원반 모양이며 구형의 하늘 안에 놓여

---

24) 같은 책 491上면.

25) 같은 책 490下면. 선교사들에 따르면, 지구 반경은 약 1만 4천 3백리이고 지구 둘레의 4분의 1(예컨대 북극에서 적도까지의 직선거리)은 2만 2천 5백리이다. 따라서 북극에서 남쪽으로 22보를 걸어가면, 14보 가량 아래로 내려가는 것이 느껴져야 한다!

26) 그는 천구상 임의의 두 점을 연결하는 호의 각도(또는 길이)와 이를 땅에 투사해서 얻어진 직선거리를 비교했다. 이때, 천정 주위에서는 두 점을 연결하는 현이 그에 대응하는 지상에서의 직선거리가 되겠지만, 지평선에 가까운 북극 주위에서는 현과 천구를 연결하는 식선, 즉 시(矢)의 거리로 관측치가 바뀌게 된다. 그는 원의 호, 현, 시의 비례관계를 근거로, 천정 주위에서는 호 1도당 현의 거리가 약 1.1도이지만, 북극 주위에서는 호 1도당 시가 약 2.7도라고 결론지었다(張雍敬『定曆玉衡』卷2, 「測量天地辨」, 459~60면). 이러한 추론은 여러 부수적인 오류를 논외로 하더라도 이미 지평 모델을 전제한 논의라는 점에서 지구설 비판의 논거로는 약점을 지니고 있다.

있다고 주장했다.

> 땅은 하늘 안에 둘러싸여 있다. 하늘이 둥글므로 땅 또한 반드시 둥글다. 마
> 치 그릇이 둥글면 (안에 담긴) 물이 둥근 것과 같다. 그러나 사방 주위의 하
> 늘과 접한 곳이 둥글 뿐, 서양 술법(術法)의 지구설과 같다는 것은 아니다.[27]

이처럼 그는 기본적으로 고전 혼천설의 입장에 서 있었지만, 그럼에도 땅
에 대한 분명한 기하학적 모형을 제시함으로써 옛 혼천가와 분명히 달라
진 태도를 보였다.

　장용경 혼천설의 또다른 새로움은 원반형의 땅이 천구의 중앙이 아니라
그보다 한참 아래쪽에 위치한다고 보았다는 점이다. 그림 4-1에서 볼 수
있듯 고전 혼천설에서 하늘과 땅의 중심은 같은 지점이었으나, 장용경의
구도에서는 땅이 아래쪽으로 처져 있다. 그에 따르면, 고대 혼천가들이 땅
을 우주 중심에 있다고 본 것은 시각적 '허상'을 천지의 '실상'으로 착각했
기 때문이었다. 사람의 시력이 지닌 한계로 인해 "먼 곳에 있는 대상은 실
제보다 낮게 보인다." 가령 땅 위에 평평하게 덮인 구름을 관측하면 먼 곳
일수록 낮게 보여 관측자는 구름 전체가 둥근 궁륭(穹隆)을 이룬다고 착각
하지만, 이를 구름의 '진상'이라고 볼 수는 없다.[28] 마찬가지로 실제로는
하늘의 절반 이상이 평평한 땅을 두르고 있지만 관측자의 눈에 하늘이 반
구(半球)로만 보이는 것 또한 "가까운 것은 높아 보이고, 먼 것은 낮게 보이
며, 더 먼 것은 사라져버리기" 때문에 일어나는 착각일 뿐이다.[29] 결국 그
는 서양의 지구설뿐만 아니라 중국의 고전 혼천설마저도 자신의 시각이론

---

27) 張雍敬『定曆玉衡』卷3, 473上면. 비록 구형은 아니지만 원반형의 땅을 주장한 결과, 그
　는 '지방(地方)'의 명제가 땅의 모양이 아니라 덕을 뜻한다는 선교사들의 해석을 받아들
　이지 않을 수 없었다.
28) 張雍敬「虛象說」, 같은 책 460면.

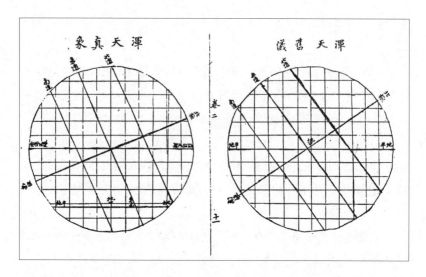

그림 4-1. 천지의 허상(虛象, 오른쪽)과 진상(眞象, 왼쪽). 오른쪽 그림은 보통의 혼천 모델로 지평면이 천구의 가운데 위치해 있다. 그러나 장옹경은 이것이 착각이며 실제로는 땅이 왼쪽 그림처럼 천구의 아래쪽에 처져 있다고 보았다. 그 결과 하늘의 남극이 지평면 위로 올라오게 되었다. 張雍敬『定曆玉衡』권2「測量天地辨」속수사고전서 1040, 462면.

으로 비판한 것이다.

　'땅이 아래로 처진' 혼천설은 장옹경 스스로가 창안한 것이 아니라 원나라 조우흠의『혁상신서(革象新書)』에서 기본 아이디어를 빌려온 것이다.[30] 서방에서 지구설이 처음 전래되었을 때 지평론을 옹호하고 지중론을 체계

29) 張雍敬「地理」, 같은 책 471면.

30) 예컨대 조우흠은 하늘이 관측자에게 반구로 나타나는 이유로, "하늘은 멀수록 낮게 보여 지평이 그것을 가리기 때문에, 사람의 눈이 이를 다 볼 수 없다〔天遠似乎低, 地平與之相妨, 人目不可盡見也〕"는 점을 제시했다(趙友欽『重修革象新書』卷下, 「天地正中」, 四庫全書 786, 296上면). 장옹경은 이 구절을 조우흠의 이름을 언급하며 그대로 인용했다(張雍敬「虛象說」, 앞의 책 460上면).

화한 조우흠의 논의가 500여년 뒤 지구설의 제2차 전래시기 장옹경에 의해 재현된 셈이다.

장옹경은 조우흠의 아이디어로부터 지구설의 다른 증거, 즉 위도에 따라 관측되는 별이 달라지는 현상에 대응할 수단을 발견했다. 앞서 보았듯 마떼오 리치가 아프리카 남단 희망봉 근해에서 남극고도 36도를 목격했다고 한 주장이나 이후 선교사들이 남반구의 별을 포함한 성도(星圖)를 제작한 사실은 지구설과 서양 천문학의 우수함을 보여주는 증거로 이용되었다. 그러나 땅이 천구의 아래쪽에 처져 있다는 조우흠의 구도에 따르면, 그와 같은 현상을 지평론으로도 설명할 수 있다. 실제로 장옹경은 천구 중에서 땅위를 두르고 있는 부분을 약 278도로 추산하여 땅을 상당히 아래쪽에 위치시킴으로써 하늘의 북극은 물론 남극까지도 지평면 위쪽으로 올라오도록 배려했다. 따라서 리치와 같이 남쪽지방을 항해할 경우 '목력의 한계'로 북쪽지방에서는 보이지 않던 하늘의 남극과 그 주위의 별들이 시야에 들어오게 될 것이다.[31] 지평론의 이론적 설명력이 한층 더 높아지고 있었던 것이다. 게다가 장옹경은 조우흠의 모델을 기하학적·정량적으로 체계화하려 했다. 구고술(句股術, 피타고라스 정리)에 관한 오해를 포함한 계산을 통해 그는 땅과 하늘 중심 사이의 거리, 지상세계의 직경과 두께 등을 추산하여 상식 수준에 머물러 있던 지평 모델을 서양 우주론에 비견될 만큼 체계화하려 했다.[32]

왕부지에서 장옹경에 이르는 이상의 논의는 당시 지구 또는 지평의 진

---

31) 그는 남극이 지평선 위로 올라온 것을 보았다는 마떼오 리치의 주장을 신뢰했지만, 이 깃이 "님빈구에서의 관측"이라는 주장에는 동의하지 않은 셈이다. 이는 리치의 주장 모두를 허황된 말로 치부한 양광선 등과는 상당히 다른 태도다(같은 책 463下면: 按利氏意在形容地球之圓, 所言不無過實, 然南極之出于地上, 其理固有可信者也).

32) 그는 천중과 지중 사이의 거리를, 원주의 길이를 365와 1/4도로 보았을 때, '43도강'의 값으로 제시했지만, 이는 모든 직각삼각형에 3:4:5의 비율을 일률적으로 적용한 잘못된 결과였다(張雍敬『定曆玉衡』卷2,「眞象圖說」, 462~63면).

위를 둘러싼 논쟁의 향방이 오늘날 우리의 생각만큼 그리 자명하지 않았음을 깨닫게 해준다. 지구설의 여러 증거들은 일단 받아들이지 않겠다고 결심한 사람에게는 그다지 위력적이지 않았다. 왕부지와 장옹경 등은 그러한 거부의 논리를 대조적인 방식으로 체계화했다. 왕부지는 세계의 불규칙성과 감각경험의 불확실성이라는 명제를 통해 세계를 기하학적으로 표현하려는 시도 자체의 유효성에 의문을 던졌다. 그에 비해 장옹경은 지구설을 입증하는 증거들을 자신의 기하학적 지평론체계에 포괄하여 '지평'과 '지구' 사이의 경쟁이 최소한 경험적 증거의 비교로는 결말지어지기 어려운 상황으로 몰아갔다. 특히 이 둘이 제기한 감각경험의 신뢰성 문제는 땅의 모양이라는 논점을 공유된 방법론이 없는 혼란스러운 영역으로 옮기는 결과를 빚었다. 왕부지와 장옹경, 대진 등의 논의에서 드러나듯 그들은 '시각의 한계'에 관한 유사한 명제를 각자의 입론을 옹호하기 위해 무질서하게 이용했다. 그런 점에서 지구설의 옹호자와 비판자 들 사이에는 사실상 의미있는 대화가 이루어질 기반이 당시로서는 존재하지 않았다. 상대방에 대한 비판은 각각 지구와 지평 관념을 미리 전제로 한 일종의 순환논증의 성격이 짙었다.

그렇다고 논쟁과정에서 양측이 서로 주고받은 영향이 없다고 말하기는 어렵다. 그러한 상호영향의 지표가 바로 지평론이 겪은 변화다. 지평론을 정설로 확립하려 했던 논자들은 바로 그러한 확정행위를 통해 논의의 새로운 지평을 열었다. 양광선과 한원진, 이간 등이 지구설의 허황함을 비판하며 주희의 지재수상론을 상식적 세계상으로 부각했지만, 그것은 상식이 지닌 유동성을 축소해 오히려 지평론 자체를 기이하게 만드는 역설적 결과를 빚었다. 장옹경의 학설은 땅의 모양에 대해 확정적인 견해를 담고 있을 뿐만 아니라 기하학적·정량적 외양을 띠고 있었다는 점에서 기이함의 극단에 서 있다. 이러한 현상이 지구설의 도전에 의해 촉발된 한가지 반응이라는 점에는 의심의 여지가 없다. 땅에 대한 외래의 기하학적 표상이 지닌 확정성은 고전전통 속에서 땅의 모양에 대한 이전의 모호하고 산발적인 논의를 응집시켰으며, 그 점에서 당시의 지평론은 마치 지구설의 등장과 함께 '쌍생성된 반입자(反粒子)'처럼 보인다. 그렇다면 지평론자들은 지구설 옹호자들의 논의에 어떤 영향을 미쳤을까? 지평론의 역설적 '새로움'에 대응하는 지구설 옹호론의 '보수성'은 어떤 양상으로 나타났을까?

2. 인력과 기: 대척지를 둘러싼 논쟁

대척지 관념은 중국과 조선의 학인들이 지구설을 받아들이는 데 가장 큰 장애였다. 사람이 사는 세계가 땅 '위'에 펼쳐져 있다는 상식에 젖어 살아온 그들에게 땅의 반대편 자신의 발아래로 사람이 사는 세계가 펼쳐져 있고 또 반대로 이 세계가 저 세계 반대편에 거꾸로 존재한다는 학설은 기이하고 납득하기 어려웠다. 계절의 분포와 시차 등 지구설의 다른 명제들에 비해 대척지 관념의 생소함을 더욱 증폭시킨 것은 다른 명제들과는 달리 그것을 암시하는 고전 전거를 찾을 수 없다는 사실이었다. 대척지에 관한 논의는 중국 우주론전통에서 전적으로 새로운 주제였던 것이다. 이를 반영하듯 대척지 문제는 서구 지리학의 여러 논점 중에서 가장 격렬한 쟁점으로 부각되었다.

쟁점의 핵심은 다름아닌 "땅의 '아래'에 사람이 '거꾸로' 서 있을 수 있는가"의 문제였다. 일견 아주 단순해 보이는 이 문제는 실상 고전우주론의 상식적 상하 관념을 뒤흔드는 힘을 지니고 있었다. 비록 땅의 모양에 대해서는 의견일치를 이루지 못했던 고전우주론의 여러 학파들도 '상하의 세력(上下之勢)', 즉 위에서 아래로 내려오는 인력의 형세에 대해서만은 이견이 없었다. 하늘과 땅을 각각 위와 아래에 위치시킴으로써 이러한 상하 관념을 공공연히 가정한 개천가는 물론, 땅을 천구의 중심에 위치시킨 혼천가도 절대적 상하구분에 관한 한 같은 입장이었다. 이는 혼천가들이 기와 물의 떠받침기제를 통해 천구의 가운데에 있는 땅이 아래로 떨어지지 않는 이유를 설명하려 한 점에서 잘 드러난다.

이에 비해 지구설은 전혀 다른 공간 관념에 토대를 두었다. 둥근 땅 표면의 모든 지역에 사람이 살아가려면 인력장(引力場)이 지구 중심을 향해 바퀴살처럼 모여드는 형세여야 했다. 따라서 아리스토텔레스 우주론에서 무거운 물체는 '아래로 떨어지는' 것이 아니라 우주의 '가운데로 모인다.' 이러한 관념에 의하면 땅이 아래로 떨어지지 않도록 떠받쳐주는 기제를 고안해낼 필요는 없었다. 무거운 흙이 우주의 중심에 위치하는 것은 구대칭 공간구조와 4원소의 성질로 보아 자연스러운 일이기 때문이다.

대척지 관념이 중국 우주론의 상식과는 근본적으로 다른 공간 관념을 전제하므로 중국인들에게 대척지의 존재를 납득시키기 위해서는 먼저 그 상식을 교정할 필요가 있었다. 그를 위한 시도의 한 예가 이미 인용한 바 있는 리치의 '무상하 선언'이다.

무릇 땅은 (…) 크게 하나의 구를 이루니, 본래 상하가 없다(原無上下). 무릇 하늘의 안에서 우러러보아 하늘 아닌 곳이 어디인가. 육합(六合)의 안을 통틀어 발이 딛고 있는 곳이 아래이며 머리가 향하는 곳이 위이니, 오로지 자신이 사는 곳을 기준으로만 상하를 나누는 것은 옳지 않다.[33]

(1) 지평론자들의 절대적 상하구분

리치의 단호한 어조만큼이나 '무상하론'은 비판자의 주된 표적으로 떠올랐다. 고대 개천설을 서양 지구설의 원류로 보아 함께 비판한 장웅경은

---

33) 마떼오 리치 『乾坤體義』 卷上, 「天地渾儀說」, 288下면.

상하와 사방의 구분이 절대적이라고 전제하고는, 고대 개천설로 사방의 구분이 무너진 뒤 서양 지구설에 의해 상하의 구분마저 무너졌다고 개탄했다.[34] 비슷한 시기에 지구설의 대척지 관념에 '현혹된' 동료들과 논쟁하던 조선의 이간은 그들의 주장을 "무상하" 세 글자로 요약한 뒤, 이를 "세상을 뒤바꿀 미혹"이라고 규정했다.[35]

이들에게 대척지란 상식적으로 납득할 수 없는 헛소리였다. 지구설 비판을 주내용으로 하는 양광선의 「얼경(孼鏡)」은 대척지론의 부조리를 지적하며 논의를 시작한다. 그는 "무릇 사람은 하늘을 위로 하고 땅을 딛고 서 있는 것이지, 옆으로 서 있다거나 거꾸로 서 있는 사람이 있다는 이야기는 들어본 적이 없다"고 조소했다.[36] 그는 자신의 논적 아담 샬에게 대척지의 존재 여부를 판가름할 두 가지 실험을 제안했다. "내가 다락 위에 서 있을 테니 당신이 아래층 천장에 나와 발을 맞대고 거꾸로 서 있을 수 있는가?" 또는 "물이 가득 담긴 사발을 기울여도 물이 쏟아지지 않음을 보일 수 있는가?"[37]

양광선의 두번째 질문, 즉 사발에 담긴 물의 '실험'에는 지구설의 황당함을 드러내려는 의도를 넘어서는 우주론적 함의가 있었다. 양광선을 비롯한 지구설 비판자에게 '물'은 지구설과 고전우주론의 차이를 극명하게 보여주고, 나아가 서양의 '무상하론'에 대하여 중국 고전우주론의 상하 관념을 가시화할 수 있는 소재였다. 앞서 보았듯 선교사들은 바다와 강물이 둥근 땅 위를 두르고 있다고 하여, 땅이 물에 떠 있다고 본 장형과 주희의 '지재수상론'과 입장을 달리했다. 양광선과 이간은 고전우주론에서 핵심적인 위치를 차지하던 물이 지구설에서 부차적인 지위로 격하되었음에 주

---

34) 張雍敬 『定曆玉衡』 卷5, 「西法地球辨」, 489下~490上면.

35) 李柬, 앞의 글 445下면.

36) 楊光先, 앞의 글 493면: 夫人頂天立地, 未聞有橫立倒立之人也.

37) 같은 글 494~95면.

목했다. 땅을 받쳐주어 천지의 평형장치 역할을 하던 물은 그 우주적 기능을 박탈당하여 땅의 표피를 두르고 있는 사물의 하나로 전락했다. 그들이 보기에 선교사들이 고전적 상하 관념을 폐기한 행위는 물의 우주적 본성에 대한 몰이해에서 비롯한 것이었다. 그리하여 지구설의 공간 관념 또는 대척지 학설에 대항하는 비판자의 다양한 논의는 자연스럽게 '물의 본성'이라는 전략적 거점으로 결집되었다.

이들이 물의 우주적 본성을 이끌어낸 전거는 『맹자』였다. 맹자는 고자(告子)와의 인성(人性) 논쟁에서 '성선설'을 주장하며 "인성의 선함은 물이 아래로 내려가는 것과 같다. 사람은 선하지 않음이 없으며, 물은 아래로 내려가지 않음이 없다"고 주장했다.[38] 지구설 비판자들은 맹자의 구절을 인성에 대한 유비라는 본래의 맥락에서 분리해 상하의 판별기준이라는 물의 우주적 본성을 제시한 전거로 부각했다. 양광선은 "무릇 물이란 천하에서 지극히 평평한 사물로서, 평평하지 않으면 흐르고 평평하면 멈추며 차면 넘치는 것"이라며 물의 본성을 지적한 뒤, 그러므로 지구의 아랫면에 물이 있다면 '아래로' 쏟아지지 않을 수 없다고 주장했다.[39] 이간은 물의 우주적 기능을 훨씬 더 집약적으로 표현했다. "오직 물 하나만으로도 천지의 저울대 노릇을 할 수 있으며 상하를 확정할 수 있다."[40] 이렇듯 추상적 상하 관념은 물이라는 일상의 사물을 매개로 가시화되었다. 물과 상하 관념의 긴밀한 연결을 전제하지 않는다면, 이간이 절대적 상하구분을 증명하기 위해 고안한 다음과 같은 논리는 성립될 수 없었을 것이다.

만약 정말로 천지에 상하가 없다면, 비록 물이 아래로 내려가려 해도 내려갈 아래가 없을 것이다. (그렇다면 물은) 엉긴 기름마냥 얼음이 되어 지면에

---

38) 『孟子集注』 卷11 「告子章句上」: 人性之善也, 猶水之就下也. 人無有不善, 水無有不下.
39) 楊光先, 앞의 글 495면.
40) 李柬, 앞의 글 445下면: 惟水一物, 已足以衡天地, 定上下.

찰싹 달라붙어 있어 조금의 유동도 없어야 할 것이다. 하지만 지금 물은 그렇지 않고 반드시 유동하니 왜 그러한가?[41]

양광선과 이간에게 물이 상하의 판별기준이요 천지의 평형장치라는 명제는 일상에서 도출되는 진리로서, 경쟁하는 우주론 사이의 진위를 판가름할 수 있는 공리였다. 물과 땅의 위치를 전도시켜 땅을 물의 아래에 놓은 지구설은 이러한 공리에 위배되었고, 따라서 사발을 뒤집어도 물이 쏟아지지 않는 등 상식적으로 용납할 수 없는 주장으로 귀결되는 사태는 피할 수 없었다. 애초 혼천가에 의해 땅이 아래로 떨어지지 않는 기제로 도입되었던 물은 이제 지구설 비판자에 의해 중국 고전우주론을 떠받쳐주는 토대로 격상되었다.

대척지의 존재 또는 '무상하' 명제에 대한 이렇듯 강한 반발은 우주론 논쟁의 차원에서만 이해하기는 힘든 현상이다. 양광선과 이간, 장옹경 등이 이 문제에 보인 반감은 지구설을 둘러싼 가장 핵심적 쟁점, 즉 땅의 모양을 둘러싼 논점보다 더 격렬했다. 그 이유는 상하 관념이 지닌 정치적·이념적 함축 때문이라고 생각된다. 비판자들에게 '상하'란 단지 자연세계에 적용되는 개념만은 아니었다. 장옹경에 따르면, 상하와 사방이란 '이(理)에 의해 확정된 것'으로서, 자연세계에 존재하는 상하구분은 보편적 이의 매개를 통해 임금과 신하, 남자와 여자, 중화와 오랑캐 등 인간사회의 위계와 연결되었다. 지구설 비판자들이 상하 관념을 부정한 리치의 '무상하론'에서 우주론적 부조리뿐만 아니라, 정치적 불온함의 징후를 보았음은 자연스러운 일이다.

스스로도 인정했듯 천문학의 기법에 대해서는 무지했지만 명민한 이데

---

41) 같은 글 446上면: 天地果無上下, 則水雖欲就下, 實無下可就矣. 只當如凝脂成氷, 緊緊束縛於地面, 絶些流動, 而今水不然, 必流動, 何也.

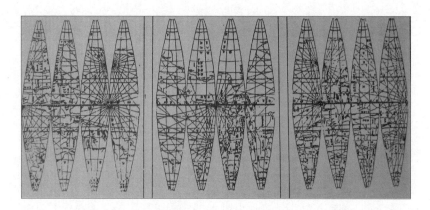

그림 4-2. 양광선이 비판한 아담 샬의 세계지도. 아담 샬, 『渾天儀說』권5, 徐光啓·李天經 編, 崇禎曆書, 서울대학교 규장각한국학연구원 소장, 제23책.

올로기적 감각을 지닌 양광선은 예수회의 세계지도에서 '역모(逆謀)'의 움직일 수 없는 증거를 찾아내는 데 성공했다.[42] 그는 아담 샬의 『혼천의설』에 실린 세계지도에서 세계를 동서로 12등분하여 중국이 축궁(丑宮), 유럽이 오궁(午宮)에 배당된 사실에 주목했다(그림 4-2). 아담 샬이 서양에 배당한 오궁은 중국의 상관적 우주론에서 남방·양·건괘·임금 등과, 중국에 배당한 축궁은 북방·음·곤괘·신하 등과 대응되었다. 따라서 양광선이 보기에 아담 샬의 세계지도는 곧 "서양이 임금의 자리를 차지하고 중국은 그 신첩(臣妾)으로 간주하는 무례의 극치"를 보여주는 것이었다.[43] 양광선에

---

42) 양광선은 자신이 "역의 계산법에는 무지하며, 다만 역의 이치(曆理)를 알 뿐이라고" 언급했다. 그가 말한 역의 이치란 곧 역법의 정치성·이념성·도덕성을 지칭하는 것이었다(Chu Pingyi, "Scientific Dispute in the Imperial Court: The 1664 Calendar Case," 9면).

43) 楊光先, 앞의 글 502면. 흥미롭게도 아담 샬이 중국을 축궁에 배당한 실제 동기는 오히려 중국인들의 중화주의적 정서에 부응하는 데 있었던 것 같다. 이미 리치는 「곤여만국전도」에서 유럽을 중심에 놓던 당대 유럽 세계지도의 대륙 배치를 변경해 일본 동쪽 근해를 지도의 중심에 배치함으로써 중국과 아시아 대륙이 근사적으로 지도의 중심에 오

따르면, 중화와 이적 간의 상징적 위계를 전도시킨 아담 샬의 음모는 중국과 서양 간의 물리적 상하를 뒤집는 것에서 구체적으로 드러났다.

오궁과 축궁의 상하 위치에 의거하여 미루어본다면, 대지가 공과 같고 발바닥을 마주 밟고 있는 (땅이 있다는) 학설은 사람의 마음을 더욱 상하게 한다. 오양(午陽)은 위에 있고 축음(丑陰)은 아래에 있으니 (그 학설은) 분명히 우리 중국을 저 서양인의 발바닥이 밟고 있는 나라라고 말하는 것이다. 우리 중국을 업신여김이 심할 뿐이다.[44]

서양을 오궁, 즉 지구의 위쪽에 위치시킨 아담 샬의 지구설은 결국 자기 나라를 중화로, 중국을 제후국으로 간주하는 것과 다름없었다. 세계지도에 감추어진 선교사들의 '역심(逆心)'은 이미 그들이 제작한 청조의 역서에 분명히 드러나 있었다. 『시헌역서(時憲曆書)』의 표지에 선언된 "서양의 새로운 역법에 의거함(依西洋新法)"이라는 문구는 "중국을 서양의 정삭(正朔)을 받드는" 제후국으로 격하하려는 서양인들의 의도를 명백히 표현하고 있지 않은가![45] 이러한 양광선의 비판을 통해 마떼오 리치의 '무상하' 명제는 우주론의 차원을 넘어 정치이데올로기적 쟁점으로 비화되었다. 그리고 양광선은 1664~65년의 이른바 "역옥(曆獄)"을 통해 흠천감에서 아담 샬 세력을 몰아내고 이전 중국 역법체계로 복고를 이루어내어 중국을 '땅밑 세계'로 전락할 위기에서 한때나마 구해내는 데 성공했다.

도록 배려했다. 아담 샬은 이를 동서로 12등분하여 그 중심을 자궁(子宮)에 배당했고, 그 결과 중국은 중심으로부터 약간 서쪽으로 비껴난 축궁에 위치하게 된 것 같다. 아담 샬이 양광선의 고발과 같이 '불온한' 동기를 가졌다고 보기는 어렵다.

44) 같은 글 503면: 因午丑上下之位推之, 則大地如毬, 足心相踏之說, 益令人傷心焉. 午陽在上, 丑陰在下, 明謂我中夏是彼西洋脚底所踏之國, 其輕賤我中夏, 甚已.

45) 같은 곳.

(2) 인력과 대기의 회전

양광선 세력을 굴복시킨 뒤, 역옥의 충격으로 병사한 아담 샬의 뒤를 이어 1669년 흠천감을 다시 장악한 페르비스트는 양광선이 제기한 여러 비판에 대응할 수 있는 기회를 얻었다. 페르비스트는 『부득이』에 대한 비판으로 저술한 『부득이변(不得已辨)』에서 양광선이 예수회의 천문학에 제기한 문제들에 대해 조목조목 답변했다. 그럼에도 대척지와 상하의 문제에 관한 그의 해명은 우르시스의 『표도설』 등 선교사들의 이전 저작에 담긴 증거들이나 아리스토텔레스주의적 설명을 반복하는 수준에 머물렀다.[46] 하지만 이미 양광선이 이를 거부하고 고전적 상하 관념을 강화한 이상, 논쟁은 이전 설명의 되풀이로는 해결될 수 없는 상황에 접어들어 있었다.[47]

그렇다면 지구설을 받아들인 토착학인들은 이 문제에 대해 어떻게 생각했을까? 그들도 대척지의 존재와 상하 관념의 문제가 지닌 중요성은 잘 인식하고 있었다. 그 논점은 예수회의 지구설과 중국 우주론이 첨예하게 갈라지는 분기점이었고, 다른 사람들에게 지구설을 납득시키는 데 가장 큰 걸림돌이었다. 지구설의 진리성은 물론, 지구설을 옹호하는 자신의 지적 온전함을 주위에 확인시켜주기 위해서라도 땅 아래에 사람이 살 수 있음을, 그것도 '동료들이 납득할 만한 방식'으로 보여주어야 했다.

그중 가장 초보적인 설명은 '계란과 개미'의 비유를 이용한 것이었다. 이는 일찍이 이지조에 의해 제안된 듯하지만,[48] 18세기 초 조선의 젊은 학

---

46) 페르비스트 『不得已辨』, 「地爲圓形實證」, 天主敎東傳文獻, 438~50면.

47) 페르비스트의 반론이 지닌 한계에 대해서는 Chu Pingyi, "Trust, Instruments, and Cross-Cultural Scientific Exchanges: Chinese Debate over the Shape of the Earth, 1600~1800," 399면 참조.

48) 이지조의 원문은 아직 확인하지 못했다. 다만 지구설 비판자 중의 한 사람인 육세의의

자 남극관(南克寬, 1689~1714)이 그보다 한 세대 전의 시헌력 비판자 김시진에 맞서 대척지의 존재를 옹호하는 글에 분명하게 나타나 있다. 그에 따르면, 계란 위에 개미를 올려놓으면 개미는 계란 위쪽뿐만 아니라 아래쪽으로도 돌아다닐 수 있다. 이때 개미는 단지 자신이 계란의 표면을 따라 움직인다고 생각할 뿐 자신이 뒤집혀 있다는 것을 깨닫지 못할 것이다.[49] 이 비유는 그 소재의 친숙함과 논리의 단순함 때문에 중국과 조선 모두에서 상당히 유행한 듯하지만, 진지한 논자들이 보기에는 발에 끈끈이가 있는 벌레를 대척지의 사람에 빗댄 비유가 그리 만족스럽지 못했다. 이는 지구설 비판자는 물론 이익 같은 지지자에게도 마찬가지여서, 그는 김시진에 대한 남극관의 비판을 "하나의 오류로 또다른 오류를 공격한 것[以非攻非]"에 불과하다며 불만을 토로하였다.[50]

하지만 남극관이 대척지 사람들의 발에 정말 끈끈이가 있다고 생각한 것은 아니었다. 그가 지구 아래쪽 사람들이 떨어지지 않는 실제 원인으로 생각한 것은 바로 '대기의 떠받침'이었다.

사람의 미미함과 두터운 땅의 넓고 큼이여, 단지 계란 위의 개미만 그런 것이 아니다. 대기가 받치고[大氣擧之] 천지의 조화가 몰아가니, 누가 능히 그 소이연을 알겠는가![51]

남극관이 사용한 '대기거지(大氣擧之)'라는 표현은 『황제내경』 「소문」에

『사변록집요(思辨錄輯要)』에 개미의 비유를 이지조에게 돌리고 있음이 발견된다(陸世儀 『思辨錄輯要』 後集 卷3, 「天道類」, 臺北: 廣文書局 1977, 下卷, 59면).

49) 南克寬 『夢囈集』 乾 「金參判曆法辨辨」, 23a.

50) 李瀷 『星湖僿說』 卷2, 「地毬」, 天地門 58면.

51) 南克寬, 같은 글: 生人之眇小, 厚地之博大, 不特蟻之於卵也, 大氣擧之, 元化驅之, 夫孰能知其所以然乎.

등장하는 구절로서, '태허(太虛)'의 가운데에 있는 땅이 아래로 떨어지지 않는 이유를 묻는 황제에게 기백이 답한 내용이었다.[52]

주목해야 할 점은 비록 '대기거지'의 기제가 지구설을 옹호하기 위해 제안되었음에도 이것이 선교사들이 전해주고자 한 아리스토텔레스적 공간 관념과는 상당한 거리가 있었다는 사실이다. '땅이 주변의 기로 받쳐진다'는 관념은 여전히 고전적 상하 관념을 전제하고 있어서 방사상의 구대칭 공간 관념과는 쉽게 융화되기 어려웠다. 그러나 넘기 어려워 보이는 차이에도 불구하고 지구설 옹호자들은 일찍부터 대기의 기제를 즐겨 이용했다. 토착 옹호자들의 이러한 일탈은 심지어 지구설 비판자도 느낀 것 같다. 예컨대 17세기 후반 중국의 육세의는 "이지조 같은 서학의 열렬한 전도자조차도 대척지와 상하 문제에 관한 한 의심을 품었다"고 언급했다.[53] 개미의 비유나 대기의 떠받침기제가 지구설에 대해 의심하는 스스로를 설득하기 위해 고안된 누추한 논리에 지나지 않는다는 것이다. 이러한 지적이 과장이기는 하지만, 그가 지구설에 대한 토착적 옹호 논리와 선교사들의 관념 사이의 차이를 느끼고 있었음은 부정할 수 없다.

대개 지구설 옹호자들이 대척지 문제를 해명하는 논의에는 대기의 기제와 아리스토텔레스적 공간 관념이 혼재했다. 이는 특히 서구과학과 성리학적 우주론을 융합하려 한 명말청초의 웅명우, 방이지 그룹의 학자들에서 두드러진다. 예컨대 방이지의 동료 유예는 『천경혹문』에서 땅이 아래로 떨어지지 않고 지구의 둘레에 사람이 살 수 있는 이유를 다음과 같이 설명했다.

㉮ 사람이 서 있는 곳은 모두 둥근 형체에 의지하며, 하늘이 그를 둘러싸

---

52) 이 책의 제2장 3절 참조.
53) 陸世儀, 앞의 글 59면: 此說不但我輩難信, 卽傳其學如李之藻者亦疑之.

고 있다. 회전하는 기가 오르내리기를 쉼없이 하여 사방에서 조여들므로 (사람이) 넘어지거나 기울 수가 없으며, 땅은 가운데에 엉겨 그 자리를 지키지 않을 수 없다. ㉯ 그러므로 (땅은) 통틀어 모서리가 없어 사방이 모두 위쪽이므로 떨어질 곳이 없고, 하늘의 정중앙에 위치하므로 또한 치우칠 수 있는 곳이 없다.[54]

인용문 중 ㉮는 '대기거지'의 기제를 설명하고 있는 반면, ㉯는 아리스토텔레스적 관념을 개진하고 있다. 앞서 언급했듯 '중심이 가장 아래가 되는' 구대칭의 공간 관념을 전제로 할 경우, 지구와 그 주위의 사람이 '아래'로 떨어지지 않는 이유를 따로 고안할 필요는 없다. 그렇다면 유예는 왜 굳이 대기의 기제를 덧붙였을까? 단지 독자들을 설득하기 위한 수사학적 장치에 불과했을까? 아니면 대기의 떠받침이 실제 작동하고 있는 기제라고 믿었을까?

지구설의 옹호자들이 '대기거지'라는 고전적 관념을 생소한 대척지 관념을 정당화할 수사학적 자원으로 이용했다는 점은 분명하다. 비록 대척지의 존재를 직접 표명한 고전문헌은 없었지만 허공중의 땅이 아래로 떨어지지 않는 이유를 밝힌 전거라면 많았고, 사실 그 둘은 '역학적(力學的)'으로 동일한 문제였다. 『황제내경』 「소문」뿐만 아니라 소옹과 정이(程頤), 장재, 주희 등 송대 성리학자들은 예외 없이 땅의 안정성을 천기(天氣)의 회전으로 설명했다. 지구설을 지지한 학자들은 이러한 권위를 원용한다면 아무리 완고한 반대자라도 지구설을 쉽게 부인하지는 못하리라고 생각했다. 명나라 말의 방공소는 "이러한 전거들을 보니, 중국의 (옛) 학설이 본래 (지구설에) 밝았으나, 근래의 학자들이 제대로 공부하지 않은 까닭에

---

54) 游藝 『天經或問』 前集 卷2, 「地體」, 四庫全書 793, 587下면: 人所居立, 皆依圓體, 天裏著他, 運旋之氣, 升降不息, 四面緊塞, 不容展側, 地不得不凝於中以自守也. 然總無方隅, 四面都是上, 無可墜處, 適天之至中, 亦無可倚處.

땅이 허공중에 떠 있다는 소리를 듣고 놀란 것임을 알 수 있다"고 자신있게 말하기도 했다.[55]

지구설 옹호자들은 대척지 관념과 부합하는 고전 전거를 세심하게 선별했다. 실제로 그들이 대기의 기제를 언급한 전거 모두를 이용한 것은 아니다. 그러한 전거로는 『황제내경』만큼이나 고전적인 한대의 혼천가 장형의 구절도 있었지만, 지구설 옹호자들은 이를 즐겨 이용하지 않았다. 이는 장형의 구절이 땅을 떠받치는 것으로 기뿐만 아니라 물도 함께 언급했기 때문이다. 앞서 보았듯 그는 "하늘과 땅은 기를 타고 서 있으며 물에 실려 운행한다"고 말함으로써 기와 물을 천지의 균형장치로 제시했다.[56] 물이 땅을 받치고 있다고 주장하는 이 구절은 물과 땅의 관계를 반대로 파악한 지구설을 뒷받침할 전거로 부적절했다. 게다가 양광선과 이간 등의 비판자들이 '물의 우주적 본성'을 근거로 지평론을 전개했음을 감안하면, 장형의 구절은 지구설보다 지평론 쪽과 더 친화력이 있었다. 따라서 지구설 옹호자들은 땅과 하늘 사이에 완충장치로 '물'을 개입시키지 않은, 그리하여 지구설 비판자의 논의에 오염당하지 않은 고전 전거로 『황제내경』「소문」의 구절을 선택한 것으로 보인다. 명나라 말 웅명우의 다음 구절은 장형과 『황제내경』에 대한 그의 엇갈리는 평가를 잘 보여준다.

(장형은) 물과 흙이 모두 지구 위에 있어서 합하여 땅의 본체를 이룸을 몰랐다. 하늘은 지극히 높고 지극히 밝으니 어찌 물이 그 안팎에 있을 수 있겠는가? 또 "하늘이 땅의 바깥에 있으며, 물이 하늘 바깥에 있어 하늘을 띄우고 땅을 싣는다"는 말을 망령되이 끌어들여 이를 황제의 책(곧 『황제내경』)

---

55) 方孔炤 『周易時論合編』, 圖象幾表 7, 「圜中」, 續修四庫全書 15, 149上면: 觀此可知中華之說本明, 學者不學, 聞地在空中, 則駭矣.
56) 이 책의 제2장 2절 참조.

이라고 간주하니 그 속임이 심하다.[57]

이렇듯 대척지 논쟁의 과정에서 본래는 유사한 혼천 관념을 담고 있는 전거들로서 서로 대립했다고 보기 어려운 장형의 『혼의주(渾儀註)』와 『황제내경』이 각각 지평론과 지구설이라는 적대하는 진영으로 귀속되었다.

'문헌 편가르기'는 심지어 같은 저자의 문헌을 두고서도 일어났다. 지평론자들은 주희의 '지재수상론'을 정통 학설로 부각했지만, 주희의 논의 가운데에는 지구설 옹호자의 구미에 맞는 단편도 있었다. 주희는 『초사집주(楚辭集注)』의 '원즉구중(圜則九重)'에 대한 주석에서 천기의 회전 때문에 땅이 하늘 가운데에 안정할 수 있다고 주장했다. 물의 우주적 역할을 언급하지 않은 이 구절은 지구설 옹호자에게 『황제내경』의 기제를 구체화한 것으로 받아들여졌으며, 이는 주희가 스스로 인정한 바이기도 하다.

땅은 기의 찌꺼기가 모여 형(形)과 질(質)을 이룬 것으로, 굳센 바람이 회전하는 가운데 속박되어 있기 때문에 확고하게 허공에 떠서 영원히 떨어지지 않는다. 황제가 기백에게 "땅이 의지하는 것이 있는가?"라고 묻자 기백이 "대기거지"라고 대답한 것 또한 이를 이르는 것이다.[58]

주희에게 나타나는 두 부류의 언급이 각각 다른 맥락에서 제시된 것임은 제2장에서 살펴본 바와 같다. '지재수상'은 육지의 남쪽에 치우쳐 있는 예주가 지중(地中)이 되는 이유를, 그에 비해 『초사집주』는 혼천의 우주에

---

57) 熊明遇 『格致草』, 「渾註辨」, 97下면: 又不知水與土, 都作在地球上, 和合成體. 天至高至明, 安得有水着天表裏乎. 又妄引天在地外, 水在天外, 水浮天而載地, 以爲黃帝之書, 其誣甚矣.

58) 朱熹 『楚辭集注』 卷3, 「天問」(臺北: 中央圖書館 1991), 60면: 地則氣之渣滓, 聚成形質者, 但以其束於勁風旋轉之中, 故得以兀然浮空, 甚久而不墜耳. 黃帝問於岐伯曰, 地有憑乎, 岐伯曰, 大氣擧之, 亦謂此也.

서 땅이 안정할 수 있는 이유를 설명하기 위한 것이다. 주희의 개별적 언급
들을 주워모아 유기적인 체계를 구성하는 것이 무리이긴 하지만, 반대로
이들을 서로 대립하는 명제로 보는 것 또한 본래 문헌에 대한 왜곡일 것이
다. 하지만 웅명우는 기의 회전만을 다룬 주희의 구절을 "격언"으로 분류
하여 긍정적으로 평가한 반면, '지재수상'의 논의는 고대의 황당한 전거들
을 모아놓은 "황묘한 학설[渺論]" 항목에 집어넣었다.[59] 주희 문헌의 편가
르기는 18세기 초 조선의 육면세계설 논쟁에서도 반복되었다. 이간과 한
원진이 '지재수상'을 주희의 정론으로 부각했다면, 대척지의 존재를 옹호
하던 한홍조와 현상벽(玄尙璧, 1673~1731) 등은 『초사집주』의 견해가 주희
의 정통적 견해를 대변한다고 맞선 것이다.[60]

결국 대척지 문제에 관한 토착지식인들 사이의 대립은 '대기거지'와
'지재수상'의 대립으로 귀착되는 듯한 형국이었다. 어느새 지구설을 둘러
싼 논쟁은 서양과 중국의 두 우주론 전통 사이가 아닌 고전전통 내부의 대
립구도로 전화(轉化)했다. 그 과정에서 아리스토텔레스적 공간 관념은 뒷
전으로 물러나고 그 대신 '대기의 회전'이라는 고전적 기제가 논쟁의 전면
에 부각되었다. 이렇듯 지구와 대척지라는 서구적 관념을 '대기거지'라는
고전 전거가 대표하게 된 일은 서구 관념이 지닌 이질성 또는 그것과 기존
상식 사이의 충돌을 완화하려는 토착 논자들의 의도가 반영된 것이다. 그
러나 이러한 문헌학적 전략의 수사학적 유용성을 인정한다 하더라도 한가
지 문제는 여전히 남는다. 즉 서구 관념과 이를 뒷받침하기 위해 고전전통
에서 선발된 '용병'이 서로 양립하기 힘든 공간 관념을 전제하고 있었다는
것이다. 그 결과 앞서 유예의 인용문에서 보았듯 지구설 옹호자들의 논변
에는 양립하기 어려운 두 요소, 즉 '대기의 뒷받침' 기제와 구대칭의 공간

---

59) 熊明遇, 앞의 글 65下~66上면. 이에 대해 웅명우는 "『주자어류』에 옳고 그름이 반반인
    것은 문인들의 견해가 같지 않았기 때문"이라며, 주희보다는 제자들을 비난했다.
60) 이에 대해서는 임종태, 앞의 글 103~109면 참조.

관념이 병립하였다. 당시 논자들은 오늘날 우리에게는 분명한 둘 사이의 차이를 구분해내지 못한 것일까?

하지만 이들이 두 가지 요소를 사용하는 맥락에는 미묘한 차이가 발견된다. 유예의 인용문에서 ⓌＪ가 구대칭의 공간구조를 기술하고 있다면, ⓆＡ는 땅이 떨어지지 않는 원인을 설명하고 있다. 즉 아리스토텔레스의 공간관념에 대한 서술은 현상 기술의 성격을 지니는 반면, 대기의 기제는 그 현상의 원인을 밝히는 맥락에서 제시되었다. 18세기 중국의 고증학자 대진의 글은 이러한 차이를 좀더 명료하게 제시했다.

> 매문정이 말하기를, "혼천설의 이치로 징험(徵驗)해보면 땅이 정원(正圓)이라는 것은 의심할 여지가 없다. 의심되는 바라면, 땅이 둥글므로 (…) (사람들이) 각각 거주하는 지방을 바로 섰다고 생각하여, (다른 지방의 사람은) (…) 기울어 넘어지지 않을까 하는 것이지만, 실제로는 그렇지 않다. 어찌 머리가 인 것이 모두 하늘이 아니며, 발을 디딘 곳이 모두 땅이 아니겠는가! 본래 기욺이 없으니 (지구를) 둘러서 사람들이 서 있음을 걱정할 필요가 없다"고 했다. 매씨(梅氏)가 말한바, "둘러서 사람이 서 있음을 걱정하지 않는다"는 것은 그 이유를 근원까지 미루어 보면(推原其故) 오직 '대기거지' 한마디로 족히 포괄할 수 있다.[61]

대진에게는 중국의 독자들에게 생소한 아리스토텔레스적 관념을 애써 설명하는 매문정의 구절이 구차해 보인 것 같다. 그 문제에 대해서는 이미 『황제내경』「소문」의 '대기거지'가 충분한 설명을 제시하고 있었다. 요컨

---

61) 戴震 『戴震全集』, 「續天文略」, 卷中, '晷景長短' 299면: 梅文鼎云, 以渾天之理徵之, 地之正圓無疑也. 所疑者, 地旣渾圓, 則人居地上, 各以所居之方爲正, 遙觀異地, 皆成斜立, 其人立處, 皆當傾跌. 而今不然, 豈非首戴皆天, 足履皆地, 初無敧側, 不優環立歟. 梅氏所謂不優環立, 推原其故, 惟大氣擧之一言以足蔽之(강조는 인용자).

대 그는 선교사들의 설명을 부연한 매문정의 논의에서 만족스러운 '설명'을 발견할 수 없었으며, 대기의 기제가 도입된 다음에야 설명다운 설명이 이루어진다고 생각한 것이다.

중국과 조선의 지식인들이 대기 기제만을 '설명'으로 받아들였음은 역설적이지만 지구설 비판자들의 대응을 통해서도 알 수 있다. 이들은 구대칭의 공간 관념은 제대로 이해하지 못했거나 진지하게 취급하지 않았지만, '대기거지'의 기제만큼은 노력을 들여 비판한 것이다. 예컨대 장옹경은 대기가 땅을 떠받치기에는 부족하다고 반론을 제기했다.

하늘과 땅 사이에 가득 차 있는 것이 기다. 그러나 기에는 굳셈과 약함의 차이가 있다. 하늘에 가까운 것은 굳세며 땅에 가까운 것은 약하다. 이제 지면의 기는 티끌이나 아지랑이와 같이 그 약함이 실로 심하다. 만약 땅 반대편〔地下〕의 기 또한 그렇다면 (그것은) 새털조차도 들어올리기에 부족할 것이니 능히 대지를 실을 수 있을까?[62)]

지면 근처의 기는 세력이 약하기 때문에 땅을 지탱할 수 없으리라는 주장은 곧 땅과 하늘 높은 곳의 굳센 기 사이에 완충장치로서 물이 필요하다는 주장을 함축한다. '대기거지'는 땅의 안정성을 설명하는 '소이연'으로는 부족하며 물의 기제가 필요하다는 것이다. 요컨대 장옹경에게는 지구설 옹호자들의 두 설명 중에서 대기의 기제가 동의할 수는 없지만 그래도 논의해볼 가치가 있는 '설명'으로 비춰진 것이다.

지구설 비판자의 이러한 태도는 지구설에 대한 토착적 논의가 어떤 방향을 취했는지 잘 알려준다. 사실 그 점에서 지구설 옹호자들이 구대칭 공

---

62) 張雍敬, 앞의 글 492上면: 充塞兩閒者, 氣也. 而氣有剛柔之分, 近天者剛, 近地者柔. 今地面之氣, 塵埃野馬, 其柔實甚, 若地下之氣亦然, 將不足以載鴻毛, 能載大地乎.

간 관념과 대기의 기제 중 어느 것이 더 근본적인 설명이라고 생각했는지는 그리 중요하지 않다. 문제는 그들이 병치한 두 가지 설명이 수천년간 기의 관념에 지배되어온 지식세계에 제시되었을 때 어떤 결과를 초래할 것인가에 있다. 청중의 사고를 지배하고 있던 고전적 사유방식은 기의 기제를 선호하게 마련이었다. 논쟁이 진행되면 될수록, 그리고 대기 기제가 효과적이면 효과적일수록 중국과 조선의 논의에서 아리스토텔레스적 관념의 입지는 점점 더 좁아질 수밖에 없었다.

(3) 청대 학인들의 문헌학과 우주론적 논의의 주변화

'대기거지'의 기제에 대한 장옹경의 비판은 당시까지 제시된 지구설 옹호 논리의 중요한 약점을 지적하고 있다. 기가 무거운 땅덩이를 받쳐주기 어렵다는 그의 주장에는 나름의 설득력이 있었다. 실제로 땅 주위의 기가 연약하다는 관념은 연원이 주희까지 거슬러올라가며 심지어는 명나라 말의 계훤과 같은 지구설 옹호자들도 동의한, 오래되고 널리 받아들여진 생각이었다. 주희는 『초사집주』에서 "하늘이 아홉 겹[圜則九重]"이라는 『초사』의 구절에 대해 하늘이 회전하는 아홉 층의 기로 이루어져 있고 땅에서 멀어질수록 기의 회전이 강해진다고 해석했다.[63] 이러한 구도는 그림 4-3에서도 볼 수 있듯 계훤의 우주구조에도 계승되었다. 주희는 땅 주위에서 기의 운동이 약한 것을 지상세계에 인물이 존재할 수 있는 이유로 제시하기도 했다. 만약 기의 회전이 강하다면 인물이 모두 닳아없어질 것이기 때문이다.[64] 하지만 주희의 설명은 사람의 세계가 땅 '위'에만 존재한다고 보았을 경우에 유효하다. 만약 서양인들의 말처럼 둥근 땅 둘레에 세계가 펼

---

63) 朱熹『楚辭集注』, 60면; 其曰九重, 則自地之外, 氣之旋轉, 益遠益大, 益淸益剛.
64) 허탁·이요성 역주『朱子語類』卷2,「理氣下」(청계 1998), 175면.

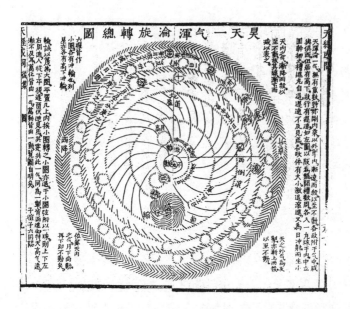

그림 4-3. 기가 세차게 회전하고 있는 유예와 게훤의 우주. 游藝『天經或問』, 後集, 四庫全書存目
叢書 55, 372上면.

처져 있다면, 아래쪽이나 옆쪽 세계는 그를 받쳐주는 기가 유약하여 '아래
로' 떨어지거나 '옆으로' 쏠려버릴 것이기 때문이다.

　지구설 옹호자들이 장용경의 비판에 맞서기 위해서는 과연 땅을 둘러싼
기의 회전이 구체적으로 어떻게 내부로 조여드는 방사상의 인력장을 만들
어내는지 설명할 수 있어야 했다. 하지만, '대기거지'라는 간단한 언명에
는 이에 대한 만족스러운 대답이 없었으며, 주희를 비롯한 송대 학자들의
논의도 그 점에서는 마찬가지였다. 예수회사의 도래 이전에 제시된 기의
떠받침기제는 위에서 아래로 내려오는 고전적 상하지세(上下之勢)를 전제
하므로 지구 주위에 기가 바퀴살의 세력을 이루는 데 대한 설명으로는 적
합하지 않았다. 결국 역사상 유례 없는 대척지 문제는 고전적 기제의 단순

238

한 인용만으로는 해결될 수 없었으며, 이는 온전히 지구설 옹호자들이 스스로 해결해야 할 과제였다. 불충분한 고전 전거는 인용자 스스로의 우주론적 사유로 보완되어야 했다.

그러나 이 문제에 대해 17세기에서 19세기 초까지 중국 학인들은 그다지 두드러진 논의를 남기지 않았다. 계훤과 유예는 기의 운행으로 천지의 모든 현상을 설명하려 했다는 점에서 기대해도 좋을 인물이었으나, 실제로는 이 문제에 구체적인 설명을 내놓지 않았다. 계훤이 천착한 문제는 천체들의 다양한 운행속도와 행성의 복잡한 역행운동 등을 설명하는 것이었다.[65] 그에 비해 땅의 안정성에 대해서는 대체로 천기의 급속한 회전 때문이라는, 주희류의 설명을 반복하는 수준에서 크게 벗어나지 못했다.

이와 같은 설명의 공백은 다음 세대로 가면 더욱 심화되었다. 앞서 살펴보았듯 유예와 계훤에서 정점에 도달한 자연학적 탐색은 18세기에 접어들어 더이상 계승되지 않았고, 오히려 학계의 전반적인 분위기는 그들의 자연학적 사색을 공허하다고 비판하는 쪽으로 바뀌었다. 정밀한 수리천문학과 엄밀한 고증학적 작업이 풍미하는 가운데 삼라만상의 '소이연'을 찾던 17세기 학자들의 시도는 주변화되었다. 18세기의 대표적 수리천문학자 강영과 대진은 이러한 경향을 잘 보여주는 인물이다. 그들은 방사상의 세력이 기의 회전 때문에 형성된다는 점에는 공감했지만, 그러한 기제를 구체화하려 하지는 않았다. 강영은 다만 "지구의 중심은 (사방에서) 기가 바퀴살처럼 모이는 곳"이라고만 언급하고 그 원인에 대해서는 대답하지 않았으며, 이는 대진도 마찬가지였다.[66] 앞서 대진의 인용문을 보면, 그는 마치 고전 전거의 제시 그 자체로 '소이연'을 추구하는 과제가 충족되었다고 생

---

65) 계훤의 천체운동 이론에 대해서는 石云里 「揭暄對天體自轉的認識」, 『自然辨證法通訊』 17-1(1995), 53~57면 참조.
66) 江永 『數學』 卷1, 「論地圓」, 611上면. 대진 또한 "물체가 아래로 떨어지는 현상은 대기를 따라 그렇게 된다"고만 선언했다(戴震, 앞의 글 299면).

각한 듯하다. 실제로 대진 이래 건가 시기의 중국 학자들은 우주론적 쟁점을 포함한 여러 문제에 대한 자신의 견해를, 웅명우나 게훤처럼 독창적인 사색을 개진하는 것이 아니라 적절한 고대문헌을 인용하는 방식으로 표현했다.

중국 건가 학풍의 이러한 특징은 19세기 초 두 고증학자 손성연(孫星衍, 1753~1818)과 초정호(焦廷琥, 1782~1821)의 지구설 논쟁에서 잘 드러난다. 『주인전』에 따르면, 양광선을 깊이 흠모한 손성연은 양광선이 지구설을 배척한 일을 "맹자가 이단 양주(楊朱)를 물리친 것"과 같은 숭고한 행위로 평가했으며, 「석방(釋方)」이라는 글을 지어 스스로 지구설을 비판했다.[67] 지구설에 대한 손성연의 비판은 '천원지방'의 명제를 천지의 형체가 아니라 덕에 관한 진술이라고 해석하는 지구설 옹호자들의 논리에 대한 것이었다. 손성연에 따르면, 세계는 각각 양과 음을 상징하는 원(圓)과 방(方)이 균형을 이루고 있으며, 이는 사물의 운동양상, 군자의 바람직한 행동거지 등에서도 마찬가지였다. 그가 양광선의 지구설 배척을 벽이단(闢異端)의 행위로까지 추앙한 것은 바로 지구설이 원과 방의 우주적 조화를 깨트림으로써 자연과 사회의 질서를 위태롭게 한다고 파악한 때문이었다.

그러나 주목해야 할 것은 그의 입장이 아니라 그가 자신의 견해를 전개하고 뒷받침하는 방식이다. 그는 우선 『주역』 『서경』 『산해경』 『회남자』 등의 문헌에서 땅을 방형으로 묘사한 전거들을 찾아 인용함으로써 지구설 옹호자들의 주장처럼 고전문헌이 꼭 지구설에만 우호적이지 않음을 보여주었다. 그의 고증학자로서의 탁월함은 특히 지구설의 핵심 전거로 이용되던 『대대례기』 「증자천원」에 대한 새로운 해석에서 드러난다. 그는 "하늘의 도를 둥글다고 하고 땅의 도를 모나다고 한다[天道曰圓, 地道曰方]"라는 증자의 언급을 군자의 우아한 행동거지를 묘사한 "돌아가는 것은 그림

---

67) 阮元 『疇人傳』 卷51, 「焦循」, 507下면.

쇠(콤파스)와 합하고, 굽어가는 것은 곡척과 합한다[周旋中規, 折旋中矩]"[68] 라는 『예기』의 구절을 들어 해석했다. 그에 따르면 군자의 행동이 원을 상 징하는 그림쇠와 방을 상징하는 곡척의 양 측면을 지니고 있는 것처럼 겉 으로 둥글어 보이는 것은 언제나 안쪽에 모남을 겸비하게 마련이었다. 예 컨대 사람의 팔다리를 굽히면 바깥으로는 둥글어 보이지만 안쪽의 관절은 곧바르게 꺾여 있다. 마찬가지로 천체의 회전은 둥글지만 안쪽의 땅은 모 난 형태를 띠게 마련이다. 방원을 겸비한 군자의 행동거지는 천지의 '행도 (行道)'에도 관철되며, 사실상 전자는 후자를 모델로 한 것이다. "땅이 모 나다면 네 모서리가 가려질 수 없다"는 증자의 구절에 대해서는 문자(文子) 의 "커다란 원은 그림쇠와 합하지 않고, 커다란 네모는 곡척에 합하지 않 는다"라는 구절을 근거로 땅이 방형이라고 해서 꼭 네 모서리를 가질 필요 는 없다는 뜻으로 해석했다.[69] 그렇다면 증자의 구절을 지구설로 해석하는 것은 방과 원의 고대적 의미에 대한 오해를 뜻했다.

이렇듯 손성연은 고전문헌에서 방원과 규구(規矩)와 관계된 여러 전거 를 찾아 그 본래 의미를 복원해내고, 이를 근거로 『대대례기』에 대한 '근 대적' 해석의 오류를 지적하는 우아한 문헌학적 논증을 전개했다. 손성연 의 글에 접한 초정호도 그 문장의 고아함과 문헌지식의 박학함에 대해서 는 부인하지 않았으나 지구설 비판에 관한 한 인정하려 들지 않았다.[70] 그 에게는 매문정 이래의 학자들이 '지구설의 중국기원'을 입증하기 위해 제 시한 문헌증거들이 더이상 의문의 여지가 없을 정도로 확정적이었다. 따 라서 손성연에 대한 비판을 위해 저술한 그의 『지원설』(地圓說, 1815)은 독 창적인 논의를 고안하기보다는 매문정의 업적과 이미 발굴된 고전 전거들 을 나열, 소개하는 데 집중했다.

---

68) 『禮記』13 「玉藻」.
69) 孫星衍 『平津館文稿』卷下, 「釋方」, 叢書集成初編(上海: 商務印書館 1937), 99~100면.
70) 焦廷琥 『地圓說』, 續修四庫全書 1035, 24上면.

서양인들이 땅이 둥긂을 말한 것이 상세하다. (그러나) 종합하여 논하자면, 열대·한대·온대의 학설은 『주비산경』에서 이미 말했고, 땅이 (하늘 가운데) 한 점에 불과하다는 학설은 주자가 또한 논의했으며, 지구가 하늘 가운데에 있어 마치 계란의 노른자와 같다는 것은 왕번(王蕃)과 갈홍(葛洪)의 학설이다. 그들이 말한바 "방원이란 동정(動靜)의 덕이지 형체를 말하는 것이 아니"라는 것은 「증자천원」의 학설이다. (…) 그러므로 서양인들의 학설은 모두 이전 사람들이 이미 말한 것으로, 서양인들은 이를 차례로 천명하여 상세히 했을 뿐이다. 지원설을 서양인들이 창작했다고 말하는 것은 참으로 잘못되었지만, (그렇다고) 서양인들이 옛사람의 학설을 오해했다는 것 또한 옳지 않다.[71]

손성연과 초정호의 논쟁에서는 17세기 학자들을 괴롭힌 대척지와 인력의 문제가 중요한 쟁점으로 부각되지 않았다. 월식, 이차, 시차 등의 현상에 대한 옹호나 반론 또한 등장하지 않았다. 그들의 관심거리는 과연 지구설이 고전문헌에 대한 올바른 해석인가의 문제였다.[72] 우주론적 쟁점의 판단에서 어떤 학설이 고전문헌과 부합하느냐가 중요했던 것이다. 이렇듯 18세기 이후 중국의 학자들은 전세기에 제시된 여러 우주론적 문제를 더이상 적극적으로 추구하지 않았다. 인력과 대척지 문제에 대한 장용경의 설득력 있는 비판 그리고 '대기거지'라는 전거가 지닌 우주론적 결함은 청대 지구설 옹호자들에 의해 해소되지 않은 채 남아 있었고, 그런 점에서 우주론적 쟁점에 관한 한 중국 지식인들 사이의 논쟁은 그 자체로 완결적일 수 없었다.

---

71) 焦廷琥, 같은 책 32면.
72) Chu Pingyi, 앞의 글 404면.

(4) 18세기 조선 학자들의 경우: 이익과 홍대용의 설명

인력의 문제에 대한 좀더 진전된 설명은 아직 고증학의 영향이 미치기 전 주자성리학이 유행하던 18세기 조선의 이익에 의해 제기되었다. 서구의 천문·지리·자연철학 지식을 성리학적 세계상에 포괄하려 했다는 점에서 이익은 전세기 중국의 방이지, 계훤 등과 유사한 작업을 진행했다. 물론 그의 논의가 계훤에 비해 체계적이거나 정밀하다고 보기는 어렵지만, 『성호사설(星湖僿說)』 등에 개진된 단편들 중에는 독창적인 관념을 보여주는 것들이 많다. 땅의 안정성과 방사상의 세력이 형성되는 원인에 대한 설명이 좋은 예다. 알레니의 『직방외기』에 부친 발문에서 그는 하늘의 빠른 일주(日週)운동에 의해 방사상의 상하지세가 형성됨을 '회전하는 그릇'의 비유로 설명했다.

> 하늘이 왼쪽으로 하루에 한바퀴 돈다. 하늘의 둘레는 그 크기가 얼마인가! 그런데도 12시간 안에 다시 돌아올 수 있다. 그 굳건함이 이와 같으므로, 하늘의 안에 있는 것은 그 세력이 중심을 향하여 바퀴살처럼 모이지 않음이 없다. 지금 둥근 그릇 안에 어떤 물체를 놓고 기틀을 사용하여 회전시킨다면 그 물건은 반드시 떠밀려 흔들리다가 (그릇의) 정중앙에 도달한 뒤에야 정지할 것이다.[73]

이익은 주희나 계훤과 마찬가지로 원운동의 중심에 가까울수록 회전 '선속도'가 줄어드는 현상에 주목했다. 하지만 이를 주로 천체의 회전양상을

---

73) 李瀷 「跋職方外紀」, 514~15면: 天左旋一日一周, 天之圍, 其大幾何, 而能復於十二時內, 其健若此, 故在天之內者, 其勢莫不輳以向中. 今以一圓桮, 置物於內, 用機回轉, 則物必推蕩, 至於正中而後乃已.

설명하는 데 이용한 그들과는 달리 이익은 그로부터 지구 주위에 방사상의 세력이 형성되는 기제를 끌어내려 했다. 물체가 회전이 빠른 원반의 바깥쪽에서 그 속도가 느려지는 안쪽으로 옮아가며 회전이 전혀 없는 중심에 이르러서야 정지하듯, 회전하는 천기 속의 사물도 회전의 세기가 줄어드는 중심, 곧 지구 중심을 향해 움직인다는 것이다. 그렇다면 지구가 우주의 중심에 안정적으로 거하고 있는 이유는 그곳이 기의 회전이 없거나 느려서 전우주를 통틀어 동역학적으로 가장 안정된 장소이기 때문이다.

이익의 논의는 '대기거지'라는 애매한 표현을 지구 주위에 방사상 세력이 형성되는 기제로 발전시키려 한 비교적 구체적인 시도였다. 그러나 구체적인 만큼 아리스토텔레스적 관념과의 차이도 다른 사람의 논의에서보다 더 분명하게 드러난다. 가령 이익의 논의를 따를 경우, 만약 하늘이 회전하지 않는다면 땅이 하늘의 중심에 안정적으로 존립할 수 없게 될 것이다. 그는 지구 자전의 가능성을 탐색한 유명한 글에서 "땅이 하늘의 중심에 거하여 아래로 떨어지지 않는 것은 하늘의 운행 때문이다. 그러므로 (『주역』에) 하늘이 굳건히 운행한다고 한 것이다"라고 언급했다.[74] 이 말은 하늘의 회전이 없다면 땅이 '아래로' 떨어질 수밖에 없음을 뜻한다. 이 지점에서 이익은 아리스토텔레스의 우주론과 다른 결론으로 나아간다. 이익의 입장에서 방사상의 상하지세란 하늘의 회전에 의해 나타나는 동역학적 효과일 뿐으로 우주의 심층에는 여전히 고전적 형태의 상하지세가 자리하고 있었다. 그것은 하늘의 회전이 사라지자마자, 따라서 방사상의 세력이 없어지자마자 다시 자신의 힘을 드러내 이제 의지할 데 없는 땅을 아래로 추락시킬 것이다. 방사상의 상하지세가 고전적 상하지세 위에 덧씌워져 있는 셈이다.

---

74) 李瀷 『星湖僿說』 卷3, 「天隨地轉」, 96면. 이익의 지전가능성 탐색에 대해서는 이미 많은 연구가 이루어졌다. 예를 들어 이용범 「이익의 지동설과 그 근거」, 『진단학보』 34(1972), 37~59면; 박성래 「星湖僿說 속의 西洋科學」, 177~97면 참조.

이익보다 한 세대 뒤의 홍대용 또한 기의 회전 기제를 통해 인력의 문제를 설명하려 했다. 하지만 고전적 상하 관념을 바탕에 깔고 있던 이익의 논의가 선교사들이 의도한 공간 관념의 교정이 불충분하게 이루어진 사례라면, 홍대용은 반대로 그것이 '지나치게' 이루어진 사례였다. 이는 그가 지구 둘레에 형성된 방사상의 상하지세를 설명하기 위해 중국과 조선의 다른 학자들과는 달리 하늘의 회전이 아니라 땅의 자전, 즉 지전(地轉)이라는 기제를 도입한 것에서 잘 드러난다. 그는 회전하는 거대한 땅덩어리 주위에서 함께 회전하는 기가 우주의 고요한 '허기(虛氣)'와 마찰하여 지구를 향해 모이는 소용돌이 세력이 만들어진다고 보았다.[75]

그가 상하지세의 원인으로 하늘 대신 지구의 자전을 선택한 이유는 그가 우주의 공간적 외연을 무한히 확장했기 때문이다. 경계가 없이 무한히 펼쳐져 있는 우주에는 어떠한 중심도 있을 수 없다. 태양이나 지구도 우주 공간에 셀 수 없이 펼쳐진 평범한 별들의 하나일 뿐 서양과 중국의 우주론에서 주장하듯 우주의 특별한 중심은 아니었다.[76] 이러한 우주에서 상하 또는 사방을 구분해줄 어떤 절대적 준거점은 존재하지 않았다.[77]

무릇 해, 달, 별은 하늘로 떠올라도 올라가는 것이 아니며 땅밑으로 져도 내려가는 것이 아니라, 공계(空界)에 매달려 장구히 머무르는 것이다. 태허에 상하가 없음은 그 자취가 매우 분명한데도 세상사람들은 상식적 소견(常見)에 젖어 그 연유를 살피지 않는다.[78]

---

75) 洪大容『湛軒書』內集 補儒 卷4,「醫山問答」, 20b: 夫地塊旋轉, 一日一周, (…) 其行之疾,
   亟於震電, 急於炮丸, 地旣疾轉, 虛氣激薄, 閡於空而湊於地, 於是有上下之勢.
76) 같은 글 22b~23a.
77) 같은 글 20a: 夫渾渾太虛, 六合無分, 豈有上下之勢哉.
78) 같은 글 20b: 夫日月星, 升天而不登, 降地而不崩, 懸空而長留. 太虛之無上下, 其跡甚著, 世
   人習於常見, 不求其故.

따라서 다른 학자들과는 달리 홍대용은 지구가 아래로 떨어지지 않는 이유에 대해 고민할 필요가 없었다. 우주에는 지구가 떨어질 아래, 올라갈 위가 없기 때문이다. 다만 설명해야 할 것은 지구 주위에 국소적으로 존재하는 방사상의 상하지세일 뿐이고, 그 필요를 충족해준 것이 바로 '지전'이었다.[79]

홍대용은 무한하고 균질한 우주 관념을 통해 이전 학자들의 발목을 잡고 있던 고전우주론의 상하 개념으로부터 탈피했지만, 그것이 곧 아리스토텔레스적 개념으로의 귀화를 의미하지는 않았다. 이익과 대진 등이 고전적 관념에 한쪽 발을 걸침으로써 선교사의 주문을 거절했다면, 그는 선교사의 학설에서 한걸음 더 나아감으로써 그것을 배신했다. 선교사들의 '무상하론'은 둥근 땅 위의 모든 지점이 기하학적으로 동등하다는 논리에서 나온 것이지만, 홍대용은 그 균일성을 전우주에 확대 적용했다. 아이러니컬하게도 홍대용은 이러한 비약의 결과 지구 주위의 상하지세를 설명하기 위해 지전이라는 전도된 형태로 기의 회전이라는 고전적 설명기제를 다시금 불러들이지 않을 수 없었다.

결론적으로 상하구분에 대한 중국 우주론의 오래된 상식을 아리스토텔레스적 관념으로 대체하려는 선교사들의 시도는 실패했다. 실패의 징후는 예수회의 주장에 전혀 설득당하지 않고 지구설과 고전 자연철학을 화해할 수 없는 대립으로 몰고 간 양광선, 이간과 같은 비판자의 존재에서뿐만 아

---

79) 같은 글 20b. 따라서 홍대용의 학설을 대표하는 것으로 간주된 지전설이란 사실 「의산문답」의 논리에서 볼 때 무한우주론의 이론적 요청의 성격이 강했다고 볼 수 있다. 이러한 점에서 홍대용 우주론의 핵심을 무한우주론에서 찾은 오가와 하루히사(小川晴久)의 견해는 적절하다(小川晴久 「지전설에서 우주무한론으로 — 김석문과 홍대용의 세계」, 『동방학지』 21, 1979, 55~90면).

니라 계훤, 대진, 이익, 홍대용 같은 지구설 옹호자들의 '일탈'에서도 나타났다. 서구지식에 대해 호의적이었던 인물들도 아리스토텔레스적 관념으로는 쉽사리 '개종'하지 않았다. 4원소설에 기초한 아리스토텔레스의 자연철학은 중국과 조선의 지식인들이 받아들이기에는 낯설고 기묘한 학설에 불과했다. 상하 문제와 대척지의 존재에 대한 선교사들의 설명에서 오히려 설명의 결여를 느낀 이들은 기의 회전이라는 고전적 관념을 이용하여 만족스러운 설명을 시도했다. 이를 달리 표현하자면, '지구'라는 관념을 그것이 본래 속해 있던 아리스토텔레스 자연철학의 맥락에서 분리해 동아시아 자연학의 공간에 적절히 위치시키는 작업이었다. 물론 그 작업의 '적절함'에 대한 감각은 학자들마다 달랐다. 18세기 이후 청대 학자들이 주로 '대기거지'와 같은 고전 전거를 발견하고 제시하는 데 만족했다면, 명말청초 중국과 18세기 조선의 학자들은 고전적 기의 기제를 '지구와 대척지'라는 새로운 문제를 해결할 수 있도록 정교화하려 했다. 이 두 가지 방향의 노력은 똑같이 서구로부터의 이질적 지식을 길들이는 과정이었다. 문헌학적 작업을 거치며 지구와 대척지의 관념이 동아시아의 고전문헌 전통으로 귀속되었다면, 우주론적 작업을 통해서 지구는 4원소가 승강하는 아리스토텔레스적 우주가 아니라 음양오행의 기가 소용돌이치는 동아시아적 우주 속에 자리매김하게 된 셈이다.

하지만 지구 관념이 전적으로 무력하게 동아시아적 전통 속에 녹아들어 갔다고는 보기 어렵다. 비판자든 옹호자든 그들이 지구설을 이해하고 고전적 유산과 연결짓는 작업은 동시에 고전적 전통 자체의 일정한 변화를 수반하는 과정이기도 하다. 비판자들의 경우, 지구설에 대항하여 전통적 상식을 체계화, 정교화하는 과정에서 의도하지 않게 이전에 존재하지 않던 시도, 즉 땅의 모양을 확정하려는 노력을 감행했다. 지구설 옹호자들의 경우, 외래의 이질적 관념에 부합하는 고전 전거를 발굴하는 과정에서 고전전통에 대한 이전과는 완연히 다른 해석을 제안했고, 더 나아가 이전의 전통에는 존재하지 않던 구분, 즉 지구 관념과 부합하는 '옳은' 요소와 그렇지 않은 '오염된' 요소의 구분을 도입했다. 지구 관념이 고전전통의 지형에 포섭되기 위해서는 그 지형 자체에도 부분적인 변화가 필요했던 셈이다.

추연과 마떼오 리치:
서구 세계지도와 세계지지의 유통과 영향

제5장

추연과 마떼오 리치:
서구 세계지도와 세계지지의 유통과 영향

지구 관념의 수용양상을 살펴본 앞장에 이어, 이 장에서는 서구 지리학을 구성하는 또하나의 요소인 서구식 세계지도와 지지에 대한 토착학인들의 반응을 살펴볼 차례다. 제1장에서 보았듯 예수회사들은 「곤여만국전도」와 같은 세계지도, 『직방외기』(1623)와 같은 세계지지를 통해 지구상의 대륙과 바다, 그 위에 펼쳐진 민족과 사물에 관한 유럽의 지식을 소개했다. 동아시아 지식인들에게 낯설고 먼 이국에 관한 기사들은 지구-대척지 관념과 마찬가지로 생소했고, 그런 점에서 이에 대한 그들의 반응도 지구설의 경우와 비슷했으리라 짐작할 수 있다. 그들은 과거 문헌 전통에서 서구 지리지식과 유사한 요소를 찾아내 외래지식을 고전지리학의 지형에 포섭하려 했을 것이며, 이는 동시에 고전지리학의 지형 자체에 일정한 변화를 불러일으켰을 것이다.

하지만 서구 세계지리 지식에 대한 토착학인들의 반응은 그 구체적 양상에서 지구설의 경우와 한가지 중요한 차이가 있었다. 지구 관념은 공식 천문학의 기본 모델로서 동아시아 지식사회에 폭넓고 진지하게 받아들여진 만큼 그 문화적 생소함을 완화하려는 논의가 깊이있게 전개되었다. 그에 비해 세계지도와 세계지지를 대하는 토착학인들의 태도는 전반적으로 지적 진지함이 훨씬 약했다. 서구 세계지리 지식이 토착청중에게 인기가 없었던 것은 아니다. 실은 정반대로, 선교사들의 세계지지에 담긴 이역에 관한 흥미로운 기사들, 그리고 서구 세계지도의 진기하고 정밀한 표상에 많은 이들이 매혹되었다. 그 결과 서구 지리문헌은 도리어 지구 모델을 담은 천문서적에 비해 지식사회에서 훨씬 폭넓게 유통, 향유되었다. 문제는 서구 지리문헌이 누린 인기가 곧 그 속에 담긴 지식에 대한 토착 지식사회의 진지한 지적 승인을 뜻하지는 않았다는 것이다. 중국과 조선 학인들 상당수가 도리어 서구 세계지리에 냉담하거나 부정적인 평가를 내렸다.

대중적 인기와 냉담한 평가가 공존하는 기묘한 상황은 당시 중국의 지도학에 관한 이(Yee)의 연구에서 이미 지적되었다. 그는 마떼오 리치 이래 서구 세계지도가 중국의 지식사회에 널리 유행했지만 지도학적 견지에서 그에 비견될 만한 영향을 미치지는 못했다고 주장했다. 17, 18세기 서구 세계지도의 유입으로 중국 지도학이 근대화되었다고 본 이전 연구의 관점을 "서구화의 신화"(the myth of Westernization)라고 비판한 그는 중국 지도학에 미친 서구의 영향은 극히 제한적이었으며 「우적도」 같은 정밀한 지도와 형승도 계열의 '엉성한' 지도가 병존하던 이전의 양상이 청나라 말에 이르기까지 바뀌지 않았다고 주장했다.[1] 이(Yee)의 입장은 일단 예수회사들이 전해준 서구지식의 '근대성'과 '계몽적 가치'를 강조한 이전 경향에 비해 훨씬 더 사태에 근접한다고 볼 수 있다. 하지만 서구 세계지리 문헌이 널리 유행하면서도 별다른 지적 영향을 미치지 못했고, 심지어는 그에 냉담한 태도가 확산되는 기묘한 현상을 설명해야 할 과제는 남는다. 17, 18세

---

1) Yee의 입장은 Cordell D. K. Yee, "Traditional Chinese Cartography and the Myth of Westernization," 제7장 170~202면, 특히 170면 참조.

기 중국 및 조선의 학자들과 지도제작자들이 서구 세계지도와 세계지지를 앞다투어 읽고 모사하면서도 어떻게 그로부터 별다른 영향을 받지 않을 수 있었을까? 아니 정말 아무런 영향도 받지 않았을까?

이 장에서는 서구 세계지리에 대한 토착학인들의 이중적 태도를 서구 세계지리를 고전전통의 지형에 의식적 또는 무의식적으로 위치짓는 행위 의 표현으로 이해하려 한다. 단적으로 말해, 지구설을 정통 유가의 우주론 적 요소와 연관지었던 토착학인들이 서구 세계지리 지식의 경우에서는 이 를 추연,『산해경』과 같은 비정통적 요소의 연장선에서 이해했다. 즉 서구 세계지리가 중국의 고전적 전통 중에서 '부정적' 요소와 연관된 것이다. 중국과 조선의 학인들이 이렇듯 지구설과는 정반대의 문헌학적 노선을 선 택하게 된 이유는 무엇이었을까?

주의해야 할 점은 추연과 마떼오 리치 사이의 연관이 꼭 부정적인 효과 를 내어 서구 세계지리에 대한 비판적 태도로 이어지지만은 않았다는 것이 다. 전우주를 포괄하는 지식을 추구한 추연이 동아시아 지적 지형의 주변 부에서 발휘해온 기묘한 매력과 서구 천문지리학에 대한 토착 지식사회 일 각의 우호적 태도가 서로를 증폭시켜 동아시아 지리학 지형의 중대한 변 화로 이어질 가능성은 충분했다. 요컨대 서구 세계지리에 대해 토착지식 인들이 보인 반응의 이중성은 상당부분 그 고전적 대응물이던 추연에 대 한 동아시아 지식사회의 양가적 태도에서 연유했다. 리치와 추연의 연관 이 이(Yee)의 관찰과는 달리 어떤 '적극적' 효과를 불러일으켰다면, 그것 은 무엇이었을까?

1. 서구 세계지리의 유행

제3장에서 살펴보았듯 이역에 관한 낯설고 진기한 정보를 담은 선교사

들의 지도와 지지는 17,18세기를 거치며 중국과 조선의 지식사회에서 높은 인기를 누렸다. 서구 세계지리 문헌에 대한 높은 수요를 반영하듯 선교사들의 지도와 지지는 공식적·비공식적 간행과 모사·필사의 과정을 거쳐 지식사회에 널리 향유되었다. 특히 선교사들이 제작한 일련의 세계지도는 그 진기한 세계표상에 매혹된 이들에 의해 다양한 모사본이 제작, 유포되었다.[2]

서구 세계지리 문헌이 토착 지식사회에서 누린 인기는 여러 연구자들에 의해 서구 지리지식의 수용, 중국중심적 세계관의 극복을 가늠하는 지표로 이용되었다. 예를 들어 예수회 계통의 연구자들 또는 자국의 전통에서 '근대적' 지향을 발굴하려 했던 오늘날 중국과 한국의 연구자들이 서구 지리학의 계몽적 영향을 강조했다.[3] 하지만 선교사들의 세계지리 문헌이 유통되던 정황을 깊이 살펴보면, 이를 단순히 '서구화' 또는 '근대화'의 도식으로는 포착하기 어렵다는 점이 드러난다.

우선 서구식 세계지도의 토착 모사본들이 대개는 원본의 충실한 재현이 아니었다. 1584년의 「여지산해전도」 이래 리치 세계지도에 대한 높은 대

---

2) 명나라 말 중국에서 나타난 예수회 세계지도의 모사본들에 대해서는 洪煨蓮 「考利瑪竇的世界地圖」; 海野一隆 「明淸におけるマテオ・リッチ系世界圖: 主として新史料の檢討」, 507~80면; 조선의 경우는 오상학 『조선시대 세계지도와 세계인식』(창비 2011), 153~204면; Lim Jongtae, "Matteo Ricci's World Maps in Late Joseon Dynasty," *Korean Journal of the History of Science* 33(2)(2011), 277~96면 참조. 『직방외기』 같은 선교사들의 세계지지 유통과 그에 대한 반응에 대해서는 Kenneth Chen, "Matteo Ricci's Contribution to, and Influence on, Geographical Knowledge in China," 58~84면; Bernard Hung-Kay Luk, "A Study of Giulio Aleni's *Chih-fang wai chi* 職方外紀," 58~84면 참조.
3) 이러한 관점에 입각한 연구는 셀 수 없이 많다. 조선후기 지성사에서 서구 지리학을 포함한 서학의 근대성을 강조한 연구로 강재언 『조선의 西學史』를 들 수 있다. 지리학, 지도학 분야에서는 노정식 『韓國의 古世界地圖』의 예를 들 수 있다. 노정식의 경우는 조선후기 사회에 서구 세계지도가 중국과 일본에 비해 널리 유행하지 않았으며 그에 따라 서구지도의 '계몽적' 영향이 그다지 크지 못했음을 강조했다.

중적 수요를 리치가 제작에 직접 관여한 지도들로 충족시킬 수는 없었다. 특히 「곤여만국전도」「양의현람도」처럼 거대하고 화려한 세계지도를 직접 보고 소유할 기회를 얻은 이들은 소수에 불과했다. 따라서 리치 지도에 대한 수요는 대개 모사본을 통해서 충족될 수밖에 없었다. 특히『월령광의(月令廣義)』『삼재도회』『방여승략(方輿勝略)』『도서편』등 중국인들이 편찬한 백과사전이나 지도첩에 포함된 몇몇 모사본들이 서구 세계지도의 확산을 주도했다. 하지만 소수의 선교사들이 여러 지역에서 이루어진 자발적 모사와 확산을 통제할 수 없었기 때문에, 모사본의 질은 대개 그리 높지 않았다. 물론 선교사들의 원도(原圖)를 충실하게 재현한 것도 있었지만, 지도의 수학적 투사법과 그에 담긴 지리정보들이 대폭 간소화된 '소박한' 모사본의 수가 압도적으로 많았다.『방여승략』『도서편』에 실린 양반구형 세계지도는 리치의 원본을 비교적 정확히 재현한 경우이지만『월령광의』『삼재도회』의 지도는 도법을 무시한 것은 물론 경위선조차도 기입하지 않은 날림 모사본이었다(그림 5-1 참조).

이렇듯 엉성한 모사본이 유행한 현상은 앞서 언급한 이(Yee)의 주장을 잘 뒷받침한다. 선교사들의 세계지도가 널리 유행했음에도, 그 바탕이 되는 르네상스 유럽 지도학의 기하학적 투사법이 중국의 지도제작 관행에 그다지 영향을 주지 못한 것이다. 상황은 도리어 그 반대로서, 리치 지도는 모사과정에서 여러 모로 전통 중국지도와 비슷하게 변모했다. 예를 들어 중국과 조선에서 마떼오 리치의 지도로 널리 통용되던 그림 5-1의 모사본은 세계를 원형의 윤곽으로 표현했다는 점을 제외하면 그다지 '서구적'이란 인상을 주지 않는다. 원형의 윤곽은 '지구' 관념을 표현한 것이겠지만 실은 땅덩이가 평평한 원반이라는 인상을 강하게 준다. 경위도선을 비롯한 기하학적 장치가 생략되고 대륙과 해양의 윤곽이 간략히 묘사되어 전체적으로 형승도 부류의 엉성한 지도와 비슷한 꼴이 되었다. 이렇듯 엉성한 이미지는 첨부된 도설에 담긴 지구 모델과 투사법, 기후대, 시차, 백

그림 5-1. 마떼오 리치 「산해여지전도」의 모사본. 王圻 『三才圖會』 지리 권1, 속수사고전서 1233, 3上면.

야현상 등에 대한 언급들로 보완되었는데, 문헌과 이미지의 이러한 상호 보완적 관계 또한 이(Yee)가 전통 지도학의 중요한 특징으로 지적한 것이다.[4]

하지만 이러한 날림 모사본의 범람을 서구 지도제작술 전파의 '실패' 사례로만 본다면 일면적 이해일 것이다. 정밀한 도법을 결여한 '엉성한' 지도 또한 중국 지도전통의 정당한 일부였으며 청중의 특정한 수요를 잘 충족했다는 이(Yee)의 관점을 받아들인다면, 리치 지도의 모사본에 나타난 '변질' 또는 '실패'는 달리 보자면 서구식 지도가 전통적 지도의 특징을 획득해가는 과정으로도 볼 수 있다. 그런 점에서 서구식 세계지도가 확산되는 과정은 서구적 요소와 전통적 요소가 섞인 새로운 유형의 지도가 창조

---

4) 이에 대해서는 이 책의 제2장 5절 참조.

되는 과정이기도 했다.

　서구식 세계지도의 확산이 르네상스 지도제작술의 단순한 보급과정이 아니었던 것처럼 그 현상이 유럽 세계지리 지식과 세계상에 관한 승인을 뜻하지도 않았다. 이는 리치 지도의 모사본이 포함되어 그 유행에 널리 공헌한 명나라 말의 백과사전을 살펴보면 알 수 있다. 주목할 것은 『삼재도회』와 『도서편』 등 당시의 대표적 백과사전에 리치의 서구식 세계지도만 소개된 것은 아니라는 점이다. 서구식 세계지도는 대개 전통적인 양식의 세계지도들과 함께 수록되었다.

　예를 들어 『도서편』의 경우 세계지도라고 불릴 만한 것으로 다섯종이 실렸는데, 그중 「호천혼원도」(昊天渾元圖, 卷16), 「여지산해전도」(卷29), 「여지도」(卷29)가 서구식 지도라면, 그뒤에 이어지는 「사해화이총도」(四海華夷總圖, 卷29)는 불교식 남섬부주(南贍部洲) 지도이며, 권34에 실린 「고금천하형승지도(古今天下形勝之圖)」는 중국의 역사와 문물을 담아낸 형승도 계통의 지도다(그림 5-2, 5-3 참조).

　그렇다면 편찬자는 어떤 의도에서 이질적인 세계지도들을 병치했을까? 『도서편』에 실린 세 종류의 지도 중 리치류의 지도와 불가의 「사해화이총도」가 서로 양립하기 힘든 표상임은 분명하다. 「고금천하형승지도」 또한 여백에 여러 외이들과 『산해경』의 나라들이 첨가됨으로써 앞의 두 지도와는 다른 내용, 다른 방식으로 '천하'를 표현하고 있다. 세 종류의 세계지도가 지도제작법이나 담고 있는 세계상에서 서로 모순된다는 점을 편찬자 장황(章潢, 1527~1608)이 모르지 않았다면, 그는 어떤 의도에서 이들 모두를 자신의 백과사전에 포함했을까? 이들 문헌에서 리치의 지도는 다른 지도들과 어떤 관계를 맺고 있었을까?

　편찬자 스스로가 이를 명시하지 않았으므로 그 의도를 정확히 알기는 어렵지만, 문헌의 편찬목적이나 용도로 미루어 그 단서를 얻을 수는 있다. 『도서편』과 『삼재도회』 같은 백과사전은 학자들이 참고할 만한 고래의 학

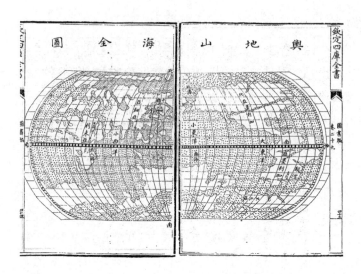

그림 5-2. 마떼오 리치 「여지산해전도」의 모사본. 章潢『圖書編』 권29, 사고전서 969, 553~54면.

설과 도적(圖籍)을 주제별로 분류하여 모아놓은 공구서(工具書)다. 따라서 특정한 도적의 채택 여부는 그 진위에 관한 편찬자의 입장보다는 공부에 참고할 만한 유용성이 있느냐 여부에 따라 결정된다. 그런 점에서 『도서편』은 저자 자신의 입장을 개진하는 저술과는 성격을 달리하는 문헌이다. 『도서편』 『삼재도회』에 실린 여러 종류의 상호모순되는 세계지도에 대해 편찬자들은 그 옳고 그름에 관계없이 모두 참고할 만한 세계표상임을 인정한 셈이었다.

　장황의 경우는 지도의 도설로 인용한 글을 통해 간접적으로, 또는 도설 끝에 자신의 견해를 직접 표현하여 해당 지도가 어떤 점에서 유용한지 밝히기도 했다. 예를 들어 장황은 「사해화이총도」의 도설 끝에 『산해경』과 같이 황당한 내용이 담겨 있는 이 지도를 "전적으로 신뢰할 수는 없지만

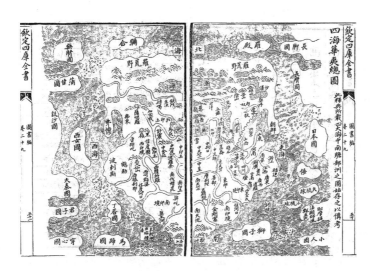

그림 5-3. 불교식 세계지도 「사해화이총도」. 章潢『圖書編』권29, 사고전서 969, 559~60면.

세계가 무궁함을 알 수 있게 하는"이점이 있다고 평가했다.[5] 전적인 부정
도 전적인 긍정도 아닌 유보적 태도를 보인 것이다. 이러한 입장은 리치 세
계지도의 경우에도 반복되었다. 「여지산해전도」의 서문(敍文)에 따르면,
이 지도는 이제껏 무한히 멀리 있다고 생각한 극서(極西)와 중국 사이의
거리를 이차법(里差法)으로 계산해냄으로써 세계가 유한하며 그 전체를
하나의 지도에 포괄할 수 있음을 보여주었다. 따라서 "(다른 지도들과 함
께) 보존하여 고찰해볼 만했다."[6] 이에 비해 「고금천하형승지도」는 앞의
두 지도와는 전혀 다른 목적으로 편입되었다. 이 지도는 뒤에 이어질 명
조(明朝)의 지리지를 보조하는 것으로서 그에 기록된 내용을 도상화한 것

5) 章潢『圖書編』卷29, 「四海華夷總圖」, 文淵閣四庫全書 969, 561下면.
6) 章潢『圖書編』卷29, 「興地山海全圖敍」, 552~53면.

이다. 이 지리지는 정통 지리문헌의 계통에 속한 것으로, 명조가 하·은·주 이래의 문명을 이어받은 중화의 적통이며 천하의 종주국이라는, 이른바 '황명일통(皇明一統)'의 세계상을 보여주기 위한 문헌이었다.[7]

　이상을 통해『도서편』등에서 리치의 지도를 소개한 것을 그에 담긴 정보와 세계상에 대한 승인으로 보기 어렵다는 점이 드러난다. 장황이『도서편』에 실린 여러 세계지도 중 리치의 지도가 '지리적 실재'를 표현한 것이며 그 나머지는 잘못되었다고 보지 않았다는 것이다. 그가『도서편』에 리치의 지도를 세 폭이나 포함한 것을 보면 서구식 지도에 우호적이었던 것 같지만, 그렇다고 그가 '존이불론'으로 요약되는 유보적 태도를 넘어선 것은 아니었다.

　『도서편』에 서구식 세계지도가 그 세계상과 제작법에서 양립하기 어려운 다른 종류의 지도와 공존한 일을 단지 백과사전 편찬자 개인의 절충주의적 성향 탓으로만 돌리기는 어렵다. 제2장에서 보았듯 이질적 세계표상이 긴장하며 공존하는 양상은 중국 세계지리 전통의 오래된 특징이었다. 그런 점에서 불가의「사해화이총도」와 유가의「형승도」를 함께 실은『도서편』의 절충적 편집은 전통적 세계지리의 지형을 잘 드러내주는 사례다. 달라진 점이라면 공존하던 지도의 목록에 서구에서 유입된 새로운 종류의 표상이 하나 더 첨가되었다는 것이다.

　하지만 그 서구적 표상이『도서편』에서처럼 이전의 토착적 세계지도와 구분되는 독자적 유형으로 존립할 수 있을지는 확실하지 않았다. 이미 명나라 말, 리치의 지도가 소개되던 당시부터 토착학인들은 서구적 지도와 지지를 고전적 세계표상과 비교하여 그 유사성과 차이에 주목하기 시작했다. 이어지는 논의에서 드러나겠지만, 이러한 비교작업의 결과 결국 서구식 지도와 지지는 토착적 세계표상과 뚜렷이 구분되는 독자적 정체성

---

7) 章潢『圖書編』卷34,「輿地總圖敍」, 665下면.

을 부여받지 못했다. 서구식 세계표상이 고전 지리학의 특정 요소와 연관지어졌던 것인데, 특히 이전부터 '비정통적' 요소로 간주되었던 추연이나 『산해경』의 경향과 동일시되었다. 고전지리학 전통 중에서도 '부정적' 요소와 연관지어진 일은 곧 서구 세계지리가 그 고전적 대응물과 함께 주변화될 운명임을 예고했다.

2. 서구 세계지리와 추연의 학설

서구 세계지리와 추연의 학설을 연관짓는 일은 마떼오 리치 시기부터 중국과 조선의 학인들 사이에서 널리 이루어졌다. 하지만 그 연관의 양상과 부정적 함의를 전형적으로 보여주는 사례는 기독교를 비롯한 서구문화에 대한 비판적 태도가 두드러진 반서학 문헌과 18세기 청조의 관찬 사서나 백과사전이었다. 서학에 대한 비판적 태도는 예수회의 선교 초기부터 중국과 조선 모두에 나타났지만, 중국의 경우 18세기 초 교황청과 강희제 사이의 '전례논쟁'을 거치며 심화되었다. 조선의 경우, 이미 18세기 초부터 나타난 반서학 경향이 급격히 고양된 것은 1790년을 전후하여 남인 일각의 개종자들이 유교적 정서에 반하는 스캔들을 일으키면서부터였다. 반서학·반서구 정서의 확산은 기독교는 물론 서구지식에 대해 이미 조선 지식사회에 잠재하던 의구심을 증폭시켰다. 예수회사의 세계지도와 세계지지에 대한 평가에서도 예외는 아니었다.

무엇보다도 이러한 문헌의 저자들은 서구 세계지리 문헌에 담긴 정보를 그다지 신뢰하지 않았다. 예를 들어 18세기 건륭연간 한림학사들에 의해 편찬된 청조의 공식 사서나 백과전서류의 문헌에는 앞 세기에 간행된 서구 지도와 지리서의 정보가 제대로 반영되지 않았다. 220권으로 이루어진 열전(列傳) 중 13권을 해외의 나라에 배당한 『명사(明史)』에는 유럽, 아프리카, 아메리카의 나라들 중 단지 뽀르뚜갈〔佛郞機〕, 네덜란드〔和蘭〕, 스페인, 이딸리아〔意大里亞〕 등만 포함되었다. 게다가 앞의 세 나라는 유럽이 아닌 말라카 근처 '남양(南洋)'의 나라들로 묘사되었으며, 심지어 스페인은 아예 필리핀〔呂宋〕과 같은 나라로 간주되었다.[8] 유럽의 나라로서 그 존재를 제대로 인정받은 경우는 오직 이딸리아밖에 없었다. 특히 『명사』의 이딸리아전에서는 그 나라 출신 마떼오 리치의 행적을 기술하는 가운데 그의 세계지도에 담긴 지식의 신빙성 자체에 의혹을 제기했다.

이딸리아는 대서양(大西洋)의 가운데에 위치하여 예로부터 중국과 통하지 않다가, 만력(萬曆)연간에 그 나라 사람 마떼오 리치가 경사(京師)에 이르렀다. 「만국전도」를 지어 말하기를, "천하에는 오대주가 있어 그 첫번째를 아시아라 한다. 그중에 무릇 100여국이 있는데 중국이 그중 하나다. 두번째를 구라파라 한다. (…)" 그 설이 황당하고 묘연하여 (옳은지 틀린지를) 밝힐 수 없다. 그러나 그 나라 사람들이 중국에 많이 모여들었으니, 그 땅이 존재함에 대해서는 의심의 여지가 없다.[9]

리치의 오대주 구도를 황당하다고 본 『명사』의 논조는 알레니의 『직방외기』와 페르비스트의 『곤여도설』에 대한 사고전서 편찬자의 평가에도 반복되었다. 『직방외기』는 "기이한 내용이 많아 (…) 과장하고 꾸며낸 것이 많다"는 평가를 면하기 어려웠다.[10] 이러한 태도가 서구 지리지식에 대한 전적인 부정은 아니었지만, 그에 대한 인정은 더더욱 아니었다. 『직방외기』와 『곤여도설』은 그 존재 자체를 부인하기는 어려웠던 유럽 나라들을

---

8) 유럽 나라들에 대해 『명사(明史)』가 범한 오류에 대해서는 Kenneth Chen, 앞의 글 354~55면 참조.
9) 『明史』 卷326 「外國傳」(北京: 中華書局 1974), 8459면.
10) 알레니 『職方外紀』 提要, 四庫全書 594, 280上면.

기록한 드문 자료였고, 그 때문에 사고전서에 포함될 수 있었다. 하지만 그 속에 담긴 여러 황당한 내용들과 오대주의 구도는 사실로 인정하기에는 석연치 않은 구석이 많았다.[11]

서구 세계지리에 대한 중국인들의 냉담한 태도를 전례논쟁 이후 서양의 이미지가 악화된 탓으로만 돌리기는 어렵다. 무엇보다도 서양 천문학의 경우, 17세기 후반 페르비스트가 양광선을 몰아낸 이후로는 반서학적 풍조하에서도 왕조의 공식역법으로서의 지위에 근본적 도전을 받은 적이 없었다. 도리어 매문정 이래 '중국기원론'적 논변을 통해 서양 천문학을 고대중국의 유산으로 자리매김하려는 노력이 진지하게 진행되었다. 이렇듯 천문학의 상황과는 사뭇 다른 서구 세계지리의 처지를 이해하려면, 이를 둘러싼 당시의 지형을 좀더 세밀하게 이해할 필요가 있다.

우선 왕조의 공식역법을 위해 필수불가결한 천문학과는 달리 당시 중국 학자들에게 세계지리 지식이 그리 유용한 분야가 아니었음을 지적할 수 있다. 중국 바깥의 먼 이역에 대한 관심의 쇠퇴는 명나라 초부터 시작되었다. 당나라에서 원나라에 이르는 활발한 대외무역과 국제교류의 시기

---

11) 물론 청조의 대외관계를 서술한 다른 문헌에서는 유럽에 대한 정보가 좀더 상세해졌다. 『황청직공도(皇淸職貢圖)』의 경우 포함된 유럽 나라의 수가 늘어났으며, 『가경중수일통지(嘉慶重修一統志)』에는 아예 「서양」이 독립되어 페르비스트의 『곤여도설』 등을 근거로 주요 나라들이 비교적 상세히 소개되었다(卷552). 이는 아담 샬, 페르비스트, 부베, 브누아 등 유럽 출신 선교사들이 청나라 궁정에서 활동한데다 청조가 러시아와 교황청 등과 국경문제와 전례논쟁을 계기로 공식 접촉한 사실을 반영한다. 그런 점에서 이들 문헌에서 서양에 대한 기록의 증가는 유럽에 대한 청조의 경험이 누적된 현상을 드러내지만, 그렇다고 이를 선교사들의 지리문헌에 대한 공식적 인정을 뜻한다고 보기는 어렵다. 게다가 뽀르뚜갈과 네덜란드에 대한 '오해'는 여전했으며, 게다가 한자음이 유사한 프랑스(法蘭西 또는 弗郞西)와 뽀르뚜갈(佛郞機)에 대한 혼동까지 추가되었다. 『황청직공도』의 「法蘭西」에는 이 나라가 『명사』의 '佛郞機'와 같은 나라로서 본래 불교를 숭상했으나 훗날 천주교를 받아들였고, 그 때문에 그들의 거점인 마까오에 서양인들이 모여들게 되었다고 기술했다(『皇淸職貢圖』 卷1, 四庫全書 594, 427면).

는 영락제의 환관 정화의 전설적인 항해를 기점으로 막을 내렸으며, 이후 중국의 관심은 주로 변방을 위협하는 서북방 유목민족이나 남방의 '왜구'로 축소되었다. 그뒤로 19세기 중엽 유럽열강의 위협이 본격화되기 전까지 해외의 먼 나라들에 대한 정보는 중국 조정과 지식인들에게 별다른 정치적·경제적 중요성을 지니지 못했다.[12] 이러한 경향은 17세기 후반 고염무를 기점으로 중국의 역사와 지리에 대한 연구가 활발해지기 시작한 뒤에도 바뀌지 않았다. 지리학을 경세치용에 긴요한 분야로 간주한 고염무는 『천하군국리병서(天下郡國利病書)』라는 방대한 지리서를 집필했지만, 정작 세계지리에 대해서는 그다지 관심을 보이지 않았다.[13] 피터슨에 따르면, 18세기 고증학계에서 일어난 역사지리학의 유행은 명나라 말의 개방적인 분위기가 소멸하고 지식사회의 관심이 '우리'의 전통과 문화로 협소화되었음을 뜻했다.[14] 지방지가 널리 간행되고 행정단위의 연혁을 추적하거나 고대문헌의 지리기록들을 비정(比定)하는 역사지리학이 고증학의 전문분야로 번성하는 가운데에도, 세계지리에 대한 전반적 무관심은 계속 이어졌다. 엘먼의 표현처럼 청나라 초를 기점으로 중국 지리학에서 "내부로의 선회"(turn inward)가 진행되었던 것이다.[15]

　세계지리에 대한 무관심에 관한 한, 중화주의적 세계질서의 주변부에 위치한 조선의 왕실과 지식인들은 그 정도가 한층 더 심했다. 중국의 '제후국'이던 조선의 대외관계는 중국과의 사대(事大), 주변 나라들과의 교린

---

12) Richard J. Smith, *Chinese Maps: Images of All under Heaven*, 12~13면.

13) Kenneth Chen, 앞의 글 350면.

14) Willard J. Peterson, "From Interest to Indifference: Fang I-chih and Western Learning," *Ch'ing-shih wen-ti* 3(5)(1976), 83~84면. 피터슨은 이러한 변화로 인해 17세기 말부터 서학에 대한 '무관심'이 일반화되었다고 주장하지만, 이러한 표현은 극단적인 것으로 보인다. 매문정의 뒤를 이은 18세기 청대 고증학자들의 서양 천문학에 대한 관심은 여전히 높았다.

15) Benjamin Elman, "Geographical Research in the Ming-Ch'ing Period," 10~11면.

(交隣)을 주축으로 했으며, 그에 따라 조선은 중국의 매개를 거쳐 넓은 세계에 연결되었다. 조선의 지식인들은 외국에 대한 지리정보를 대개 중국에서 간행된 세계지리 문헌을 통해 접했다. 중국 세계지리 문헌의 소비자였던 조선 지식인들은 스스로 세계지리 문헌을 생산해야 할 필요가 그다지 없었다. 17세기 이래 예수회 선교사들의 세계지리 문헌이 중국을 경유하여 조선에 유입되자 상당수의 지식인이 이를 읽고 흥미로운 논평을 남겼지만, 지식사회의 진지한 관심거리가 되지는 못했다.

오히려 18세기 조선에서는 동시대 중국처럼 자국의 역사와 지리에 대한 관심이 고조되었으며,[16] 그에 따라 세계지리와 국내지리 사이의 불균형은 더욱 심화되었다. 몇몇 논자들은 심지어 외국의 지리에 대한 관심이 무용함을 주장하기도 했다. 예를 들어 18세기 말~19세기 초 조선사와 조선지리 연구의 주도자 중 한사람인 정약용은 중국의 역사와 지리 또는 『산해경』 등의 황당한 지리지식에 탐닉하는 학계의 '허황한' 풍토를 다음과 같이 비판했다.

아! 먼 것에 힘쓰고 가까운 것을 소홀히 하는 것이 고금의 공통된 병폐이나, 우리 동방이 더 심하다. 비록 성명(聲名)과 문물을 중화로부터 모방했지만, 도서(圖書)의 틀과 기록에서는 마땅히 우리나라의 것을 밝혀야 한다. 우리 강토의 바깥으로부터 기이한 것을 찾고 신이한 것을 수집하여 그 궁구(窮究)할 수 없는 이치를 궁구하는 것이 어찌 우리 강토의 안으로부터 가까운 것을 살피고 실질적인 것을 조사하여 밝히지 않을 수 없는 일들을 밝히는 것만 하겠는가![17]

---

16) 조선후기 역사학과 지리학 연구에 대해서는 한영우 『朝鮮後期史學史硏究』(일지사 1989); 조동걸·한영우·박찬승 엮음 『한국의 역사가와 역사학』 上(창작과비평사 1994); 배우성 『조선후기 국토관과 천하관의 변화』(일지사 1998) 참조.
17) 丁若鏞 「地理策」, 『與猶堂全書』 제1집 제8권(아름출판사 1995), 604~605면.

정약용에게 '먼 곳'은 일용(日用)의 '가까운 곳'에 힘을 쏟아야 할 유자(儒者)의 바람직한 공부대상일 수 없었다. '먼 곳-가까운 곳'을 '허학(虛學)-실학(實學)'의 대립과 등치시킨 정약용의 구도는 조선과 중국의 진지한 유교 지식인들이 세계지리를 대한 태도를 잘 보여준다. 그것은 신이한 것에 대한 호기심이나 파한의 욕구를 충족해주는 것일 뿐 유자가 진지한 노력을 기울여야 할 분야는 아니었다.

세계지리가 무용하다는 생각이 서구 세계지리 문헌에 대한 냉담한 태도의 한가지 원인이었던 것은 분명하지만, 그럼에도 그것만으로는 서구 지리학에 대해 널리 퍼져 있던 불신감의 폭과 깊이를 충분히 설명해주지는 못한다. "황당하고 묘연하다(荒渺)"는 『명사』의 평가에는 해당 지식의 진위에 대한 유보적 태도를 넘어 그 이념적 불온함에 대한 의혹이 짙게 스며 있다. 토착 유교 학인들이 느낀 서구 세계지리서의 이념적 부적절함은 무엇보다도 그 속에 포함된 기독교적 요소들, 그리고 중국중심적 관념과 충돌하는 지리적 세계상에서 비롯되었다. 예를 들어 『명사』와 비슷한 시기에 편찬된 청대의 공식 백과사전 『황조문헌통고(皇朝文獻通考)』의 편찬자는 서양인들이 조그만 크기의 '마젤라니카(墨瓦蠟泥加)'를 중국과 대등한 대륙으로 간주했다며 불만을 토로했다.

천리 가량의 땅(마젤라니카를 말함)을 하나의 대륙으로 이름 짓고 중국 수만리의 땅도 하나의 대륙이라 하니, 말이 앞뒤가 맞지 않다(以矛刺盾). 그러므로 그 망령됨과 오류를 굳이 비판하지 않는다고 해도 저절로 허물어질 것이다. 또한 그가 스스로 서술한바, 자기 나라의 풍토, 물정(物情), 정교(政敎)에 오히려 중화가 따라잡지 못하는 점이 있다는 말은, 비록 황당하고 아득하며 조리가 없지만, (그곳의) 물과 땅이 기이하고 사람의 품성이 질박하여 아마 그런 점이 있을 수도 있을 것이다. 그러나 그들이 제시한 오대주의 학

266

설에 있어서는 그 말이 과장되어 믿기 어렵다.[18]

인용문에서 드러나듯 서구 세계지리에 대한 의혹은 무엇보다도 그것과 중화주의적 세계상 사이의 '모순'에서 비롯되었다. 서구 지리지식은 그 진위 문제 이전에 부적절한 세계상에 기초하고 있었던 것이다. 조선의 안정복은 마떼오 리치의 『변학유독(辨學遺牘)』의 구절을 들어 기독교 유럽에 대한 선교사들의 미화(美化)에 불편한 심기를 드러낸 경우다.

서사(西土)가 말하기를, "예수가 가르침을 편 이후로 지금까지 1천 7,8백년이 흐르는 동안 교화(敎化)가 인근 국가로 확산되어, 왕위를 찬탈하고 시해하는 일이나 남의 나라를 침략하는 해가 없어졌다. (…) 중국에는 성인이 많기는 하지만, 한 대(代)가 일어났다가는 없어지고 마니 중국의 가르침이 그 근본을 탐구하지 못해서 그런 것임을 알 수 있다"고 한다. (…) 과연 그러한가?

대답: 모두 과장하여 부풀린 말이다. 일찍이 역대의 여러 사서들을 보건대 한나라 애제(哀帝) 이후로 대서(大西)의 오랑캐들이 서로 침략하여 병합한 경우가 많았으니, 사서가 어찌 거짓말을 하겠는가![19]

안정복은 선교사들이 세계지리 문헌에서 기독교가 포교된 이후 유럽이 중국과는 달리 전쟁, 왕위의 찬탈, 관료의 부패가 없는 이상세계를 건설했다고 과장한 점에 깊은 불쾌감을 보인 것이다.

---

18) 『皇朝文獻通考』, 陳觀勝 「利瑪竇對中國地理學之貢獻及其影響」周康燮 主編『利瑪竇硏究論集』, 147~48면에서 재인용. 마젤라니카의 크기를 천리 가량으로 본 것은 『직방외기』「마젤라니카」에 언급된 마젤란 해협의 길이를 근거로 한 것이다.
19) 安鼎福『順庵集』卷17,「天學問答」, 고전국역총서 291(민족문화추진회 1996), 242~43면.

중국과 조선의 학인들이 중화주의적 세계관과의 충돌, 기독교와의 연루로 인해 서구 세계지리 지식을 문제삼았다면, 그 비판의 구체적 방식을 결정한 것은 바로 고전적 지리전통의 내적 균열이었다. 제2장에서 보았듯 고전 지리문헌은 추연과 『산해경』의 신화적 지리전통과 『사기』 『한서』 등에서 비롯된 경험적 지지(地誌) 전통으로 나뉘어 있었다. 서구 세계지도와 세계지지를 접한 17, 18세기의 학인들은 이를 대개 추연·『산해경』의 전통과 유사하다고 생각했으며, 그에 따라 이들 신화적 지리전통에 제기되어오던 비판을 서구 지리학에도 그대로 적용했다. 그들의 눈에 서구 세계지리는 추연과 『산해경』 전통의 핵심적 특징 모두를 공유한 것으로 비쳤다. 그둘은 공통적으로 세계 '전체'를 포괄하는 지리적 표상을 시도했으며, 그에 따라 상대적으로 왜소해진 중국을 세계의 주변에 위치시켰고, 중국 바깥의 넓은 세계에는 기이하고 황당무계한 민족과 사물들을 포진시켰다.

세계가 다섯 대륙으로 이루어져 있고 중국은 아시아주의 동남방에 있다는 리치의 구도는 천하가 커다란 아홉 대륙으로 이루어져 있으며 중국이 그 동남쪽 모퉁이에 있다는 추연의 구도와 대륙의 개수만 다를 뿐 사실상 같은 지리적 구도를 제기했다고 받아들여졌다. 그런 점에서 사마천이 추연에 대해 제기한 "과장되고 정도에서 벗어났다(閎大不經)"는 평가가 서구 세계지리에 대한 당대의 평가에도 그대로 차용된 것은 그리 놀라운 일이 아니다. 18세기 초 조선의 천문부서 관상감을 책임지고 있던 최석정(崔錫鼎, 1646~1715)이 그 좋은 예다. 그는 1708년 관상감에서 두 폭의 병풍으로 모사한 아담 샬의 천문도와 리치의 세계지도에 대해 엇갈리는 평가를 내렸다. 천문도에 대해서는 "천상(天象)의 진면(眞面)을 얻었다"며 찬사를 보낸 반면, 세계지도에 대해서는 유보적인 태도를 취했던 것이다.

고금의 지도가 비록 한가지는 아니지만, 모두 평면으로 모난 땅을 묘사하고, 중국의 성교(聖敎)가 미치는 곳까지를 바깥 한계로 삼았다. 지금 서양 선비들의 설은 지구를 주로 하니, (…) 하나의 큰 원으로 몸체를 삼고 남북으로는 가느다란 굽은 곡선을, 동서로는 세로로 그어진 직선을 첨가했다. 지구의 상하사방에 걸쳐 만국의 이름을 기입했으니, 중국의 구주(九州)는 북반구의 아시아주에 위치해 있다. 그 학설이 비록 굉활교탄(宏濶矯誕)하며, 황당무계하고 정도에 벗어났으나(無稽不經), (서양에서) 그 학술의 전수에 나름의 유래가 있어 경솔하고 조급하게 폐기할 수 없는 바가 있으므로 어쩔 수 없이 남겨서 기이한 견문을 넓히도록 한다.[20]

최석정은 고전적 세계지도들이 중국의 '성교'가 미친 세계, 즉 중국과 적절한 방식으로 교류한 세계만을 묘사한 데 비해 리치의 세계지도는 지구 전체를 포괄한 점을 그 두드러진 특징으로 판단했다. 하지만 이는 사마천 이래 유가들의 일반적 입장, 즉 광대하고 풍요로운 세계 전체를 포괄하는 표상이 불가능하다는 판단과 배치되었다. 결국 그는 서구 세계지도에 대해 추연에 대한 사마천의 평가를 적용하여 "굉활교탄, 무계불경(無稽不經)"이라고 판단했다.

이러한 표현에는 단지 서구 지리지식의 진위에 대한 인식론적 유보뿐만 아니라 서양인들의 지적 경솔함에 대한 윤리적 비판도 포함되어 있다. 세계 전체를 표현하려 한 서양인들은 과거 추연과 마찬가지로 불가지(不可知)에 대해 확정적으로 담론하는 지적 오만을 범했다. 18세기 조선 학자로서 이익 문하의 보수적 문인이었던 신후담은 자신의 서학비판서 『서학변』(西學辨, 1724)에서 오대주설을 주장한 서양 선교사들의 지적 오만을 문제

---

20) 崔錫鼎 『明谷集』 卷8, 「西洋乾象坤輿圖二屛總序」(『명곡선생문집』 제8책, 경인문화사 1997, 172~73면): 古今圖子非一揆, 而皆以平面爲地方, 以中國聖敎所及爲外界. 今西士之說 以地球爲主 (…) 仍以一大圓圈爲體, 南北加細彎線, 東西爲橫直線. 就地球上下四方, 分布萬國 名目, 中國九州, 在近北界亞細亞地面. 其說宏濶矯誕, 涉於無稽不經, 然其學術傳授有自, 有不 可率爾卞破者, 姑當存之以廣異聞.

삼았다.

또 천하의 무수한 구역으로서 직방씨(職方氏)가 기록한 곳 바깥의 먼바다와 (하늘과 땅이 접하는) 막막한 곳에 있는 것들은 거리가 아주 멀어 육지나 바다로 통하지 못한다. 비록 기이한 형상의 나라가 그 가운데에 흩어져 있다고 해도 실제로 가서 실상을 징험(徵驗)할 수 없을 것이니, 이는 곧 군자가 내버려두고 논하지 않는 것이다. 저 서양의 선비들이 비록 멀리 유람하는 데 뛰어나다고 해도 반드시 천지사방의 끝까지 다다를 수는 없으므로 바다 가운데에 있는 여러 나라들에는 혹 널리 이르지 못한 곳이 있을 것이다. 단지 자신의 이목(耳目)이 미친 것으로 구차히 기록하여 다섯 대륙을 지정하고는 오만하게도 자신이 천하의 모든 곳을 다 보았다고 하니 그 견식이 어찌 그리도 작은가.[21]

리치의 지구설을 왕부지가 누추한 소견이라고 지적했듯 신후담도 절역(絶域)의 지리에 대해 확정적으로 담론한 선교사들을 견식이 짧다고 비판했다. 아득히 먼 지역의 지리에 대한 '군자'의 적절한 태도는 "내버려두고 논의하지 않는 것[存而不論]"인데도 서양인들은 경솔히 그 한도를 넘어버렸다는 것이다.

서구 세계지리가 세계 전체를 포괄하려 한 점에서 추연의 구도와 동일시되었다면, 성서의 기적과 여러 기이한 민족, 사물 등 서구 세계지리서에 담긴 '해괴한' 기사들은 『산해경』 등의 지괴문헌과 동일시되는 이유가 되었다. 중국 고대문헌을 뒤져 지구설의 중국기원을 주장했던 청대 고증학자들의 박학함은 세계지리 분야에서도 발휘되었다. 이들은 서구 세계지리서와 고대 지괴문헌의 내용 사이에도 유사성이 있음을 확인했다. 사고전

---

21) 愼後聃『西學辨』, 李晩采 編・金時俊 譯『闢衛編』(한국자유교양추진회 1984), 83~84면.

서 편찬자는, 동방삭(東方朔)의 『신이경(神異經)』에 나오는 거인 부부의 설화가 『곤여도설』에 세계 7대 불가사의의 하나로 소개된 로도스[樂德] 섬의 청동거인과 흡사하다는 점을 비롯해서 두 문헌 사이에 몇가지 비슷한 기사가 등장함을 지적했다. 이는 곧 선교사들의 지식이 본래 중국의 지괴문헌에서 기원한 것이 아닌가 하는 추측으로 이어졌다. 그들이 중국에 온 뒤 "중국의 고서(古書)를 보고는 이를 모방하여 이야기를 꾸몄을 수 있다"는 것이다.[22]

장대한 스케일과 그 속의 기이한 기사 덕분에 추연·『산해경』의 전통과 동일시된 서구 세계지리는 그에 대한 처분에서도 유사한 언도를 받았다. '존이불론'의 태도가 적용된 것이다. 유가 지식인들이 『산해경』 등의 문헌을 정당하다고 인정하지 않았지만 그렇다고 아예 폐기하지도 않은 것처럼 서구 세계지리에 대해서도 지식의 주변부에 존립할 여지를 남겨두었다. 그 이유는 그 가운데에 사실로 볼 만한 내용이 있어서이기도 했지만, 근본적으로는 아무리 황당한 견문이라 해도 그것이 사실로 판명될 가능성을 전적으로 배제할 수는 없기 때문이었다. "천지의 광대함으로 미루어본다면 어떤 것인들 존재하지 않을 수 있겠는가!" 따라서 "기록하여 보존함으로써 기이한 견문을 넓힌다면" 훗날에 그 지식이 어떤 용도로 사용될지 알 수 없는 일이었다.[23]

"내버려두고 논의하지 않는다"는 것은 관대한 처분이었다. 무엇보다도 그 덕에 서구 지리지식은 불온한 힘을 보존한 채 존립할 수 있었다. 토착 지식사회에 훨씬 더 우호적으로 수용된 지구설은 오히려 그 때문에 고전 우주론 전통에 깊이 동화되었다. 반면 서구 세계지리 지식은 정통적 지식으로 인정받지 못했기 때문에 도리어 이질적 매력을 보존할 수 있었다. 이

---

22) 『坤輿圖說』에 대한 제요, 四庫全書 594, 729下~730上면.

23) 『職方外紀』에 대한 제요, 280면: 然天地之大, 何所不有, 錄而存之, 亦足以廣異聞焉.

는 토착학인들이 서구 지리지식에 대해 지구설에서와 같은 문헌학적 작업을 시도하지 않아서가 아니었다. 중요한 차이는 이때 동원된 고전적 요소가 추연·『산해경』 등의 비정통적 부류였다는 점이다. 이는 서구 세계지리가 지닌 이질성에 추연의 학설과 『산해경』의 견문이 지식의 주변부에서 오랫동안 보존해온 불온한 힘을 중첩시키는 효과를 창출했다.

실제로 서구 세계지리와 추연·『산해경』 사이의 연관이 언제나 부정적인 방식으로 이루어진 것은 아니다. 특히 명나라 말에는 그 둘을 우호적인 방식으로 연관짓는 경우가 자주 발견된다. 물론 『산해경』과 같은 문헌은 당시에도 유가 지식인들에게 불신의 대상이었다. 마떼오 리치 스스로도 자기 지도가 『산해경』과 연동되는 일을 그리 달가워하지 않았다. 그는 자신이 "삼수국(三首國), 후안국(後眼國), 불사국(不死國)" 같은 기괴한 민족을 본 적이 없다며, 실제 항해경험에 바탕을 둔 자기 지도를 『산해경』의 전통과 분리하려 했다.[24] 하지만 리치의 지도에 서문을 써준 우호적인 사대부들은 빈번히 리치를 추연과 긍정적으로 연루시켰다.

남경판 「산해여지전도」(1600)를 간편한 책자로 제작한 귀주 태수 곽청라(郭青螺)의 서문은 리치와 추연을 아마도 가장 극적인 방식으로 연결한 경우일 것이다. 그에 따르면, 중국을 넘어서는 광대한 세계를 담론한 추연·『산해경』의 학설은 훗날 사마천에 의해 터무니없다고 매도당했지만, "그로부터 4천년 뒤 태서국의 리치가 「산해여지전도」를 가지고 중국에 들어와 (…) 사람으로 책(『산해경』)을 증명"했다. 한마디로 리치는 추연 학설의 부활을 도운 "추연의 충신(忠臣)"이었다.[25] 흥미로운 점은 리치와 그의 지

---

24) Pasquale M. D'Elia, S.J., "Recent Discoveries and New Studies(1938~60) on the World Map in Chinese of Father Matteo Ricci SJ," 156~58면.

25) 郭青螺 「山海輿地全圖」 서문, D'Elia, S.J, "Recent Discoveries and New Studies (1938~60) on the World Map in Chinese of Father Matteo Ricci SJ," 104면: 四千載後, 太西國利生, 持山海輿地全圖入中國, 爲騶子忠臣也, 則以人證書也. "사람으로 책을 증명했

272

도에 대한 곽청라의 신뢰감이 추연과 『산해경』으로 전가되고 있다는 것이다. 『주비산경』이 지구설을 담고 있다는 이유로 비정통적 문헌에서 고대 우주론의 정전(正典)으로 격상된 것과 비슷한 일이 추연의 학설의 경우에도 일어난 것이다.[26] 리치의 세계지도와 추연 학설의 긍정적 연결은 조선에서도 확인된다. 리치의 세계지도에 매혹되어 이를 모사한 이종휘(李種徽)는 세계지도의 대륙과 해양 배치에서 직접 추연의 구도를 확인했다. "리치 지도의 소양해(小洋海)는 (추연이 말한) 비해(裨海)이며, 대양해(大洋海)는 곧 영해(瀛海)"다. 이를 근거로 그는 리치의 학설이 실제로 중국에서는 2천년 동안 전승되지 못한 추연의 학설에 뿌리를 둔 것이 아닐까 추측했다.[27]

하지만 이종휘와 같이 추연과 리치의 유사함을 두 학설의 구체적 내용에서 찾으려는 시도는 그리 일반적이지 않았다. 서구 천문지리학에 얼마간 소양을 지닌 사람이라면 추연과 리치의 학설에 현격한 차이가 있음을 어렵지 않게 알 수 있었다. 추연의 학설이 '평평한 땅'의 관념을 바탕으로 한다는 점이 그 하나였지만, 그의 학설이 실제 경험에 근거하지 않은 상

다"는 표현은 1천여년 전 곽박의 「주산해경서(注山海經序)」에 담긴 논의를 암시한다. 곽박 당시에 전국시대의 묘에서 『목천자전(穆天子傳)』이 발굴되었는데, 곽박은 이를 근거로 사마천 이래 불신받아온 『산해경』의 신빙성이 입증되었다고 주장했다(정재서 역주 『산해경』, 34~35면). 곽청라는 『목천자전』이 『산해경』을 증명한 것이 "책으로 책을 증명한 것(以書證書)에 불과하다면, 리치의 도래는 사람으로 책을 증명한 것으로서" 추연의 학설에 대한 더 확실한 증거라고 예찬했다.

26) 추연 학설의 재평가는 어느정도 『주비산경』의 지위 변화와 연동된 현상이기도 했다. 강영은 『주비산경』을 정전으로 추인한 후, "전국시대 추연이 구주의 바깥에 대영해가 있어 그를 두르고 있다고 말한 것도 『주비산경』에 근거한 것"이 아닐까 추론했다(江永 『數學』, 611下면).

27) 이종휘는 지리적 구도의 유사함뿐만 아니라, 두 학설이 모두 '인의절검(仁義節儉)'을 종지로 한다는 공통점도 지적했다. 그는 추연이 아홉 대륙을 말한 데 비해, 리치가 여섯 대륙밖에 말하지 못한 것은 리치가 지상세계 전체를 경험하지 못한 때문일 것이라고 생각했다(李種徽 『修山集』 卷4, 「利瑪竇南北極圖記」, 81면).

상에 불과하다는 점도 널리 지적되었다. 명나라 말 알레니의 『직방외기』에 고무되어 『지위』(地緯, 1624)라는 세계지리서를 저술한 웅인림(熊人霖, 1604~66)에 따르면, 지상세계의 전모를 직접 경험하지 않은 추연의 학설은 실상과 부합하지 않지만 그에 비해 실제 경험에 근거한 선교사들의 정보는 "고찰해보아 오류가 없었다."[28] 17세기 중반 조선의 김만중(金萬重)도 비슷한 입장이었다. 추연의 구주설과 불가의 사천하론(四天下論)은 유치한 소견을 넓혀주기 위한 이야기일 뿐으로, 만약 "(지상세계의) 참모습을 밝히려면 이치와 술법이 확실한 서양의 지구설을 따라야" 했다.[29] 그는 이렇듯 서구 학설에 전폭적인 신뢰를 보냈지만, 세계의 광대함을 주장한 추연이나 불가의 세계상 또한 적어도 좁은 세계에 국한된 "유치한 소견"을 계몽하는 이점이 있다고 보았다. 이러한 견해는 추연에 대한 우호적인 이미지의 실상을 적절히 표현한 것으로 보인다. 추연은 구체적인 학설보다는 그 상상력으로 당대 학자들에게 호소하고 있었던 것이다.

실로 추연의 매력은 세계 전체를 포괄하는 지식체계를 추구한 그 장대한 스케일에서 비롯되었다. 그의 저술이 남아 있지 않은 상황에서 후대 사람들이 추연에 대해 알 수 있는 정보란 사마천의 간략한 소개에 담긴 학설의 규모, 그리고 작고 가까운 곳에서 시작하여 거시와 미지의 영역으로 추론해가는 그의 방법론이었다. 비록 사마천은 이에 대해 "굉대불경(閎大不經)"이라는 부정적 평가를 내렸지만, 그럼에도 그의 학설이 발산하는 매력을 완전히 지우지는 못했다.

추연은 나라를 다스리는 자가 음란함과 사치에 빠져, 덕을 숭상하기를 (『시경(詩經)』) 「대아(大雅)」에서 말한 것처럼 자신부터 가지런히 하여 서민들

---

28) 熊人霖 『地緯』, 「自序」, 1a~2a.
29) 김만중, 홍인표 옮김 『西浦漫筆』(일지사 1987), 284~85면.

에게까지 펴나가는 것과 같이 할 수 없음을 목도했다. 이에 음양이 성쇠(盛衰)하여 괴이한 변화를 일으키는 것을 깊이 관찰하여 『종시(終始)』『대성(大聖)』 등의 책 10여만 언(言)을 지었는데, 그 말은 과장되고 정도에서 벗어났다. 반드시 먼저 작은 사물에서 징험한 후 미루어 확대함으로써 무한에까지 이르렀다. 먼저 현재로부터 황제에 이르기까지 학자들이 공유하는 학술과 세상의 성쇠를 차례로 서술한 뒤, 그 기상(機祥)과 제도(制度)를 기재한 것에 근거하여 먼 과거로 소급함으로써 천지가 생겨나기 이전 그윽하고 궁구할 바 없는 데까지 거슬러올라갔다. 먼저 중국의 명산과 대천, 계곡의 금수, 물과 땅에서 자라는 것, 진기한 물류를 나열한 뒤, 이에 근거하여 바다 바깥, 사람이 눈으로 볼 수 없는 곳에 미쳤다.[30]

경험을 넘어서는 영역에 대한 논의를 억제한 '존이불론'의 경구는 도리어 그에 도달하려는 열망을 전제한다. '존이불론'은 절대적으로 지켜야 할 규범 또는 적극 권장해야 할 덕목이 아니라, 논의가 부적절한 주제로 탈선하는 일을 막기 위한 현실적이며 불가피한 조치였다. 만약 기존 지식의 한계를 넘을 적절한 수단이 갖추어졌다고 판단되면, 그 한계를 넘어서는 사람들이 곧 나타났다. 공자가 논의하지 않은 귀신에 대해 이기음양(理氣陰陽)의 형이상학을 이용하여 담론한 주희가 좋은 예일 것이다.

17세기 유입된 서구의 천문지리학은 당대 일군의 유학자들에게는 기존 지식의 한계를 크게 확장할 새로운 수단으로 비춰졌다. 명나라 말 웅명우는, 비록 추연을 언급하지는 않았지만 과거 그가 추구한 지식의 범위에 도달할 수 있는 시기가 도래했다고 판단했다. "천상에서 지상에 이르기까지 삼라만상의 소이연과 부득불연(不得不然)의 이치를 밝히겠다"는 『격치초』의 선언은 다분히 과거 추연의 야심을 연상시킨다. 진지한 유자 웅명우가

---

30) 『史記』 卷74 「孟子荀卿列傳」(臺北: 啓明書局 1961), 400~401면.

이렇듯 '과장되고 정도에서 벗어난' 기획을 시도할 용기를 낸 것은 상당부분 예수회사들의 천문학·지리학·자연철학 지식에 힘입은 것이었다. 불현듯 명나라를 방문한 서양의 '담자(郯子)' 예수회사들은 이전에 꿈꾸지 못한 영역의 지식을, 그것도 확실한 근거를 가지고 보여주었다. 지상세계의 기후대·시차·계절의 변화를 일목요연하게 설명해주는 지구설, 세계 만국을 포괄하는 오대주의 구도와 세계지도는 이전 『산해경』 『회남자』 등 비슷한 스케일을 지닌 문헌들과는 달리 정교한 천문 관측과 스스로의 항해경험으로 뒷받침되었다. 이를테면 서구 천문지리학은 '실학'의 토대가 될 수 있었다. 이전까지 '허학'의 근원으로 간주되던 추연의 상상력이 서구의 견고한 지식과 결합하여 이제는 유가의 영역으로 편입되고 있었던 것이다.[31]

웅명우가 추연을 명시적으로 언급하지 않은 데 비해, 한 세대 뒤에 활동한 학자 손란(孫蘭)은 스스로를 추연의 계승자로 밝힌 경우다. '어구(禦寇)'라는 별명을 가진 그는 청나라 초 아담 샬에게 직접 서양 천문학과 수학을 배운 인물이다.[32] 그밖에는 그의 행적에 대해 알려진 것이 없지만, 그의 저술 『여지우설(輿地隅說)』에 나타난 지향은 서구 천문지리학을 토대로 포괄적 지식체계를 세우려 한 웅명우, 게훤 등과 유사했다.[33] 그는 자신의 목표를 "(현상의) 소이연과 소당연(所當然), 그리고 천지가 존재하기 이전의 시초로부터 천지가 존재한 이후에 이르기까지" 포괄하는 것이라고 밝혔는데,[34] 이는 사실상 『사기』에 기록된 추연의 기획을 표방한 것이다. 심지어 그는 서구 지구설과 추연의 81분된 세계상을 연관시켰다. 그에 따르

---

31) 웅명우에 대해서는 이 책의 제3장 3절 참조.

32) 어구는 열자(列子)의 이름이다(黃鍾駿 『疇人傳四編』 卷7, 續修四庫全書 516, 657~58면).

33) 손란이 『여지우설』의 「자서」를 작성한 해는 1694년이지만, 이 책은 곧 잊혔다가 100여 년 뒤 우연히 발견되어 1807년 본래 4권으로 이루어진 원본이 3권으로 축약 간행되었다. 叢書集成續編 88에 실려 있다. 그의 다른 저서인 『대지산하도설(大地山河圖說)』도 叢書集成續編 47에 영인되어 있다.

34) 孫蘭 『輿地隅說』, 「自敍」, 叢書集成續編 88, 423下면.

면, "중국 땅은 천지의 동남방 한모퉁이에 위치하며, 중화와 변방의 나라들을 통틀어 계산할 때 단지 81분의 1에 불과"했다.[35] 그는 이러한 주장을 선교사들이 제시한 지구 둘레의 수치 9만리를 통해 정당화했다. 지구가 동서 9만리, 남북 9만리이므로 세계 전체의 넓이는 81만 (평방)리라는 것이다.[36]

3. 세계지지와 세계지도의 변화

새로이 유입된 서구 세계지리학이 고전지리학 전통 중에서도 추연과 『산해경』의 조류와 연결됨에 따라 고전지리학의 지형 자체에도 한가지 두드러진 변화가 일어났다. 물론 전반적으로 그 연관은 부정적 방식으로 이루어졌고, 그 결과 서구 세계지리는 동아시아 지식의 주변부, 추연과 『산해경』의 이웃에 자리잡았다. 하지만 서구 세계지리학을 추연의 전통과 긍정적 방식으로 연관시킨 일군의 학자들은 바로 그 연결을 통해 고전지리학의 내적 균열, 즉 비정통적/정통적 세계표상의 구분을 가로지르는 새로운 유형의 세계지도와 지지를 탄생시켰다. 이를테면 '지상세계 전체를 포괄하는 정통적 세계표상'이 시도되었다.

대체로 이러한 시도들은 서로 연관된 두 가지 특징을 공유했다. 첫째, 이들은 그때까지 중국이 경험한 세계에 국한되었던 중화주의적 세계표상을 지상세계 전체로 확대하려 했다. 둘째, 이들 지리적 표상이 세계 전체를 포괄하게 됨으로써 천문학과 우주론의 요소들이 적극 도입되어 전체적으로 우주지적 특징이 강화되었다.

---

35) 같은 곳.
36) 孫蘭 『大地山河圖說』, 叢書集成續編 47, 387上면의 그림과 도설을 보라.

(1) 유교적 우주지

선교사들은 서구과학이 지닌 매력을 무엇보다도 천문학, 지리학, 기상학을 단일한 이론틀로 포괄해낼 수 있다는 점이라고 주장하면서, 그들 각각이 별개의 전통으로 분립한 중국의 전통과 대비시켰다. 리치의 「곤여만국전도」, 알레니의 『직방외기』, 페르비스트의 『곤여도설』 등 선교사들의 세계지도와 지지는 예외 없이 그 초두에서 천구와 지구가 이루는 기하학적 동심구조로부터 지상세계의 여러 현상, 지도제작의 원리 등이 말끔히 유도될 수 있음을 보여주었다.

서구과학의 이러한 특징이 유교 지식인들에게 강한 호소력을 지녔음은 의심의 여지가 없다. 비록 동아시아 전통에서 천문역법, 지리, 우주론 등의 분야가 서로 긴밀한 관계를 맺지 못한 것은 틀림없으나,[37] 적어도 원칙적인 차원에서 세계를 이루는 세 요소인 하늘과 땅, 그리고 인간문명이 궁극적으로 동일한 원리로 포괄된다는 믿음은 유교적 사유에 뿌리 깊게 자리잡고 있었다. 17세기 서양과학의 도래는 몇몇 지식인들에게 천·지·인의 원리적 통일성에 대한 전통적 믿음이 이제는 전문과학의 수준에서 구체적으로 구현될 기초를 제공하는 것으로 받아들여졌다. 18세기 초 중국에서 제작된 지도책 『삼재일관도(三才一貫圖)』에 실린 「천지전도(天地全圖)」는 우주의 통일성에 대한 유교적 믿음이 서구과학을 재료로 하여 표현된 좋은 사례다. 서구 세계지도를 엉성하게 모사한 단원형 세계지도를 아리스토텔레스의 천구들이 둘러싼 이 '우주도'는 지구와 천구의 기하학적 동심구조라는 서구적 재료를 통해 천·지·인의 세 요소가 유기적으로 통합된

---

37) Nathan Sivin, "Cosmos and Computation in Early Chinese Mathematical Astronomy," *T'oung Pao* 55(1969)(Sivin, *Science in Ancient China: Researches and Reflections*, Aldershot: Variorum 1995, 제2장, 3~5, 64~67면) 참조.

그림 5-4. 중국에서 1722년 제작된 『삼재일관도』에 수록된 「천지전도(天地全圖)」. 『大淸萬年一統天下全圖』 서울대학교 규장각한국학연구원 소장.

〔三才一貫〕 유교적 우주상을 표현하고 있다(그림 5-4).[38]

　하지만 서구과학이 동아시아의 우주론, 천문학, 지리학 분야에 가한 '구심적' 충격은 말 그대로 충격에 그쳤을 뿐, 그 반향의 양상을 규정하는 데까지 영향력을 미치지는 못했다. 과연 무엇이 '삼재'를 유기적으로 연관시켜주는 원리일까? 대다수의 동아시아 지식인들에게는 그것이 아리스토텔레스의 4원소나 기독교 창조주의 섭리가 아니었다.

　『삼재일관도』보다 반세기 앞선 시대의 중국학자 유예와 계훤은 그것을

---

38) 『삼재일관도』에 관해서는 오상학, 앞의 책 287~88면 참조.

우주적 기의 운행으로 파악했다. 앞서 살펴보았듯 그들은 선교사들의 천문·지리학, 자연철학 지식을 기와 음양오행 등 전통 자연학의 개념틀과 종합하는 지적 프로그램을 추구했다. 제4장에서 본 **그림 4-3**의 우주도는 그들의 작업을 대표하는 그림이다. 이 그림은 하늘과 땅의 전체적 구조를 분명하게 표현했다는 점에서 그전 동아시아의 지적 전통에서 유례를 찾아보기 힘들다. 이는 의심의 여지없이 그들이 받아들인 서구과학—구체적으로는 티코 브라헤의 우주구조—의 영향 때문에 가능한 일이었다. 하지만 지구에서 항성에 이르는 천체들의 배열을 제외한다면 그 그림에서 서구 우주론의 영향을 찾아보기란 쉽지 않다. 우주의 중심에 위치한 지구 주위로 티코의 체계에 따라 늘어선 천체들을 운행하게 하는 메커니즘은 과거 주희가 『초사집주』에서 밝힌 대기의 소용돌이였다.[39] 유예와 계훤의 우주도는 서구과학이 중국의 천문, 지리, 우주론 분야에 미친 구심적 충격이 어떤 결과를 초래했는지 잘 보여준다. 그것은 '유교적 또는 성리학적 우주지'의 탄생으로 이어지고 있었다.

　지지와 지도의 영역에서 서구 천문지리학의 성과를 도입하여 유교적 우주지를 시도한 대표적 사례는 정제두, 서명응 등 18세기 조선의 몇몇 주역 상수학자들에게서 찾아볼 수 있다. 그들은 서구 천문지리학의 유입으로 이제껏 분리되어 내려오던 역학(易學) 전통과 천문지리학을 봉합하여 세계 전체를 포괄하는 통합된 지식체계를 이룰 수 있게 되었다고 판단했다. 서명응에 따르면, 이러한 지식의 통합은 옛 성인들의 완전한 지식을 회복하는 일이었다. 복희에서 삼대(三代)에 이르는 시기에는 천문학과 지리학이 그가 '선천역(先天易)'이라고 부른 고대적 지식의 품에 결합되어 있었다. 그 증거로 그는 우임금이 홍수를 평정하고 획정한 '오복'의 지리적 구획이 중앙으로부터 500리 단위로 이루어졌음을 들었다. 그에 따르면, 500

---

39) 이 책의 제4장 2절 참조.

리란 서양 우주론에서 천문과 지리의 연결을 매개한 이차값 "250리를 두 배 한 것으로서 음양상득(陰陽相得)의 체를 그 속에 갖추고 있었다."[40] 하지만 삼대 이후 선천역과 지구설이 중국에서 산실됨으로써 우주론과 천문학, 지리학은 분리되어 각각 쇠퇴의 길로 접어들었다. 그 폐해는 사실적 정보의 나열로 전락한 지지 분야에서 특히 심하게 나타났다.

삼대 이후 사도(斯道)가 점차 어두워졌다. 한, 당, 송, 명은 왕조마다 지지가 있었지만, 단지 (지명의) 연혁과 경계만 기록하여 그것이 근거한 바는 없었다. 아아! 이는 어미가 아비에게 다스려지지 않고, 갖옷이 옷깃과 맞지 않고, 그물이 벼리에 거느려지지 않는 것이니, 어찌 능히 도리를 따라 지식을 확대할 수 있을 것인가! 그러므로 그 복잡한 것은 더욱 복잡해지고, 어지러운 것은 더욱 어지러워져서, 그 문헌들을 읽어 요체를 얻을 수 없음은 또한 형세상 필연적인 일이다.[41]

서명응이 그의 손자 서유구(徐有榘)의 도움으로 집필한 방대한 세계지리서 『위사』는 중국의 지리서와 선교사들의 문헌에 담긴 지리학적 정보들을 고대의 복희씨에 가탁한 자신의 상수학 구도에 편입하려는 시도였다. 그는 극지방과 중위도 지방, 적도 부근으로 구분되는 지구상의 기후대를 각각 양의(兩儀)와 사상(四象), 팔괘(八卦)에 배당하여 각 기후대의 기상학적 특징을 그로부터 연역했다. 그리고 소옹의 선천방원도의 내도를 마름모꼴로 변형해 지구를 상징하도록 한 뒤, 방도(方圖)를 이루는 괘가 그에 상응하는 지방의 우주적 특성을 대표한다고 보았다. 그에 따라 그는 세계 각지의 기후는 물론, 문명의 발전정도와 특징까지도 주역의 원리로 환

---

40) 徐明膺『緯史』序, 1b. 『위사』는 『보만재총서(保晚齋叢書)』(서울대학교 규장각 古0270-11)에 포함되어 있다.
41) 같은 곳.

원하여 설명하려 했다. 예를 들어 그는 북극해가 4계절 얼지 않는 현상에 대해 그 지역이 방도 최북방의 건괘에 해당하여 "천일(天一)의 진원(眞元)한 기운이 물을 생성해내기" 때문이라고 해석했다.[42] 북쪽 나라들이 야만 상태에 있는 것도 상수학의 원리에 따른 현상이었다. 1년의 반은 낮이고 반은 밤인 북극지역은 음양의 양의에 해당되어 아직 사상과 팔괘가 충분히 발현되기 전이므로, "풍기(風氣)와 인물 면에서 귀역(鬼域)"임을 면할 수 없다.[43] 그 결과 이 지역의 나라들은 사람 몸에 개의 머리를 한 '구국(狗國)', 사람 몸에 소의 발을 한 '우제돌궐국(牛蹄突厥國)' 등의 괴물족이 주를 이루고 있다.

서명응보다 반세기 앞서 활동한 정제두는 서구식 세계지도에서 상수학적 의미를 읽어내려 했다. 그는 서양의 천문학과 지구설을 역학의 원리에 포괄한 『선원경학통고(琁元經學通攷)』가운데에 마떼오 리치의 양반구형 세계지도를 변형한 독특한 지도를 선보였다(그림 5-5).[44] 이 지도에는 본래 서양 세계지도에 표현된 대륙의 복잡한 윤곽이나 다양한 지명들이 생략되고 대륙의 이름, 중국 주변의 몇몇 친숙한 나라들, 당시 본초자오선이 통과하던 '복도(카나리아 제도)', 리치가 남극고도를 관측했다는 '대랑산(희망봉)' 등 몇몇 두드러진 지명만 남겨놓았다.

사실 정제두가 이 지도에서 표현하려 한 것은 '지리적 실재'가 아니라 세계의 상수학적 대칭성이었다. 그는 무엇보다도 지구 위 대륙의 분포 자체가 형이상학적 대칭성을 띤다고 보았다. 그의 지도에서 볼 수 있듯 북반구의 북방〔北之北, 북반구에서 북방에 해당하는 경도대〕과 남반구의 남방〔南之南〕

---

42) 같은 책 卷1 '北軸兩儀', 2b.

43) 같은 책 卷1, 2a.

44) 서양 지구설을 역학의 원리에 포괄한 정제두의 작업에 관해서는 구만옥「朝鮮後期 '地球'說 受容의 思想史的 의의」, 『河炫綱敎授定年紀念論叢 —— 韓國史의 構造와 展開』(혜안 2000), 731~34면 참조.

282

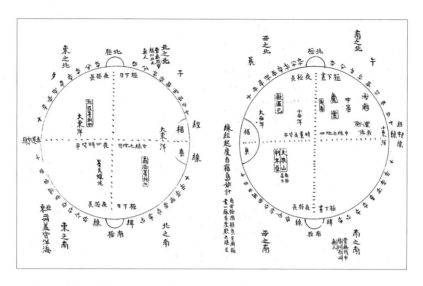

그림 5-5. 정제두의 세계지도. 정제두 『霞谷全集』 권21 「天地方位里度說」(여강출판사 1988).

에는 대륙이 없다. 정제두는 "(이 지역은) 무용(無用)하니 적도 이북(이남)으로 반드시 사람이 살지 않는다"고 덧붙였다. 만물이 음양의 교차를 통해 생성된다는 주역의 원리로 미루어보건대 북지북과 남지남은 각각 북방, 남방에 해당하는 성질이 중복됨으로써 조화의 작용이 일어날 수 없다고 본 듯하다. 그는 대륙의 대칭적 배열을 위해 서구식 세계지도의 대륙 분포를 왜곡하기까지 했다. 그는 본래 서로 연결되어 있는 남북아메리카를 분리하여 각각 북지남(北之南)과 동지북(東之北)에 배당했을 뿐만 아니라, 남반구 전체에 걸쳐 있다고 간주되던 마젤라니카를 동지남(東之南)에만 존재하는 대륙으로 그렸다. 그 결과 8등분된 지구상에서 '원리상' 대륙이 존재할 수 없는 남지남과 북지북을 제외한 여섯 구역에 대륙이 하나씩 배당되었다. 이렇듯 서구 세계지도는 음양의 형이상학적 구도에 포섭되었으며, 그 과정에서 불필요한 세부정보는 폐기되었고 상수학적 대칭성에 어굿나는 정보들은 그에 부합하도록 왜곡되었다.

정제두의 도상은 오늘날의 독자에게는 분명히 드러나지 않지만 음양오행의 우주론에 익숙한 사람이라면 쉽게 읽어낼 수 있는 한가지 메시지를 담고 있다. 바로 중국이 세계에서 가장 상서로운 지역이라는 것이다. 이는 그가 지구를 동서 방향으로 4등분하여 유럽을 서방, 중국을 남방에 대응시킨 데서 잘 드러난다. 남방은 오행 중의 불, 십이지의 오(午), 오장의 심(心)과 연관되어 세계에서 우주적 기운이 조화로운 지역, 곧 '우주적 중심'이 된다. 바로 그러한 특성 때문에 그곳은 고대에 여러 성인들이 나타나 천리(天理)를 구현한 문화를 창시한 땅이 되었다. 음양오행과 기의 운행원리를 바탕으로 한 유교적 우주지는 이렇듯 중화주의적 세계상을 우주적 규모로 확장하려는 시도와 연동되는 경우가 많았다.

(2) 직방세계의 지구적 확장

정제두의 사례를 통해 볼 수 있듯 서구 지리학은 정통적 지지와 지도 제작자들이 쉽사리 엄두를 내지 못하던 시도, 즉 전세계를 포괄하는 중화주의적 세계지리를 저술할 수 있으리라는 희망을 가져다주었다. 중국이 경험한 세계에 한정되었던 중화주의적 세계지리가 서구 지리학 지식을 포괄함으로써 지상세계 전체로 그 영역을 팽창할 가능성이 열린 것이다. 알레니의 세계지리서『직방외기』에 자극받아 저술된 웅인림의『지위』와 육차운(陸次雲)의『팔굉역사』(八紘譯史, 1683)는 17세기 중국에서 세계 전체를 포괄하는 중화주의적 지리지를 시도한 대표적인 사례이다.[45]

---

45) 웅인림은 선교사들의『칠극』과『표도설』에 서문을 쓴 웅명우의 아들이다. 육차운은 17세기 후반에 활동한 지방관이자 문필가로서,『팔굉역사』와 함께『역사기여(譯史紀餘)』『팔굉황사(八紘荒史)』의 지리지 3부작을 남겼다. 웅인림과 그의『지위』에 대해서는 洪健榮「明淸之際中國知識份子對西方地理學的反應: 以熊人霖『地緯』爲中心所作的分析」(臺

284

웅인림은 『지위』의 「서문」에서 자신의 책이 지리적 세계 전체를 대상으로 한다고 선언했다. 그에 따르면 세계지리에 관한 한, '존이불론'의 경구를 따를 필요가 없었다. 왜냐하면 지상세계는 유자가 적극적으로 탐구해야 할 '육합의 안쪽'이기 때문이었다. 흥미롭게도 그는 총 84편 중 81편을 세계 각국에 대한 기술에 할당했는데, 이는 양의 수인 9를 제곱한 것으로, 곧 자신의 지지가 세계 전체를 포괄함을 표방하는 일종의 우주지적 장치였다. 9×9의 구도로 세계 전체를 표현하려 한 전례는 다름아닌 추연이었다.[46]

육차운은 아예 「서문」에서 자신의 책이 『산해경』을 계승했다고 분명히 선언한 경우였다.

『팔굉역사』 이 책은 대황경(大荒經, 『산해경』을 뜻함)을 계승하여 지은 것이다. 옛날 백익(伯益, 『산해경』의 저자로 알려진 인물)이 바다를 묘사하고 산을 그림에 옮긴 것이 유흠(劉歆)에 의해 천명되었고, 곽박에 의해 주석이 달렸다. 아득하고 그윽한 것을 남김없이 기록했고, 기이한 것들도 모으지 않은 것이 없었다. 그러나 소위 관흉(貫胸), 섭이(聶耳), 일목(一目), 삼신(三身)의 나라들은, 이름은 전해들을 수 있으나 그 사람들은 볼 수 없어, 지괴(誌怪)·제해(齊諧)의 문헌들과 같이 징험하여 믿을 방도가 없다. 실질을 구하여 믿을 만한 것이 오직 이십일사(二十一史)뿐이런가. 옥백(玉帛)을 들고 내왕하는 자들을 기록한 것이 대를 거듭할수록 증가하여, 명나라의 『함빈록(咸賓錄)』에 이르러 크게 갖추어졌지만, 하지만 아직도 육합을 포괄하지는 못했다.[47]

灣國立淸華大學 碩士學位論文 1998)의 상세한 연구가 있지만, 육차운의 저술에 대해서는 아직껏 본격적인 연구가 이루어지지 않았다.

46) 熊人霖 『地緯』(미국국회도서관본), 3a, 6b.
47) 陸次雲 『八紘譯史』, 「序」, 叢書集成初編 3236(上海: 商務印書館 1939), 1면: 譯史一書, 繼大荒經而作也. 伯益繪海圖山, 闡自劉歆, 註於郭璞, 極渺窮幽, 無奇不萃矣. 然所謂貫胸聶耳一目三身之國, 名可得聞, 人不可見, 等諸誌怪齊諧, 無從徵信, 求其核而可信者, 惟二十一史乎.

그는 백익, 유흠, 곽박으로 이어지는『산해경』의 계보에 자신을 위치시킴으로써 광대한 지상세계를 궁극하려는 그들의 이상을 공유하고 있음을 드러냈다. 하지만『산해경』의 구체적인 내용에 관한 한, 그는 믿을 만한 기록으로 인정하지 않았다. 책의 범례에서 밝혔듯 그는 경험적으로 확인되지 않은 기이하고 황묘(荒渺)한 기록은 채택하지 않았다.[48] 정보의 신뢰성 면에서는 고전지리학의 다른 축인 역대의 사서들이 의지할 만했다. 문제는 이러한 문헌들은 서술범위가 중국과 조공관계를 맺은 나라들에 한정되어 세계 전체를 아우르지 못한다는 것이다. 이렇듯 고전지리학의 두 전통의 장단점을 지적한 육차운의 논의는 자신의 저술이 그 둘의 장점을 종합한 것이 되리라는 예고였다. 세계 전체를 아우르는 지리서를 경험적으로 신뢰할 수 있는 정보를 토대로 이루어보겠다는 것이다.

웅인림과 육차운이 중국 지리학전통에서 유례 없는 저술을 시도할 수 있었던 것은 중국 주변을 넘어서는 세계에 관해 믿을 만한 정보를 알려준 선교사들의 문헌이 있었기 때문이다. 육차운에 따르면,

『외편』(外編,『직방외기』)이라는 책 한 편을 얻었는데, 서역의 수사(修士)들이 먼 땅에서 전교(傳敎)하려고 직접 돌아다니며 저술한 것으로 모두 직방씨가 기록하지 않은 것이다. 내가 그것들을 취해 여러 사서들과 합하고,『통고(通考)』『통지(通志)』『통전(通典)』『유취(類聚)』『책부(冊府)』『잠확(潛確)』등의 문헌으로 증명하여 한권의 책을 집성했다. 독자로 하여금 견문을 넓혀 천지

其所紀玉帛來往者, 代有所增, 至明咸賓錄而大備, 然猶未盡六合也.

48)『팔굉역사』,「例言」중 여섯번째 항목, 1면. 그는『산해경』등에서 비롯한 여러 황당한 기사들을 모아『팔굉황사』라는 책을 따로 편찬했다. 그는 이 책에 대해 "이치로 보자면 불가능하지만 그래도 우주의 광대함에 미루어 있을 수도 있는 일들"을 따로 모았다고 설명했으며, 그 기사들에 대해서는 "존이불론(存而不論)"하는 것이 타당하다고 언급했다(陸次雲『八紘荒史』, 叢書集成初編 3525, 上海: 商務印書館 1937).

286

의 바깥에 또다른 천지가 있음을 알게 하려 했다.[49]

즉 서양인의 기록을, 중국 주변의 세계에서 사실적인 정보를 누적해온 중국의 지지와 종합한다면 세계 전체를 포괄하면서도 경험적으로 믿을 만한 지지를 저술할 수 있다는 것이었다.

결과적으로 웅인림과 육차운의 지지는 서양과 중국 지리문헌의 내용을 절충한 형태를 띠게 되었다. 아시아 나라들에 대해서는 중국의 고전지리문헌을, 중국 문헌이 다루지 않은 바깥 지역은『직방외기』의 기록을, 그리고 서역이나 남양의 나라들처럼 기록이 중복되는 경우에는 두 기록을 병기하는 방식을 택했다.[50]

그렇다고 이들이『직방외기』의 기록을 모두 신뢰한 것은 아니다. 이들이 서구 문헌에서 빌려온 것은 세계 전체를 표현하려는 이상과 사실적 정보였을 뿐 그 종교적·이념적 함의까지는 아니었다. 이는 무엇보다도 이들이『직방외기』에 담긴 종교적 기사(奇事)나 유럽중심적인 기술을 받아들이지 않은 데서 잘 드러난다. 웅인림은『직방외기』의 「유대아」 항목에서 상세하게 개진된 이스라엘의 역사, 예수의 행적 등을 대부분 삭제하고는 간단한 지리정보와 솔로몬의 성전 등의 흥미로운 유적에 관한 정보만을 남겨놓았다.[51]

반면 그들은 여러 장치를 통해 세계에서 중국이 차지하는 중심적 지위

---

49) 陸次雲『八紘譯史』,「序」: 又得外編一編, 乃西域修士, 傳敎遐方, 得之親歷, 皆職方所未載者. 余取而合之諸史, 證諸通考通志通典類聚冊府潛確諸書, 輯成一卷, 使閱者廣大見聞, 知天地之外, 別有天地. 언급된『외편』이『직방외기』임은 뒤에 이어지는 '예언(例言)'에서 이를 '직방외사'라고 부른 점을 통해 알 수 있다.

50) 홍건영은 웅인림이『지위』에서 참고·인용한 자료를 각 나라별로 정리해놓았다(洪健榮, 앞의 글 42~44면).

51)『직방외기』의 여러 기독교적 내용에 대해 웅인림이 취한 삭제 방침에 대해서는 같은 글 90~91면 참조.

를 드러내려 했다. 웅인림은 『지위』의 81편 중 43편을 '대첨납(大瞻納)'이
라고 명명한 아시아 대륙에 배정하여 압도적으로 아시아 중심적 체제를
지향했다.[52] 아시아에 대한 실제 기술방식도 중국에 '입공(入貢)'한 내력
등 중국과 외이들 사이의 역사적 관계를 주내용으로 하여 이전의 중화주
의적 외이전의 전통과 그리 다르지 않았다.[53] 『지위』의 '아시아 중심적' 성
격은 실상 '중국중심적' 세계상의 표현이고, 이는 『주례』「대사도」의 구절
을 암시하는 『지위』「대첨납총지(大瞻納總志)」의 모두 선언에서 극적으로
나타났다.

중국은 (대첨납의) 동남쪽에 위치하여, 하늘과 땅이 만나는 곳이요, 사계절
이 교차하는 곳으로서, 성철(聖哲)이 잇달아 일어나고, 도법(道法)이 크게 융
성하여, 동서로는 무수한 조공국들을 포괄하고, 남북으로는 추위와 더위가
극히 조화로우며, 그 땅이 수려하고 물산이 풍족하니, 실로 만방의 으뜸이
다.[54]

그렇다고 웅인림이 중국문명의 우수성을 배타적으로 주장한 것은 아니
다. 선교사들을 깊이 신뢰한 웅인림은 그들의 고향 유럽에도 우호적이었
다. 그는 『지위』의 「구라파총지(歐邏巴總志)」에서 유럽에 대한 『직방외기』
의 이상화된 묘사를 대체로 받아들였다. 예를 들어 유럽의 교육제도와 정

---

52) 『직방외기』「아시아」의 초두에서, 알레니는 서양사람들이 중국을 "대지납(大知納)"이
라 부른다고 소개했는데, 이는 China의 음역인 듯하다. 웅인림은 이를 '대첨납'이라고
바꿔 불렀는데, '지'가 '첨'으로 바뀐 이유는 분명치 않다. 웅인림이 '아세아(亞細亞)' 대
신 '대첨납'이라는 용어를 쓴 것은 웅명우의 권유에 의한 것이었다. '대첨납'이라는 용
어를 둘러싼 논의는 같은 글 59~60면 참조.
53) 『지위』의 아시아 나라에 대한 서술내용, 각 대륙별 서술분량의 차이 등은 같은 글
60~63, 89면 참조.
54) 熊人霖 『地緯』, 「大瞻納總志」, 1b.

치제도에 대해서 "중국과 비슷한 점이 많다"고 평가했다. 이는 그가 유럽을 중국에 '버금가는' 고상한 문명으로는 인정했음을 드러내준다.[55] 게다가 아메리카와 마젤라니카 대륙에 대한 서술에서 중국과 교류가 없던 이 두 지역이 유럽인들에 의해 '발견'되어 '문명화'되고 있음을 인정했다. 그 결과 『지위』가 그린 세계에는 중국을 중심으로 한 '대첨납'의 세계와 그 바깥, 중국중심의 세계에 아직 포괄되지 않은 유럽인들의 질서가 병존하고 있었다.[56] 웅인림은 『직방외기』의 유럽중심주의와 중국 지리문헌의 중화주의 사이의 갈등을, 이를테면 중국을 으뜸으로 하고 유럽을 버금으로 하는 양대 문명구도를 통해 조정하려 한 셈이다.

반세기 뒤에 간행된 육차운의 『팔굉역사』에서는 중화주의적 구도가 훨씬 강화되었다. 웅인림과는 달리 『직방외기』의 오대주 구분을 받아들이지 않은 그는 중국을 중심에 두고 동서남북으로 나눈 네 구역에 세계 각국을 배당했다. 이는 사실상 『상서』의 오복, 『주례』의 구복과 같은 구도로서 오래전부터 중화주의적 세계상을 표현하는 데 이용되어오던 것이었다. 오대주의 구도가 '중심-사방'의 구도로 바뀌면서 선교사의 지리서에 등장한 나라들은 자신의 소속 대륙에서 떨어져나와 중화주의적 공간 구획으로 편입되었다. 예컨대 유럽의 나라들은 서역·인도·아프리카 등의 나라와 함께 '서부'에 속하게 되었으며, 페루〔孛露〕 같은 아메리카의 나라들은 타타르·골리간(骨利幹) 등과 함께 '북부'의 구성원이 되었다.[57]

---

55) 熊人霖『地緯』,「歐邏巴總志」, 3b~4a.

56) 熊人霖「亞墨利加總志」;「墨瓦蠟尼加總志」, 앞의 책 참조.

57) 육차운이 여러 나라들을 동서남북으로 구분한 방식은 매우 혼란스러웠다. 陳觀勝「利瑪竇對中國地理學之貢獻及其影響」, 周康燮 主編『利瑪竇研究論集』, 145면. 대표적인 오류는 남아메리카의 페루가 타타르와 함께 북부에 배정된 일이지만, 필리핀이 서부에 소속된 반면, 그에 인접한 베트남과 말라카 등이 남부에 편입된 사실 또한 납득하기 어려운 일이다. 선교사들이 소개한 낯선 나라들에 대한 오류는 그렇다고 하더라도 고전지리학의 단골인 남양의 나라들에 대한 혼란은 쉽게 이해하기 어렵다.

이렇듯 웅인림과 육차운은 지상세계 전체를 포괄하는 중화주의적 지리지를 편찬하여 신화적 지리서와 정통 지리학의 특징이 결합된 새로운 유형의 지지를 선보였지만, 그렇다고 이들의 지지가 두 전통의 대등한 결합이었다고 볼 수는 없다. 그들은 세계를 포괄하려는 추연과 『산해경』의 지향을 인정했지만, 그럼에도 믿을 만한 정보에 의존하여 중국중심의 세계상을 표현한다는 정통 지리학의 원칙에 충실했다. 이는 웅인림과 육차운이 절역에 대한 정보원으로 『산해경』과 같은 지괴문헌이 아니라 선교사들의 지리문헌에 의존한 데서 잘 드러난다. 이들이 절역에 관한 정보원으로 『산해경』 대신 『직방외기』를 채택한 것은 단지 후자가 더 믿을 만하다는 판단에 기인한 것만은 아니었다. 그들에게는 서구의 지도와 지리서가 '중국문물을 흠모하여 내왕한 유럽 사절'의 '헌상품'이었다는 점도 중요했다. 웅인림에 따르면, 명대에 이르러 "높은 산을 넘고 큰바다를 항해하여 조공을 바친 나라가 무려 수백국에 이르렀는데," 그 절정은 구만리 바깥 유럽에서 온 예수회사들이었다.[58] 그들은 땅의 모양, 먼 나라들에 대한 믿을 만한 정보를 담은 지도를 만력제에게 바쳤다. 이는 곧 주변 네 대륙에서 나름의 세계질서를 구축해온 유럽인들이 중국에 복종의 예를 올린 것과 마찬가지였다. 명실공히 세계 전체를 포괄하는 중화주의적 지지를 편찬할 토대가 갖추어진 셈이다. 『산해경』의 괴물나라들이 중화주의적 질서에 길들여지지 않은 '타자'들이었다면, 『지위』의 '대첨납' 바깥에 존재하는 이역나라들은 중국을 중심으로 한 질서에 포섭되었거나 적어도 그 과정중에 있었던 것이다.

웅인림과 웅명우가 세계지지 분야에서 추구한 작업은 같은 시기 일군의 세계지도에서도 유사하게 반복되어 세계 전체를 포괄하는 중화주의적 세

---

58) 熊人霖「地緯繫」, 앞의 책 9a: 洪武永樂以來, 梯高山航大海朝貢者, 無慮數百國, 而歐邏巴人 絶九萬里來, 闕下大地圓體, 始入版圖.

계지도가 제작되었다. 일군의 지도제작자들은 예수회의 세계지도가 '직방세계' 바깥에 대한 정보를 담고 있다는 점을 높이 평가하여 이를 고전적 '천하도'에 포괄하려 했다.

이는 구체적으로 서구식 세계지도의 정보와 도법을 형승도의 양식에 접목하는 방식으로 이루어졌다. 제2장에서 언급했듯 기존 형승도는 대개 동남쪽 바다에 "소인국, 장인국, 여인국, 천심국" 등이 있다고 언급함으로써 직방세계를 제외하고 남는 좁은 여백의 가능성을 열어놓았다. 이렇듯 열린 가능성의 공간에 서구 지리서의 정보를 끼워넣는 것은 그리 큰 상상력을 요구하는 일이 아니었다. 이러한 시도는 이미 1600년경 양주(梁輈)라는 인물이 제작한 「건곤만국전도고금인물사적(乾坤萬國全圖古今人物事跡)」이라는 지도에서 이루어졌다(그림 5-6).[59]

양주는 기존 형승도에 몇몇 새로운 요소를 첨가함으로써 자신의 지도가 세계 전체를 포괄함을 드러냈는데, 그러한 요소들은 대개 서구 우주론과 세계지리 지식에서 끌어온 것이었다. 이 지도의 도설에서 그는 중국의 지도전통이 먼 곳과 옛 것에 대한 탐구의 자료로서 부족함을 비판한 뒤, 이를 보완하기 위해 리치(西泰子)의 지도를 참조했다고 진술했다.

이 지도는 오랫동안 좋은 판본이 없었다. 비록 (나홍선의) 「광여도(廣興圖)」가 판각되었지만, 그 또한 하나를 얻고 만 가지를 잃어버렸다. 근래 서태자(西泰子)의 도설과 구라파 사람의 판각을 남경(白下)의 제공들이 번각(翻刻)한 것 여섯 폭을 보고 비로소 하늘과 땅이 포괄하는 바가 지극히 거대함을

---

59) 지도 상단의 자찬(自撰) 도설에 따르면 도설의 집필 연대는 1593년(萬曆 21년)으로 기록되어 있지만, 지도의 실제 판각연대에 대해서는 1603년, 1605년으로 보는 견해도 있다. 이 지도는 曹婉如 外篇『中國古代地圖集』明代(北京: 文物出版社 1994), 圖版 145에 실려 있다. 그에 대한 간략한 분석으로는 Richard J. Smith, "Mapping China's World: Cultural Cartography in Late Imperial Times," 73~74면 참조.

그림 5-6. 양주 「건곤만국전도고금인물사적(乾坤萬國全圖古今人物事蹟)」. 曹婉如 外編 『中國古代地圖集(明代)』(北京: 文物出版社 1994) 도판 145.

알았다. 그리하여 뭇 지도들을 합하고 그 구성을 고찰하고는 중국과 외이를 합하여 하나에 귀착시켰다. 안으로는 중국 산천의 화려함, 고금 인물의 아름다움 (…) 등을 해당 주현 옆에 기록하였다. 바깥으로는 아득히 먼 절역으로서 북쪽으로는 북극에 이르고, 남쪽으로는 바다 끝(海表)을 넘었으며, 동쪽으로는 드넓은 바다(汪洋)에 이르렀고, 서쪽으로는 유사(流沙)에 닿았다. (…) 바라건대 한번 살펴본다면, 천지를 손바닥 하나에 벌여놓을 수 있고 만국을 한눈에 파악할 수 있어 굳이 산을 넘고 바다를 항해하지 않아도 능히 육합을 걸어놓고 유람할 수 있을 것이다.[60)]

즉 양주는 기존 형승도처럼 중국의 산천, 역사, 문화를 집약하려 했을 뿐만 아니라 천지의 광대한 외연을 포괄하려는 추연류의 기획 또한 표방하였다. 이는 무엇보다도 이전 형승도와는 달리 양주의 지도가 땅덩이 전체를 표현하고 있음에서 잘 드러난다(그림 5-6 참조). 대륙의 북쪽이 바다와 접해 있다는 점이 분명히 드러나 있고, 바다 가운데에는 '북극'과 '빙해(氷海)'라는 지명이 기재되어 있다. 기존 형승도가 대개 지도의 서쪽과 북쪽 방향으로 육지가 계속 이어진 것으로 묘사했다면, 양주의 지도는 동서남북의 사해로 둘러싸인 세계 전체를 지도에 포괄하려 했음을 알 수 있다. 이러한 세계상은 물론 중국의 고전적 지리관에서 비롯된 것이지만, 양주가 대륙 북쪽의 바다를 지도에 표현할 수 있게 된 데는 리치 지도의 영향이 컸다. 이는 북극의 오른편에 기입된 '빙해'라는 지명이, 서구식 지도에서 북아메리카 북쪽 바다를 가리키는 이름으로 등장한 것이라는 점에서 알 수 있다. 게다가 지도의 오른쪽 여백에는 북아메리카와 남아메리카가 각각 상단과 하단에 분리된 채, 『산해경』의 괴물나라들과 더불어 조그만 섬으로 표현되어 있다.[61] 양주는 전통적 '외이'나 『산해경』의 나라가 차지한 지도의 여백을 리치의 세계지도에 등장하는 대륙에도 허용한 것이다.[62]

---

60) 梁輈「乾坤萬國全圖古今人物事跡」상단의 도설: 此圖舊無善版, 雖有廣輿圖之刻, 亦且掛一而漏萬, 故近覩西泰子之圖說, 歐邏巴氏之鏤版, 白下諸公之靧刻, 有六幅者, 始知乾坤所包最鉅, 故合衆圖而考其成, 統中外而歸一. 內而中華山川之盛, 古今人物之美, 或政事之有益於生民, 或節義之有裨於風化, 或理學之有袖於六經, 則註於某州某縣之側. 外而窮荒絶域, 北至北極, 南越海表, 東至汪洋, 西極流沙, 而荒外山川風土異産, 則註於某國某島之傍. (…) 庶幾一覽, 則乾坤可羅之一掬, 萬國可納之眉睫, 不必梯山航海, 而能掛遊六合.

61) Richard J. Smith, 앞의 글 73면.

62) 스미스는 양주의 지도를 서구 지리학에 대한 중국인들의 저항(defiance)의 한 예로 이용했다. 그는 그 이유로 이 지도에 서구 지리지식이 미미하게, 그것도 상당히 왜곡된 채로 반영된 점을 들었다(Richard J. Smith, 같은 글). 하지만 이러한 해석은 스미스의 관심이 도법이나 구체적인 지리지식에만 맞추어져 있기 때문으로, 양주의 도설에 나타나는

양주의 지도보다 반세기 뒤에 제작된 조군의(曹君義)의 「천하구변분야인적노정전도(天下九邊分野人跡路程全圖)」라는 거창한 제목의 지도는 서구 세계지도에서 더 많은 요소를 채택한 것으로서, 명실공히 서구 세계지도와 형승도를 '절충'한 작품이라고 말할 수 있다.[63] 양주의 지도에서 조그만 섬으로만 표시되었던 서구 세계지리의 대륙들이 이제는 비교적 그 윤곽을 알아볼 수 있을 정도로 성장하여 지도의 대부분을 차지하고 있는 중국을 둘러싸고 있다. 『산해경』의 괴물나라들도 지도의 동남쪽 여백에 여전히 포함되었지만, 이제 그 비중은 서구 세계지리의 대륙들에 비해 상대적으로 왜소해졌다. 게다가 이 지도는 경도와 위도까지 표시함으로써 유럽식 투영법을 흉내내기까지 했다(그림 5-7).

조군의의 지도에 나타난 공간의 배분은 웅인림의 『지위』에 나타나는 '대첨납'과 기타 대륙들의 서술 비중과 흡사하다. 비록 서구 천문지리학에 식견이 있던 웅인림이 조군의의 지도학적 오류를 용납하지는 않았겠지만, 적어도 표방된 세계문명의 구도에서만 보자면 그 둘은 유사했다. 웅인림이 중화제국의 성교(聖敎)가 미친 '대첨납'에 지지의 대부분을 할애하면서도 유럽인들의 세계질서를 문헌의 주변에 용인해준 것처럼 조군의도 중국 중심의 대륙 배치를 유지하면서 서구 세계지리에 등장하는 대륙들의 비중을 높여주었다. 그런 점에서 웅인림의 지지와 조군의의 지도는 명말 개방적 지식인들이 어느 정도까지 선교사들의 지리지식과 문명론적 메시지를 받아들일 수 있었는지를 가늠케 해준다.

서구 지리지식과 고전적 형승도를 절충하려 한 조군의의 지도가 지도학적으로 어설픈 절충에 머물렀다면, 18세기 말 마준량(馬俊良)의 「경판천문전도(京板天文全圖)」는 그 둘의 관계에 대한 훨씬 신중한 접근을 보여준다.

리치 지도의 세계관적 영향─추연적 기획의 부각─을 과소평가한 것이다.

63) 曹婉如 外編, 앞의 책, 圖版 146. 조군의의 지도에 대해 중국지도와 서구지도를 "절충했다"(compromise)는 표현은 Richard J. Smith, 앞의 글 75면 참조.

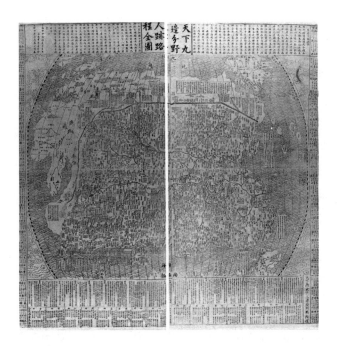

그림 5-7. 조군의 「천하구변분야인적로정전도(天下九邊分野人跡路程全圖)」. 曹婉如 外編 『中國
古代地圖集(明代)』(北京: 文物出版社 1994) 도판 146.

그는 조군의처럼 서로 다른 지리적 표상을 하나의 지도에 끼워맞추려 하
기보다는 그들 각각을 병치하는 방식을 택했다. 그는 전체 도면의 약 2/3
를 차지하는 형승도를 지도 하단에 배치한 뒤, 상단의 좌우에 각각 진륜형
(陳倫炯)의 「사해총도(四海總圖)」라는 동반구 지도와 리치 계열의 「내판산
해천문전도(內板山海天文全圖)」를 배치했다.[64] 이는 여러 이질적 세계지도
들을 병치한 『도서편』의 경우와 비슷해 보이지만, 그럼에도 한가지 중요

---

64) 「사해총도」는 중국인 탐험가 진륜형의 작품으로 그의 『해국견문록(海國見聞錄)』(四庫
   全書 594)에 실려 있다. 「내판산해천문전도」는 『삼재도회』에 실린 리치 지도의 모사본
   (그림 5-1)과 같은 지도다.

한 차이점이 있다. 단적으로 마준량은 자기 지도에 포함된 세 지도가 지리학적으로 모순된 표상이라고 생각하지 않았다. 상단의 두 지도 중 리치류의 「내판산해천문전도」가 지구 전체를 표현하고 있다면, 진륜형의 지도는 지구의 '윗면'만 표현한 것이었다.[65] 그렇다면 하단의 형승도는 '중화제국의 성교가 미친' 영역만 표현한 지도로 기능했다고 볼 수 있다. 이렇듯 마준량의 세 지도는 각각 지구 전체와 동반구, 중국과 그 주변세계를 나누어 보여주고 있는 것이다.

마준량의 지도에 포함된 세 지도가 지구상 다른 영역에 대한 서로 양립 가능한 표상이었지만, 그렇다고 그 셋이 동등한 '가치'를 부여받은 것은 아니다. 그중 중국의 광대함과 문명의 성대함을 드러내는 하단의 형승도는 그 크기와 묘사의 세밀함, 화려함에서 다른 두 지도를 압도하고 있다. 결과적으로 마준량은 중화주의적 세계상과 세계 전체를 포괄하려는 이상을 하나의 지도에 무리하게 뭉뚱그린 조군의와는 달리 각각의 목적에 적합한 지도들을 병치하고 각 지도들의 크기와 세밀함 등을 조정함으로써 결과적으로 자신이 표현하려는 중화주의적 세계상을 더 세련된 방식으로 드러냈다.

1584년 자신의 첫 세계지도인 「여지산해전도」를 제작할 당시 리치는 유럽의 세계지도를 중국에 소개하는 일이야말로 잘못된 세계상을 가진 중국인들에게 서구인들이 지닌 진리를 현시하는 일이라고 생각했다.

그들은 대체로 세계 전반이 어떻게 생겼는지에 대해 무지했다. 물론 그들도 이것(서구 세계지도)과 유사하게 세계 전체를 묘사한다는 지도를 가지고 있었지만, 그(에 표현된) 세계란 그들 자신의 15성(省)에 국한되었으며

---

65) 「경판천문전도」는 Richard J. Smith, 앞의 책 78~80면의 세 그림 참조.

그 주위의 바다에 작은 섬을 몇개 그려넣고는 그들이 들은 적이 있는 몇몇 다른 왕국의 이름을 적어넣었다. 이와 같은 한정된 지식을 전제하면 그들이 어떤 이유로 자기 왕국을 세계 전체라고 자부하며 하늘 아래의 전부를 뜻하는 천하(天下, Thienhia)라고 부르는지 명백해진다. (…) 그들에 따르면, 하늘은 둥글고, 땅은 평평하고 모났으며, 그들은 그들의 제국이 땅의 정중앙에 있다고 굳게 믿었다. (…) 땅의 크기에 대한 무지, 그리고 자기 자신에 대한 과대평가로 인해 중국인들은 여러 나라들 중 오직 중국만이 경모할 만한 나라라는 견해를 가지고 있었다.[66]

리치는 이렇듯 '유럽적 진리'와 '중국적 오류'의 대립구도를 전제로 유럽의 지리학과 우주론, 그리고 궁극적으로는 최상의 진리인 기독교로 중국인들의 정신을 사로잡을 수 있으리라는 낙관적 전망을 가졌다.

하지만 리치의 기획은 실현되지 못했다. 17,18세기에 걸쳐 선교사들의 세계지도와 지지가 중국과 조선의 지식사회에 확산된 것은 사실이지만, 그것이 세계지리의 서구화를 의미하지는 않았다. 도리어 그것은 외래의 지리지식이 전통적 지식의 공간에 다양한 방식으로 자리잡아가는, 이를테면 '토착화'의 과정이었다. 그 양상을 규정한 것은 이미 한대로부터 형성되어 내려오던 정통적·비정통적 세계표상 사이의 균열과 긴장이었다. 전반적으로 서구의 세계지리는 유교 지식인들로부터 불신받아온 추연, 『산해경』의 비정통적 조류와 동일시되어 지식의 주변부에 위치지어졌다. 물론 서양 지리학의 도입은 이전 중국 지리학전통에서 존재하지 않은 새로운 시도를 촉발하는 계기가 되기도 했다. 인식론적 신중함으로 특징지어지던 유가적 세계지리 전통에 세계 전체를 포괄하려는 시도들이 나타난 것이다. 웅인림, 육차운, 정제두, 서명응 등은 서구의 천문지리학에 대한

---

66) Nicholas Trigault, *China in the Sixteenth Century*, 166~67면.

신뢰를 바탕으로 사마천 이래 '존이불론'의 경구에 의해 제한된 지식의 한 계선을 넘었다. 그 결과 이전까지 추연과 『산해경』 등 '허학'의 영지였던 직방세계 너머의 공간이 이제는 유교 '실학'의 대상으로 편입되었다. 이러한 흐름은 서로 연관되는 두 가지 지향으로 이루어졌다. 선교사들의 지리 지식을 근거로 직방세계의 판도를 지구적 규모로 확장하려는 시도와 서구 세계지리 지식을 성리학적 자연철학과 상수학에 포괄함으로써 지리적 세계 전체에서 우주적 기의 승강과 유행을 확인하려는 시도가 그것이다. 결국 외래의 세계표상은 그것이 적극적인 영향력을 발휘한 경우에도 도리어 중국중심의 지리적 표상을 뒷받침하는 자원으로 활용된 것이다.

지구와 상식: 서구 지리학과 중화주의적 세계상

제6장

지구와 상식: 서구 지리학과 중화주의적 세계상

서구 지리학을 두고 17, 18세기 중국과 조선에서 이루어진 다양한 논의의 핵심 쟁점은 세계에서 차지하는 중국의 위치를 둘러싸고 형성되었다. 선교사들이 중국의 지식사회에 지구설과 오대주설을 전한 근본동기가 중국인의 관념 속에 깊이 자리한 중화주의를 비판하고 서양 기독교 문명의 고상함을 부각하는 데 있었으므로, 그에 대한 토착지식인의 논의도 중화주의 문제를 비껴갈 수 없었다. 사람들은 "둥근 땅 위에는 중심이 없다"거나 "중국은 다섯 대륙의 하나인 아시아의 동남쪽에 위치한 나라"라는 주장에 담긴 선교사의 메시지를 어렵지 않게 알아챌 수 있었다. 대척지가 존재한다는 주장을 "중국이 땅 '아래'에 있다"는 뜻으로 해석해버린 양광선의 경우처럼 선교사의 말을 그들이 의도하지 않은 수준으로까지 증폭하는 일도 드물지 않게 일어났다.

연구자 중에는 당시 논의에서 중화주의적 쟁점이 그다지 중요하지 않았다고 보는 이들도 있다. 예를 들어 서구 세계지도가 중국 사대부층에 그렇게 큰 저항 없이 퍼져나간 현상을 근거로 이(Yee)는 중화주의 정서가 서구 세계지도의 수용에 그리 큰 장애물은 아니었다고 판단했다. 그에 따르면, 중국인들이 세계의 중심으로 생각한 지역은 고대 주나라의 수도 낙읍뿐만 아니라 중국 서북쪽 곤륜산 등 여러 지역이 있었다. 게다가 '중국' 또는 '중화'라는 말은 여러 다른 의미로 사용되었는데, 이는 세계의 지리적 중심은 물론 그곳에서 기원한 고아한 문화를 뜻하기도 했다는 것이다.[1] 중화주의적 관념의 다중성, 탄력성에 대한 이러한 지적은 기본적으로 타당하며, 선교사들이 그 덕을 본 것도 부인할 수 없다. 하지만 이러한 관점이 지리적 중화 관념이 지닌 힘 또는 중화의 지리적 기준과 문화적 기준 사이의 연관을 과소평가하고 있음도 분명하다. 고대 '중주(中州)'라 불리던 지역에서 뭇 성인이 나타나 찬란한 문명을 건설한 일은 그 지역이 지니는 독특한 성격과 무관하게 이해되지 않았으며, 그 특성은 별다른 의심 없이 중주가 세계의 중심이기 때문이라고 간주되어왔다. 그에 따르면, 문명의 창시는 하늘과 맞닿아 있는 세계의 중심이 아니면 일어날 수 없다. 『주례』「대사도」에서 선언했듯 낙읍은 세계의 지리적 중심이고, 그 때문에 상서로운 기운이 넘치는 우주적 중심이며, 그 결과 그곳에서 세계 유일의 찬란한 문화가 탄생했다는 것이다.

선교사들이 그들의 지리문헌에서 직접 비판한 것은 그 지역의 중심적 위치, 그 지역의 우주적 상서로움, 그리고 거기서 탄생한 문화의 고아함으로 이어지는 중화주의적 관념의 연쇄 중 첫번째 고리, 즉 "중국이 지중(地中)"이라는 명제에 한정되었다. 그러나 제1장에서 보았듯 중화의 지리적 기준이 부정된다면 중국문명의 유일성을 보장해주던 중요한 근거 하나가

---

1) 게다가 중국이라는 말은 고대문명의 발상지인 '중주'를 지칭할 수도, 당시 중국 전체를 뜻할 수도 있었다(Cordell D. K. Yee, "Traditional Chinese Cartography and the Myth of Westernization," 173~74면 참조). '중국'이라는 용어가 지닌 다중의 의미, 화이론의 탄력성에 대해서는 이성규 「중화 사상과 민족주의」, 정문길 외 엮음 『동아시아, 문제와 시각』(문학과지성사 1995), 110~42면 참조.

무너지는 셈이었다. 서구 지리학을 둘러싼 논의에서 중화주의적 쟁점이 끊이지 않고 제기된 것은 그것이 중화주의적 관념의 핵심을 건드렸기 때문이다. 중화를 정의하는 세 기준 사이의 연쇄는 비록 느슨했지만, 그렇다고 간단히 끊어질 만큼 허술하지도 않았다. 말 그대로 연쇄는 탄력적이었다. 그것은 중화주의를 겨누고 있던 이방 지리학의 명제를 포괄하기 위해 더욱 늘어날 수도, 아니면 그를 거부하고 더욱 조여질 수도 있었다.

당시 중국과 조선에서 중화주의가 쟁점으로 부각된 일이 단지 그에 대한 선교사들의 비판에만 기인한 현상은 아니다. 한족의 명나라가 '오랑캐' 만주족에게 멸망한 사변을 겪은 중국은 그와 비슷한 상황에 처한 송·원대에 이어 역사상 또 한번 중화주의의 고조기를 맞이하고 있었다. 이는 중국의 왕조교체와 연동되어 청나라에게 수모를 당한 뒤 '대명의리'를 표방하며 '복수설치(復讐雪恥)'를 도모하던 조선의 경우도 마찬가지였다. 이는 당시 중국과 조선 지식인이 한결같이 강력한 중화주의자였음을 뜻한다기보다는 중화주의가 당시 지식인이라면 피할 수 없는 예민한 쟁점이었음을 의미한다. 17세기 중반 중국과 조선 지식인 사이에서 고양된 중화주의적 정서는 18세기에 접어들어 청나라의 중국 지배가 공고화되고 나아가 이전 중국의 어떤 왕조와도 비교할 수 없는 성세를 구가하면서 다양한 방식으로 굴절되었다.[2] 중화주의 비판을 담고 있는 선교사의 지리학은 이렇듯 그와 다른 맥락에서 전개되고 있던 중화주의적 정서의 고양과 굴절 과정에 결부되었다. 게다가 선교사들 자신이 바로 이방인이었고 또한 청조의 천문관서에 중용된 사실은 예수회의 지식이 지닌 문제성을 더욱 증폭할 수

---

2) 청조 치하 한족 지식인의 중화주의와 그 굴절에 대해서는 John D. Langlois, Jr., "Chinese Culturalism and the Yuan Analogy: Seventeenth-Century Perspectives," *Harvard Journal of Asiatic Studies* 40(2) (1980), 355~98면을, 17세기 조선에서 중화주의의 고양과 18세기에 나타난 변화에 대해서는 정옥자『조선 후기 역사의 이해』;『조선 후기 조선중화사상 연구』; 유봉학『燕巖一派 北學思想 硏究』(일지사 1995) 참조.

있는 요인이었다.

하지만 결과적으로 예수회사의 지구설과 오대주설은 그 속에 포함된 메시지의 불온함이 무색할 만큼 토착 지식사회에 널리 수용되었다. 그렇다면 서로 모순되어 보이는 두 현상, 즉 중화주의적 쟁점의 부각과 서구 지리학의 너른 수용이 함께 일어난 일을 어떻게 설명할 수 있을까? 당시 지식인 대다수가 중화주의적 세계상을 포기하고 예수회사가 제시한 새로운 세계상을 받아들인 것일까? 아니면 서로 충돌하는 서구 지리학과 중화주의적 세계상 사이에 앞서 살펴본 지지와 지도에서처럼 어떤 조정작업이 진행되었을까?

1. 지구 위의 중심: 서구 지리학과 중화주의적 세계상의 조정

서구 지리학을 거부한 지평론자들은 당연히 중화주의적 세계상에 대한 선교사의 비판도 용납할 마음이 없었다. 제4장에서 살펴보았듯 그들은 지구설을 비판하는 과정에서 지평론을 대안으로 제시하며 이를 정합적인 이론체계로 만들었는데, 이러한 작업은 서구 지리학의 도전에 맞서 중화주의적 세계상을 정련하는 작업이기도 했다. 그들은 그간 느슨한 상태로 내려오던 지평론과 중화주의의 연관을 체계화함으로써 서구 지리학과 중화주의적 세계상 사이의 간극을 극대화하려 했다.

그들은 중국을 지도의 대체적인 중심에 위치시켜 중화주의적 정서에 상당한 양보를 단행한 마떼오 리치의 세계지도에 대해서도 관용하지 않았다. 1630년대 편찬된 반서학서『파사집』에 실린 글에서 위준이라는 논자는 리치의 세계지도가 세계의 정중앙에 있어야 할 중국을 "약간 서북쪽으로 치우치게" 배치했다고 비판했다.[3] 서구 지리지식을 받아들이지 않았다고 해서 위준의 지식이 천박한 것은 아니다. 그는 중국의 동남쪽이 바다로 가로막혀 있지만 서쪽으로는 대륙이 계속 이어진다는 사실을 잘 알고 있었고, 그 때문에 중국의 낙읍이 아니라 서쪽의 곤륜산을 세계의 중심으로 보는 견해가 있음도 인지하고 있었다. 하지만 그는 이 문제에 대해 이미 오래전에 좋은 해답이 제시되었음도 알고 있었다. 육지의 중심인 '사해지중(四海之中)'과 육지와 바다를 합한 세계 전체의 중심을 구분한 원대 조우흠의 논의가 바로 그것이다.[4]

옛날에는 양성(陽城)을 천지의 중심으로 간주했다. 만약 오로지 땅의 중심〔地中〕만을 논한다면 그것은 마땅히 곤륜산이 높게 솟아 있는 곳이다. 그로부터 동쪽으로 나아가면 점점 땅은 적어지고 바다가 많아지며, 서쪽으로 나아가면 점점 땅이 많아지고 바다가 적어지므로, 곤륜산이 곧 땅의 중심이다. 그러나 (곤륜산이) 땅과 바다를 통틀어 중심인 것은 아니다. (그것은) (…) 의당 양성에 위치한다.[5]

위준이 서구 지리학지식을 전적으로 거부했다면, 17세기 말의 장옹경은 비록 지평론자이기는 하지만 서구 학설의 일부를 진지하게 받아들인 경우였다. 앞서 보았듯 그는 땅의 남쪽 지역—지구설에 따르면 남반구—에서는 북쪽에서 볼 수 없는 별들이 관측된다는 점을 받아들였고, 리치가 남극고도를 관측했다는 아프리카 남단 '대랑산'의 존재도 부정하지 않았다.[6] 장옹경은 비록 아메리카와 마젤라니카 대륙의 존재는 받아들이지 않았지만, 그림 6-1의 「대지도」에서 볼 수 있듯 나머지 세 '구대륙'에 관한

---

3) 魏濬「利說荒唐惑世」,『聖朝破邪集』卷3, 37a-b.
4) 이 책의 제2장 3절 참조.
5) 魏濬, 같은 글 37b: 古以陽城爲天地之中, 若專論地中, 則應在崑崙高處. 第偏東, 地少海多, 偏西, 地多海少, 崑崙乃地中, 而非通地與海之中也. 通地與海之中, 宜在陽城耳.
6) 장옹경의 지평론에 대해서는 이 책의 제4장 1절 참조.

한, 선교사들의 세계지도에 담긴 대륙의 윤곽을 대체로 인정했다. 이는 지상세계의 남북 길이가 이전에 생각한 것보다 훨씬 길고, 그에 따라 중국이 상대적으로 북방에 치우치게 됨을 뜻했다. 아마도 이렇듯 간단히 거부하기 힘든 몇몇 새로운 지리정보 때문에, 그는 지상세계 동서 방향의 외연만을 고려한 조우흠의 구도를 그대로 사용할 수 없다고 판단했을 것이다. 그는 중심을 땅덩이의 중심과 지상세계 전체의 중심 두 층위로 구분한 조우흠의 학설을 세 단계로 더 세분한 새로운 지중론을 창안했다.[7]

그중 첫번째 중심이 '천지의 중심'으로서 이를 양성이라고 본 조우흠과 달리, 장옹경은 청조의 수도 북경 근처를 지나는 경도선과 북회귀선의 교차점에 위치시켰다. 이는 그림 6-1의 아래 지도에서 볼 수 있듯 중국의 남쪽 천주(泉州) 앞바다 부근이었다. 세계의 중심이 이전에 비해 상당히 남쪽으로 내려오게 되었는데, 이는 서구 지리학에 의해 남쪽 세계의 지평이 넓어진 상황을 반영한다. 하지만 그가 다름아닌 '북회귀선'을 중심의 한 좌표축으로 정한 데는 『회남자』 등에서 연원하는, '일중무영(日中無影)'의 남방땅이 천지의 중심이라는 고전적 상상력도 한몫했다. 북회귀선이야말로 하지 정오에 태양이 바로 머리 위에 오는 곳이기 때문이다.

장옹경이 두번째 지중으로 제시한 '육지의 중심'은 조우흠이 말한 '사해의 중심'과 같은 개념으로, 그 역시 이를 곤륜산으로 보았다. 그에 비해 지상세계 전체의 지리적 중심에서 밀려난 예주 지역에 대해 장옹경은 '여지(輿地)의 중심'이라는 새로운 지위를 부여했다. 낙읍은 비록 세계의 지리적 중심은 아니지만 우주적으로 독특한 지역으로서, 그 상서로운 기운에 힘입어 중화문명을 창시한 성인이 태어나게 되었다. 장옹경은 예주 지역의 우주적 특이성을 그 지역의 풍수에서 찾았다. '태화원기(太和元氣)'가 모이는 예주 지역은 풍수에서 말하는 '결혈(結穴)'이라는 것이다.[8] 지중의

---

7) 이하 장옹경의 지중론은 張雍敬 『定曆玉衡』 卷3, 「天中地中說」, 473上~476上면 참조.

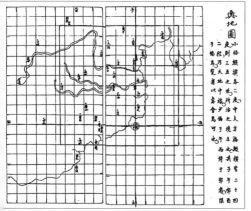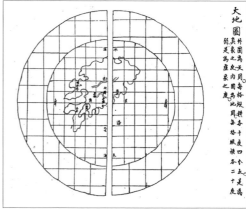

그림 6-1. 장옹경의 세계지도. 「대지도」(오른쪽)는 원반형의 지상세계 전체를, 「여지도」(왼쪽)는
중국을 그렸다. 「대지도」의 동심원은 원반형의 지상세계(안쪽의 원)가 하늘의 중심(바깥 원)보다
아래로 처져 있는 모양을 위에서 바라본 것이다. 張雅敬『定曆玉衡』권3, 「天中地中說」, 속수사고
전서 1040, 472~73면.

기준으로 풍수를 든 것 자체는 그리 새로운 일이 아니다. 제2장에서 본 대
로 주희는 요임금의 도읍지인 기도가 훌륭한 풍수 때문에 천지의 정중앙
이라고 말한 적이 있다. 하지만 주희의 시기보다 훨씬 확대된 지리적 시야
를 반영하듯 장옹경은 세계적 규모에 걸친 지세의 전개를 분석함으로써
예주의 풍수적 독특성을 입증하려 했다. 그에 따르면, 지상세계의 지맥(地
脈)은 땅을 뜻하는 곤괘의 방향, 즉 서남방에서 시작하는데, 리치가 말한
아프리카의 '대랑산'이 바로 그곳이다. 여기서 발원한 맥이 비단길을 따
라 동북쪽으로 나아가는데 그 도정에 있는 곤륜산은 '간룡(幹龍)'이 된다.
지맥은 중국의 서북쪽에 이르러 황하 북쪽의 북룡(北龍)과 남쪽의 남룡(南

---

8) 같은 글 474下면: 此興地之中, 太和元氣所鍾, 而堪輿之結穴也.

龍)으로 갈라지게 된다.

> 당우(唐虞, 요순의 치세) 이전에는 운이 북방에 있었다. (…) 그러므로 성인이
> 북방에서 더 많이 흥했고, 남룡에서는 드물게 나타났다. 당우 이후에는 운
> 이 남방에 있게 되었다. (…) 그러므로 성인이 남방에서 더 많이 흥하고 북
> 룡에서는 드물게 나타났다.[9]

이와 같이 아프리카 남단에서 발원하는 지세의 전개와 개벽에서 시작되는
음양의 우주적 주기가 맞물려 상고시대 북중국의 예주에서 문명이 개화했
고, 이후 문명의 중심지는 점차 주희 등의 인물을 낳은 남중국으로 이동했
다는 것이다.

장옹경의 논의는 고대로부터 전개된 중국 지중론 논의의 결산이었다.
그의 이론은 고대 유가의 '낙읍지중론'을 비롯하여 도가 계열의 곤륜산과
'일중무영'의 설화 등 이질적 연원의 다양한 학설을 포괄했다. 선교사의
새로운 지리학이 이러한 체계화에 촉매역할을 했음은 분명하다. 선교사들
은 과거 조우흠이 접한 것보다 훨씬 더 넓은 세계를 소개했으며, 그를 근
거로 지상세계의 중심으로서 중국의 지위를 위협했다. 이러한 도전에 대
응하기 위해서는 지중론을 좀더 정교히 할 필요가 있었다. 장옹경은 지상

---

9) 같은 곳: 唐虞以前, 運在北方, (自天皇起子會, 至唐虞在卯會之中) 故聖人多興於北, 而南龍
閒發焉. 唐虞以後, 運在南方, (商武乙二年入辰會, 宋太祖乾德二年入巳會) 故聖人多興於南,
而北龍閒發焉. 인용문에서도 드러나듯 장옹경은 소옹과 유사한 우주-문명의 주기적 성
쇠에 대한 관념을 가지고 있었다. 하지만 그 실제 주기는 소옹의 것보다 훨씬 짧았다. 그
는 천지의 성쇠 주기를 소옹의 12만여년보다 짧은 2만 7,390여년으로 보았다. 이는 시
헌력의 세차주기 2만 5,920년과 그 전후 개벽과 혼돈으로 나아가는 준비기간으로 각각
12갑자의 시간을 더해서 나온 값이었다(張雍敬『定曆玉衡』卷8,「天地始終」, 518上~520
上면). 천문주기를 근거로 소옹의 주기를 재구성한 장옹경의 작업은 비슷한 시기 조선
의 김석문이 제안한 것과 유사하다.

세계의 지리적 중심을, 비록 중국 근해이기는 하지만 중국의 바깥에 설정할 수밖에 없었다. 하지만 그는 두 가지 핵심적 지위를 중국에 그대로 남겨두었다. 원나라 이래 왕조의 수도였던 북경 지역을 지상세계의 동서를 가르는 기준으로 설정했으며 고대문명의 발상지를 음양의 기운이 조화로운 우주적 특이점으로 부각한 것이다. 주목해야 할 점은 『주례』「대사도」이래 지중의 기준으로 서로 연관되어 있던 천문·지리학적 기준과 우주론적 기준이 분리되었다는 것이다. 이전까지 고대의 낙읍이 그 두 기준을 독점했다면, 이제 천문·지리학적 기준은 근세 제국의 수도인 북경에 넘겨주어야 했다. 장옹경의 입장에서 북경과 낙읍의 이러한 분점은 정치적으로 보아 오히려 바람직한 구도일 수 있었겠지만, 문제는 그 불가피성이 서구 천문·지리학의 도전에서 연유했다는 점이다.

낙읍을 더이상 지중으로 볼 수 없다는 부인하기 어려운 사실은 장옹경과는 달리 지구설을 받아들인 사람에게 더 심각한 문제였다. 땅은 더이상 평평한 모양이 아니므로 그들은 장옹경처럼 대륙 배열을 이리저리 조정하여 중심을 중국 근방으로 가져오는 일이 용납될 수 없다는 점을 잘 알고 있었다. 강희 연간의 대표적 성리학자 이광지는 1672년 선교사 페르비스트가 지구설을 근거로 중화주의를 "강력히 비판했을〔深詆〕"때도 그에 직접 반론할 수 없었다.[10] 그는 선교사의 지구설과 천문학을 "믿을 만하고 경험과도 부합한다"고 높이 평가한 반면, 『주례』「대사도」에서 연원한 낙읍 지중론에 문제가 많다는 점을 인정했다.[11] 그렇다고 정통 성리학자인 그가 주공의 제도를 담은 『주례』의 권위를 부정할 수도 없는 일이었다. 그에 따

---

10) 李光地 『榕村集』 卷20, 「記南懷仁問答」, 四庫全書 1324, 809下~810上면.

11) 낙읍지중론에 대한 그의 불만은 같은 글 809下~810上면 참조. 지구설에 대한 그의 신뢰감은 『榕村集』 卷5, 「周官筆記」, 591下면에 잘 나타나 있다. 하지만 세계 각지의 풍물에 대한 선교사의 기록에 대해서는 "아득하고 황당하여 모두 믿을 수 없다"고 비판적인 태도를 취했다.

르면, 낙읍지중론의 문제는 「대사도」의 구절 자체가 아니라 그에 대해 혼란스럽게 해석한 후대 학자들에게서 비롯하였다. "어찌 주공께서 우리를 속이시겠는가!"[12] 그렇다면 「대사도」의 '토규지법'에 담긴 주공의 본뜻은 무엇일까? 낙읍지중론은 지상세계의 지리적 중심을 인정하지 않는 지구설과 어떤 방식으로 조정될 수 있을까?

정의상 중심이 존재할 수 없는 구면에서 중심을 찾겠다는 이상의 부조리한 시도에는 두 가지 해법이 있었다. 첫번째는 중화를 오직 문화적 기준으로만 정의하는 것이다. 어차피 지구설을 받아들여 세계의 지리적 중심을 정할 수 없게 되었다면, 알레니의 제안처럼 문명의 고아함만을 중화의 기준으로 받아들이면 되지 않을까? 중국문명의 탁월함은 부인할 수 없는 사실이기 때문에, 중국이 지중이 아니라고 해서 상황이 달라질 것은 없지 않을까? 이는 충분히 고려해볼 만한 대안이었으며, 당시 중국과 조선 지식인의 일반적인 태도 또한 중화 관념의 문화적 측면을 중시하는 것이었다. 중화의 적통인 명조가 망하고 중원을 만주족이 장악한 이후로 지리적 의미에서 중화를 논하는 것은 그리 타당하지 않아 보였다. 세계의 지리적 중심이든 아니든 중원은 이적의 나라가 된 것이다. 그리하여 청조 치하 한족 지식인들과 조선의 성리학자들은 중화를 간헐적인 이적의 중원 지배에도 당대까지 면면히 이어져온 상고 이래의 문화적 유산으로 이해했다. '문화적 중화주의'는 논자 각각이 처한 정치적·이념적 맥락에 따라 다양한 형태로 나타났다. 예를 들어 18세기 이래 청조의 문화가 융성하자, 문화적 중화주의는 중국과 조선 모두에서 청조에 대한 긍정적 평가의 논리로도 이용되었다. 그들은 비록 야만족이지만 요순 이래의 예악문물을 훌륭히 계승, 발전시켰다는 점에서 문화적으로는 중화의 후계자로 볼 수 있다는 것이다. 다른 한편 조선의 상당수 주자학자들은 중원이 이적의 지배에 들어

---

12) 같은 곳.

간 이후 이제는 유교의 예악문물을 보존하고 있는 유일한 나라인 조선이 중화의 적통을 이었다고 자부했다.[13] 18세기 후반 조선의 정약용은 북경으로 사신 가는 벗에게 준 글에서, 중국에 대한 당시 조선사람의 열등감을 비판하며 문화적 중화관을 다음과 같이 표명했다.

나의 소견으로 살핀다면, '중국'이라는 말에서 왜 그 나라가 '중앙'이 되는지 그 까닭을 모르겠다. '동국(東國, 조선을 말함)'이라는 말에서도 왜 이 나라가 '동쪽'이 되는지 그 까닭을 모르겠다. 해가 정수리 위에 있는 때를 정오라고 한다. 그러니 정오를 기준으로 해가 뜨고 지는 시각까지의 시간이 같으면, 내가 있는 곳이 동서의 한가운데라는 것을 알 수 있다. (…) '중국'이라는 이름은 무엇을 보고 부르는 이름인가. 요·순·우·탕의 정치가 있는 곳을 중국이라 하고, 공자·안자(顏子)·자사(子思)·맹자의 학문이 있는 곳을 중국이라 한다. 그렇다면 저들에게 오늘날 중국이라고 말할 만한 것이 무엇이 있는가? 성인의 정치와 성인의 학문은 동국이 이미 얻어서 옮겨왔으니, 다시 멀리서 구해올 필요가 어디 있는가?[14]

지구설을 토대로 지상세계의 유일한 중심의 존재를 부정한 정약용은 성인의 정치와 가르침의 보유 여부를 기준으로 이제는 청나라가 아니라 조선이 '중국'이라고 주장한 것이다.

하지만 문화적 중화주의가 유행했다고 해서 중국이 지리적 중심에서 밀려나게 된 상황을 당시 사람들이 순순히 용납했다고 볼 수는 없다. 만약 그

---

13) 이적의 중원 지배하에서 유행한 문화적 화이관의 다양한 함의와 기능에 대해서는 이성규, 앞의 글 135~42면 참조. 조선후기 '조선중화주의'의 발흥에 대해서는 정옥자 「서론」, 『조선 후기 조선중화사상 연구』, 9~25면을 비롯한 여러 논문 참조.

14) 정약용 「연경에 사신으로 가는 교리 한치응을 전송하며(送韓郊理致應使燕序)」, 허경진 옮김 『다산 정약용 산문집』(한양출판 1994), 69~70면.

렇다면 땅의 중심도 아닌 곳에서 뭇 성인이 나타나 문명을 창시한 것은 역사적 우연에 불과한가? 그들의 '개물성무'가 하늘의 도리를 지상세계에 구현한 것이라면, 그러한 일이 중국 이외의 다른 지역에서도 일어날 수 있었다는 말인가? 이러한 질문에 선뜻 긍정할 사람이 나올 가능성은 그리 높지 않았다. 당시 사람들은 문명의 기원과 전개에 만물의 생성·소멸을 관통하는 천도(天道)가 작용한다고 여겼다. 상고시대 중국의 '중주'에서 성인들이 잇달아 나타난 것은 당시 그곳의 독특한 조건과 깊은 관련이 있었다. 문화적 중화주의 담론의 범람에도 불구하고 중화주의에 대한 논의가 서구 지리학이 제기한 문제와 결부될 때에는 예외 없이 이러한 관점이 논자들의 관념 속에서 작동하게 마련이었다. 18세기 조선의 이익은 알레니의 『직방외기』에 대한 발문에서 지리적 중화 관념의 비판논거로 이용되던 지구설의 구대칭 관념을 받아들였지만, 곧 다음과 같은 문제를 제기했다.

> (중국과 서양이 지구상에서 대칭되는 위치에 있으면서도) 이쪽은 반드시 '중'이라 하고 저쪽은 반드시 '서'라 하는 것은 왜인가? 그(알레니를 말함) 학설에 따르자면, "아시아는 실로 천하의 첫번째 대륙이며, 인류가 처음 생겨나고 성현이 먼저 배출된 곳으로서" 중국은 또 그 정심(正心)에 해당한다. (…) 이를 어떻게 밝힐 것인가?[15]

『직방외기』 「아세아총설」의 첫 문장을 중국에 대한 찬양이라고 오해한 이익은 지구설에 의하면 중심이 될 수 없는 중국에서 어떤 이유로 서양사람까지도 중심으로 인정하는 고상한 문명이 개화할 수 있었는지 질문한다.

중국이 지리적 중심임을 주장할 수 없게 된 상황에서 그렇다고 중국문

---

15) 李瀷 『星湖全集』 卷55, 「跋職方外紀」, 515면: 然而此必謂之中, 彼必謂之西者, 何也. 據其說, "亞細亞實爲天下第一大州, 人類肇生之地, 聖人首出之鄉," 而中國又當其正心 (…) 何以明之.

화의 사실적 탁월함만을 강조하는 데 만족할 수 없던 이들이 선택한 길은 장옹경이 예주의 풍수를 논한 것과 크게 다르지 않았다. 장옹경은 지상세계의 중심에서 얼마간 비껴나 있던 고대문명의 발상지 예주의 지위를 구하기 위해 풍수라는 우주론적 요인을 끌어왔다. 이는 문명탄생지의 우주적 독특성이 꼭 그 지역의 지리적 중심성에서 기인할 이유는 없다는 인식을 담고 있다. 이러한 사유에서 지리적 중심의 존재를 아예 부정하고 우주적 특이지점의 존재만 인정하는 방향으로 나아가는 것은 그리 커다란 도약을 요구하는 일이 아니었다. 지리적 중심이라는 기준은 고대 중주의 우주적 특이성을 뒷받침하는 한 가지 장치였으므로, 다른 방식으로 이를 해명할 수 있다면 지구설에 반하면서까지 지리적 기준을 고집할 이유는 없었던 것이다.

지구설을 전제로 중국의 우주적 특이성을 밝힌 시도로 이후 중국과 조선 모두에 널리 유행한 논리를 제시한 사람은 바로 페르비스트와 논쟁한 이광지였다. 1672년의 논쟁 당시 중국이 지구의 중심이 아니라는 페르비스트의 비판에 대해 그는 다음과 같이 응수했다.

이른바 중국이라는 것은 예악정교(禮樂政敎)가 천지의 정리(正理)를 얻음을 말하는 것이니, 어찌 반드시 형체상의 중심이어야만 할 것이겠는가! 비유하자면 심장이 사람의 중심〔人中〕에 있는 것이, 배꼽이 (형체상으로) 중심에 있는 것과 같지 않지만, 마침내는 반드시 심장으로 사람의 중심을 삼는 것과 같으니, 그것이 어찌 형체를 기준으로 한 것이겠는가![16]

이광지가 사용한 심장과 배꼽의 비유는 페르비스트의 비판에 대응하는 그

---

16) 李光地「記南懷仁問答」, 809下면: 且所謂中國者, 謂其禮樂政敎, 得天地之正理, 豈必以形而中乎. 譬心之在人中也, 不如臍之中也, 而卒必以心爲中, 豈以形哉.

의 전략을 잘 드러내준다. 겉모양으로 보면 배꼽이 신체의 중심이지만 사람의 생리적·정신적·윤리적 활동은 중심에서 비껴 있는 심장이 주재한다. 마찬가지로 중국은 비록 세상의 지리적 중심은 아니지만 천리를 구현한 문물로 세계를 주재하는 세계의 심장이라는 것이다. 이는 지구설에 근거한 페르비스트의 비판을 '외양'의 논리로 치부하는 전략이었다. 중국의 중화됨을 뒷받침하는 것은 지리적 위치가 아니라 겉으로는 드러나지 않는 천리의 형이상학적 작용이라는 것이다.

  이광지는 이러한 전략을 예수회사뿐만 아니라 고전적 낙읍지중론을 비판하는 데도 적용했다. 그에 따르면 낙읍지중론자들은 페르비스트와는 정반대로 낙읍의 지리적 위치를 우주적·문명적 특이성의 근거로 보는 비약을 범했기 때문이다. 하지만 『주례』의 본뜻은 낙읍이 중국 '구주'의 중심이라는 것이지 세계 전체의 중심이라는 것은 아니었다. 또한 「대사도」에서 땅의 중심을 구하는 기준으로 제시된 해그림자 길이 '일척 오촌' 또한 어떤 우주론적 원칙에서 연역된 것이 아니라, 낙읍을 구주의 중심으로 정한 이후에 얻은 순수한 관측치일 뿐이었다.[17] 하지만 주공의 말을 신뢰한 이광지는 낙읍이 "천지가 만나고 사시(四時)가 교차하며 음양풍우(陰陽風雨)가 조화로운" 우주적 중심지라는 믿음에는 변함이 없었다. 그렇다면 그 이유는 무엇일까?

  이광지는 이를 예수회사의 기후대 학설에서 찾았다. 일단 그는 선교사의 학설을 따라 지구를 열대·한대·온대로 나눈 뒤 각각의 기후와 해그림자의 양상을 논했다. 그에 따르면 적도지방은 해와 직접 대면하고 있어 가장 뜨겁고, 해그림자가 1년 내내 변함이 없다. 극지방은 해로부터 멀어 가장 추운 곳으로서 해그림자는 짧을 때 아주 짧고 길 때 아주 길다. 오직 온대지방만이 춥지도 덥지도 않아 온화하여 사람이 거주하기에 적당하고,

---

17) 李光地「周官筆記」, 590下~591上면.

해그림자 또한 "동지와 하지 때의 길이 차이가 7/10을 넘지 않는" 적절한 양상을 보인다. 이광지는 이를 근거로 온대에 위치한 중국 지역이 "기가 고르고, 수(數)가 중용을 얻었다"거나 "풍기(風氣)가 조화롭고 시각이 고르다"고 주장했다.[18]

오직 중국땅이 해그림자 도수의 영축(嬴縮), 사계절의 진퇴, 동지·하지의 상제(相除)가 조금도 남거나 모자라지 않는데, 게다가 낙읍은 그 중앙의 중앙이어서 중토(中土)라고 부르니, 이치가 마땅하여 속임이 없다. 이로 보건대 경전에서 말한 바 "천지·사계절이 교합하는 곳이요, 음양풍우가 화회(和會)하는 곳"임을 알 수 있으니, 믿을 만하도다, 그것이 지극한 이치이며 허황된 학설이 아님을![19]

이와 같이 이광지는 심장과 배꼽의 비유를 선교사의 천문지리학을 통해 구체화하여 낙읍 지역의 우주적 독특성을 밝히려 했다. 그는 낙읍에 대해 『주례』 「대사도」 이래의 '지중'이라는 표현 대신 '토중'이라는 용어를 사용했다.[20] 그가 이러한 용어 선택을 해명한 것은 아니지만, 땅의 물리적 측면을 지칭하는 '지' 대신 오행의 하나로 땅의 형이상학적 특성을 표현하는 '토'를 선택한 것 자체가 고대 중주의 우주적 특이성에 주목한 그의 전략을 반영하는 듯하다.[21]

---

18) 같은 글 591면.

19) 李光地 「記南懷仁問答」, 810上면; 「周官筆記」, 591下면: 惟中國之地, 晷刻嬴縮, 與四時進退, 二至相除, 豪無餘欠, 而洛又其中之中, 謂之中土, 理宜不誣. 以是知經所言, 天地四時之所交合, 陰陽風雨之所和會. 信乎! 其爲至理而非虛說也.

20) 앞의 인용문에서 이광지는 낙읍을 '지중'이 아니라 '중토(中土)'라고 불렀으며, 낙읍에 대한 여러 학설에 대해서도 '낙읍토중지설(洛邑土中之說)'이라는 용어를 사용했다.

21) 이러한 용어 선택을 19세기 조선의 위정척사론자 이항로도 따랐다. 이에 대해서는 임종태 「'道理'의 형이상학과 '形氣'의 기술—19세기 중반 한 주자학자의 눈에 비친 서양

선교사의 기후대 학설에서 이러한 발상을 얻기란 그리 어려운 일이 아니었다. 왜냐하면 이미 마떼오 리치가 '오대(五帶)'를 설명하고 이름지은 방식에서 비슷한 생각이 엿보이기 때문이다. 앞서 보았듯 리치는 태양으로부터 '멀지도 않고 가깝지도 않은' 중위도 지역에 '정대(正帶)'라는 다분히 우호적인 이름을 붙여주어 기후가 좋지 않은 열대 및 한대와 구분했다.[22] 리치 자신이 이러한 용어 사용에 대해 논의하지는 않았지만, 그가 자신의 세계지도에서 부각한 세계의 양대 문명, 즉 유럽과 중국이 나란히 '정대'에 위치한다는 점을 의식하지 않았을 가능성은 없어 보인다. '정대'라는 표현을 통해 리치는 고상한 문명이 태어날 수 있는 환경에 처한 나라는 중국과 유럽밖에 없다는 점을 강조하여 유럽을 다른 '외이'와 구분하려 했는지도 모른다. 하지만 리치의 오대설을 채용한 이광지의 '낙읍토중론'에는 중국과 같은 기후대에 속하여 계절의 교차와 해그림자의 변화양상이 중국과 동일한 패턴을 띨 유럽에 대한 언급을 찾아볼 수 없다. 왜 그 두 지역 중 한 곳은 지상세계의 '심장'일 수 있는데 다른 곳은 그렇지 않은가?

이광지에 앞서 명나라 말의 논자들 또한 기후대 관념을 통해 중화주의를 정당화하려 했지만, 그들은 같은 위도대에 존재하는 다른 문명의 존재를 의식하고 있었다. 유럽문명을 높이 평가하고 선교사의 학술을 적극 받아들인 웅명우는 문명의 발생과 기후대의 관계를 논하면서 중국은 물론, 유럽에 대해서도 우호적으로 논평했다.

중국으로 말하자면, 적도 북쪽 20도에서 44도에 이르는 지역에 처해 있어 태양이 언제나 남쪽에 위치하므로 항조(亢燥)한 기운을 받지 않을 뿐 아니라 태양에서 아주 멀지도 않아 온난함의 혜택도 입는다. (그러므로) 품기(稟

과학기술과 세계: 李恒老(1792~1868)」, 88면 참조.
22) 이 책의 제1장 4절 참조.

氣)가 중화(中和)하여 거서(車書), 예악(禮樂), 성현(聖賢), 호걸(豪傑)로 사예
(四裔)의 조종(祖宗)이 되었다. 만약 더 남쪽으로 가면 태양과 가까워져 아주
더워지므로 단지 해외의 뭇 야만인이 생겨날 수밖에 없다. 더 북쪽으로 가
면 태양에서 멀어져 아주 추워지므로 단지 새외(塞外)의 사막인(沙漠人)이
생겨날 수밖에 없다. 서방사람들이 처한 곳의 북극고도는 중국과 위도가 같
아서, 그곳 사람들도 책읽기를 좋아하지 않음이 없으며, 역법의 이치를 안
다. 그와 위도가 같지 않은 곳이 곧 회회제국인데 아주 사납고 살육을 잘한
다.[23]

웅명우는 리치가 중화주의를 비판하며 제시한 유럽·중국의 양대 문명구
도를 상당부분 받아들였다. 그는 중국문명을 '사예의 조종'이라고 강조하
여 유럽보다 높은 위계에 놓았지만, 유럽이 중국과 같은 위도대에 처하여
고아한 문명을 일으켰고 아랍제국 등 주변 나라와 나름의 문명-야만구도
를 형성하고 있음을 인정했다.

  웅명우를 중심으로 한 명말청초 일군의 학자들은 선교사에 대한 우호적
감정과 그들의 지적 개방성을 반영하듯 이와 같은 양대 문명구도를 대체
로 공유하고 있었던 것으로 보인다.[24] 하지만 중국과 서양문명 사이의 위
계를 설정하고 정당화하는 방식에서는 논자에 따라 편차가 있었다. 가령
주역상수학에 조예가 있던 방공소는 중국과 서양의 위계를 웅명우에 비해
좀더 강조했고, 나아가 이를 뒷받침할 상수학적 구도를 제시했다. 그에 따
르면, 서양사람들은 땅이 둥글다는 이치를 말하기는 했지만 그 위에 존재
하는 질적 구분에 대해서는 알지 못했다. "중국은 땅의 심장이 되고 인도

---

23) 熊明遇『格致草』,「原理演説」, 63上면.
24) 예를 들어 방이지는『물리소지』에서 앞의 인용문을 포함한 웅명우의「원리연설」을 거
    의 전문 그대로 인용했다(方以智『物理小識』卷1,「天上原理」, 752上~753上면).

(西乾)는 왼쪽 젖가슴이 된다."[25] 실제로 방공소는 중국이 지구의 심장임을 보여주기 위해 지구 적도 둘레를 동서남북으로 4등분하여 중국 부근의 경도대를 남방에 대응시켰다. 이때 남방은 오행의 화, 오장의 심과 상관관계에 있었다.

중국에서는 괘책(卦策)으로 예악을 정하고 성명(性命)을 드러내어 치교(治敎)가 크게 이루어짐이 홀로 명비중정(明備中正)하다. 그것이 어찌 우연이겠는가! 북극 아래의 땅은 쓸모없는 땅이다. 황도의 아래는 사람이 신령하고 사물이 번성한데, 게다가 중국은 적도(를 둘러 구분된 네 경도대)의 남방에 위치하니, 천지인(天地人)이 서로 응한다.[26]

이렇듯 방공소는 같은 위도대에 속한 나라들 중 중국만이 지닌 우주적 독특성을 지구적 규모로 확대된 상관구도를 통해 드러내려 했다. 이러한 전략은 당대의 추연을 자임한 청나라 초의 손란에서도 확인된다. 그는 "추위와 더위가 조화롭고 고르게 교차하는" 북반구 중위도 지역에서 성인과 현인이 나타나며, 그와 같은 지역으로 중국 구주를 비롯하여 인도와 서양의 세 곳을 들었다.[27] 그렇다고 그가 세 문명을 동등하게 본 것은 아니다. 유럽인들은 고아한 윤리와 정밀한 역법을 지니기는 했지만 '천당지옥'과

---

25) 方孔炤, 『周易時論合編』, 60下면.

26) 같은 곳: 中土以卦策定禮樂, 表性命, 治敎之大成, 獨爲明備中正, 豈偶然乎. 當北極之下者, 无用之地也. 黃道之下, 人靈物盛, 而中國在腰輪之南, 天地人相應. 방공소의 구도 그리고 서양 지구설과 전통적 분야설의 대립을 조정하려는 중국 및 조선 학자들의 시도에 대해서는 임종태 「17~18세기 서양 과학의 유입과 분야설의 변화 ──『星湖僿說』「分野」의 사상 사적 위치를 중심으로」, 『한국사상사학』 21(한국사상사학회 2003), 391~416면 참조.

27) 黃鍾駿 『疇人傳四編』 卷7, 657下면에서 재인용: 寒熱和平之交, 故出聖人賢人, 五印度·西洋諸地亦然. 『주인전』의 기록에 따르면 손란의 이러한 주장이 그의 『산하대지도설』에 나온다고 하지만, 총서집성속편에 실린 『산하대지도설』에서 그 구절을 찾을 수는 없다.

318

같은 허탄한 학설을 믿고 있었다. 반면 중국은 산천, 예악, 강상(綱常) 등 모든 면에서 "외국에서는 찾아볼 수 없는" 탁월함을 지니고 있었다. 그에 따르면, 이는 바로 중국이 처한 곳의 풍기에 기인한 것으로 "대개 천지의 기운은 동남쪽에 모여들기 때문"이었다.[28]

이와 같이 명말청초의 학자들은 비록 세계에 지리적 중심이 있을 수 없다는 지구설의 결론을 받아들였지만 세계에서 차지하는 중국의 독특한 지위에 대한 믿음을 버리지는 않았다. 그들은 중국문명 발상지의 독특함을 지구설의 기후대 관념과 상관적 우주론의 여러 요소들을 이용하여 보여주려 했다.

하지만 명나라 말의 활발한 자연철학적 사색을 반영하는 이러한 논의는 18세기로 접어들면 그 활력을 잃게 된다. 변화는 18세기 고증학적 역산학(曆算學)과 중국기원론의 장을 연 매문정에게서 잘 드러난다. 지구설과 중화주의의 충돌을 의식하고 있었던 그는 『역학의문보』의 한 절을 그에 할당했다. 그는 방공소, 이광지 등과 마찬가지로 지구 위에 '배면(背面)'의 형이상학적 구획을 도입한 뒤 중국을 지구의 '얼굴(面)'에 할당하여 중국 지역이 지니는 우주적 독특성을 설명하고자 했다.[29] 하지만 이광지 등과는 달리 매문정은 자신의 비유를 우주론적 구도로 체계화하지 않았다. 명나라 말의 논자들에게 중국문물의 우수함은 우주론적 논의에 의해 그 원인이 설명되어야 할 현상이었다. 그에 비해 매문정은 '중국이 지구의 얼굴'이라는 명제를 기정사실로 전제한 뒤, 그 우주적 원인을 설명하기보다는 이를 중국과 여타 나라의 문화적 차이를 통해 예시하는 데 힘썼다. 그는 하늘이 내린 오륜의 가르침이 중국에만 전해져 내려온다는 점, 범어(산스크리트어)·라틴어·일본어의 어순이 '목적어-동사'순으로 '거꾸로'인 데 비해

---

28) 孫蘭 『輿地隅說』 卷上, 428下면~429上면.

29) 梅文鼎 『歷學疑問補』 卷1, 「論地實圓而有背面」, 10면: 中土 (…) 如人身之有面, 爲一身之精神所聚, 五臟之精, 並開竅於五官, 此亦自然之理也.

중국어의 어순만 '바르다'는 점,[30] 의관문물에서 중국을 능가하는 나라가 없다는 차이점을 예로 들었다.

매문정의 논의에서 우주론적 요소가 약화되고 중화의 문화적 측면이 더 강조된 것은 17세기 후반을 기점으로 나타난 자연철학적 사색, 특히 상관적 사유에 대한 비판적 조류와 맥을 같이하는 현상으로 보인다. 앞서 방공소의 논의에서 드러나듯 명말의 논자들은 중국의 우주적 특이성을 보이기 위해 음양오행을 비롯한 상관구도들을 공공연히 활용했다. 그러나 17세기 후반 본격화된 상관적 사유에 대한 비판의 물결은 방공소류의 논의가 이루어질 공간을 급격히 축소했다. 매문정이 제기한 배면의 비유는 그 자체로 볼 때 상관적 사유의 소산이지만, 당시는 그러한 작업을 장려하는 분위기가 아니었다. 매문정 자신도 왕석천과 함께 수학적 정밀성과 문헌학적 엄밀함을 강조하는 청대 역산학의 전통을 개척한 인물 중 한 사람이었다. 매문정의 세대를 기점으로 전지구적 규모에서 중국의 중화됨을 입증하는 우주론적 논의는 그 입지가 좁아진 것이다. 하지만 그는 우주론적 상실을 보상할 대안을 제시했다. 그것은 앞서 살펴본 중국기원론적 문명서사였다. 그는 우주론적으로 불충분한 배면의 비유를 담은 『역학의문보』에서 상고시대 황제의 개천설이 인도, 아랍, 유럽으로 전파되어 불교, 회회교, 기독교 문명으로 변질되는 과정을 천문학적 비교와 문헌학적 탐색을 통해 재구성해낸 것이다.

그런 점에서 우주론적 중화주의가 문화적·역사적 담론으로 전환되는 과정이 중화주의의 약화를 뜻하는 현상은 아니었다. 매문정의 중국기원론은 방공소, 손란의 우주론적 구도만큼이나 지구적 규모에서 중국문명의 우월함을 확인해주는 역할을 했다. 또한 그것이 중화주의의 우주론적 기

---

30) 매문정에 따르면, 불경에는 도피안(到彼岸)이라고 해야할 것이 피안도(彼岸到)라고 되어 있고, 일어에서는 매주(賣酒)라고 할 것이 주매(酒賣)로 되어 있다(같은 책 10면).

초를 추구하는 심성이 완전히 사라졌음을 뜻하지도 않는다. 이는 중화주
의적 세계상을 구성하는 두 요소인 '우주'와 '역사'의 관계가 후자가 전면
에 나서는 방식으로 조정되는 과정이었다. 매문정의 배면 비유와 같이 우
주론적 요소는 비록 억제된 상태에서이기는 하지만 여전히 중화주의적 세
계상을 뒷받침하는 지주로서 힘을 발휘하고 있었다. 중국기원론의 유행에
도 불구하고, 방공소의 표현을 빌리자면 황제라는 성인이 나타나 개천설
을 창시한 일을 순전한 역사적 "우연"이라고 주장할 사람은 드물었던 것
이다.

　그에 비해 동시대 조선에서는 이러한 초점의 전환이 두드러지게 진행되
지 않았다. 매문정류의 중국기원론은 18세기 조선 학인들의 관심을 크게
사로잡지는 못했으며, 그들의 중화주의적 정서는 명말청초의 중국과 마
찬가지로 빈번히 장대한 우주론적 구도를 통해 표출되었다. 이는 주자학
의 주도하에 소옹류의 상수학이 널리 유행한 조선의 학풍과도 잘 부합했
다. 게다가 17세기 중국 학자들의 논의가 실제로 18세기 이후 조선 학인들
의 논의로 이어진 경우도 발견되는데, 앞서 살펴본 이광지의 구도가 조선
학인 사이에서 호응을 얻은 일이 대표적 사례다. 19세기 초 조선의 이규경
(李圭景, 1788~1860)은 자신의 백과전서『오주연문장전산고(五洲衍文長箋散
稿)』에서 이광지의 낙읍지중론을 극찬하며, "중국을 지중이라고 말할 수
는 없지만, 천지의 중기(中氣)를 얻었다고 말할 수는 있다"고 그의 논지를
요약했다.[31] 비슷한 세대에 속한 강경한 위정척사론자 이항로도 자신의 동
서 문명구도를 이광지의 「기남회인문답(記南懷仁問答)」에 담긴 아이디어
에서 발전시켰다.[32]

---

31) 李圭景『五洲衍文長箋散稿』卷7,「洛邑地中辨證說」(東國文化史 1959), 상권 206~207면:
　　大抵中國不可言地中, 可言得天地之中氣.
32) 지구설에 대한 이항로의 대응과 그에 미친 이광지의 영향에 대해서는 임종태, 앞의 글
　　81~89면 참조.

하지만 조선 학자들이 17세기 중국의 논의를 그대로 답습하지는 않았다. 이규경은 이광지에 비견될 만한 정밀성과 독창성을 지닌 조선 학인의 논의를 부각시켰는데, 그것은 18세기 중반 이익이 제창한 이른바 '지남침(指南針)·분야(分野)의 학설'이었다. 그는 이익의 학설에 대해 "중국 학인의 원론(原論)과 아주 다르며, 지남침 변화의 이치를 남김없이 연구한" 독창적인 내용이라고 칭송했다.[33] 물론 이규경의 평가는 어느정도 과장된 감이 있다. 그는 지구를 '둥근 외(瓜)'에 비유하여 남침의 변화를 설명한 이익의 논의를 비슷한 유비를 제시한 방이지의 『물리소지』와 비교하여 둘의 차이를 보였지만,[34] 방이지 등의 문헌을 보면 그 둘의 기본 아이디어가 서로 유사함을 알 수 있다. 우선 그들과 이익은 같이 '둥근 외'의 비유를 바깥에서는 드러나지 않는 형이상학적·우주론적 구분이 지구상에 존재함을 보여주기 위해 사용했다. 더 중요한 것은 이익이 '둥근 외'의 비유와 '지남침'의 변화에 주목한 이유가 바로 방공소의 분야 구도에서 등장하는 중국-남방-심장의 대응을 정당화하기 위해서였다는 점이다. 어떤 근거로 지구 적도 둘레를 4등분하여 중국을 남방에, 유럽을 서방에 배당할 수 있을까? 지구설에 따르면 각 나라는 저마다 "해가 뜨는 곳을 동쪽으로 삼고 해가 지는 곳을 서쪽으로 삼을 뿐인데", 네 방위를 어떤 근거로 확정할 수 있을까?[35] 그가 지남침에 주목한 것은 바로 겉보기에는 근거가 없어 보이는 중국-남방 대응의 소이연을 밝히기 위해서였다.

이익이 주목한 '지남침' 현상은 지역마다 자석이 가리키는 북쪽, 즉 자북이 달라지는 현상을 말하는 것이다. 그는 예수회 선교사 우르시스가 유럽에서 중국으로 항해하는 동안 관측한 나침반의 변화를 다룬 『간평의설』

---

33) 李圭景 『五洲衍文長箋散稿』 卷27, 「塞說南針分野辨證說」, 상권, 782면.
34) 方以智 『物理小識』 卷1, 「黃赤道」, 766上면을 말한다. 이 글의 말미에는 게훤의 주석이 붙어 있으나, 이규경은 이를 왕훤(王暄)이라는 다른 인물로 착각했다.
35) 李瀷 『星湖僿說』 卷2, 「分野」, 35上면.

의 기록에 주목했다. 그에 따르면, 지남침은 아프리카 남단의 희망봉〔大浪山〕에서 정남을 가리켰다. 그 서쪽에서는 남침이 서쪽으로 약간 기울었음에 비해, 희망봉을 통과하여 중국을 향해 동쪽으로 항해하자 이번에는 동쪽으로 점차 기울기 시작하여 중국에 도달했을 때에는 '오(午)와 병(丙)'의 사이를 가리키게 되었다.[36]

이익은 자침의 변화가 지구 이면에 존재하는 기의 차이를 반영한다고 이해했다. 마치 풍수가들이 자침을 이용하여 특정 지역의 풍수적 특성을 판별해내듯 이를 통해 전지구적 규모를 띠고 전개되는 지기(地氣)의 변화도 알아낼 수 있다는 것이다. 하늘의 회전과 함께 기는 땅속에 마치 '둥근 외'의 씨앗처럼 배열되는데, 이는 지역에 따라 편차를 보인다. 이러한 배열이 바로 "땅의 정기(正氣)를 얻은" 물건인 자침의 편이를 통해 드러난다는 것이다.[37] 이익은 우르시스의 보고에 따를 경우 희망봉을 기준으로 동서 대칭의 양상을 띠고 나타난 자침의 변화 패턴이 지구적 규모로 확대될 수 있다고 추측했다. 공교롭게도 중국은 희망봉에서 동서 직선거리로 2만여 리, 즉 지구 둘레의 1/4만큼 떨어져 있어 희망봉에서 시작된 남침의 동쪽 편이가 극점에 도달한 지역일 가능성이 높았다. 만약 중국에서 다시 동쪽으로 계속 항해한다면 자침은 남쪽을 향해 되돌아오기 시작할 것이며, 지구상에서 희망봉과 정반대 지역인 태평양의 어느 지점에 도달하면 다시 정확히 남쪽을 가리키게 될 것이다. 이익은 희망봉과 태평양의 어느 지점을 잇는 경도선이야말로 지구를 음과 양의 두 구역으로 나누는 솔기〔縫〕라고 이해했다. 그는 희망봉을 서쪽 솔기〔西縫〕, 반대지점을 동쪽 솔기〔東縫〕

---

36) 李瀷『星湖僿說』卷4,「指南針」, 105下면. 오는 정남, 병은 남쪽에서 동쪽으로 7.5도 치우친 방위를 말한다. 따라서 우르시스는 중국에서 남침이 정남으로부터 동쪽으로 7.5도 미만으로 치우쳐 있는 현상을 관측한 것이다. 우르시스의 원문은『簡平儀說』, 天學初函 5, 2755면 참조.

37) 李瀷, 앞의 글 105下면.

라고 불렀다.

나의 억견(臆見)으로는, 지구가 비록 둥글지만 반드시 음과 양을 구분하여 경계짓는 봉합처가 있을 것이다. 둥근 외가 땅 위에 있다고 하자. 그 네 둘레가 모두 동일하지만 또한 반드시 위쪽이 양이 되고 아래쪽이 음이 되며, 그 솔기는 양옆에 있다. 양옆을 따라 외를 두 조각으로 갈라 열어보면, 오직 가른 부분의 세(勢)만이 곧바르고, 나머지는 씨앗의 결이 조금씩 기울지 않음이 없다. (…) 자침은 땅의 기를 얻은 것으로서, 반드시 곳에 따라 같지 않을 것이다. 대랑산은 생각건대 땅의 서쪽 솔기다.[38]

이익은 이러한 구도를 통해 중국이 지닌 우주적 독특성을 설득력 있게 보여줄 수 있으리라고 기대했다.

중국은 적도의 북쪽, 곧 동서 두 솔기의 사이에 있으니, 윗조각의 정중앙이다. 그(알레니)가 말한바, "인물이 처음 생겨난 땅이요 성현이 먼저 나타난 곳"임을 이로써 증험(證驗)할 수 있다. 그 아랫조각의 정중앙은 구라파다. 성스러운 지식이 이어서 나타난 나라다. 이쪽이 양이고, 저쪽은 음이다.[39]

중국이 지구상 양의 영역의 정중앙이라면, 이를 오행의 화, 오장의 심, 오방의 남에 배당하는 일은 훨씬 자연스러워진다.

---

38) 같은 글 106上면: 以意臆之, 地毬雖圓, 必有陰陽判界之縫合處. 今圓瓜在地, 四周皆同然, 亦必上爲陽, 下爲陰, 而縫在乎兩傍也. 從兩傍判開爲二片看, 則惟判開處勢直, 其餘瓣理, 莫不微斜, (…) 磁針者, 得地之氣者也, 必將隨處不同. 大浪山, 意者, 地之西縫也.

39) 같은 곳: 中國在赤道之北, 而卽東西二縫之間, 乃上片之最中也. 彼云, 人物肇生之地, 聖賢首出之鄕, 可以驗矣. 其下片最中, 又是歐羅也, 聖知繼出之國, 此爲陽而彼爲陰也. 인용문 중 고딕체는 『성호사설』에는 없고, 제자 안정복이 편찬한 『星湖僿說類選』卷一, 上(경문사 1976), 35면에 삽입되어 있다.

이익의 지남침 구도는 17세기 이래 중국과 조선에서 제안된 여러 우주론적 중화주의 구도 가운데 그 참신함과 정합성 면에서 가장 높은 수준을 보여준다. 명말 이래 여러 논자가 서양 기후대 학설을 토대로 중국의 중화됨을 입증해보려 했지만, 지구상 같은 위도대의 모든 지역의 기후가 비슷한 양상을 보인다는 문제를 만족스럽게 극복하지 못했다. 이익은 자침이 동서 방향으로 대칭적 양상을 띠며 편이(偏移)한다는 관찰을 근거로 땅의 동서 사이에 음양의 구획을 설정하여 중화주의와 충돌하는 지구설의 강력한 명제, 동서 방위의 대칭성을 우회할 수 있었다. 이제껏 대개 당위적으로 선언된 중국과 유럽의 위계는 이익의 구도에서 음양의 형이상학적 위계에 근거한 것으로 설명되었다. 이익은 서양문물의 탁월함을 그것이 양의 중심에 대응되는 음의 중심에 위치하기 때문이라고 해석하여 서양문명의 고상함과 함께 그것이 중국보다는 한수 아래라는 점을 동시에 설명할 수 있었다.[40]

하지만 음양의 구도 또한 논자에 따라 아주 다른 세계상을 반영할 수 있었다. 중화주의적 세계상과 서양문명에 대한 개방적 태도가 이익의 지남침 구도에서 적절히 공존하고 있었다면, 18세기 후반 천주교에 대한 유교 지식인의 태도가 점차 악화되고 19세기 반서학운동이 광범위하게 전개되면서 음양의 양대 문명구도는 이익과는 달리 반서양의 세계상 또는 배타적 중화주의를 드러내는 구도로도 폭넓게 사용되기 시작했다. 안정복은 자신의『천학문답』에서 중국을 "양의 밝음이 모이는" 심장으로, 서양을

---

40) 물론 구라파를 음으로 규정한『유선』의 구절이『성호사설』에는 빠져 있는 점에서, 이익이 서양과 중국을 음양구도로 파악했다고 단정짓기에는 어느정도 문제가 있다. 지남침 구도를 근거로 중국을 양의 중심이라고 말할 수는 있지만, 대랑산에서 경도상 서쪽으로 그리 멀리 떨어져 있지 않은 유럽은 음의 영역에 속해 있기는 해도 그 정중앙이라고 보기는 어렵기 때문이다. 그렇다고『유선』의 구절이 안정복의 창작이라고 보기도 어렵다. 안정복은 그의『천학문답』에서 이익과는 다른 나름의 중서 문명구도를 제시하고 있기 때문이다.

"음식과 혈맥이 모이는" 위장으로 표현하여 중국에서 성학(聖學)이 발생한 반면, 서양에서는 정교한 물질문명이 발전하게 된 이치를 설명했다.[41] 안정복은 서양문명의 가치를 전적으로 부정하지는 않았지만, 심장과 위장의 위계적 구도를 통해 서양의 장점을 천문역법과 총포의 기술에만 한정하고 기독교에 대해서는 유교에 미치지 못하는 불온한 이단에 불과함을 드러내려 했다.

'서양-기술, 중국-성교(聖敎)'라는 대립구도는 19세기 초중반의 이항로에 의해 더욱 극단화되었다. 그는 이익과 마찬가지로 중국과 서양을 양과 음에 대응시켰으나 그 함의는 전적으로 달랐다. 이익과 안정복의 구도에서 음은 양보다 위계상 아래에 있지만 그렇다고 전적으로 부정적인 존재는 아니었다. 그러나 양과 음, 이와 기의 위계를 절대화한 이항로는 음을 양의 체현자인 중화문명을 위협하는 금수와 같은 야만에 대응시켰다. 그에 따르면, "해가 떠오르는 동방의 양기를 받은 사람은 고상한 도리에 상달(上達)하고, 해가 지는 서방의 음기를 받은 야만족은 저급한 형기(形氣)에 하달(下達)한다."[42]

웅명우에서 이항로에 이르는 이상의 문명구도는 한결같이 지구설로 초래된 지리적 중화 관념의 상실을 중국 지역의 우주적 독특성을 보여주는 방식으로 보상받으려 했다. 비록 중국이 지리적 중심은 아니라 해도 음양의 기운이 가장 조화로운 지역으로서, 상서로운 기운의 작용에 의해 뭇 성인이 태어나 고상한 문명을 이룩할 수 있었다는 것이다. 그들이 중국의 특이성을 보여주는 방식은 인체기관과의 유비라는 소박한 것에서부터 기후대와 문명의 관계에 대한 학설, 지세의 전세계적 전개에 주목하는 풍수구도, 지남침의 편각현상을 이용한 것까지 실로 다양하게 제시되었다. 게다

---

41) 安鼎福『順庵集』卷17,「天學問答」, 8b-9a.
42) 李恒老,『華西先生文集』,「溪上隨錄 二」(동문사 1974), 상권 394면.

가 이러한 구도가 보여주는 세계상도 서양문명에 대한 논자의 태도와 이념적 지향에 따라 저마다 달랐다.

아이러니한 것은 이렇듯 '다양한' 구도가 중국이 중화되는 '필연성'을 드러내기 위해 고안되었다는 점이다. 그것들이 하나하나로는 당시 사람들에게 설득력 있게 받아들여졌을 수 있지만, 전체적으로 보면 모두가 그럴듯한 이야기에 불과했다. 사실 이를 고안한 논자 스스로도 자신의 구도를 '개연적'인 것으로 간주했을 수 있다. 예를 들어 이익은 지남침학설 이외에도 중국의 우주적 독특함을 보여주는 다른 구도를 두 가지 더 제시했다. 그 하나는 서구 세계지도에 실린 대륙 배열을 인체와 관련시킨 것이고, 다른 하나는 중국 산하의 흐름을 『주역』의 괘상으로 해석한 것이다.[43] 이익의 세 구도는 비록 서로 모순되지는 않지만 그렇다고 일관된 체계를 이루지도 않았다. 이익 스스로가 그중 어느 하나를 옳다고 말한 적도 없다. 아마도 이익은 정교한 지남침학설을 가장 자랑스러워했겠지만, 세 가지 모두 그럴 법하다고 생각했을 수 있다. 결국 17, 18세기 우주론자들은 중국이 중화되는 '필연성'을 다양한 '개연적' 구도로 보여주고 있었던 셈이다. 그 구도의 개연성은 기본적으로 이들 논자가 사용한 개념적 도구의 탄력성에서 비롯된다. 중국과 조선의 우주론자들이 애용한 음양, 기 등의 범주는 세계의 여러 현상과 층위에 다양한 방식으로 적용될 수 있었던 것이다. 음양의 상관구도가 지닌 이러한 융통성이 한편에서 중국과 조선 우주론자들이 서구 지리학설과 중국중심의 세계상을 조정할 수 있는 여지를 열어주었지만, 다른 한편에서는 중국이 중화되는 우주적 '필연성'을 보여주려는 그들의 의도와 충돌한 것도 분명하다. 사유가 지향하는 '필연성'과 사유의 형식에 내재한 '융통성'이 모순되고 있었던 것이다.

---

43) 전자의 구도는 『星湖僿說類選』, 「人象大地」, 39~40면에, 후자는 『星湖全集』 卷55, 「跋職方外紀」, 515下면에 등장한다.

2. 지구와 상식

중국이 중화되는 우주적 '필연성'을 여러 '개연적' 구도를 통해 보여주려 한 시도는 한걸음 더 나아가 몇몇 '임의적' 전제에 기반하고 있었다. 이로 인해 이상의 구도는 개연적일 뿐만 아니라 일종의 순환논증의 양상을 띠게 되었다.

그 대표적인 예가 이익의 「발직방외기(跋職方外紀)」에 실린 구도였다. 이익은 중국의 모든 강물이 하늘의 회전과는 반대방향인 동쪽으로 흐르며, 이를 64괘의 하나인 송괘(訟卦)가 상징한다는 점에 주목했다. 그는 송괘가 대변하는 '천수위행(天水違行)'이 단지 중국이라는 특정 지역의 상황을 넘어 물과 하늘의 정상적이며 보편적 관계라고 이해했다. 왜냐하면 역(易)이란 단지 중국뿐만 아니라 온 우주에 적용되는 보편성을 지니고 있었기 때문이다.[44] 이익에 따르면, 나라마다 강물의 방향은 제각각이지만 그중 송괘와 부합하는 강물의 흐름을 가진 중국이 세계의 (우주적) 중심이었다.[45] 이익은 송괘가 중국이라는 특정 지역의 현상을 반영하여 만들어졌음에도 이를 보편화하고 다른 나라의 경우를 비정상적인 것으로 간주했다. 중국 강물의 흐름이 다시 중국의 중심적 지위를 증명하는 그의 기묘한 논리는 복희가 창시한 역에 대한 절대적 신뢰만으로 설명되지 않는다. 그에는 자신에게 익숙한 중국의 산하가 보편적 역으로 표상될 만큼의 전형성을 지닌다는 믿음이 전제되어 있다.

이러한 논리는 문화적 중화주의 담론에서도 나타난다. 앞서 보았듯 매문정은 '동사-목적어'로 이루어진 중국어의 어순을 별다른 정당화 없이

---

44) 李瀷『星湖全集』卷55, 「跋職方外紀」, 515下면: 孔子曰, "天地設位, 易行於其中," 易者, 不特爲中國設也.

45) 같은 곳: 其他百十方域, 水各異道, 而象則不變, 可見其爲正中也.

모든 언어를 판단하는 기준으로 삼았고, 일본어·범어·라틴어를 어순이 '뒤집힌' 언어로 단정했다. 근본적으로 유교적 예악문물과 강상윤리가 하늘에 근원을 둔 보편적인 제도요 가르침이라는 믿음은 대다수 유교 지식인에게 공유된 전제였다. 서학에 대한 유교 지식인의 거부감은 다른 무엇보다도 유교적 상식에 어긋나는 천주교 신자들의 생활방식에서 기인했다. 신부의 독신생활, 현세적 가치를 부정하고 내세의 구원을 최고의 목표로 삼는 탈세속적 교리는 안정복의 표현대로 '우리'의 가르침과 달랐다. 따라서 18세기 중국과 조선에서 성행한 문화적 중화 관념은 중화주의의 약화를 뜻한다고 보기 어렵다. 유교의 예악문물을 받아들이면 이적(夷狄)도 중화가 될 수 있다는 언뜻 개방적인 주장은 '우리'의 상식을 받아들이지 않는 한, 이적의 범주에서 벗어날 수 없음을 함축한다.

요컨대 17, 18세기에 제시된 다양한 중화주의적 논의에는 임의적 전제들이 깔려 있었다. 이를 한마디로 표현한다면 그들의 '상식'이라고 부를 수 있을 것이다. 흥미롭게도 당시의 논자도 그러한 전제를 자주 '상(常)'이라는 용어로 표현했다. 강물이 황하처럼 하늘과 역행하는 현상, 유교의 예악과 강상윤리는 천지의 상도(常道)를 체현한 것이다. 그 나머지는 모두 '변(變)'이며 '이(異)'로, '상'으로부터의 일탈이었다. 그들의 '상'은 보편화되고 절대화된 상식으로 그들의 중화주의적 세계상의 바탕에 전제되어 있었다.

선교사의 지리학은 부분적으로 이러한 '상'의 질서를 뒤흔드는 계기를 제공했다. 사실 선교사들이 지구설을 통해 비판한 것은 중국인들이 자기 지역을 기준으로 정의된 상하사방을 절대화, 보편화하고 있다는 점이었다. 리치가 그의 '무상하 선언'에서 "자신이 사는 곳만을 기준으로 상하를 나누는 것은 옳지 않다"고 주장하고, 알레니가 "동서남북의 구분이란 사람이 사는 곳을 기준으로 이름지은 것으로 애초에 확정된 기준이 없다"고 선언했을 때, 이들은 바로 중화주의적 세계상이 국소적 상식을 절대화하는 오류를 범하고 있다고 문제제기한 것이다. 이를 반영하듯 지구설과 오대주설에 관한 논란 또한 빈번히 '상식'에 대한 의문과 옹호라는 좀더 근본적인 쟁점으로 비화되었다. 흥미롭게도 지금까지 살펴본 지구설 옹호자들은 대개 적어도 부분적으로는 기존 '상식'에 대한 비판자로 나섰다. 대표적인 사례가 바로 리치의 '무상하 선언'에서 비롯된 대척지 논쟁이었다. 이는 땅의 모양과 그를 둘러싼 인력의 양상이라는 우주론적 쟁점을 기본 내용으로 하지만, 논쟁의 양측은 거의 예외 없이 상식을 둘러싼 논의로 쟁점을 확대했다. 이는 대척지 관념이 바로 상식적인 상하 관념과 배치된다는 점에서 자연스러운 일이었다.

지구설 비판자들은 지구설이 지닌 부조리함의 근원을 그 반상식적 성격에서 찾았다. 양광선에 따르면 선교사들은 의도적으로 황당한 학설을 조작했는데, 왜냐하면 그들이 내세우는 천주교가 "평범하고 조야하여 기이한 것이 없으므로" 그것만으로는 중국인의 매력을 끌 수 없음을 알아챘기 때문이다. 그리하여 그들은 "희망봉에서 남극고도 36도를 목격했다"는 리치의 주장처럼 "고원(高遠)하고 기이하며 근거 없는 학설을 창안함으로써" 중국인의 관심을 끌려 했다.[46] 지구설을 둘러싼 논쟁을 '상식'과 '허황'의 대립구도로 몰고 가는 일은 양광선을 포함한 비판자의 공통된 전략이었다. 그보다 일찍이 위준은 예수회의 세계지도에 대해 "모호하고 황홀하여 사람이 눈으로 볼 수 없고 발로 도달할 수 없는 것으로 사람을 속이는 것으로서, 마치 화공이 도깨비를 그린 것"과 다를 바 없다고 단정했다. 하지만 많은 사람들이 그에 홀려넘어갔는데, 이는 "인정(人情)이 본래 기이한 것에 쉽게 쏠리기 때문"이었다.[47] 18세기 초 조선의 이간에게는 리치의 무상하론에 혹하여 "그 허황되고 고원한 학설을 거침없이 즐겨" 담론

---

46) 楊光先『不得已』, 496면.
47) 魏濬, 앞의 글 37a.

한 자신의 동료들이 그렇듯 얄팍한 인정을 보여주는 사례였다.[48] 정통 주자학자인 이간은 자신이 그들과 허무맹랑한 주제를 담론한 행위 자체에 부담을 느꼈다. 육면세계설 논쟁의 시말을 담은 그의 「천지변후설」은, 한홍조가 "여가문대(餘暇問對)"라는 제목의 편지를 써서 논쟁을 걸어오자 자신이 응대한 행위를 두고 가상의 객이 비판하는 데서 시작한다.

그것을 어찌 변론할 수 있단 말인가! 유자가 궁격(窮格)을 하는 방도에 하나의 단서만 있는 것은 아니지만, 심신(心身)보다 가까운 것이 없고 일용(日用)보다 긴절(緊切)한 것이 없다. 이를 급하게 여기지 아니하고 다른 것을 우선하는 것은 이미 깊이 생각하는 도가 아니거늘, 하물며 (한홍조의) 이른바 "한가한 시간에 문대함〔餘暇問對〕"은 곧 허황되고 현란한 것에 미혹당한 것으로 괴이하고 망령되어 주목할 필요도 없다. 자네가 이러한 일에 사설(辭說)을 소비하여 마치 강론하는 것인 양 했으니, 너무 골몰한 것이 아닌가.[49]

이간은 비록 붕우(朋友) 간의 도리를 들어 자신의 응대가 불가피했다고 합리화했지만, "일용과 심신에서 벗어난 사안에 골몰하는" 일이 그가 속한 주자학자의 세계에서 적절한 행동으로 받아들여지지 않았음은 분명하다. 하지만 이간은 그들의 '무상하 육면세계설'에는 단지 허황한 논의라고 무시해버릴 수 없는 불온함이 담겨 있다고 판단했다. 그가 술회했듯 신유는 무상하의 명제로 복희, 주돈이(周敦頤), 정이, 채원정(蔡元定) 등 옛 성현의 학설을 재해석했고,[50] 이는 그의 동문들 사이에 상당한 파급력을 지니

48) 李柬『巍巖遺稿』卷12,「天地辨後說」, 447下면.
49) 같은 글 445上면: 夫何足辨也. 儒者窮格之方, 固非一端, 而莫近乎心身, 莫切於日用. 此之不急而惟彼之先, 已非善思之道, 而況其所謂餘暇問對者, 則直是迷謬虛眩. 蓋不足以怪妄目之矣. 子於是費了辭說, 有若講論者然, 無乃汩乎.
50) 같은 글 448上면.

고 퍼져나갔다. 그 학설의 허황함은 단지 신유 개인이 학문하는 태도의 차원을 넘어 하나의 이단사설(異端邪說)로까지 발돋움할 기미를 보이고 있었던 것이다. 그가 신유의 추종자 한홍조에게 무상하론이 "참으로 바꾸지 않는 것이 없다"고 비판했을 때, 그는 이와 같은 불온함의 징조를 보았던 것이다.[51]

이들이 상식을 학문하는 올바른 자세의 차원에서만 옹호한 것은 아니다. 그들에게 세계는 존재론적으로도 상식과 부합했다. 지구설이 제시한 무상하의 세계상은 단조로운 일상을 넘어서는 신기한 매력을 지니고 있었지만, 아쉽게도 세계는 그렇듯 기이한 모습을 띠지 않았다. 상식이 격물치지의 올바른 방법이 될 수 있는 것은 바로 세계 자체가 상식적이기 때문이었다. 이간에 따르면, "천지의 이치는 비록 심오하지만 드러난 법상(法象)은 아주 분명하며, 그 범위는 비록 광대하지만 (그에 접근할 수 있는) 저울과 저울추는 아주 간단하다."[52] 따라서 일상의 경험에 토대를 둔 "상정으로" 사색한다면 천지에 대한 올바른 지식을 얻을 수 있을 것이다.[53] 이간이 천지의 진리로 인도해주는 저울추로 제시한 것은 "위에서 아래로 흐르는" 물이었고, 이는 중국의 지구설 비판자 양광선과 장옹경도 마찬가지였다. 이들은 물의 흐름이라는 상식에서 출발하여 '중국을 중심으로 하는 평평한 땅과 그를 받치고 있는 바다'로 이루어진 세계의 모습을 추론해낸 것이다.

상식이 이렇듯 고전적 지평설을 지지해주었으므로 지구설 옹호자들은 적어도 얼마간 반상식적인 태도를 취하지 않을 수 없었다. 물론 옹호자들 가운데에도 상식의 힘을 빌리려는 시도가 있었다. 18세기 초 조선의 남극

---

51) 같은 글 445下면: 古人謂小惑易方, 大惑易世, 今此無上下之說, 則眞無所不易矣.
52) 같은 글 445上면: 大家天地之爲物也, 其理雖奧, 而其法象則甚顯, 其範圍雖大, 而權衡則甚約矣.
53) 같은 글 446下면.

관이 대척지의 존재를 '계란 위의 개미'라는 일상의 비유를 통해 설명하려 한 것이 그 예이다. 하지만 이러한 시도는 심지어 지구설 옹호자들에게도 지지를 얻지 못했다. 이익에 따르면, 대척지의 존재는 계란이나 개미 같은 일상의 사물과 현상으로는 적절히 설명할 수 없었다. 계란 자체가 이미 지구의 '상하지세'에 속박되어 있어 지구적 규모의 진리를 보여줄 비유 소재로는 적절하지 않았다.[54] 그렇다면 "어떻게 사람들을 깨우칠 것인가?"[55] 이익의 이 질문에서 드러나듯 지구의 진리는 상식을 통해서가 아니라 오히려 국소적 경험에 얽매인 상식을 교정해줌으로써만 납득시킬 수 있는, 차원이 다른 지식이었다.

상식이 지구 차원의 진리를 이해하는 데 장애물로 작용하는 것은 일단 지구와 오대주에 포괄된 세계가 일상과는 질적으로 다른 광대한 외연에 걸쳐 있고 상식으로는 설명되지 않는 이질적인 대상들을 포함하고 있기 때문이었다. 손란은 적도를 중심으로 삼고 중국을 동북쪽에 위치시킨 자신의 세계지도를 상식에 젖은 사람들이 본다면 심히 놀라리라고 우려했다. 그리하여 중국을 중심에 놓은 상식에 부합하는 지도를 그 아래에 제시하여 독자들의 심리적 충격을 완화하려 했다.[56] 하지만 언제까지나 일상의 상식에만 머무른다면 광대한 지구의 참모습과 그 위에 퍼져 있는 다양한 기후, 다양한 종족들에 대해 알 수 없을 것이었다.

(중국은) 중화와 사예(四裔)를 통틀어 계산할 때 단지 1/81에 불과하다. 그 사이에 혹 (중국과) 같거나 다른 것을 함께 합하여 보지 않는다면, 어찌 우주의 광대함을 알 수 있겠는가! 또한 (지구상의 각 지역은) 하늘의 도수가

---

54) 李瀷 『星湖僿說』 卷2, 「地毬」, 58上면: 卵在地毬一面, 卵亦離地便墜下矣. 卵之下面, 顧可以 附行耶.
55) 같은 곳: 何以曉人, 此宜以地心論.
56) 孫蘭 『山河大地圖說』, 387면.

같지 않으며 지형(地形) 또한 다른데, 중국은 적도 북쪽 23도 반에 위치한다. 그 사이에 존재하는 (다양한) 한서(寒暑), 주야(晝夜), 성정(性情), 기거(起居) 양태를, 익숙한 견문[習見習聞]에 근거한 상(常)으로부터, (북극, 남극, 적도의) 삼대수방(三大殊方)의 지역까지 미루어 궁극하지 않는다면, (평소에) 듣지 못하고 보지 못한바, (세계 각지마다) 상변(常變)의 나뉨이 일양하지 않은 것을 어찌 널리 알 수 있겠는가![57]

마치 전국시대의 추연이 주변의 경험으로부터 무한의 세계로 확대해나가고 당대로부터 태초의 시간으로 거슬러올라갔듯 손란 또한 익숙한 견문으로부터 지구 전체로 지식의 지평을 넓혀가려 했다.

그렇다면 지구적 차원의 지식이 일상경험과 차원이 다르다고 주장한 이익과 손란은 과연 당시 사람들이 공유하던 상식의 가치를 전적으로 부정한 것일까?

이익은 비록 개방적인 정신을 소유한 인물이었지만 그렇다고 상식과의 과격한 단절을 추구하지는 않았다. 그는 고전적 상하 관념과 지구설의 무상하 학설 사이의 충돌을 장재와 주희로 거슬러올라가는 기의 회전기제를 통해 해소하려 했다. 지구 주위를 소용돌이치는 천기의 관념은 비록 일상경험과는 다른 차원에 속해 있었지만 오랜 유래를 지닌 것으로 결코 새롭거나 이질적이라고 볼 수 없었으며, 어떤 점에서는 주희의 지재수상론보다 더 '상식적'이고 널리 공유되어 있었다고 볼 수도 있다. 이익이 추구한 상식의 교정은 따라서 근본적이지 않았다. 일상경험을 넘어서는 세계로 지식을 확대해가려 한 손란도 상식의 가치를 부정하지는 않았음을 앞의

---

57) 孫蘭「自序」,『輿地隅說』, 423下면: 吾中國, (…) 合華裔而統計之, 才八十一分之一耳. 其間或異或同者, 不合觀之, 何以見宇宙之大乎. 且夫天度不同, 地形亦異. 中土在赤道北二十三度半之下. 其間寒暑晝夜性情起居, 於習見習聞之常, 不推而極之, 三大殊方之地, 何以廣未聞未見常變之不等乎.

인용문에서 알 수 있다. '미문미견(未聞未見)'의 영역으로 지식을 넓혀가려는 그의 시도는 사실상 '습견습문(習見習聞)'의 상식에서 '미루어가는' 작업으로서, 일상경험은 여전히 지식의 정당한 출발점으로 간주되었다.

손란을 비롯하여 유사한 경향을 보인 명말의 웅명우, 유예, 게훤 등은 선교사의 학설에서 광대한 세계의 다양한 현상을 하나의 체계로 묶을 수 있으리라는 희망을 발견했다. 웅명우는 『격치초』의 「자서」에서 자신의 프로그램이 두 가지 신념에 기초하고 있다고 밝혔다. "천지의 도는 한마디로 표현할 수 있는데, 사물에 대해 두 마음을 품지 않으며 따라서 사물을 헤아릴 수 없이 낳는다는 것이다"는 『중용』의 구절과, "하늘이 높고 성신(星辰)이 멀지라도 그 연유를 구한다면 1천년간의 동지(冬至)를 자리에 앉아서도 알아낼 수 있다"는 『맹자』의 경구가 그것이다.[58] 웅명우에게 성인이 남긴 이 두 구절은 세계가 광대하고 그 속의 사물이 무궁하다고 해도 이는 '불이(不貳)'의 성실한 마음을 가진 하늘이 만든 것이므로 사람이 그 '소이연지고(所以然之故)'를 궁극할 수 있음을 가르쳐주었다. 광대하고 다양한 세계는 "앉아서 격물치지하는" 유자의 사유와 서안 위의 종이 속에 포괄될 수 있었다.

따라서 웅명우, 손란, 이익의 프로그램은 일상세계를 넘어서는 '전대미문(前代未聞)'의 광대한 세계를 다루고 있음에도, 상식에 대한 거부라기보다는 상식의 세계를 '미문미견'의 영역으로 확장하는 일에 가까웠다. 이를 잘 보여주는 사례가 앞서 살펴본 대척지 문제와 중화주의의 쟁점에 대한 이들의 해결방식이었다. 이들은 고전적 상하 관념이나 중국이 땅의 중심이라는 믿음을 더이상 인정하지 않았다. 하지만 그렇다고 이들이 선교사들이 주문한 구대칭의 공간 관념이나 순전히 문화적 차원의 문명관을

---

58) 『中庸章句』 26장: 天地之道, 可一言而盡也, 其爲物不貳, 則其生物不測; 『孟子』 「離婁章句-下」: 天之高也, 星辰之遠也, 苟求其故, 千歲之日至, 可坐而致也. 熊明遇 『格致草』, 「自敍」, 56下면 참조.

받아들인 것은 아니다. 이들은 '대기거지'라는 메커니즘을 통해 고전적 상하 관념과 서양 지구설의 구대칭 관념의 충돌을 조정했으며, 다양한 우주론적 구도를 고안하여 중화주의를 지구적 차원에서 정당화하려 했다. 그들은 이전의 상식이 선교사들의 지식으로 인해 확대된 공간적 지평에서도 적용될 수 있도록 조정하고 있었던 것이다.

3. 지구와 개방적 세계상

그렇다면 서구의 지구설과 동아시아적 상식의 충돌을 조정하려는 작업이 얼마나 완벽히 이루어졌을까? 외래 학설이 고전적 세계상과 상식에 완전히 동화된 것일까? 앞서 보았듯이 그 동화가 효율적으로 진행된 것은 분명하지만, 그럼에도 선교사들이 지구 관념과 오대주의 구도에 불어넣은 불온한 힘이 완전히 무력화된 것은 아니다. "중국이 거대한 땅의 한 조각에 불과하다"는 이익의 유명한 발언에는 비록 그것이 이전 연구에서처럼 중국의 중심적 지위를 부정했다고 해석될 수는 없지만,[59] 지금까지 큰 의심 없이 유지되어온 중국중심의 세계상이 선교사들이 제시한 새로운 지리학적 지평에서 간단히 정당화되기는 어려우리라는 당혹감이 배어 있다.

어떤 이유에선가 외래의 학설이 지닌 불온한 힘을 길들이기보다는 도리어 증폭시켜야 할 이유를 가진 이들도 드물게 있었다. 18세기 초 '무상하육면세계설'을 주장한 조선 호서 지역의 몇몇 노론학자들, 그리고 반세기 뒤 서울의 노론학자 홍대용이 대표적인 예다. 이 두 사례는 당시 조선에서 가장 보수적인 호서 노론, 그리고 가장 개방적인 북학 사조의 개척자라는,

---

59) 『星湖僿說』「分野」에 등장하는 이 구절에 대한 해석에 대해서는 임종태, 앞의 글 391~416면 참조.

일견 극단적으로 다른 경향의 인물에게서 나온 것이다. 그 둘은 서구에서 유입된 지구설, 특히 무상하의 상대적 공간 관념이 지닌 개방적 함의에 주목했다.

앞서 보았듯이 '무상하 육면세계설'은 송시열을 계승한 노론학자 권상하의 문인 중 일부가 마떼오 리치의 지구설에 영향을 받아 제창한 학설이다. 신유, 한홍조, 현상벽 등은 비록 땅이 구형이라는 학설을 받아들이지 않았지만, 대척지가 존재한다는 리치의 주장은 진지하게 수용했다. 그에 따르면, 이 세계는 육면체 모양이며 그 모든 면에 사람 사는 세계가 펼쳐져 있다. 이 세계의 반대편, 즉 '지하세계'에도 우리가 보기에 거꾸로 서 있는 사람들의 세계가 정상적으로 운영되고 있다는 것이다. 이는 우주에 상하를 구분하는 절대적 기준이 없기 때문인데, 그들은 이러한 생각을 리치의 선언에서 그대로 따와 '무상하' 학설이라고 부르며 육면세계설의 가장 중요한 강령으로 삼았다.

무상하 육면세계설 논자들이 중시한 또하나의 명제는 땅덩이가 물에 떠 있는 것(地載水上)이 아니라, 반대로 물이 육면체의 땅 위를 둘러 흐르고 있다는 것이었다. 이와 관련된 논쟁은 제4장에서 이미 살펴보았지만, "바다가 땅을 둘러 흐른다"는 육면세계설(또는 지구설)의 논제에는 땅과 바다의 물리적 모양에 관한 주장을 넘어서는 세계관적 메시지가 담겨 있었다. 세상에는 우리가 사는 세계 말고 다른 세계가 존재하며, 바다가 그 세계를 연결해주고 있어 우리가 그곳으로 여행할 수 있다는 것이다. 실제로 육면세계설의 주요 지지자인 한홍조는 땅의 표면을 둘러 흐르는 바다가 우리 세계와 다른 세계를 이어주는 통로라고 주장했다.

개울, 강, 바다가 본래 땅의 여섯 면을 가로지르며 둘러싸고 있다. 사람이 만약 오래 살고 강건히 돌아다닐 수 있다면 뱃길과 육로를 통해 모두가 이 세

계와 저 세계를 왕복할 수 있을 것이다.[60]

그에 반해 한원진, 이간 등 육면세계설의 비판자들이 옹호한 '지재수상론'은 다른 세계의 존재와 그곳으로의 여행 가능성을 모두 인정하지 않는 입장이었다. 사람의 세계는 땅 '위쪽'에 국한되어 있으며, 반대쪽은 물의 세계이므로 그곳으로의 여행은 불가능하다는 것이다.

한홍조에게 바다를 통한 세계간 여행이 단지 공상 속의 일만은 아니었다. 마떼오 리치 이래 중국에서 활동하고 있던 서양 예수회사들이 그러한 여행이 가능함을 보여주는 증인들이었다. 육면세계설에 비판적이었던 강규환(姜奎煥, 1697~1731)이 한원진에게 보낸 편지에 따르면, 한때 육면세계설에 현혹되었던 강호부(姜浩溥, 1690~1778)가 연경에 사절로 갔을 때 '땅밑〔地底〕'의 서양국에서 왔다고 스스로 소개하는 사람을 직접 만났다고 한다. 강규환은 그곳이 곧 현상벽 등이 주장하는 '지하세계'라고 덧붙였다.[61] 예수회사들을 땅의 반대편 중국으로 인도한 서양인의 항해는 『직방외기』 같은 선교사의 지리서를 통해 조선에서도 꽤 알려져 있었다.

송시열(宋時烈)을 계승하는 순정 주자학파의 젊은 학자들이 이렇듯 대척지의 존재를 진지하게 주장한 이유를 분명히 알기는 어렵다. 하지만 이들에게 무상하의 문제가 단지 땅의 모양에만 한정된 쟁점이 아니었으며, 그들이 탐구한 도학의 심오한 진리와 연결되어 있었던 점에는 의심의 여지가 없다.

그들이 무상하 관념에서 발견한 도학의 '의리(義理)'란 과연 무엇이었을까? 흥미로운 것은 육면세계설이 제기되고 논쟁이 이루어지던 시기에 권상하의 제자들 사이에서 이후 노론학계를 양분할 성리학 논쟁, 즉 인물성

---

60) 李柬, 앞의 글 446上면: 彼謂溝瀆江海, 本自橫行周繞於地之六面, 人若壽而健行, 則木道旱路, 皆可往還於彼此世界.

61) 姜奎煥 『賁需齋集』 卷3, 「上師門: 辛亥2月」, 12b.

동이(人物性同異) 논변이 시작되었다는 것이다. 이 논란은 사람과 동식물이 인의예지신의 순선한 본연지성(本然之性)을 공유하고 있는지, 아니면 사람과 동식물의 본연지성에는 기질의 차이에서 비롯되는 온전함과 편협함의 차이가 있는지를 둘러싸고 진행되었다.[62] 흥미로운 점은 육면세계설의 지지자인 한홍조와 현상벽이 인성과 물성의 동등함을 주장했다면, 이를 적극 비판한 한원진과 강규환은 그 둘의 차별을 강조했다는 사실이다. 이는 거칠게 말해 육면세계설과 인물성동론, 지재수상론과 인물성이론 사이에 모종의 친화력이 있었음을 암시하는 듯하다.

물론 이를 뒷받침할 만한 명시적 근거는 없다. 당시의 논자들이 이 두 쟁점을 연결지어 논의한 흔적은 없다. 외관상 두 논쟁은 별개로 진행되었고, 따라서 한쪽의 쟁점이 다른 쪽에 눈에 띄는 영향을 미친 경우를 찾을 수 없다. 두 논쟁의 인물상 대립구도도 서로 정확히 일치하지 않는다. 인물성동론을 지지한 그룹에는 한홍조, 현상벽 등 육면세계설 지지자는 물론 그에 비판적이던 이간도 포함되었다. 그러나 육면세계설과 인물성동론 사이에 명시적이며 필연적 연관은 과거 성리학자들의 사유방식에서는 기대하기 어려운 것이다. 우주를 구성하는 여러 영역을 유비관계로 연관짓던 상관적 사유에 익숙한 이들에게 천지와 인성이라는 두 영역을 일관된 논리로 포괄해내기를 기대할 수는 없다. 만약 육면세계론자들이 두 주제를 연관시켰다면 그것은 유비의 형태로, 그것도 은밀한 암시의 방식으로 이루어졌을 것이다. 연관이 유비의 성격을 지니는 한, 거기에는 누구나 따라야 할 논리적 강제력이 없다. 그런 점에서 그 연관은 '우연적'인 것이다.[63]

---

62) 윤사순 「인성·물성의 동이논변에 관한 연구」, 한국사상사연구회편 『인성물성론』(한길사 1994), 30~34면.

63) 육면세계설과 인물성동론의 연결이 필연적이 아님을 우리는 이간의 사례를 통해서 확인할 수 있다. 그는 인물성동론을 옹호하며 이론(異論)을 주장한 한원진과 대립했지만, 육면세계설에 관해서는 비판적 입장이었다. 이러한 '예외'에 대한 좀더 자세한 논의

중요한 점은 누군가 어떤 이유에서 육면세계설과 인물성동론을 연관시켰다는 것이다. 실제로 인성물성론과 천지설의 쟁점 사이에 이루어진 은밀한 교감의 징후는 여러 곳에서 확인된다.

우선 육면세계설과 인물성동론, 그리고 지재수상론과 인물성이론이 서로 닮은꼴의 논지로 이루어졌다는 점을 들 수 있을 것이다. 육면세계설의 비판자들은 우리가 살고 있는 '땅 위'를 유일한 세계로 특화했으며 우리 세계가 경험하는 상하의 상식적 구분을 우주적 차원으로 보편화했다. 우리를 기준으로 한 상하의 구분이 절대화되었던 것이다. 게다가 이들은 절대적으로 구분된 상하사방 사이에 상호소통이 불가능하다고 보았다. 땅의 윗면에 사는 사람들은 땅의 측면과 아랫면으로 갈 수 없다. 그에 반해 육면세계설은 우리 세계로부터 상하사방 구획의 기준이 되는 특권을 박탈하여 땅덩이를 구성하는 여섯 면 모두가 같은 세계〔均是世界〕라고 주장했다. 한홍조에 따르면, "육면세계의 인물이 비록 서로를 거꾸로 매달려 있다고 비웃지만, 각각 하늘을 이고 땅을 밟고 있다면 한가지로 통하는 데〔通同〕 지장이 없다."[64] "통동"이라는 한홍조의 표현에 각 세계의 동등함은 물론 그들 사이의 소통가능성도 함축되어 있다. 인간의 수명이 충분하다면, 각 세계의 사람들은 땅덩이를 감싸 다른 세계를 이어주는 물길을 따라 여행할 수 있다.

흥미롭게도 육면세계설 논쟁의 위아래 대립구도를 인성-물성의 대립구도로 치환하면, 곧 인물성동이 논쟁의 쟁점이 된다. 한홍조, 현상벽, 이간이 옹호한 인물성동론은 사람과 동물이 부여받은 기질에는 맑고 흐림의 차이가 있지만, 그럼에도 인의예지신의 오상(五常)으로 대표되는 순선한 '본연지성'을 공유한다고 강조했다. 이에 비해 인성과 물성의 차별을 강조

는 임종태, 「우주적 소통의 꿈」 참조.

[64] 李柬, 앞의 글 446上면: 六面世界人物, 雖則互譏其倒懸, 而其各戴天履地, 則自不害於通同耳.

한 한원진은 사람과 동물의 '본연지성'이 각각의 '기질'에 의해 규정되는 측면이 있다고 보았다. 그에 따라 사람과 동식물의 본성 사이에는 기질의 차이에서 비롯하는 온전함과 편협함의 차별이 있게 된다. 인간과 사물을 관통하는 순선한 이(理)를 강조하는 동론(同論)과 기질의 차이에서 기인하는 차별을 강조하는 이론(異論) 사이의 대립은 우리 세계와 다른 세계 사이의 동등함과 소통을 강조하는 육면세계설과 그 사이의 차별을 강조하며 '우리'를 특화하는 비판자들 사이의 쟁점과 흡사하다.

두 쟁점 사이의 이러한 유사성은 둘 사이에 유비적 연관이 이루어질 수 있는 조건이 충분히 갖추어졌음을 뜻한다. 그리고 실제로 논자들은 둘을 연관된 주제로 인식하고 있었음을 암시하는 흔적을 남겨놓았다. 앞서 한홍조의 발언이 좋은 예다. 그는 육면세계의 사람들이 반대편 세계의 사람을 "거꾸로 매달려 있다고 비웃을 것"이라고 말했다. 이 표현은 당시 조선과 중국에서 이루어진 대척지 논쟁에서 사례를 찾아볼 수 없는 독특함을 지니고 있다. 당시 지구설을 비판한 보통의 논자들은 대개 땅의 반대편에서 사람이 아래로 떨어질 것을 '걱정'했지 그들이 거꾸로 서 있음을 '조소' 하지는 않았다. 왜 한홍조는 사람들이 대척지의 존재들을 비웃으리라고 생각했을까? 그것은 대척지의 존재들이 거꾸로 서 있음으로 인해 바로 서 있는 우리보다 비천한 존재로 간주될 수 있음을 뜻했다. 이때 거꾸로 서 있는 것〔倒立〕은 전통적으로 초목의 특성으로 간주되어왔음을 상기할 필요가 있다. 이에 비해 동물은 옆으로 다니는〔橫行〕 존재, 사람은 하늘을 이고 땅을 디디며 곧바로 서 있는〔正立〕 존재로 불렸다. '도립' '횡행' '정립'은 단지 초목, 금수, 인간의 외적 특징을 묘사하는 표현만은 아니었다. 그것은 셋 사이에 존재하는 질적인 차이, 귀천의 등급을 반영했다. 『주자어류』에 따르면, 주희는 "인간은 머리가 위를 향하고 있기 때문에 가장 영명하며, 초목은 머리가 아래쪽을 향하기 때문에 가장 무지하며, 금수는 머리가 옆으로 향하고 있기 때문에 무지하다"고 말했다.[65] 이러한 차별은 각각이 부여받은 기질의 맑고 흐림 때문에 나타나는 것이었다.

> 가령 사람의 경우, 머리는 둥글어 하늘을 본떴고 발은 모나서 땅을 본떠서 평정(平正)하고 단직(端直)한데, 이는 사람이 천지의 바른 기〔正氣〕를 받았기 때문으로, 도리를 알고 지식이 있는 이유다. 사물은 천지의 치우친 기〔偏氣〕를 받았으니, 금수가 가로로 살고〔橫生〕, 초목이 그 머리가 아래로 생겨나고 꼬리는 도리어 위에 있는 이유이다.[66]

이러한 배경지식을 전제한다면, 땅의 반대편 사람들이 거꾸로 서 있는 것이 아니라 그들도 하늘을 이고 땅을 딛고 있으며, 따라서 우리와 동등하고 서로 소통할 수 있는〔通同〕 존재라는 한홍조의 선언은 특별한 의미를 지니게 된다. 여기서 그의 메시지는 단지 다른 세계의 존재가 식물이나 동물 같은 비천한 존재가 아니라고 주장하는 데 머물지 않는다. 그의 발언은 우리의 관점에서 도립하고 횡행하는 존재도 그들의 관점에서는 정립해 있다는 점을 지적함으로써 도립, 횡행, 정립 사이의 상식적 구분을 가로지르는 효과를 내고 있다. 이는 그가 이간, 현상벽과 함께 주창한 인물성동론, 즉 사람과 동물 사이에 기질에 의한 차이보다는 그 둘이 공유하는 보편적 본성을 강조한 입장과 상통한다.

1731년 강규환이 한원진에게 보낸 편지에는 한홍조와는 반대의 경우, 즉 육면세계설에 대한 비판적 입장과 인물성이론 사이의 연관을 암시하는 구절이 있다. 그는 현상벽이 주창한 '지하세계설'을 비판하는 가운데 다음과 같이 말했다.

---

65) 『朱子語類』 卷98 「張子之書 1」(北京: 中華書局 1994), 2515면. 인간, 금수, 초목의 구분에 관한 주희의 견해에 대해서는 Kim Yung Sik, 앞의 책 172~77면 참조.

66) 『朱子語類』 卷4 「性理 1」, 65~66면: 且如人, 頭圓象天, 足方象地, 平正端直, 以其受天地之正氣, 所以識道理, 有知識. 物受天地之偏氣, 所以禽獸橫生, 草木頭生向下, 尾反在上.

그림 6-2. 대척지 관념을 풍자하는 고대서양의 그림. 6세기 이집트 알렉산드리아 출신의 여행가 코스마스 인디코플레우스테스(Cosmas Indicopleustes)의 *Christian Topography*에 등장한다. E. O. Winstedt (ed.), *The Christian Topography of Cosmas Indicopleustes* (Cambridge: The University Press 1909), 도판 8.

지하의 사람은 모두 거꾸로 서 있고 사방의 사람은 모두 가로로 다닌다면, 지하의 사람은 곧 이 세계의 초목이며 사방의 사람은 곧 이 세계의 금수인 셈입니다. 이것이 무슨 이치란 말입니까?[67]

그에게 육면세계의 존재를 인정한다는 것은 곧 거꾸로 서 있고 가로로 다니는 인간을 인정하는 것과 같았다. 하지만 인간, 금수, 초목의 당연하고도 엄격한 구분에 따르자면 이러한 일은 일어날 수 없고, 따라서 측면세계와

---

67) 姜奎煥, 같은 글 13a: 地下之人皆倒立, 四旁之人皆橫行, 則地下之人, 卽此世界之草木, 四旁之人, 卽此世界之禽獸也. 豈理也哉.

지하세계는 존재할 수 없는 것이다.

한홍조와 강규환이 시도한 연관은 비록 암시에 그치고 있지만, 적어도 이들이 왜 '무상하'의 명제에 대해 한편에서는 그토록 매료되었고 다른 한편에서는 그토록 비판적이었는지 이해할 단초를 제공해준다. 무상하 학설의 진정한 힘은 천지설의 영역을 넘어서는 잠재적인 파급력에 있었다. 예컨대 그들이 육면세계설을 통해 뒤집으려 한 상하구분은 유비의 연쇄를 타고 성리학적 도리와 직접 관계된 인성과 물성의 구분까지 이어지고 있었다. 이는 비판자들에게도 중대한 문제였는데, 왜냐하면 그 연쇄가 당시의 세계를 뒷받침하고 있던 군자와 소인, 중화와 이적의 구분에까지 미칠 수 있었기 때문이다. 실로 물리적 상하의 문제는 음양의 범주적 구분을 매개로 우주의 모든 영역으로 확장될 수 있었다. 이간은 '무상하 육면세계설'에서 "진실로 뒤집어버리지 않는 것이 없는" 불온함을 감지했으며, 그보다 50년 전 중국의 양광선은 서양 선교사의 지구설에서 중국과 서양의 위계를 전복하려는 정치적 '역모'를 발견했다. '무상하'에서 시작하는 연쇄의 폭주는 언제든지 일어날 수 있었고, 그 순간 여러 층위의 상하 위계들 간의 연관으로 지탱되는 세계의 정상적 질서는 위기에 처할 것이다. 물리적 상하구분의 문제는 그런 점에서 그것을 무너뜨리려는 사람에게나 지켜내려는 사람에게나 도학적 '의리'와 관계되는 중대함을 지니고 있었다.

이 사례는 서양 선교사들의 지구설이 그것과는 사상적으로 대척점에 있어 보이는 주자성리학의 심성론적 쟁점과 밀접히 연동되어 들어간 진기한 사례다. 마떼오 리치의 무상하론에 담긴 상대적 공간 관념은 몇몇 주자학자의 마음속에서 인간과 동식물 사이의 차이를 상대화하는 인물성동론과 맞물렸다. 엄격한 주자학적 논의 속에서 절제되어 있기는 하지만 그 육면세계설이 발산하는 개방적인 분위기를 지울 수는 없다.

호서 노론의 일부 학자들에게서 어렴풋이 확인되는 개방적 세계상은 반세기 뒤 인물성동론을 지지하던 낙론(洛論)의 학맥에 속한 홍대용에 이르러 한층 증폭되어 나타났다. 홍대용은 호서학자들이 시도한 무상하 학설과 인물성동론의 연쇄를 더욱 확장하여 "중국과 이적이 매한가지[華夷一]"라는 정치적·이념적 주장으로까지 나아갔다. 이는 「의산문답(毉山問答)」에서 홍대용을 대변하는 화자 실옹(實翁)이 고루한 명분에 사로잡힌 허자(虛子)를 깨우치는 다음 구절에서 여실히 드러난다.

> 중국사람은 중국을 바로 선 세계[正界]라고 생각하고 서양을 거꾸로 선 세계[倒界]라고 간주하는 데 대하여, 서양사람은 서양을 바로 선 세계라고 생각하고 중국을 거꾸로 선 세계라고 간주한다. 그러나 실은 하늘을 이고 땅을 밟은 사람 모두가 자기 세계에 따라 그와 같이 생각한다. 가로로 다니는 세계[橫界]도 없고 거꾸로 선 세계도 없으니, 모두 바로 선 세계인 것이다.[68]

홍대용은 과거 한홍조와 마찬가지로 대척지 학설을 도립-횡립-정립의 구분을 둘러싼 인물성동이론의 쟁점과 연결시켰다. 그것이 대척지의 인류든 우리 세계의 식물이든 거꾸로 서 있는 자와 우리가 동등하다는 한홍조의 주장은 홍대용에게서 중국과 서양의 동등함, 즉 '화이무분(華夷無分)'이라는 좀더 과격한 주장으로 이어졌다.

18세기 중반 서울 노론 벌열(閥閱) 가문의 일원이었던 홍대용은 반세기 전 호서지방의 성리학자 신유, 한홍조와는 여러 모로 다른 환경에서 활동한 인물이었다. 하지만 우리 이야기와 관련하여 한가지 주목할 만한 차이는 세계간 여행이 공상에 그칠 수밖에 없었던 시골의 성리학자 한홍조와는 달리, 서울 권문세가의 자제 홍대용은 실제 '다른 세계'에 여행할 기회를 얻었다는 것이다. 1765년 나이 35세 되던 해에 그는 연행 사절의 서장관이 된 숙부의 자제군관(子弟軍官)으로 북경을 방문하여 3개월간 머물렀

---

68) 洪大容 「毉山問答」, 『湛軒書』 內集 卷3, 21b.

다. 그동안 그는 광대한 중국땅과 건륭시대의 난만한 문명을 체험했고, 천주당을 방문하여 땅의 반대편에서 온 예수회사를 만났으며, 과거시험을 치르기 위해 올라온 항주의 세 선비와 교유하며 평생 이어질 교분을 닦았다.[69]

이러한 경험은, 박지원의 표현을 빌리자면 달세계를 방문하여 그곳의 인물과 만난 것에 비유할 수 있고, 『장자』「추수」의 우화를 빌리자면 자신이 최고라고 자만하던 황하의 신 하백이 대해(大海)를 만난 것에 비길 수 있는 일이었다. 당시 북경은 명실상부 천하의 '중심'이었다. 그곳에서 홍대용은 세계 각지에서 파견된 조공사절 일행을, 즉 '세계'를 접할 수 있었다. 그는 조선에서의 독서를 통해 서구 세계지도에 담긴 지리지식과 지구설에 익숙했을 터였지만, 북경이라는 국제도시에서 세계의 광대함을 체감할 수 있었을 것이다.

모든 여행이 그렇듯이 홍대용의 연행은 자신이 익숙하게 살아온 조선 사회를 돌아보는 계기가 되었다. 1636년 병자호란에서 치욕을 당한 이후 조선 사대부의 공론은 청나라를 쳐서 우리와 명나라의 원수를 갚겠다는 것이었다. 그로부터 한 세기 반이 지나도록 중화주의적 명분론은 여전히 조선 학자들의 정신을 사로잡고 있었다. 그 사이 청나라는 강희, 옹정, 건륭의 황금치세를 거치며 성대한 문명을 구가하고 있었다. 하지만 중화와 오랑캐의 위계적 질서로 세계를 바라보는 조선 성리학자의 눈에 청나라는 여전히 야만국가였고, 오히려 명나라의 의관과 제도를 보존하고 있는 조선이야말로 중화의 적통으로 비쳐졌다.[70] 조선의 사상을 주도하던 노론 가문에서 태어나 노론의 핵심 학통을 이어받은 홍대용에게 북경여행은 이와 같은 명분론이 현실과 괴리되어 있음을 가르쳐주었다. 항주의 세 선비들

---

69) 홍대용의 전기로는 김태준 『홍대용』(한길사 1998) 참조.
70) 정옥자, 앞의 글 9~25면.

과의 대화에서 주자학의 편협한 의론에 빠져 있던 조선 학자들과는 다른 대범하고 활달한 대륙적 학풍을 경험할 수 있었다. 30년 동안 은거하며 학문을 연마하던 허자가 세상에 나와 말하자 그 현실과 동떨어진 학설에 세상사람 모두가 비웃었다는 「의산문답」의 이야기는 마치 중국 여행에서 홍대용 자신이 느낀 당혹감을 표현한 것처럼 들린다.

북경에서 돌아온 그는 곧바로 조선의 완고한 명분론과 부딪치게 된다. 그는 귀국한 그해에 북경에서 세 선비들과 나눈 필담을 「건정동회우록(乾淨衕會友錄)」으로 정리했다. 주변 사람들에게 널리 읽힌 이 기록에 대해 독자들의 반응은 양극단으로 갈렸다. 박지원을 비롯한 훗날 북학파의 학자들은 중국 선비들과 홍대용의 교우에 감명을 받고는 이를 자기들이 본받아야 할 모범으로 받아들였다. 이후 이들은 홍대용이 닦아놓은 인맥을 토대로 중국을 방문하여 중국의 선비들과 교유했고, 이는 곧 '북학'이라는 18세기 말~19세기 초 조선 사상계를 풍미한 학풍으로 이어졌다. 하지만 청나라 학자들과 홍대용의 교유를 비판하는 의론도 적잖이 일어났다. 석실서원에서 동문수학한 선배 김종후(金鍾厚, 1721~80)가 대표적인 인물로, 그는 "머리 깎은 청나라의 거자(擧子)들과 형제처럼 사귀고 못할 말이 없었다"며 홍대용의 행적을 비난했다.[71] 김종후로서는 홍대용이 오랑캐 황제 밑에서 벼슬을 하러 북경에 올라온 지조 없는 사람들을 높이 평가하는 일이 납득하기 어려웠다.

김종후와 홍대용의 논쟁은 명, 청, 조선에 대한 인식과 문명관으로까지 확대되었다. 홍대용은 김종후에게 청나라가 비록 오랑캐라고 하더라도 "강희시대 이후에 백성과 더불어 휴식하고 다스리는 도를 간단하고 검소하게 하여 한 시기를 진무(鎭撫)할 수 있었다"며, 청의 문물에 우호적 견해

---

71) 김종후와 홍대용의 논쟁에 대한 간략한 소개는 김태준, 앞의 책 265~72면 참조.

를 피력했다.[72] 그에 비해 조선이 중화의 적통을 이었다는 김종후의 주장에 대해서는 편협한 자부심에 불과하다고 비판했다.

> 우리 동방이 오랑캐가 된 것은 땅의 위치(地勢)가 그러하기 때문인데, 또한 어찌 숨길 필요가 있겠소? 이적에서 태어나 생활한다고 해도 진실로 성인이 될 수도 있고 대현(大賢)이 될 수도 있는데, 우리가 불만스레 생각할 게 무엇이 있겠소? 우리나라가 중국을 본받아서 오랑캐란 이름을 면한 지는 오래되었소. 그러나 중국과 비교하면 그 등분이 자연히 있는 것이오. 그런데 용렬하고 조그만 재주에 국한된 사람은 이런 말을 갑자기 들으면 대개 노여워하고 부끄럽게 생각하면서 마음에 달게 여기려 하지 않는 이가 많소. 이것은 곧 우리나라 풍속이 편협한 때문이오.[73]

홍대용은 조선 학계의 완고한 명분론과 그것을 뒷받침하는 번쇄한 성리학풍을 비판하기 위해 결국 『장자』의 논법을 모방한 과학적 우화를 짓기로 작정한 듯하다. 「의산문답」에서 이제는 홍대용 자신을 상징하는 실옹과 조선의 성리학자를 상징하는 허자의 대화가 이루어진 장소는 의무려산(醫巫閭山)이다. 홍대용의 표현에 따르자면, 이는 "중화와 오랑캐의 경계"에 위치한다. 중화에도 오랑캐에도 속하지 않는 장소에 자신을 위치지은 홍대용은 '인물균' '무한우주' '외계인' '지구' '지전' 등 다양한 소재를 동원하여 중화와 이적의 구별, 그리고 이를 뒷받침하는 인간과 동물, 중심과 주변의 성리학적 구분을 와해하려 했다.

홍대용의 「의산문답」에서 나타나는 이념적 증폭은 대칭적이며 상대적 공간관의 강화에 기초한 것이다. 제4장에서 보았듯이 홍대용은 지구 주위

---

72) 홍대용 『국역담헌서』 제1책, 「김직재 종후에게 주는 편지(與金直齋鍾厚書)」(민족문화추진회, 1974), 328면.
73) 홍대용 「또 직재에게 답하는 편지(又答直齋書)」, 같은 책 338면.

에 형성된 인력을 설명하기 위해 지구 자전의 기제를 도입했다. 이는 동아시아에서 오랫동안 '기의 회전' 관념이 유지해온 유연한 생명력을 보여주는 한 가지 사례이지만, 홍대용의 사유에는 비슷한 시도를 한 동시대 학자들과는 구분되는 중요한 차이가 있었다. 예를 들어 이익에게서 기의 회전이란 온 우주에 관철되는 보편기제였던 데 비해, 홍대용은 이를 지구 주변에서만 일어나는 국소적 현상이라고 보았다. 이는 근본적으로 홍대용이 우주의 외연을 중국과 조선의 다른 학인들은 물론 선교사들의 학설과도 비교할 수 없을 정도로 크게 확대했기 때문에 비롯된 것이다. 그 광대하고 균질한 우주에서 인류가 살아가는 지구란 더이상 독특한 장소가 아니라 무한히 펼쳐진 별들 중의 하나에 불과했다. 무한한 우주에서 중심, 사방, 상하를 정할 기준은 존재하지 않았다. 그가 "태허(太虛)에 상하구분이 없음(無上下)은 자취가 매우 분명한데도 세상사람들은 상식적 소견(常見)에 젖어 그 연유를 살피지 않는다"고 말했을 때,[74] 그는 지구에 국한된 '우리'의 상식이 무한한 공계(空界)에 적용될 수 없다고 주장한 셈이다.

홍대용은 지구설 이외에도 상대적 공간 관념과 그 문화적 함의를 강화해줄 다른 자연학적 요소를 여럿 활용하였다. 실로 홍대용의 「의산문답」은 개방적 세계관을 뒷받침하는 동서고금의 여러 장치를 동원해서 만들어낸 우화라고 볼 수 있다. 『장자』 「추수」에 등장하는 황하와 북해의 신 사이의 계몽적 대화가 모티프로 이용되었고, 조선 성리학자의 인물성동론이 극단적 형태로 증폭되어 제시되었다. 서양 천문지리학에서 지구와 지전의 관념, 티코 브라헤의 우주체계를 채용했다. 그는 이러한 요소들을 결합하여 당시 조선 주자학자들의 고루한 명분론을 풍자하는 이야기를 만들었다. 그런 점에서 홍대용의 「의산문답」을 그의 우주론과 과학이론을 체계적으로 제시한 논고로 보아서는 안 된다. 그의 저술의도는 바로 상식의

---

74) 洪大容 「毉山問答」, 같은 책 20b: 太虛之無上下, 其跡甚著, 世人習於常見, 不求其故.

국소성과 임의성을 드러내려는 데 있었고, 무한우주론과 지전설은 자신의 메시지에 탄탄한 설득력을 부여하기 위한 일종의 '우화' 장치였다. 그의 지전설은 외계의 인물에 대한 논의, 사람과 사물의 관계에 대한 분석 등 「의산문답」에 등장하는 여러 장치들과 함께 유교사회의 상식과 중화주의적 세계상을 와해시키는 논거로 기능하고 있다.[75)

예를 들어 해와 달의 세계와 그 속에 사는 종족에 관한 상상을 통해 그는 지구세계에서 영위되는 삶의 방식이 보편적이지 않음을 보여주려 했다.

해의 세계에서 태어난 자는 순수한 불을 받아 몸은 밝게 빛나고, 본성은 강렬하며, 앎은 투철하고, 기는 드날린다. (해의 세계는) 낮과 밤의 구분도 없고 겨울과 여름의 기후도 없으며, (그 세계에서 난 자는) 예로부터 불의 세계에서 살아왔기 때문에 그 뜨거움을 알지 못한다. (…) 달의 세계에서 태어난 자는 순수한 얼음을 받아 몸은 맑고, 본성은 정결하며, 앎은 명징하고, 기는 가볍게 떠오른다. 낮과 밤의 구분, 겨울과 여름의 기후는 땅의 세계와 마찬가지다. 예로부터 얼음의 세계에 살아왔기 때문에 그 추위를 깨닫지 못한다.[76)

지구와 전혀 다른 환경에 처한 외계의 존재는 우리 인류와는 전혀 다른 모양과 생활방식을 가지고 있다. 『산해경』에 등장하는 무계국 사람이 중국인과는 전혀 다른 방식으로 살고 있는 것처럼 말이다. 무계국 사람이 불사의 종족이었듯이 홍대용의 '일국인(日國人)'과 '월국인(月國人)'도 "이해와

75) 「의산문답」을 일종의 우화로 이해한 것에 대해서는 임종태 「무한우주의 우화─홍대용의 과학과 문명론」, 『역사비평』(2005 여름), 261~85면 참조.

76) 洪大容, 앞의 글 23b~24a: 生於本[=日]界者, 稟受純火, 其體晃朗, 其性剛熱, 其知烟透, 其氣飛揚. 無晝夜之分, 無冬夏之候, 終古居火, 而不覺其溫也. (…) 生於本[=月]界者, 稟受純水, 其體瑩澈, 其性潔淨, 其知澄明, 其氣輕浮. 晝夜之分, 冬夏之候, 與地界同, 終古居水, 而不覺其冷也.

욕망에 넘쳐 삶과 죽음도 아랑곳 않는" 지구인보다 훨씬 고등의 삶을 누리는 존재다.[77] 『산해경』이라는 고대문헌이 중국세계 바깥의 여러 기이한 종족을 통해 중화문명의 상식을 상대화했다면, 유럽인의 탐험에 의해 지구상에서 이족(異族)이 존재할 공간이 좁아진 시대에 살던 홍대용은 비교의 준거점을 지구 바깥 광대한 우주공간에 산재하는 외계로 옮기고 있었던 것이다.

홍대용에게는 광대한 우주가 사람과 사물 사이의 차이를 상대화하는 준거점이기도 했다. 하늘의 관점에서 보자면〔自天而視之〕, "천지의 생물 중에 지각과 예의를 가지고 있는 사람만이 귀하다"는 주장은 사람의 입장에서 세계를 보기 때문에 생긴 근거 없는 자만심〔矜心〕에 불과했다. 「의산문답」에서 윤리적 본성을 지닌 인간이 초목이나 금수보다 우월하다는 허자의 주장에 대해 실옹은 다음과 같이 반박했다.

너는 진실로 사람이로다. 오륜(五倫)과 오사(五事)는 사람의 예의이고, 떼를 지어 다니며 서로 불러 먹이는 것은 금수의 예의이고, 덤불을 지어 무성하게 뻗어가는 것은 초목의 예의이다. 사람의 입장에서 만물을 보면 사람이 귀하고 만물이 천하지만, 만물의 입장에서 사람을 보면 만물이 귀하고 사람이 천할 것이다. 그러나 하늘에서 보면 사람이나 만물이 다 마찬가지다.[78]

근래의 많은 연구자들이 홍대용의 '인물균(人物均)' 논변을 18세기 조선의 노론학계에서 전개된 '인물성동이' 논쟁의 연장선에서 파악했다.[79] 하

---

77) 같은 글 24a: 神智日闇, 小慧日長, 利慾淫熬, 生滅茫忽, 此地界之情狀.

78) 같은 글 18b: 爾誠人也, 五倫五事, 人之禮義也, 羣行呴哺, 禽獸之禮義也, 叢苞條暢, 草木之禮義也. 以人視物, 人貴而物賤, 以物視人, 物貴而人賤, 自天而視之, 人與物均也.

79) 호락논쟁과 홍대용의 사상 사이의 관련성을 중요하게 다룬 연구로는 유봉학 『燕巖一派 北學思想 硏究』가 대표적이다. 낙론(洛論) 계열의 '인물성동론'을 북학사상의 철학적

지만 '인물성동'과 '인물균' 사이의 유사성에도 불구하고 앞서 육면세계
설과 인물성동론을 주장한 한홍조와 홍대용의 논점 사이에는 중요한 차이
점이 있다. 전자의 논리가 유교적 강상을 사물의 세계로 확장해 인간세계
의 상식을 사물의 세계에 덧씌우려 한 것이라면, 홍대용은 인간의 윤리가
초목과 금수에 보편적으로 적용될 수 있는지에 대해 회의했다. 앞의 인용
문에서 드러나듯이 그는 사물의 세계에서 삼강오륜을 발견하려 하기보다
는 그들이 인간의 윤리로는 환원되지 않는 나름의 덕성을 지니고 있음을
보여주려 했다.[80] 이런 점에서도 홍대용은 한홍조의 인성론에 담긴 개방적
함의를 한층 더 증폭한 셈이다.

　홍대용에게 지전설이 단순한 우주론적 관심의 소산이 아니었듯이 외계
인, 사람과 초목, 금수의 관계에 대한 논의도 파한적 담론은 아니었다. 그
것들은 모두 홍대용의 주된 관심사인 '화이 구분'의 문제로 수렴하는 단계
였다. 땅을 우주의 중심이라는 독특한 장소로 파악하는 관점은 지상세계
의 대표자로서 중국문명의 특권적 지위를 보장해주는 토대의 하나였으며,
강상을 기준으로 한 사람과 금수의 절대적 구분이란 그 강상의 발상지요
보존자인 중국문명과 그에 교화되지 못한 이적의 위계를 정당화하는 근거
였다.

　홍대용은 비록 고대 요순 임금의 정치가 인민을 문명의 영역으로 이끌
었다는 점을 부정하지는 않았지만, 그렇다고 그들의 치세를 이상화하지도
않았다. 실옹에 따르면, 유교문명의 시작인 요순 임금의 정치는 이미 진행
되고 있던 세계의 거스를 수 없는 쇠퇴를 일시적으로 막아보기 위한 '권도
(權道)'에 불과했다. 더욱이 그들의 권도가 세계의 쇠퇴를 완전히 막을 수

　토대로 제시한 유봉학의 논의에 대해서는 같은 책 86~100면 참조.
80) 따라서 홍대용이 사람과 사물의 본성을 같게 본 낙론계의 입장을 계승하여 사물세계
　에 대한 탐구를 중시함으로써 "물(物)의 과학적 이해를 위해 한걸음 나아간 인식"을 전
　개했다고 본 유봉학의 논의에는 논리적 비약이 담겨 있다(같은 책 97면).

도 없었다. 주나라 이래 중국은 사치스러운 물질문화와 복잡한 예악제도, 정치한 학문을 발전시켰지만, 그 장중하고 화려한 외양의 이면에는 자기 자신, 자기 집안, 자기 집단의 이해를 추구하는 이기심이 깔려 있었다. 홍대용에 따르면, 화려한 문명의 이면에 감추어진 나와 남의 이기적 구분이 바로 중화주의의 바탕에 깔려 있었다. 이적이 사사로운 이익을 위해 중국을 침범한다고 하지만, 자기를 중시하고 남을 배척한다는 점에서는 중국도 마찬가지였다. 다른 점이 있다면 중국인들은 자기 중심의 피아구분을 보편화할 세련된 논리를 만들 수 있었다는 사실이다.[81]

중화와 이적의 절대적 구분을 선언함으로써 이후 화이론의 중요한 토대가 된 공자의 '춘추대의(春秋大義)'에 대해 「의산문답」의 실옹은 다음과 같이 언급했다.

공자는 주나라 사람이다. 왕실이 날로 기울어지고, 제후들이 쇠약해지자 (이적인) 오나라와 월나라가 중국을 어지럽혀 구적(寇賊)질하기를 그칠 줄 몰랐다. 『춘추』란 주나라의 책이므로, 내외를 엄격히 구별하는 것은 또한 당연한 일이 아니겠는가! 그러나 만약 공자로 하여금 바다에 떠서 구이(九夷)에 들어가 살게 했더라면, 그는 화하(華夏)의 법도를 써서 이적의 풍속을 변화시키고 주나라의 도를 역외(域外)에서 일으켰을 것이다. 그렇게 되면 안과 밖의 구별과 높이고 물리치는 의리가 자연히 달라지는, 역외의 『춘추』가 마땅히 있었을 것이다. 이것이 공자가 성인이 되는 까닭이다.[82]

「의산문답」의 대단원을 이루는 이 구절은 표면상의 명료함에도 불구하

---

81) 중국문명의 전개에 대한 홍대용의 견해는 洪大容 「毉山問答」, 34a~36b 참조.

82) 같은 글 37a: 孔子周人也. 王室日卑, 諸侯衰弱, 吳楚滑夏, 寇賊無厭. 春秋者, 周書也, 內外之嚴, 不亦宜乎. 雖然使孔子浮于海, 居九夷, 用夏變夷, 興周道於域外, 則內外之分, 尊攘之義, 自當有域外春秋, 此孔子之所以爲聖人也.

고 그 이면에는 독자를 혼란에 빠트리는 모호함이 있다. "공자가 이적 땅에서 활동했다면 화하의 문화로 이적을 문명화했을 것(用夏變夷)"이라는 그의 주장은 중국문명이 보편적이라는 문화적 중화주의와 다를 바 없지 않은가? 홍대용의 논리는 중원이 이적의 수중에 떨어진 상황에서 유교 문명을 보존하고 있는 조선이 이제 중화의 계승자라는 '조선 중화주의'의 논리와 무엇이 다른가? 아니면 홍대용은 자신이 북경에서 직접 목격한 것처럼 강희, 옹정, 건륭 황제 치세하에 문명의 전성기를 구가하던 청나라를 더 이상 이적으로 볼 수 없다고 주장하고 싶었던 것일까?

하지만 그는 「의산문답」에서 강희, 건륭 치세의 청나라가 이적인지 아닌지, 반대로 명나라의 의관문물을 보존한 조선이 중화인지 아닌지를 확정적으로 보여주려 한 것은 아니다. 그가 문제삼은 것은 오히려 중화와 이적이라는 범주구분 자체의 모호함이었다. 「의산문답」의 실옹이 장대한 스케일의 우화를 통해 허자가 평생 배워온 범주구분의 임의성을 드러냈듯이 1765년의 연행을 통해 이적이 통치하는 중원의 실상을 접한 홍대용은 조선 유자들의 고착된 명분론이 더이상 현실세계의 역동적 변화를 담아내지 못하고 있음을 깨우쳐주려 했다.

「의산문답」에서 실옹과 허자의 대화가 이루어진 의무려산은 중국의 동북방, 문명과 야만을 가르는 경계선에 위치해 있었다.[83] 그는 여전히 화와 이라는 대우(對偶) 개념이 지배하는 세계에서 살고 있었지만, 조선의 학인들이 명확히 구분하는 두 범주의 경계가 사실상 모호하다는 점을 알고 있었다. 화와 이를 고정된 범주로 이해하면 끊임없이 변화하는 유동적 현실을 제대로 파악할 수 없을 것이다. 실로 그가 살았던 시대는 명청교체 이후 화와 이가 상호침투하며 변동하는 역동적 시기였다. 그가 스스로를 위치시킨 의무려산은 바로 그러한 변동이 일어나는 긴장된 경계면을 상징한

---

83) 같은 글 16a: 翳巫閭, 處夷夏之交, 東北之名嶽也.

다.

　홍대용은 현대 연구자의 희망과는 달리 화이의 구분을 폐기하고 이를 대체할 새로운 사조, 예컨대 근대민족주의의 지평을 연 사람이 아니다. 그는 단지 사람들이 자명하게 생각하는 구분이 자기중심적 생각에서 비롯된 것은 아닌지 반추해볼 것을 권하고 있다. 그런 점에서 그는 상식적 구분의 임의성을 폭로한『장자』와 그 관점을 원용하여『산해경』을 해석한 곽박과 유사하다.『장자』「추수」에서 황하의 신 하백과 북해의 신이 대화를 나눈 곳은 황하와 바다가 만나는 경계선이었다. 그곳에서 북해의 신은 중국 문명에 대한 유가의 자부심을 세계의 광대함을 깨닫지 못한 "우물 안 개구리"와 "여름 벌레"의 소견이라고 비웃었다.[84] 곽박은『산해경』의 괴물족을 기이하다고 비웃는 사람들에게 기이함과 정상의 구분이란 그들 자신의 사유에서 비롯되는 주관적인 것일 뿐이라고 주장했다. 화이구분의 모호함을 드러내려는「의산문답」의 메시지는 이들과 기본적으로 다르지 않았다. 달라진 점이 있다면, 홍대용은 비슷한 메시지를 그들과는 다른 우화적 장치를 통해 전달하려 했다는 점이다.「추수」의 거대한 바다는 무한 우주와 자전하는 지구로,『산해경』의 기이한 나라는 지구 바깥의 달세계와 해세계로 바뀌었다.

　마떼오 리치 이래 예수회사가 전해준 지구설이「의산문답」에서 차지하는 위치는 서양을 적어도 중국과 대등한 문명으로 인정해달라던 선교사의 메시지가 중국과 조선 사회에서 겪은 다양한 굴절 중의 한 가지 극단적 양상을 보여준다. 대다수 중국과 조선의 학자들이 문헌학적 탐색과 우주론적 사색을 통해 선교사의 메시지와 중화주의적 상식의 간극을 조정했다면, 홍대용은 서구 학설에 담긴 불온함의 씨앗을 그대로 받아들였다. 하지

---

84)「의산문답」과『장자』「추수」의 유사성에 대한 논의는 송영배「홍대용의 상대주의적 사유와 변혁의 논리—특히 '장자'의 상대주의적 문제의식과의 비교를 중심으로」,『한국학보』74(1994), 112~34면 참조.

만 홍대용의 개방성이 곧 예수회사의 메시지에 대한 인정을 뜻하지는 않았다. 그가 우주론의 영역에서 지구설의 구대칭 관념을 넘어 무한우주 관념으로 나아갔듯이 그의 중화주의 비판은 서양 기독교문명에 대한 인정이 아니라 문명과 야만의 구분 자체를 와해시키는 사유로 비약했다. 이는 선교사의 학설이 『장자』에서 유래하는 사유전통과 결합됨으로써 가능해진 일이다. 하지만 이러한 결합이 선교사들이 본래 기대하던 바는 아니었을 것이다. 왜냐하면, "외물(外物)의 이상함이란 결국 나의 생각에 달린 문제"라는 곽박과 홍대용의 권고는 자신의 상식을 넘어서지 못한 동시대 중국인과 조선인뿐만 아니라, 중국의 전통을 자기 문명의 기준으로 재단하고 또 중국인들의 영혼을 자기 종교의 그물로 사로잡으려 한 서양 선교사 자신에게도 해당하는 가르침이었기 때문이다.

맺음말

　마떼오 리치 이래 예수회 선교사들이 중국의 지식사회에 지구와 오대주의 학설을 소개한 기본적 동기는 이를 통해 중국인의 중화주의적 세계상을 교정하고 결국에는 그들을 기독교의 '진리'로 인도하기 위해서였다. 선교사들은 지구 모델과 유럽식 세계지리 문헌을 통해 중국을 세계 유일의 문명으로 간주한 중국인의 세계상을 비판하는 한편, 지상세계에 중국과 비견될 만한 또다른 고상한 문명, 기독교 유럽의 존재를 보여주려 하였다.

　그러나 전반적으로 보아 19세기 중반 이전까지 토착지식인들은 서양 지구설과 오대주설을 중국중심의 세계상을 폐기할 만한 충분한 사유로 인정하지 않았다. 무엇보다도 현실세계는 여전히 중국을 중심으로 회전하는 듯 비쳤고, 그 세계질서를 체화하고 뒷받침해온 고전문헌 전통이 토착지식인의 사유가 나아갈 한계를 규정했다.

　하지만 고전전통이 허용한 사유의 폭이 그리 협소하지는 않았다. 무엇보다도 중국의 고전지리학은 지상세계에 대해 단일하고 체계적이며 확정적 이론을 발전시키지 않았다. 서양 선교사들은 중국의 지리학이 "중국을 중심으로 한 평평하고 좁은 지상세계"라는 잘못된 관념에 기초하고 있다고 비판했지만, 실제로 "평평하고 모난 땅"의 관념은 고전지리학의 표피에 불과했다. 그 이면에는 지상세계가 어떤 단순한 기하학적 모델로 표현해낼 수 없을 만큼 불규칙한 모양이며, 그 가운데 다양한 사물과 민족을 담고 있다는 인식이 자리하고 있었다. 중국중심의 세계상이 고전지리학을 전일적으로 지배한 것도 아니었다. 그것이 제국의 공식적 세계관임은 분명했지만, 세계의 광대함과 중국문명의 국소성을 담론하며 중국중심의 세계상을 비웃는 『장자』『산해경』 등의 주변적 전통도 지식인의 관념에 큰 영향을 미치고 있었다. 중국의 고전지리학 전통은 상호 긴장관계에 있는 이질적 요소들의 복합체였다.

이렇듯 중국의 고전전통이 부여한 느슨한 제약 아래에서 토착지식인들은 서구의 천문지리학과 고전적 지식 사이에 다양한 지적 혼종을 만들어내는 방식으로 그들이 인식한 이방 지식의 매력을 받아들였다.

서구지식의 영향력은 그에 대해 극단적인 반대입장을 취한 인물들에게서도 예외는 아니었다. 지구설에 대항하여 전통적 세계상을 옹호한 이들은 이전의 모호한 지평 관념을 서양 우주론과 겨룰 수 있는 정통학설로 공식화했다. 이들은 "땅이 물 위에 떠 있다"는 『주자어류』의 단편을 정합적 이론으로 체계화함으로써 땅의 전체적 모양에 대해 불가지론적 태도를 취하던 고전우주론에서 일탈했다. 이러한 역설적 일탈은 이들이 '지구'라는 서양의 확정적 모델에 반작용하는 과정에서 암암리에 외래 학설의 특징을 모방한 결과였다. 요컨대 이 시기 토착 지식사회 일각에서 지평론이 정통으로 부각된 현상은 도리어 서구 학설의 도래에 의해 촉발되고 그 영향을 반영하는 '새로운' 경향이었다고 볼 수 있다.

이에 비해 서양 지리학설의 옹호자들은 반대로 외래 학설에 '중국적 정체성'을 부여하기 위해 고심했다. 지구설과 오대주 학설은 중국과 조선의 지식사회에 널리 확산되었는데, 이는 토착지식인들이 전통 지리학을 버리고 서양 지리학으로 개종해서라기보다는 도리어 그들이 외래지식을 그에 부합하는 고전적 요소와 성공적으로 연관지었음을 반영하는 현상이었다.

외래지식이 고전적 요소와 해석적 연관을 맺는 것은 양자가 서로 일정한 변화를 주고받는 과정이었다. 외래의 학설은 그와 부합하는 고전문헌과 연관되면서 그 본래의 기독교-아리스토텔레스주의적 맥락에서 벗어나 기가 승강하고 소용돌이치는 동아시아 자연학의 공간으로 편입되었다. 그와 동시에 외래지식을 자신의 품에 받아들인 고전전통 내부에도 일정한 변화와 조정이 수반되었다. 지구설 옹호자들은 고전지리학을 구성하는 이질적 경향 중에서 서양 지리학설과 유사한 요소를 선별하여 고전우주론의 정전으로 부각했다. 이는 옛 성인으로부터 당대에 이르는 고전전통의 역사를 새로운 기준에서 다시 서술하는 일이기도 했다. 논자마다 방식은 달랐지만 대개는 고대중국의 완벽한 지식이 역사상 어느 시점에서 산실되었다가 명나라 말 이후 복원되는 얼개를 공유했다. 이는 사실상 서양 선교사의 지식을 중국의 이상적 고대에 투영하는 행위였다는 점에서 당대의 서구지식을 기준으로 재구성된 역사였다.

선교사의 학설을 고전전통과 연결한다는 목적을 공유했음에도 구체적 방식은 논자마다 달랐다. 이 글에서는 이러한 편차를 '우주론'과 '문헌학'이라는 두 가지 변수를 통해 포착하려 했다. 토착지식인들이 외래 학설을 해석하는 일은 한편으로는 이를 기의 회전 같은 고전우주론의 관점에서 이해하는 '우주론적 사유'의 과정이었으며, 다른 한편으로는 서양지식이 열어준 새로운 지식의 지평에 입각하여 중국 고전전통의 역사를 조망하는 '문헌학적·역사학적' 과업이었다. 토착지식인들은 예외 없이 두 작업을 함께 진행하였지만 그 둘의 상대적 비중과 두 과제를 연관짓는 방식에서는 다양한 스펙트럼을 보였다. 이 책에서는 이를 두 경향으로 대별했다. 첫번째는 명말청초 방이지 그룹의 학자, 그리고 18세기 조선의 성리학자들이 시도한 경향이었고, 두번째는 매문정에서 완원에 이르는 청대의 역산가와 고증학자의 작업이었다.

명말, 18세기 조선의 성리학자들은 중국의 고전전통과 선교사의 학설이 각각 나름의 결함과 장점을 지니고 있다고 판단한 뒤, 그 둘의 장점을 종합하는 지식체계를 세우려 했다. 그들은 삼라만상을 기의 운행과 주역의 괘상으로 설명하려는 성리학의 관점을 이용하여 선교사의 천문지리 지식을 재해석하고, 이를 통해 중국과 서양의 전통을 종합한 새로운 지식을 추구했다. 그에 비해 명말의 이지조는 고대중국에 서양지식과 같은 지식이 존재했다는 가정 아래 고전문헌에서 후대의 오류를 걷어내고 고대의 완전한 지식을 복원해내는 문헌학적·역사학적 작업을 추구했다. 특히 청초의 매문정과 그의 권위를 추앙한 후대의 고증학자들은 고전전통과 서양지식 사이의 유사성을 기원과 파생의 역사적 관계로 이해했다. 선교사의 지식은 산실된 고대중국의 지식이 고향으로 돌아온 것일 뿐이라는 이들의 논리는 외래지식을 중국 지성사의 계보에 접합하는 효과를 지니고 있었다.

이렇듯 다양한 방식으로 번성한 문화적 혼종은 한편으로는 외래지식이 지닌 매력을 전향적으로 수용한 동아시아 지식사회의 개방성을 보여주면서도, 다른 한편으로는 그 외래지식에 의해 기성의 세계관과 상식이 붕괴하는 것을 막으려는 보수적 태도를 대변하기도 했다. 토착지식인이 보여준 개방성이 중국중심의 세계상과 유교문명의 보편성을 회의하는 데까지 이어지는 경우는 드물었다. 도리어 그들은 기성의 세계상과 상식을 선교사의 지리학에 의해 확대된 공간적 지평에서도 적용될 수 있도록 조정하는 일에 매진했다. 기후대와 문명의 관계에 대한 웅명우, 이광지의 논의부터 18세기 이익의 지남침 학설에 이르기까지 이들은 다양한 논리를 고안하여 지구와 오대주의 세계에서 중국 지역이 지닌 우주적 독특성을 입증하려 하였다.

홍대용이 「의산문답」에서 무한우주와 인물균의 우화를 통해 화이의 구별과 그것을 뒷받침하던 '우리'의 상식을 조소했을 때, 그의 논의에는 그가 직접 대면하고 있던 조선 학계의 고루한 명분론뿐만 아니라 예수회의 학설을 둘러싸고 200년간 이루어진 중국과 조선 지식인의 논의를 근저에서 뒤흔드는 효과가 있었다. 그가 지구와 지전, 무한우주 같은 '과학적' 우화를 통해 풍자한 허자의 허황함은 중국의 중심됨을 뒷받침하기 위해 고안된 우주론적 장치, 중국기원론의 서사에 전제된 자기중심적 사유와도 일맥상통하기 때문이다. 홍대용의 우화는 예수회사와 토착지식인 쌍방이 지구와 오대주 학설을 두고 전개한 일견 진지한 담론이 결국에는 순환논증임을, 그리고 자신의 상식에 입각해서 자신의 문화적 정체성을 확인하려 했던 일종의 독백에 불과했음을 드러내준다. 물론 홍대용과 같은 사례가 이 시기에 일반적인 현상은 아니다. 하지만 홍대용, 그리고 그에 앞서 세계간 소통을 상상한 신유와 한홍조의 사례는 서구 학설의 불온함을 길들이려는 노력이 완벽하지 않았음을, 도리어 지구와 오대주 학설이 예수회사가 예상치 못한 방식으로 기성의 상식에 작지만 중대한 균열을 만들어내고 있었음을 보여준다.

하지만 그렇다고 이들이 고전적 사유의 한계를 뛰어넘은 것은 아니다. 신유와 한홍조의 개방적 세계상은 주자학적 심성론의 언어로 표현되었으며, 홍대용의 장대한 우화도 『장자』에서 그 모티프를 빌려온 것이다. 홍대용이 기성의 상식과 세계관에 대해 회의한 것은 맞지만, 그렇다고 훗날 신채호가 생각했듯이 근대민족주의 같은 새로운 세계관을 제시하지는 않았다. 그의 목표는 기성세계를 뒷받침하던 화와 이, 인과 물의 범주적 구별에 내재한 모호함을 드러내는 데 있었다. 그는 야만족 청조가 중원을 장악한 사변으로 모호해진 문명과 야만의 경계에서 그 구별을 뒷받침하는 상식의 임의성에 대해 반추했다. 홍대용이 드러내려 한 범주간 긴장이 어떤 방식으로 확대되거나 해소될지 그 가능성은 열려 있었다. 바로 그 열린 가능성 때문에 「의산문답」의 메시지는 이 책에서 다룬 다른 어떤 논자보다도 더 급진적이다.

20세기 근대민족주의의 도래는 홍대용의 사유에 내재한 긴장이 특정한 방향으로 해소되는 과정이었다. 근대와 전근대, 과학과 미신, 서구와 동양(중국)의 이분법이 득세하면서 홍대용의 사유는 서구적 근대와 과학의 진영에 강제로 귀속되었다. 그 이분법의 단순화된 스펙트럼은 방이지, 웅명우, 매문정, 이광지, 이익, 서명응 등이 만들어낸 문화적 혼종을 아예 포착하지 못했고, 그 결과 우리의 기억에서 망각되었다. 그런 점에서 근대의 맹아로서 조선후기 '실학'을 부각한 지난 세기 민족주의자들과 역사학자들은 과거의 인물에게서 자신이 보고 싶은 측면만을 본 것이다. 근대민족의 존재를 과거로 소급한 '실학'의 역사서술이 근대민족국가 건설을 위해 이념적으로 훌륭히 기여한 것은 맞겠지만 진지한 역사학으로서는 실패한 것이다. 어쩌면 홍대용의 메시지는 청나라를 오랑캐로 간주하며 현실의 변화에 눈감은 당대의 조선 성리학자뿐만 아니라, 홍대용과 그의 시대를 바라보는 오늘의 우리에게도 해당할 것이다. 홍대용의 저술에서 근대적 세계상의 징조를 읽고 그의 '과학적 정신'에 감격했던 현대 한국인들 또한 결국 '우리의' 상식으로 과거를 재단한 셈이기 때문이다.

1. 원전

1) 총서·전집류

『古今圖書集成』(四川: 中華書局·巴蜀書社 1985).

『文淵閣四庫全書』(臺北: 商務印書館 1983~86).

『四庫全書存目叢書』(臺南: 莊嚴文化事業有限公司 1995).

『續修四庫全書』(上海: 上海古籍出版社 1995~99).

『歷代天文律曆等志彙編』楊家駱 主編(臺北: 鼎文書局 1977).

『緯書集成』安居香山·中村璋八 編(河北人民出版社 1994).

『中國科學技術典籍通彙』天文卷(鄭州: 河南教育出版社 1993).

『天主敎東傳文獻』吳相湘 主編(臺北: 臺灣學生書局 1965).

『天主敎東傳文獻續編』(臺北: 臺灣學生書局 1966).

『天主敎東傳文獻三編』(臺北: 臺灣學生書局 1972).

『天學初函』李之藻 編, 中國史學叢書 23(臺北: 臺灣學生書局 1965).

『合印四庫全書總目提要及四庫未收書目禁燬書目』(臺北: 商務印書館 1971).

2) 17세기 이전 중국 문헌

『大戴禮記今註今譯』高明註譯(臺北: 商務印書館 1976).

『山海經』정재서 역주(신장판, 민음사 1996).

『莊子校詮』全3冊, 王叔岷 撰(臺北: 中央研究員歷史言語研究所 1988).

『周禮』(十三經注疏)(北京: 北京大學出版社 1999).

『周髀算經』趙君卿·李淳風 注(上海: 商務印書館 1955).

『黃帝內經』「素問」(四部備要本).

『淮南子集釋』何寧 撰(北京: 中華書局 1998).

司馬遷『史記』(臺北: 啓明書局 1961).

王充, 黃暉 撰『論衡校釋: 附劉盼遂集解』, 新編諸子集成 第1輯(北京: 中華書局 1990).

張華, 김영식 옮김『박물지』(홍익출판사 1998).

趙友欽『革象新書』, 四庫全書 786.

_____ 王禕 干訂『重修革象新書』, 四庫全書 786.

周致中『異域志』, 叢書集成初編 3273(上海: 商務印書館 1936).

朱熹『四書章句集註』(北京: 中華書局 1983).

_____『朱子語類: 附索引』(正中書局 1982); 허탁·이요성 역주본(청계 1998).

_____『楚辭集注』(臺北: 中央圖書館 1991).

3) 예수회사의 문헌

Aleni, Giulio(艾儒畧)『職方外紀』, 四庫全書 594.

_____『西學凡』, 天學初函 1.

_____『西方答問』; 원문 영인 John L. Mish, "Creating an Image of Europe for
   China: Aleni's Hsi-fang ta-wen 西方答問──Introduction, Translation, and
   Notes," *Monumenta Serica* 23(1964), 4~30면.

Benoist, Michel(蔣友仁)『地球圖說』, 續修四庫全書 1035.

de Ursis, Sabbatino(熊三拔)『簡平儀說』, 天學初函 5.

_____『表度說』, 四庫全書 787.

Dias, Manuel, Jr.(陽瑪諾)『天問略』, 中國科學技術典籍通彙 8.

Furtado, Francisco(傅汎際)『寰有詮』, 中國科學技術典籍通彙 8.

Ricci, Matteo(利瑪竇)『乾坤體義』, 中國科學技術典籍通彙 8.

_____ 『辨學遺牘』, 天學初函 2.

_____ 『渾蓋通憲圖說』, 天學初函 3.

_____ ed. by Nicholas Trigault, tr. by Louis J. Gallagher, *China in the Sixteenth Century: The Journal of Matthew Ricci: 1583~1610*(New York: Random House 1953).

_____ 朱維錚 主編『利瑪竇中文著譯集』(上海: 復旦大學出版社 2001)

Schall von Bell, Johann Adam(湯若望)『渾天儀說』, 古今圖書集成 卷85~88.

_____ 『主制群徵』, 天主教東傳文獻續編 2.

Vagnoni, Alphonsus(高一志)『空際格致』, 天主教東傳文獻三編 2.

Verbiest, Ferdinand(南懷仁)『坤輿圖說』, 中國科學技術典籍通彙 8.

_____ 『曆法不得已辨』, 天主教東傳文獻.

_____ 『西方要紀』, 叢書集成初編 3278(上海: 商務印書館 1936).

4) 17세기 이후 중국과 조선의 문헌

① 중국 문헌

『明史』(北京: 中華書局 1974).

江永『數學』, 四庫全書 796.

揭暄『琁璣遺術』, 四庫全書存目叢書 55.

顧炎武『日知錄』, 四庫全書 858.

戴震『戴震全集』(北京: 清華大學校出版社 1991).

梅文鼎『曆學疑問』, 叢書集成初編 1325(上海: 商務印書館 1939).

_____ 『曆學疑問補』, 叢書集成初編 1325(上海: 商務印書館 1939).

方孔炤『周易時論合編』, 續修四庫全書 15.

方以智「通雅」, 侯外廬 主編『方以智全書』1(上海: 古籍出版社 1988).

_____ 『物理小識』, 四庫全書 867.

傅恒 等 『皇淸職貢圖』, 四庫全書 594.

徐光啓 『徐光啓集』(上海: 中華書局 1963).

孫蘭 『輿地隅說』, 叢書集成續編 88(上海: 上海書店出版社 1994).

_____ 『大地山河圖說』, 叢書集成續編 47(上海: 上海書店出版社 1994).

孫星衍 『平津館文稿』, 叢書集成初編 2525~26(上海: 商務印書館 1937).

楊光先 『不得已』, 近代史料叢書彙編 第1輯 10(臺灣: 大通書局 1968).

阮元 『疇人傳』, 續修四庫全書 516.

王圻 『三才圖會』, 續修四庫全書 1232~36.

王夫之 『思問錄·俟解』(北京: 古籍出版社 1956).

王錫闡 『曉庵新法』, 叢書集成初編 1324(上海: 商務印書館 1939).

王廷相 『王廷相集』全4冊(北京: 中華書局 1989).

熊明遇 『格致草』, 中國科學技術典籍通彙 6.

熊人霖 『地緯』, 熊志學 編 『函宇通』 수록(미국국회도서관 소장).

游藝 『天經或問』, 四庫全書 793.

_____ 『天經或問』 後集, 四庫全書存目叢書 55.

陸隴其 『三魚堂日記』 明淸史料彙編 初集 7(臺北: 文海出版社1967).

陸世儀 『思辨錄輯要』(臺北: 廣文書局 1977).

陸次雲 『八紘譯史』, 叢書集成初編 3263(上海: 商務印書館 1939).

_____ 『譯史紀餘』, 叢書集成初編 3264(上海: 商務印書館 1937).

_____ 『八紘荒史』, 叢書集成初編 3264(上海: 商務印書館 1937).

李光地 『榕村集』, 四庫全書 1324.

李九標 外 『口鐸日抄』, 明末淸初耶蘇會思想文獻彙編 9(北京: 北京大學宗敎硏究所 2000).

張雍敬 『定曆玉衡』, 續修四庫全書 1040.

章潢 『圖書編』, 四庫全書 969.

陳倫炯 『海國見聞錄』, 四庫全書 594.

焦廷琥 『地圓說』, 續修四庫全書 1035.

黃貞 等編 『聖朝破邪集』(1639); 1855年 日本刊本.

黃鍾駿 『疇人傳四編』, 續修四庫全書 516.

② 조선 문헌

金炳國·崔載南·鄭雲采 옮김 『西浦年譜』(서울대학교출판부 1992).

金萬重, 洪寅杓 譯註 『西浦漫筆』(일지사 1987).

金錫文 『易學二十四圖解』; 영인 閔泳珪 「十七世紀 李朝學人의 地動說 — 金錫文의
　　易學二十四圖解」, 『동방학지』 16(1975).

南克寬 『夢囈集』(민족문화추진회 1998).

南秉哲 『圭齋先生文集』(경인문화사 1993).

朴珪壽 『朴珪壽全集』(아세아문화사 1978).

朴趾源 『熱河日記』(민족문화추진회 1968).

徐命膺 『保晩齋叢書』(서울대학교 규장각, 古0270-11).

徐有本 『左蘇山人文集』(아세아문화사 1992).

徐浩修 『私稿』(이화여자대학교 도서관 귀중본 서고, 古811.085 서95).

＿＿＿ 『燕行紀』, 연행록선집 5(민족문화추진회 1976).

愼後聃 「西學辨」, 李晩采 엮음·金時俊 옮김 『闢衛編』(한국자유교양추진회 1984).

安鼎福 『國譯順庵集』(민족문화추진회 1996).

＿＿＿ 『雜同散異』(서울대학교 규장각, 古0160-12).

魏伯珪 『存齋全書』(경인문화사 1974).

李家煥 『錦帶殿策』 近畿實學淵源諸賢集 전6책(성균관대학교 대동문화연구원
　　2002), 제2책, 541~53면.

李柬 『巍巖遺稿』(민족문화추진회 1997).

李匡師 『斗南集』(서울대학교 규장각, 古3428-347).

李圭景 『五洲衍文長箋散稿』(동국문화사 1959).

李奎象 『18세기 조선 인물지 — 幷世才彦錄』(창작과비평사 1997).

李晩采 編『闢衛編』(闢衛社 1931); 영인 金時俊 옮김(한국자유교양추진회 1984).

李睟光, 南晩星 옮김『芝峰類說』전2권(을유문화사 1994).

李頤命『疎齋集』(민족문화추진회 1996).

李瀷『星湖全集』(민족문화추진회 1997).

_____ 「星湖僿說」,『星湖全集』5(여강출판사 1984).

_____ 安鼎福 編『星湖僿說類選』(경문사 1976).

李種徽『修山集』(경문사 1976).

李獻慶『艮翁集』(민족문화추진회 1999).

李恒老『華西先生文集: 附雅言』(동문사 1974).

丁若鏞『與猶堂全書』(아름출판사 1995).

鄭齊斗『霞谷全集』(여강출판사 1988).

正祖『弘齋全書』(민족문화추진회 2000).

崔錫鼎『明谷先生文集』(경인문화사 1997).

洪大容『湛軒書』(민족문화추진회 1982).

洪良浩『耳溪洪良浩全書』(민족문화사 1982).

黃胤錫『頤齋先生文集』(경인문화사 1999).

_____『頤齋亂藁』(한국정신문화연구원 1994~2004).

II. 연구 논저

1) 국내 논저

① 저서

강세구『순암 안정복의 학문과 사상연구』(혜안 1996).

강재언『조선의 西學史』(민음사 1990).

_____ 정창렬 옮김『韓國의 開化思想』(비봉출판사 1981).

구만옥『朝鮮後期 科學思想史 研究 1 ― 朱子學的 宇宙論의 變動』(혜안 2005).

김문식『朝鮮後期 經學思想研究』(일조각 1996).

김양선『梅山國學散稿』(숭전대학교 박물관 1972).

김영식『정약용 사상 속의 과학기술』(서울대학교출판부 2006).

노정식『韓國의 古世界地圖』(대구교육대학교재직동문회 1998).

도널드 베이커, 김세윤 옮김『朝鮮後期 儒敎와 天主敎의 대립』(일조각 1997).

문중양『우리 역사 과학 기행』(동아시아 2006).

박성래『중국과학의 사상』(전파과학사 1978).

_____『한국과학사』(방송사업단 1983).

_____『민족과학의 뿌리를 찾아서』(동아출판사 1991).

_____『한국사에도 과학이 있는가』(교보문고 1998).

_____『한국과학사상사』(유스북 2005).

배우성『조선 후기 국토관과 천하관의 변화』(일지사 1998).

손형부『朴珪壽의 開化思想 硏究』(일조각 1997).

야마다 케이지, 김석근 옮김『주자의 자연학』(통나무 1991).

오상학『조선시대 세계지도와 세계인식』(창비 2011).

유경로, 한국천문학사편찬위원회 편『한국 천문학사 연구──소남 유경로 선생 유
    고논문집』(녹두 1999).

유봉학『燕巖一派 北學思想 硏究』(일지사 1995).

_____『조선 후기 학계와 지식인』(신구문화사 1998).

이문규『고대중국인이 바라본 하늘의 세계』(문학과지성사 2000).

이용범『중세서양과학의 조선전래』(동국대학교출판부 1988).

_____『韓國科學思想史硏究』(동국대학교출판부 1993).

이원순『朝鮮西學史硏究』(일지사 1986).

이찬『韓國의 古地圖』(범우사 1991).

전상운『韓國科學技術史』(정음사 1976; 개정판, 1983).

_____『한국과학사의 새로운 이해』(연세대학교출판부 1998).

_____『한국과학사』(사이언스북스 2000).

정옥자『조선 후기 지성사』(일지사 1991).

_____『조선 후기 역사의 이해』(일지사 1993).

_____『조선 후기 조선중화사상 연구』(일지사 1998).

_____『정조의 문예사상과 규장각』(효형 2001).

정재서『不死의 신화와 사상──산해경·포박자·열선전·신선전에 대한 탐구』(민음
　사 1994).

조너선 스펜스, 주원준 옮김『마테오 리치, 기억의 궁전』(이산 1999).

조동걸·한영우·박찬승 엮음『한국의 역사가와 역사학』上(창작과비평사 1994).

최동희『서학에 대한 한국실학의 반응』(고려대학교 민족문화연구소 1988).

최창조『한국의 풍수사상』(민음사 1984).

한국사상사연구회『人性物性論』(한길사 1994).

_____『조선 유학의 학파들』(예문서원 1996).

한국철학사상연구회『강좌한국철학』(예문서원 1995).

한영우『朝鮮後期史學史研究』(일지사 1989).

한우근『성호이익연구』(서울대학교 출판부 1980).

② 논문

구만옥「朝鮮後期 朱子學的 宇宙論의 變動」(연세대학교 박사학위논문 2001).

_____「朝鮮後期 '地球'說 受容의 思想史적 의의」,『河炫綱教授定年紀念論叢──韓
　國史의 構造와 展開』(혜안 2000), 717~47면.

_____「朝鮮後期 日月蝕論의 변화」,『한국사상사학』19(2002), 185~228면.

_____「조선 후기 '자연' 인식의 변화와 '실학'」, 한림대학교 한국학연구소 편『다
　시, 실학이란 무엇인가』(푸른역사 2007), 171~207면.

김기협「마테오 리치의 中國觀과 補儒易佛論」(연세대학교 박사학위논문 1993).

김동건「李器之의『一菴燕記』연구」(한국학중앙연구원 석사학위논문 2007).

김영식「중국의 전통과학과 자연관에 대한 올바른 이해」,『한국사시민강좌』
　16(1995), 203~22면.

_____「조선 후기의 지전설 재검토」,『동방학지』133(2006), 79~114면.

노대환「조선 후기의 서학유입과 서기수용론」,『진단학보』83(1997), 121~54면.

_____「正祖代의 西器受容 논의―'중국원류설'을 중심으로」, 『한국학보』 94(1999), 126~67면.

_____「19세기 동도서기론 형성과정 연구」(서울대학교 박사학위논문 1999).

문중양「18세기 조선 실학자의 자연지식의 성격―象數學的 우주론을 중심으로」, 『한국과학사학회지』 21(1)(1999), 27~57면.

_____「19세기의 사대부 과학자 남병철」, 『과학사상』 33(2000 여름), 99~117면.

_____「조선 후기 자연지식의 변화패턴―실학 속의 자연지식, 과학의 근대성에 대한 시론적 고찰」, 『대동문화연구』 38(2001), 285~329면.

_____「조선 후기 서양 천문도의 전래와 신·고법 천문도의 절충」, 『한국과학사학 회지』 26(1)(2004), 29~55면.

민영규「十七世紀 李朝學人의 地動說―金錫文의 易學二十四圖解」, 『동방학지』 16(1975), 1~44면.

박권수「徐命膺의 易學的 天文觀」, 『한국과학사학회지』 20(1)(1998), 57~101면.

_____「조선 후기 상수학의 발전과 변동」(서울대학교 박사학위논문 2006).

_____「霞谷 鄭齊斗의 상수학적 자연철학」, 『한국사상사학』 30(2008), 187~222면.

박성래「한국근세의 서구과학 수용」, 『동방학지』 20(1978), 257~92면.

_____「정약용의 과학사상」, 『다산학보』 1(1978), 151~76면.

_____「高麗初의 曆과 年號」, 『한국학보』 10(1978), 135~55면.

_____「홍대용의 과학사상」, 『한국학보』 23(1981), 159~80면.

_____「세종조의 천문학 발달」, 『세종조문화연구(II)』(한국정신문화연구원 1984), 97~153면.

_____「星湖僿說 속의 西洋科學」, 『진단학보』 59(1985), 177~97면.

_____「한·중·일의 서양과학수용」, 『한국과학사학회지』 3(1)(1981), 85~92면.

_____「조선 후기 과학기술의 발달」, 『한국사』 10(한길사 1994), 255~75면.

_____「조선시대 과학사를 어떻게 볼 것인가」, 『한국사시민강좌』 16(일조각 1995), 145~66면.

배우성「고지도를 통해 본 조선시대의 세계 인식」, 『진단학보』 83(1997), 43~83면.

_____「서구식 세계지도의 조선적 해석, '천하도'」,『한국과학사학회지』22(1)(2000), 51~79면.

小川晴久「지전설에서 우주무한론으로 ── 김석문과 홍대용의 세계」,『동방학지』 21(1979), 55~90면.

송영배「홍대용의 상대주의적 思惟와 변혁의 논리 ── 특히 '莊子'의 상대주의적 문 제의식과의 비교를 중심으로」,『한국학보』74(1994), 112~34면.

심경호「員嶠의 學術思想」,『江華學派의 文學과 思想』3(한국정신문화연구원 1995), 7~174면.

앤서니 그래프턴, 서성철 옮김『신대륙과 케케묵은 텍스트』(일빛 2000).

양보경「『大東輿地圖』를 만들기까지」,『한국사시민강좌』16(1995), 84~121면.

_____「조선시대의 자연 인식 체계」,『한국사시민강좌』14(1994).

_____「朝鮮時代 邑誌의 性格과 地理的 認識에 대한 硏究」(서울대학교 박사학위 논문 1997).

유경로「조선시대의 중국역법 도입에 관하여」,『한국과학사학회지』4-1(1982)(유 경로『한국 천문학사 연구』, 183~89면에 재수록).

_____「조선조 후반기의 천문학」,『한국과학사학회지』5-1(1983)(유경로『한국 천문학사 연구』190~98면에 재수록).

이성규「중화 사상과 민족주의」정문길 외 엮음『동아시아, 문제와 시각』(문학과지 성사 1995), 107~53면.

이용범「이익의 지동설과 그 근거」,『진단학보』34(1972), 37~59면.

_____「김석문의 지전론과 그 사상적 배경」,『진단학보』41(1976), 83~107면.

_____「李朝實學派의 西洋科學受容과 그 限界 ── 金錫文과 李瀷의 경우」,『동방학 지』58(1988), 39~73면.

이찬「韓國의 古世界地圖 ── 天下圖와 混一疆理歷代國都之圖에 대하여」,『한국학 보』2(1976), 47~66면.

임종태「'道理'의 형이상학과 '形氣'의 기술 ── 19세기 중반 한 주자학자의 눈에 비친 서양 과학 기술과 세계: 李恒老(1792~1868)」,『한국과학사학회지』21(1)

(1999), 58~91면.

_____ 「17~18세기 서양 과학의 유입과 분야설의 변화——『星湖僿說』「分野」의 사상사적 위치를 중심으로」,『한국사상사학』21(한국사상사학회 2003), 391~416면.

_____ 「이방의 과학과 고전적 전통——17세기 서구 과학에 대한 중국적 이해와 그 변천」,『동양철학』22(한국동양철학회 2004), 189~217면.

_____ 「서구 지리학에 대한 동아시아 세계지리 전통의 반응——17~18세기 중국과 조선의 경우」,『한국과학사학회지』26(2)(2004), 315~44면.

_____ 「무한우주의 우화——홍대용의 과학과 문명론」,『역사비평』(2005, 여름), 261~85면.

_____ 「조선 후기 과학사 연구의 쟁점과 과제」,『역사학보』191(2006), 449~63면.

_____ 「'우주적 소통의 꿈'——18세기 초반 湖西 老論 학자들의 六面世界說과 人性物性論」,『韓國史硏究』138(한국사연구회 2007), 75~120면.

_____ 「'극동과 극서의 조우'——이기지의『일암연기』에 나타난 조선 연행사의 천주당 방문과 예수회사와의 만남」,『한국과학사학회지』31(2)(2009), 377~411면.

장회익「조선 후기 초 지식계층의 자연관——張顯光의「宇宙說」을 중심으로」,『한국문화』11(1990), 583~609면.

_____ 「정약용의 과학사상」,『한국사시민강좌』16(일조각 1995), 122~44면.

전상운「朝鮮前期의 科學과 技術——15세기 科學技術史 硏究 再論」,『한국과학사학회지』14(2)(1992), 141~69면.

전용훈「朝鮮 中期 儒學者의 天體와 宇宙에 대한 이해——旅軒 張顯光의「易學圖說」과「宇宙說」」,『한국과학사학회지』18(2)(1996), 125~54면.

_____ 「김석문의 우주론——역학이십사도해를 중심으로」,『한국천문력 및 고천문학: 태양력 시행 백주년기념 워크샵 논문집』(천문대 1997), 132~41면.

_____ 「17~18세기 서양과학의 도입과 갈등——時憲曆 施行과 節氣配置法에 대한 논란을 중심으로」,『동방학지』117(2002), 1~49면.

_____ 「조선 후기 서양천문학과 전통천문학의 갈등과 융화』(서울대학교 박사학위논문 2004).

_____「19세기 조선 지식인의 서양과학 읽기—최한기의 기학과 서양과학」, 『역사비평』 81(2007 겨울), 247~84면.

정성희「頤齋 黃胤錫의 科學思想」, 『청계사학』 9(1992), 139~89면.

최영준「朝鮮後期 地理學 發達의 背景과 硏究傳統」, 『문화역사지리』 4(1992), 53~75면.

_____「풍수와 '택리지'」, 『한국사시민강좌』 14(일조각 1994), 98~122면.

하우봉「朝鮮後期 實學派의 對外認識」, 한국사연구회 편 『韓國實學의 새로운 摸索』 (경인문화사 2001), 145~80면.

한영우「李睟光의 學問과 思想」, 『한국문화』 13(1995).

허남진「홍대용의 과학사상과 이기론」, 『아시아문화』 9(한림대학교 아시아문화연구소 1993).

2) 외국 논저

① 영문 저서

Bodde, Derk, *Chinese Thought, Society, and Science: the Intellectual and Social Background of Science and Technology in Pre-modern China* (Honolulu: University of Hawaii Press 1991).

Cronin, Vincent, *The Wise Man from the West* (New York: E. P. Dutton & Co. Inc. 1955).

Cullen, Christopher, *Astronomy and Mathematics in Ancient China: the Zhou bi suan jing* (Cambridge: Cambridge University Press 1996).

Drake, Fred W., *China Charts the World: Hsu Chi-yu and His Geography of 1848* (Cambridge: Harvard University Press 1975).

Dunne, George H., *Generation of Giants: The Story of the Jesuits in China in the Last Decades of the Ming Dynasty* (Notre Dame: University of Notre Dame Press 1962).

Elman, Benjamin A., *From Philosophy to Philology: Intellectual and Social Aspects of Change in Late Imperial China* (Cambridge: Council on East Asian Studies,

Harvard University 1984).

_____ *On Their Own Terms: Science in China, 1550~1900* (Cambridge: Harvard University Press 2005).

Fuchs, Walter, *The 'Mongol Atlas' of China* (Peiping: The Catholic University Press 1946).

Gernet, Jacques, tr. by Janet Lloyd, *China and the Christian Impact: a Conflict of Cultures* (Cambridge: Cambridge University Press 1985).

Grafton, Anthony, *New Worlds, Ancient Texts* (Cambridge: Harvard University Press 1992).

Graham, A. C., *Yin-Yang and the Nature of Correlative Thinking* (Singapore: Institute of East Asian Philosophies, University of Singapore 1986).

Harley, J.B. and J.B. Woodward eds., *Cartography in the Traditional East and Southeast Asian Societies,* in *History of Cartography* Vol.2 Book 2 (Univ. of Chicago Press 1994).

Hashimoto Keizo, *Hsü Kuang-Ch'i and Astronomical Reform: the Process of the Chinese Acceptance of Western Astronomy 1629~35* (Osaka: Kansai University Press 1988).

Hashimoto Keizo et al. eds., *East Asian Science: Tradition and Beyond* (Osaka: Kansai University Press 1995).

Henderson, John B., *The Development and Decline of Chinese Cosmology* (New York: Columbia University Press 1984).

Jeon Sang-woon, *Science and Technology in Korea: Traditional Instruments and Techniques* (Cambridge, Mass.: M.I.T. Press 1974).

Kim Yung Sik and Francesca Bray eds., *Current Perspectives in the History of East Asian Science* (Seoul: Seoul National University Press 1999).

Kim Yung Sik, *The Natural Philosophy of Chu Hsi(1130-1200)* (American Philosophical Society 2000).

Lattis, James M., *Between Copernicus and Galileo: Christopher Clavius and the Collapse *of Ptolemaic Cosmology* (Chicago: University of Chicago Press 1994).

Leonard, Jane Kate, *Wei Yuan and China's Rediscovery of the Maritime World* (Cambridge: Harvard University Press 1984).

Lindberg, David C., *The Beginnings of Western Science: The European Scientific Tradition in Philosophical, Religious, and Institutional Context, Prehistory to A.D. 1450*, 2nd Edition (Chicago: University of Chicago Press 2007). 한국어판 데이비드 C. 린드버그, 이종흡 옮김 『서양과학의 기원들: 철학, 종교, 제도적 맥락에서 본 유럽의 과학전통』(나남 2009).

Lippiello, Tiziana and Roman Malek eds., *Scholar from the West: Giulio Aleni, S. J. (1582~1649) and the Dialogue between Christianity and China* (Nettetal: Steyler Verlag 1997).

Major, John S., *Heaven and Earth in Early Han Thought: Chapter Three, Four, and Five of the Huainanzi* (Albany: State University of New York Press 1993).

Martzloff, Jean-Claude, *A History of Chinese Mathematics* (Berlin: Springer-Verlag 1997).

Mungello, D. E. ed., *The Chinese Rites Controversy: Its History and Meaning* (Nettetal: Steyler Verlag 1994).

Nakayama Shigeru, *A History of Japanese Astronomy: Chinese Background and Western Impact* (Cambridge: Harvard University Press 1969).

Needham, Joseph, *Science and Civilisation in China*, Vol. 3 (Cambridge: Cambridge University Press 1959).

O'Malley, John W. et al. eds., *The Jesuits: Cultures, Sciences, and the Arts, 1540~1773* (Toronto: University of Toronto Press 1999).

Park Seong-rae, *Portents and Politics in Korean History* (Seoul: Jimoondang Publishing Co. 1998).

Ronan, Charles E. & Bonnie B.C. Oh eds., *East Meets West: The Jesuits in China, 1582~1773* (Chicago: Loyola University Press 1988).

Simek, Rudolf, tr. by Angela Hall, *Heaven and Earth in the Middle Ages: The Physical World before Columbus* (Woodbridge, UK: The Boydell Press 1996); first published in German as Erde und Kosmos im Mittelalter: Das Weltwild vor Kolumbus (Münschen: Verlag C. H. Beck 1992).

Sivin, Nathan, *Science in Ancient China: Researches and Reflections* (Aldershot: Variorum 1995).

Smith, Richard J., *Fortune-tellers and Philosophers: Divination in Traditional Chinese Society* (Boulder: Westview Press 1991).

_____ *Chinese Maps: Images of All under Heaven* (Hong Kong: Oxford University Press 1996).

Spence, Jonathan D., *The Memory Palace of Matteo Ricci* (New York: Viking Penguin 1984).

Standaert, Nicolas ed., *Handbook of Christianity in China, Volume One: 635~1800* (Leiden; Boston; Köln; Brill 2001).

Witek, John W., S.J. ed., *Ferdinand Verbiest, S. J. (1623~88): Jesuit Missionary, Scientist, Engineer, and Diplomat* (Nettetal: Steyler Verlag 1994).

② 영문 논문

Baker, Donald, "Jesuit Science through Korean Eyes," *Journal of Korean Studies* 4 (1982~83).

Baldini, Ugo, "The Academy of Mathematics of the Collegio Romano from 1553 to 1612," Mordechai Feingold ed., *Jesuit Science and the Republic of Letters* (Cambridge: MIT Press 2002), 47~98면.

Chan, Albert, S.J. "The Scientific Writings of Giulio Aleni and Their Context," in Tiziana Lippiello and Roman Malek eds., '*Scholar from the West*': *Giulio Aleni, S. J. (1582-1649) and the Dialogue between Christianity and China* (Nettetal: Steyler Verlag 1997), 455~78면.

Chen, Kenneth, "A Possible Source for Ricci's Notices on Regions Near China," *T'oung Pao* 34 (1938), 179~90면.

_____ "Matteo Ricci's Contribution to, and Influence on, Geographical Knowledge in China," *Journal of the American Oriental Society* 59 (1939), 325~59, 509면 (errata).

Chen Minsun, "Ferdinand Verbiest and the Geographical Works by Jesuits in Chinese, 1584~1674," in John W. Witek, S. J. ed., *Ferdinand Verbiest, S. J.(1623~88): Jesuit Missionary, Scientist, Engineer, and Diplomat* (Nettetal: Steyler Verlag 1994), 123~33면.

Chu Pingyi, "Technical Knowledge, Cultural Practices, and Social Boundaries: Wannan Scholars and the Recasting of Jesuit Astronomy, 1600~1800" (Ph.D. diss., UCLA 1994).

_____ "Scientific Dispute in the Imperial Court: The 1664 Calendar Case," *Chinese Science* 14 (1997), 7~34면.

_____ "Trust, Instruments, and Cross-Cultural Scientific Exchanges: Chinese Debate over the Shape of the Earth, 1600~1800," *Science in Context* 12-3 (1999), 385~411면.

_____ "Western astronomy and Evidential Study: Tai Chen on Astronomy," in Yung Sik Kim and Francesca Bray eds., *Current Perspectives in the History of East Asian Science*, 131~44면.

_____ "Remembering Our Grand Tradition: the Historical Memory of the Scientific Exchanges between China and Europe," *History of Science* 42 (2003) 193~215면.

_____ "Adoption and Resistance: Zhang Yongjing and Ancient Chinese Calendrical Methods," Feza Günergun and Dhruv Raina eds., *Science between Europe and Asia: Historical Studies on the Transmission, Adoption and Adaptation of Knowledge* (Dordrecht: Springer 2011), 151~61면.

D'Elia, Pasquale M., S. J., "Recent Discoveries and New Studies (1938~60) on the

World Map in Chinese of Father Matteo Ricci, S. J.," *Monumenta Serica* 20 (1961), 82~164면.

Dorofeeva-Lichtmann, Vera, "Conceptual Foundation of Terrestrial Description in the Shanhaijing," Hashimoto Keizo et al. eds., *East Asian Science: Tradition and Beyond* (Osaka: Kansai University Press 1995) 419~23면.

Elman, Bejamin A., "Geographical Research in the Ming-Ch'ing Period," *Monumenta Serica* 35 (1981~83), 1~18면.

＿＿＿ "'Universal Science' Versus 'Chinese Science': The Changing Identity of Natural Studies in China, 1850~1930," *Historiography East and West* 1(1) (2003), 68~116면.

Fu Daiwie, "Problem Domain, Taxonomy, and Comparativity in Histories of Sciences: with a Case Study in the Comparative History of 'Optics'," in Cheng-hung Lin and Daiwie Fu eds., *Philosophy and Conceptual History of Science in Taiwan* (Dordrecht: Kluwer Academic Publishers 1992), 123~48면.

＿＿＿ "A Contextual and Taxonomic Study of the 'Divine Marvels' and 'Strange Occurrences' in the Mengxi bitan," *Chinese Science* 11 (1993~94), 3~35면.

Gernet, Jacques, "Christian and Chinese Vision of the World in the Seventeenth Century," *Chinese Science* 4 (1980): 11~13면.

＿＿＿ "Space and Time: Science and Religion in the Encounter between China and Europe," *Chinese Science* 11 (1993~94), 93~102면.

Harris, Steven J., "Mapping Jesuit Science: The Role of Travel in the Geography of Knowledge," in John W. O'Malley et al. eds., *The Jesuits: Cultures, Sciences, and the Arts, 1540~1773* (Toronto: University of Toronto Press 1999), 212~40면.

Hart, Roger, "Translating the Untranslatable: From Copula to Incommensurable Worlds," in Lydia Liu ed., *Tokens of Exchange: The Problem of Translation in Global Circulations* (Durham, N. C.: Duke University Press 1999), 45~73면.

＿＿＿ "Beyond Science and Civilization: A Post-Needham Critique," *EASTM* 16

(1999), 88~114면.

Henderson, John B., "Ch'ing Scholars Views of Western Astronomy," *Harvard Journal of Asiatic Studies* 46-1 (1986), 121~48면.

Huang Yi-Long, "Court Divination and Christianity in the K'ang-hsi Era," *Chinese Science* 10 (1991), 1~20면.

Jami, Catherine, "'European Science in China' or 'Western Learning'?: Representations of Cross-Cultural Transmission, 1600~1800," *Science in Context* 12(3) (1999), 413~34면.

Kim Yung Sik, "Natural Knowledge in a Traditional Culture: Problems in the Study of the History of Chinese Science", *Minerva: A Review of Science, Learning and Policy* 20 (1982), 83~104면.

_____ "Problems and Possibilities in the Study of the History of Korean Science," *Osiris* 13 (1998), 48~79면.

_____ "Western Science, Cosmological Ideas, and the Yijing Studies in Seventeenth- and Eighteenth-Century Korea," *Seoul Journal of Korean Studies* 14 (2001), 299~334면.

_____ "The 'Problem of China' in the Study of the History of Korean Science: Korean Science, Chinese Science, and East Asian Science," *Gujin lunheng* 古今論衡 18 (2008), 185~98면.

Langlois, John D., "Chinese Culturalism and the Yuan Analogy: Seventeenth-Century Perspectives," *Harvard Journal of Asiatic Studies* 40(2) (1980), 355~98면.

Lim Jongtae, "Restoring the Unity of the World: Fang Yizhi and Jie Xuan's Responses to Aristotelian Natural Philosophy," in Luis Saraiva and Catherine Jami eds., *The Jesuits, the Padroado and East Asian Science (1552~1773)——History of Mathematical Sciences: Portugal and East Asia*, III (Singapore: World Scientific 2008), 139~60면.

_____ "Matteo Ricci's World Maps in Late Joseon Dynasty," *The Korean Journal for the History of Science* 33(2) (2011), 277~96면.

Lin Tongyang, "Ferdinand Verbiest's Contribution to Chinese Geography and Cartography," in John W. Witek, S.J. ed., *Ferdinand Verbiest, S.J.(1623~88): Jesuit Missionary, Scientist, Engineer, and Diplomat* (Nettetal: Steyler Verlag 1994), 135~64면.

Lippiello, Tiziana, "Astronomy and Astrology: Johann Adam Schall von Bell," in Roman Malek ed., *Western Learning and Christianity in China: The Contribution and Impact of Johann Adam Schall von Bell, S.J.(1592~1666)*, Vol. 1, 403~30면.

Luk, Bernard Hung-Kay, "A Study of Giulio Aleni's Chih-fang wai chi 職方外紀," *Bulletin of the School of Oriental and African Studies* XL(1) (London 1977), 58~84 면.

Martzloff, Jean-Claude, "Space and Time in Chinese Texts of Astronomy and Mathematical Astronomy in the Seventeenth and Eighteenth Centuries," *Chinese Science* 11 (1993~94), 66~92면.

Meng Yue, "Hybrid Science versus Modernity: The Practice of the Jiangnan Arsenal, 1864~97," *EASTM* 16 (1999), 13~52면.

Mish, John L., "Creating an Image of Europe for China: Aleni's *Hsi-fang ta-wen* 西方答問: Introduction, Translation, and Notes," *Monumenta Serica* 23 (1964), 1~87면.

Needham, Joseph, "Poverties and Triumphs of the Chinese Scientific Tradition," *The Grand Titration: Science and Society in East and West* (Toronto: University of Toronto Press 1969), 14~54면.

Okamoto Sae, "The Kouduo richao (Daily Transcripts of the Oral Clarion-Bell): A Dialogue in Fujian between China and Europe(1630~40)," in Hashimoto Keizo et al. eds., *East Asian Science: Tradition and Beyond* (Osaka: Kansai University Press 1995) 97~110면.

Park Seong-Rae, "Some Indices of the Rise of Modern Science in Korea," K. Hashimoto et al. eds., *East Asian Science: Tradition and Beyond*, 111~17면.

Peterson, Willard J., "Western Natural Philosophy Published in Late Ming China,"

Proceedings of the American Philosophical Society 117(4) (1973), 295~322면.

_____ "Fang I-chih: Western Learning and the 'Investigation of Things'," in Wm. Theodore De Bary ed., *The Unfolding of Neo-Confucianism* (New York: Columbia University Press 1975), 370~411면.

_____ "From Interest to Indifference: Fang I-chih and Western Learning," *Ch'ing-shih wen-ti* 3(5) (1976), 72~85면.

_____ "Calendar Reform Prior to the Arrival of Missionaries at the Ming Court," *Ming Studies* 21 (1986), 45~61면.

_____ "Why Did They Become Christians?: Yang T'ing-yün, Li Chih-tsao, and Hsü Kuang-ch'i," Charles E. Ronan, S.J. & Bonnie B.C. Oh eds., *East Meets West: The Jesuits in China, 1582~1773* (Chicago: Loyola University Press 1988), 129~52면.

_____, "Learning from Heaven: The Introduction of Christianity and Other Western Ideas into Late Ming China," in *The Cambridge History of China*, edited by D. Twitchett & J.K. Fairbanks, Vol. 8: The Ming Dynasty, 1368~1644, Part 2 (Cambridge: Cambridge University Press 1998), 789~839면.

Sivin, Nathan, "Cosmos and Computation in Early Chinese Mathematical Astronomy," *T'oung Pao* 55 (1969); Sivin, *Science in Ancient China: Researches and Reflections*, 제2장에 재수록.

_____, "Copernicus in China," *Studia Copernicana* 6 (1973), 63~122; Sivin, *Science in Ancient China: Researches and Reflections*, 제4장에 재수록.

_____, "Wang Hsi-shan," *Dictionary of Scientific Biography* 14; Sivin, *Science in Ancient China: Researches and Reflections*, 제5장에 재수록.

_____, "Why the Scienctific Revolution Did Not Take Place in China-or Didn't It?," *Chinese Science* 5 (1982); Sivin, *Science in Ancient China: Researches and Reflections*, 제7장에 재수록.

Smith, Richard J., "Mapping China's World: Cultural Cartography in Late Imperial

Times," in Wen-hsin Yeh ed., *Landscape, Culture, and Power in Chinese Society* (Berkely: Institute of East Asian Studies, University of California, Berkely 1998).

Standaert, Nicloas, S. J., "Jesuit Corporate Culture as Shaped by the Chinese," in John W. O'Malley et al. eds., *The Jesuits: Cultures, Sciences, and the Arts, 1540~1773* (Toronto: University of Toronto Press 2006), 352~63면.

Wong, George H. C., "China's Opposition to Western Science", *Isis* 54-1 (1963), 29~49면.

Yee, Cordell D. K., "A Cartography of Introspection: Chinese Maps as Other than European," *Asian Art* 5(4) (1992), 28~47면.

Zhang, Qiong, "Demystifying Qi: The Politics of Cultural Translation of Exchange," in Lydia Liu ed., *Tokens of Exchange: The Problem of in Global Circulations* (Durham, N.C.: Duke University Press 1999), 74~106면.

③ 중문·일문 저서

江小羣·胡欣『中國地理學史』(臺北: 文津出版社 1995).

戴念祖·張旭敏『中國物理學史大系: 光學史』(長沙: 湖南敎育出版社 2001).

徐宗澤『明淸間耶蘇會士譯著提要』(中華書局 1949); 影印: 民國叢書 第一編 11 哲學宗敎類(上海: 上海書店出版社 1989).

藪內淸·吉田光邦『明淸時代の科學技術史』(京都: 京都大學人文科學硏究所 1970).

楊翠華·黃一農 主編『近代中國科技史論集』(臺北: 中央硏究員近代史硏究所·國立淸華大學歷史硏究所 1991).

王成組『中國地理學史: 先秦至明代』初版(北京: 商務印書館 1982), 再版(1988).

王庸『中國地理學史』(上海: 商務印書館 1938), 再版(1957).

王萍『西方曆算學之輸入』(臺北: 中央硏究院近代史硏究所 1972).

張永堂『明末方氏學派硏究初編: 明末理學與科學關係試論』(臺北: 文鏡出版公司 1987).

_____『明末淸初理學與科學關係再論』(臺北: 臺灣學生書局 1994).

錢寶琮『錢寶琮科學史論文選集』(北京: 科學出版社 1983).

鮎澤信太郎『日本文化史上における利瑪竇の世界地圖』再版(東京: 龍文書局 1944),
　　初版(1941).

定方晟『須彌山と極樂: 佛敎の宇宙觀』(東京: 講談社 1973).

趙榮 · 楊正泰『中國地理學史: 淸代』(北京: 商務印書館 1998).

曹婉如 外編『中國古代地圖集』明代; 淸代(北京: 文物出版社 1994).

周康燮 主編『利瑪竇硏究論集』(香港: 崇文書店 1971).

鄒振環『晚淸西方地理學在中國: 以1815至1911年西方地理學譯著的傳播與影響爲中
　　心』(上海: 古籍出版社 2000).

候仁之『中國古代地理學簡史』(北京: 科學出版社 1962).

④ 중문·일문 논문

江曉原「試論淸代 '西學中源' 說」,『自然科學史硏究』1988年 第2期, 101~108면.

_____「明淸之際中國人對西方宇宙模型之硏究及態度」, 楊翠華 · 黃一農 主編『近
　　代中國科技史論集』(臺北: 中央硏究員近代史硏究所 · 國立淸華大學歷史硏究所
　　1991), 33~53면.

郭永芳「西方地圓說在中國」,『中國天文學史文集』第四集(北京: 科學出版社 1986),
　　155~63면.

石云里「中國人借助望遠鏡繪制的第一幅月面圖」,『中國科技史料』12(4)(1991),
　　88~91면.

_____「中國傳統地動說及其引起的分歧與爭論」,『自然辨證法通訊』14(1)(1992),
　　43~78면.

_____「揭暄的潮汐學說」,『中國科技史料』14(1)(1993), 90~96면.

_____「揭暄對天體自轉的認識」,『自然辨證法通訊』17(1)(1995), 53~57면.

_____「從黃道周到洪大容: 17~18世紀中朝地動學說的比較硏究」,『自然辨證法通
　　訊』19(4)(1997), 60~65면.

宋正海「中國古代傳統地球觀是地平大地觀」,『自然科學史硏究』1986年 第1期,

54~60면.

王楊宗「西學中源說在明清之際的由來及其演變」,『大陸雜誌』1995年 第6期, 39~45
면.

錢寶琮「蓋天說源流考」,『錢寶琮科學史論文選集』(北京: 科學出版社 1983), 377~403
면.

陳觀勝「論利瑪竇之萬國全圖」,『禹貢』1(7); 周康燮 主編『利瑪竇研究論集』, 119~24
면에 재수록.

_____「利瑪竇對中國地理學之貢獻及其影響」,『禹貢』5(3~4); 周康燮 主編『利瑪竇
研究論集』, 131~51면에 재수록.

祝平一「跨文化知識傳播的個案研究: 明末清初關於地圓說的爭議, 1600~1800」,『中
央研究院歷史言語研究所集刊』69(3)(臺北 1998), 589~670면.

馮錦榮「明末熊明遇父子與西學」,『明末清初華南地區歷史人物功業研討會論文集』
(香港: 中文大學歷史係 1993), 117~35면.

_____「明末熊明遇『格致草』內容探析」,『自然科學史研究』1997年 第4期, 304~28
면.

韓琦「‘自立’精神與曆算活動: 康乾之際文人對西學態度之改變及其背景」,『自然科學
史研究』21(3)(2002), 210~21면.

海野一隆「明清におけるマテオ·リッチ系世界圖: 主として新史料の檢討」, 山田慶
兒 編『新發現中國科學史資料の研究: 論考編』(京都: 京都大學人文科學研究所
1985), 507~80면.

洪健榮「明清之際中國知識份子對西方地理學的反應: 以熊人霖『地緯』爲中心所作的
分析」(臺灣國立清華大學 碩士學位論文 1998).

洪煨蓮「考利瑪竇的世界地圖」,『禹貢』5(3-4)(1936); 周康燮 主編『利瑪竇研究論
集』, 67~116면에 재수록.

陳美東·陳暉「明末清初西方地圓說在中國的傳播與反響」,『中國科技史料』21(1)
(2000), 6~12면.

ㄱ

가탐(賈耽) 132~34

『간평의설(簡平儀說)』 47

강규환(姜奎煥) 338, 339, 343, 344

강영(江永) 178, 190, 193, 239, 273

강호부(姜浩溥) 338

강희제(康熙帝) 50~52, 169, 182, 185, 261

개천(蓋天) 102, 103, 168, 181, 187, 188, 196, 197

개천설(蓋天說), 개천가(蓋天家) 88, 97, 98, 100, 101, 103, 111, 114, 116, 167, 168, 172, 173, 179~82, 186, 193, 195, 196, 204, 221~23, 320, 321

「건곤만국전도고금인물사적(乾坤萬國全圖古今人物事跡)」 291, 292

『건곤체의(乾坤體義)』 37, 47, 65, 154

게훤(揭暄) 155, 171, 178, 179, 198, 237~40, 243, 247, 276, 280, 322, 335

『격치초(格致草)』 166, 169~71, 275, 335

경도(經度) 58, 60, 77, 294

「경판천문전도(京板天文全圖)」 295, 296

고염무(顧炎武) 179, 264

곤륜산(崑崙山), 곤륜(崑崙) 96, 107, 108, 112~15, 120, 123, 302, 305~308

『곤여도설(坤輿圖說)』 50~53, 73, 74, 143, 145, 262, 263, 271, 278

「곤여만국전도(坤輿萬國全圖)」 37, 40, 43~45, 54, 73, 80, 146, 166, 203, 226, 251, 255, 278

『곤여외기(坤輿外紀)』 73

「곤여전도(坤輿全圖)」 49, 50, 52, 73, 143

공자(孔子) 72, 79, 116, 121, 122, 172~75, 275, 311, 353, 354

『공제격치(空際格致)』 48, 51, 63, 66, 69, 154, 209

곽수경(郭守敬) 45

곽청라(郭靑螺) 272, 273

「광여도(廣輿圖)」 129, 134, 291

교우론(交友論)』 161, 184

구주(九州) 87, 93, 111, 123, 269, 273, 314, 318

구중천(九重天) 44

『구탁일초(口鐸日抄)』 142

기윤(紀昀) 150, 192

기주(冀州) 108

기화(氣化) 158, 170

김만중(金萬重) 147, 184, 186, 187, 274

김석문(金錫文) 25, 147, 184, 185, 198, 210, 308

김시진(金始振) 205, 229

김옥균(金玉均) 14, 15

김종후(金鍾厚) 347, 348

ㄴ

나홍선(羅洪先) 129, 134, 135

낙론(洛論) 345, 352

낙읍(洛邑) 108~10, 114, 123, 302, 305, 306, 309, 314, 315

　낙읍지중론(洛邑地中論) 109, 110, 114, 308~10, 314, 321

남극관(南克寬) 229, 333

남병철(南秉哲) 193

「내판산해천문전도(內板山海天文全圖)」 296

ㄷ

대구주(大九州) 87, 111

대기거지(大氣擧之) 166, 229~31, 233~

38, 242, 244, 247, 336

『대대례기(大戴禮記)』 193, 241

　　　「증자천원(曾子天圓)」 90, 166, 183, 240

대랑봉(大浪峯), 대랑산(大浪山), 희망봉 60, 67, 219, 282, 305, 307, 323~25, 330

대진(戴震, 1724~77) 148, 178, 183, 210, 211, 220, 235, 239, 240, 246, 247

대척지(對蹠地, antipodes) 33, 59~69, 195, 203~206, 215, 221~25, 228~34, 238, 242, 247

대통력(大統曆) 45

『도서편(圖書編)』 126, 147, 255, 257, 258, 260, 296

『동국문헌비고』「상위고(象緯考)」 188

디아스(Manuel Dias' Jr., 陽瑪諾) 46, 49, 67, 256

ㄹ

로(Giacomo Rho, 羅雅谷) 46

루드리구에스(João Rodrigues, 陸若漢) 77, 79, 143, 144

리치, 마떼오(Matteo Ricci, 利瑪竇) 18, 20, 37~43, 46, 52, 73, 80, 90, 92, 95, 99, 135, 140, 149, 154, 176, 182, 203, 208, 219, 227, 251~53, 255, 261, 262, 267, 272, 282, 304, 316, 337, 338, 344, 355, 357

ㅁ

마젤라니카 69, 70, 266, 267, 283, 289, 305

마젤란(Fernando de Magalhães) 49, 70, 188

마준량(馬俊良) 295, 296

「만국전도(萬國全圖)」 49, 77~79, 262

『만물진원(萬物眞原)』 157

매각성(梅穀成) 182, 188~90

매문정(梅文鼎) 102, 148, 165, 169, 178~83, 185~93, 195~99, 215, 235, 236, 241, 263, 264, 319, 320, 329, 359, 360, 362

『맹자(孟子)』 224, 335

메르카토르(Gerard Kremer Mercator) 69

『명사(明史)』 261~63, 266

무상하(無上下) 61, 62, 222, 223, 225, 227, 246, 329~32, 334, 337~39, 344, 345

『물리소지(物理小識)』 171, 317, 322

ㅂ

바뇨니(Alfonso Vagnoni, 高一志) 48, 51, 63, 64, 66, 69, 71, 209

바스꾸 다 가마(Vasco da Gama) 67

박규수(朴珪壽) 14, 15, 192, 193

박지원(朴趾源) 14, 149, 191, 195, 346, 347

방공소(方孔炤) 171, 174, 231, 317~22

『방여승략(方輿勝略)』 255

방이지(方以智) 153~56, 171, 172, 174, 175, 178, 198, 230, 243, 317, 322, 359, 362

배수(裵秀) 128, 129

백야(白夜, 長晝夜) 58, 100, 207, 256

『변학유독(辨學遺牘)』 267

복도(福島, Fortunate Islands) 58, 282

복희(伏羲) 79, 190, 195~97, 280, 281, 328, 332

『부득이(不得已)』 147, 148, 228

『부득이변(不得已辨)』 148, 228

분야(分野) 322

브누아(Michel Benoist, 蔣友仁) 52, 263

『비례준(比禮準)』 197

ㅅ

사고전서(四庫全書) 145, 150, 160~62, 178, 191, 262, 263, 271

『사기(史記)』 111, 120, 124, 181, 268, 276

사마천(司馬遷) 120, 121, 123~25, 169, 181, 268, 269, 272~74, 298

4원소(四元素), 4원행(四元行), 4원소설(四元素說) 44, 48, 63, 64, 66, 67, 95, 153~58, 222, 247, 279

사주설(四洲說) 113, 114

사해(四海) 95, 96, 115, 293, 306

「사해총도(四海總圖)」 295, 296

「사해화이총도(四海華夷總圖)」 257~60

『산해경(山海經)』 87, 89, 96, 112, 114, 117~20, 123, 124, 126, 127, 135, 136, 139, 240, 253, 257, 258, 261,

265, 268, 270, 272, 273, 276, 278,
285, 286, 290, 293, 294, 297, 298,
351, 355, 358
「산해여지전도(山海輿地全圖)」 40, 256,
272
『삼재도회(三才圖會)』 147, 255, 257, 258,
296
『삼재일관도(三才一貫圖)』 278~80
상관적 우주론(correlative cosmology) 94,
97, 103, 107, 108, 208, 226, 319
『상서(尙書)』 289
_____ 「요전(堯典)」 181
_____ 「우공(禹貢)」 87, 92, 93, 120,
123
『상서고령요(尙書考靈曜)』 109, 183, 210
샬, 아담(Adam Schall von Bell, 湯若望)
46, 49, 143, 147, 176, 183, 213, 223,
226~228, 268, 276
서광계(徐光啓) 20, 43, 44, 46, 179, 189,
199
서명응(徐命膺) 25, 28, 146, 147, 190,
195~98, 280~82, 298, 362
『서방답문(西方答問)』 50, 51, 68, 78, 83,
154
『서방요기(西方要記)』 50, 51
서유본(徐有本) 190~92
『서포만필(西浦漫筆)』 186
서학(西學) 23, 140~42, 150, 152, 153,
158~61, 165, 171, 184, 185, 190,
197, 205, 230, 254, 261, 329
『서학범(西學凡)』 49, 50

『서학변(西學辨)』 270
서학서(西學書), 서학서적, 서학문헌 52,
145, 146, 151, 185
서호수(徐浩修) 146, 147, 188~90, 198
『선구제(先句齊)』 197
『선기유술(璇璣遺術)』 171, 178
『선원경학통고(璇元經學通攷)』 282
『선천사연(先天四演)』 197
섬부주(贍部洲) 113, 257
「성교광피도(聲敎廣被圖)」 132, 133
『성호사설(星湖僿說)』 150, 243, 324, 325
소옹(邵雍) 88, 103, 155, 169, 193, 196,
231, 281, 308
소현세자(昭顯世子) 143, 184
손란(孫蘭) 276, 318, 320, 333~35
손성연(孫星衍) 240~42
『수리정온(數理精蘊)』 146
수미산(須彌山) 113, 182
수시력(授時曆) 45
『숭정역서(崇禎曆書)』 46, 50
슈렉(Joann Schreck, 鄧玉函) 46
시차(時差) 55, 56, 58, 66, 67, 101, 140,
142, 167, 176, 184, 221, 242, 276
시헌력(時憲曆) 184, 229, 308
신도방(信都芳) 101, 102
신유(申愈) 151, 332, 337, 345, 361
신후담(愼後聃, 1702~61) 159, 269, 270
쌈비아시(Francisco Sambiasi, 畢方濟) 49
쑤아레스(Jose Soares, 蘇霖) 143

ㅇ

아뇩대지(阿耨大池) 113

아뇩산(阿耨山) 113, 114

아리스토텔레스(Aristoteles) 19, 32, 44, 47, 48, 51, 52, 54, 63~67, 73, 84, 90, 145, 152~54, 156, 157, 222, 228, 230, 231, 234, 235, 237, 244, 246, 247, 278, 279, 359

안정복(安鼎福) 141, 158~60, 187, 267, 324~26, 329

알레니(Giulio Aleni 艾儒畧) 49~51, 58, 59, 62, 70~73, 75, 77~111, 118, 120, 140, 142, 146, 154, 161, 187, 243, 262, 274, 278, 284, 288, 310, 312, 329

양광선(楊光先) 22, 49, 77, 147, 148, 151, 162, 193, 205, 213~15, 219, 220, 223~28, 232, 240, 246, 263, 301, 330, 332, 344

양웅(揚雄) 103, 168, 169, 179

「양의현람도(兩儀玄覽圖)」 40, 255

양정균(楊廷筠) 43

양주(梁輈) 291, 293, 294

에우독소스(Eudoxos) 47

「여도(輿圖)」 129, 133, 135

『여씨춘추(呂氏春秋)』 91

「여지산해전도(輿地山海全圖)」 39, 135, 254, 257~59, 296

『여지우설(輿地隅說)』 276

역법(曆法) 45, 46, 50, 51, 102, 103, 145, 153, 175~78, 181, 187, 189~92, 205,

226, 227, 263, 278, 317, 318, 326

『역상고성(曆象考成)』 146, 189

『역체략(曆體略)』 165, 166

『역학의문(歷學疑問)』 179, 180, 186, 187, 189

『역학의문보(歷學疑問補)』 180, 186, 187, 191, 319, 320

연행(燕行), 연행록, 연행사 143, 144, 185, 346, 354

염약거(閻若璩) 179

『영언여작(靈言蠡勺)』 161

오대(五帶), 기후대 42, 57, 101, 167, 192, 255, 276, 281, 314, 316, 319, 325, 326, 360

오대주(五大州) 32, 33, 67, 69, 75, 76, 79, 80, 142, 153, 262, 263, 266, 270, 276, 289, 301, 304, 330, 333, 336, 357, 358, 360, 361

오르텔리우스(Abraham Ortelius) 69

오복(五服) 93, 281, 289

『오주연문장전산고(五洲衍文長箋散稿)』 321

오행(五行) 16, 94, 95, 105, 122, 123, 154~58, 247, 280, 284, 315, 318, 320, 324

옹방강(翁方綱) 188, 189

완원(阮元) 52, 183, 189, 190, 193, 359

왕부지(王夫之) 176, 205~12, 215, 216, 219, 220, 270,

왕석천(王錫闡) 176~79, 190, 193, 320

왕영명(王英明) 165~67

왕충(王充) 120, 121

「우공지역도(禹貢地域圖)」 128, 129

우르시스(Sabbathine de Ursis, 熊三拔) 46, 51, 56, 61, 166, 228, 322, 323

「우적도(禹迹圖)」 129~31, 252

우주지(宇宙志 cosmography) 128, 278, 280, 284, 285

웅명우(熊明遇) 165~71, 173~75, 177~79, 195, 198, 230, 232, 234, 240, 275, 276, 284, 288, 291, 316, 317, 326, 335, 360, 362

웅인림(熊人霖) 166, 274, 284~91, 294, 298

원형천하도(圓形天下圖) 117, 128, 146

『월령광의(月令廣義)』 255

위도(緯度) 55, 57, 58, 129, 148, 175, 219, 255, 294, 316~18, 325

위백규(魏伯珪) 146

『위사(緯史)』 197, 281

위준(魏濬) 140, 304, 305, 330

유시(喩時) 134, 135

유예(游藝) 155, 171, 230, 231, 234, 235, 238, 239, 280, 335

육면세계설(六面世界說) 141, 151, 195, 211~13, 234, 331, 337~41, 343~45, 352

육세의(陸世儀) 205, 228, 230

육차운(陸次雲) 284~87, 289, 290, 298

『율력연원(律曆淵源)』 182

음양(陰陽) 91, 92, 94, 105, 109, 155, 275, 281~84, 308, 309, 314, 315, 325~27, 344

음양오행(陰陽五行) 16, 122, 123, 154, 155, 158, 247, 280, 284, 320

의무려산(醫巫閭山) 348, 354, 355

「의산문답(醫山問答)」 246, 345, 347~51, 353~55, 360, 361

이가환(李家煥) 188

이간(李柬) 141, 151, 195, 205, 212~15, 220, 223~25, 232, 234, 246, 331, 332, 338~42, 344

이광지(李光地) 143, 145, 148, 179, 309, 313~16, 319, 321, 322, 360, 362

이구표(李九標) 142

이규경(李圭景) 321, 322

이기지(李器之) 143, 144

이수광(李睟光) 184

이승훈(李承薰) 151

이영후(李榮後) 77, 79, 143, 144

이이명(李頤命) 143, 144

이익(李瀷) 15, 28, 81, 146, 147, 150, 153, 158, 159, 185~87, 195, 198, 210, 229, 243~47, 269, 312, 322~28, 333~36, 349, 360, 362

이종휘(李種徽) 149, 273

이지조(李之藻) 43, 44, 46, 102, 146, 160, 165~69, 172~75, 177~80, 182, 185~89, 198, 199, 203, 228~30, 360

이차(里差) 55, 56, 58, 66, 176, 193, 205, 207, 209, 210, 215, 216, 242, 259, 281

이항로(李恒老) 191, 315, 321, 326

이헌경(李獻慶) 159, 190, 191
인물성동이(人物性同異), 인물성동론(人
物性同論), 인물성이론(人物性異論)
339~45, 349, 352

ㅈ

자사(子思) 187, 188, 311
장옹경(張雍敬) 205, 210, 215~20, 222,
225, 236~38, 242, 305~309, 313,
332
『장자(莊子)』 117, 120, 121, 172, 210,
348, 355, 356, 378, 361
_____「제물(齊物)」121
_____「추수(秋水)」116, 346, 349, 355
장재(張載) 88, 103, 231, 334
장형(張衡) 97~99, 103, 104, 167, 183,
186, 223, 232, 233
장황(章潢) 257, 258, 260
적현신주(赤縣神州) 111
전대흔(錢大昕) 183, 190
전욱(顓頊) 96, 168, 169, 180, 195
정두원(鄭斗源) 77, 143, 184
『정력옥형(定曆玉衡)』215~19, 223, 306,
307
정약용(丁若鏞) 191, 198, 265, 266, 311
정전(井田) 92
정제두(鄭齊斗) 25, 185, 198, 280, 282~
84, 298
정화(鄭和) 125, 127, 264
조군의(曹君義) 294~96
조상(趙爽) 91, 100, 101, 111, 121

조우흠(趙友欽) 115, 215, 218, 219, 305,
306, 308
주공(周公) 79, 99, 108, 109, 115, 172,
173, 196, 309, 310, 314
주돈이(周敦頤) 332
『주례(周禮)』106, 108, 191, 289, 309,
314
_____「직방씨(職方氏)」87
_____「대사도(大司徒)」87, 89, 109,
288, 302, 309, 315
주비(周髀) 168, 182, 195~197
『주비산경(周髀算經)』91, 99~101, 111,
139, 165~68, 173, 178, 180, 181,
183, 192, 193, 195, 196, 211, 242,
273
주사본(朱思本) 129, 133, 135
『주역(周易)』91, 102, 155, 172, 240, 317,
360
『주역시론합편(周易時論合編)』171
『주인전(疇人傳)』190, 215, 240, 318
『주자어류(朱子語類)』106, 158, 207,
210~12, 214, 234, 342, 358
주치중(周致中) 127
주희(朱熹) 52, 88, 103~107, 109,
110, 113~16, 121, 122, 155, 157,
158, 167, 169, 186, 194, 195, 199,
207~209, 211~15, 220, 223, 231,
233, 234, 237~39, 243, 275, 280,
307, 308, 334, 335, 342
중국기원론 164, 165, 169, 170, 174, 176,
179, 180, 184, 186~95, 197, 198,

241, 263, 270, 319~21, 361

『중용(中庸)』 170, 187, 188, 195, 335

중화주의(中華主義) 15, 33, 76~80, 99, 111, 125, 126, 131, 133, 135, 136, 139, 176, 182, 226, 264, 267, 268, 277, 284, 288~291, 296, 301~304, 309~12, 316, 317, 319~21, 325, 329, 330, 336, 346, 350, 353, 354, 356, 357

지구설(地球說), 지구(地球) 13, 14, 16, 29, 32, 33, 37, 44~48, 51, 54, 56, 59, 61~63, 66, 67, 76, 84, 90, 99, 140, 148, 150, 153, 162~64, 166, 167, 173, 176, 180, 182, 183, 186~88, 192, 193, 195, 196, 199, 203~12, 214~25, 227~34, 236~42, 246, 247, 251, 253, 255, 270~74, 276, 277, 281, 282, 301, 304, 305, 309~14, 318, 319, 321, 322, 325, 326, 329, 330, 332~34, 336, 337, 341, 344, 346, 348, 349, 355~59

지남침(指南針) 322, 323, 325, 327, 360

지방(地方) 33, 90, 91, 95, 97, 166, 215, 217

『지원설(地圓說)』 241

『지위(地緯)』 166, 274, 284, 285, 287~90, 294

지재수상(地載水上) 106, 186, 212, 213, 220, 223, 233, 234, 335, 338~40

지전(地轉), 지전설(地轉說) 150, 209, 244~46, 348~50, 352, 361

지중(地中), 지중론(地中論) 106, 108~10, 115, 122, 144, 145, 212, 218, 219, 233, 302, 306, 308~310, 315, 321

지평(地平), 지평론(地平論) 32~34, 95, 107, 114, 136, 204~206, 215, 216, 218~22, 232, 233, 304, 305, 333, 336, 358~60

『직방외기(職方外紀)』 49, 50, 58, 59, 70, 71, 73, 74, 76, 80, 81, 83, 119, 143, 145, 146, 150, 161, 162, 187, 188, 243, 251, 254, 262, 267, 274

『진서(晉書)』 88, 92

_____「천문지(天文志)」 88, 92

진륜형(陳倫炯) 295, 296

ㅊ

채원정(蔡元定) 104, 332

『천경혹문(天經或問)』 171, 178, 230

『천문략(天問略)』 47, 67, 143, 156, 161

천원지방(天圓地方) 38, 90~92, 95, 101, 143, 214, 240

『천주실의(天主實義)』 161, 184

「천지전도(天地全圖)」 278, 279

「천하고금형승지도(天下古今形勝之圖)」 134

「천하구변분야인적노정전도(天下九邊分野人跡路程全圖)」 294

『천학문답(天學問答)』(안정복) 159, 325, 326

『천학문답(天學問答)』(이헌경) 159

『천학초함(天學初函)』 49, 146, 160

『초사집주(楚辭集注)』 233, 234, 237, 280

초정호(焦廷琥) 240~42

최석정(崔錫鼎) 268, 269

최영은(崔靈恩) 101, 173, 193

『추보속해(推步續解)』 193

추연(鄒衍) 87, 111, 112, 114, 116, 118,
    120~22, 136, 139, 169, 251, 253,
    261, 268~77, 285, 290, 293, 294,
    297, 298, 318, 334

『춘추좌씨전(春秋左氏傳)』 174

칠형(七衡) 100

ㅋ·ㅌ·ㅍ

콜럼버스(Christoforo Colombo) 49, 67,
    70, 71

쾨글러(Ignatius Kögler, 戴進賢) 143

클라비우스, 크리스토퍼(Christopher
    Clavius) 43, 44, 46, 67

티코 브라헤(Tycho Brahe) 190, 280, 349

『파사집(破邪集)』 140, 141, 205, 304

『팔굉역사(八紘譯史)』 284, 285, 289

페르비스트(Ferdinand Verbiest, 南懷仁)
    50~53, 73, 74, 77, 143~45, 148, 228,
    262, 263, 278, 309, 313, 314

『표도설(表度說)』 47, 50, 56, 61, 66, 146,
    161, 166, 228, 284

푸르따두(Francisco Furtado, 傅汎際) 48,
    157

프톨레마이오스(Klaudios Ptolemaios) 58,
    67, 69, 77, 90, 128

ㅎ

『하도괄지상(河圖括地象)』 96, 112, 117

『한서(漢書)』 268

_____「지리지(地理志)」 88, 124

한원진(韓元震) 195, 205, 212, 215, 220,
    234, 338~41, 343

한홍조(韓弘祚) 151, 234, 331, 332, 337~
    46, 352, 361

할러슈타인(Ferdinand Avguštin Hallerstein,
    劉松齡) 143, 144

「해내화이도(海內華夷圖)」 132

현상벽(玄尙璧) 234, 337~39, 341~43

형승도(形勝圖) 118, 134~36, 149, 252,
    255, 257, 260, 291, 293~96

혼개(渾蓋) 168, 186, 187

『혼개통헌도설(渾蓋通憲圖說)』 47, 146,
    166, 167, 172, 179, 186

『혼개통헌도설집전(渾蓋通憲圖說集箋)』
    188

『혼의주(渾儀註)』 233

「혼일강리도(混一疆理圖)」 132

「혼일강리역대국도지도(混一疆理歷代國
    都之圖)」 132

혼천설(渾天說), 혼천가(渾天家) 37, 54,
    88, 97~104, 110, 111, 167, 168, 172,
    173, 176, 179~81, 186~88, 193,
    195~97, 204, 208, 209, 217, 218,
    222, 225, 232, 233, 235

『혼천의설(渾天儀說)』 226

홍대용(洪大容) 28, 143, 144, 147, 149,
    191, 195, 198, 209, 210, 214, 243,

245~47, 337, 345~56, 360~62

홍양호(洪良浩) 190, 192

「화이도(華夷圖)」 118, 129~35

환영지(寰瀛誌)』 146

환유전(寰有詮)』 48, 154, 157

황도주(黃道周) 171, 210

「황여전람도(皇輿全覽圖)」 52, 128

황윤석(黃胤錫) 145, 146, 195, 198

황제(黃帝) 79, 98, 168, 180~82, 190,
    192, 195, 196, 230, 232, 233, 275,
    320, 321

『황제내경(黃帝內經)』 232, 233

_____「소문(素問)」 98, 104, 166, 175,
    229, 231, 232, 235

『황조문헌통고(皇朝文獻通考)』 266

『회남자(淮南子)』 96, 104, 112, 117, 120,
    158, 240, 276, 306

_____「지형훈(地形訓)」 87, 112

_____「천문훈(天文訓)」 87, 96, 104,
    158

「회입곤여만국전도(繪入坤輿萬國全圖)」
    43

서남동양학술총서
17,18세기 중국과 조선의 서구 지리학 이해
지구와 다섯 대륙의 우화

초판 1쇄 발행/2012년 3월 7일
초판 2쇄 발행/2013년 8월 26일

지은이/임종태
펴낸이/강일우
책임편집/김정혜 김춘길
펴낸곳/(주)창비
등록/1986년 8월 5일 제85호
주소/413-120 경기도 파주시 회동길 184
전화/031-955-3399 · 편집 031-955-3400
홈페이지/www.changbi.com
전자우편/human@changbi.com

ⓒ 임종태 2012
ISBN 978-89-364-1328-6 93980

* 이 책은 서남재단으로부터 연구비를 지원받아 발간됩니다.
  서남재단은 동양그룹 창업주 故 瑞南 李洋球 회장이 설립한 비영리 공익법인입니다.
* 이 책 내용의 일부 또는 전부를 재사용하려면
  반드시 저작권자와 창비 양측의 동의를 받아야 합니다.
* 책값은 뒤표지에 표시되어 있습니다.